COMMENTAIRE

DE

THÉON.

Dans le second livre, Théon explique longuement de quelle manière on a reconnu que la partie de la terre visitée par les voyageurs est toute au nord de l'équateur, et que la plus grande différence de longitude ne surpasse pas d'une demi-circonférence le rapport du gnomon aux ombres solstitiales et équinoxiales, etc., etc. Il entre ensuite dans de très-longs détails sur la manière de calculer la hauteur du soleil et l'angle de l'écliptique avec la verticale. J'ai expliqué ces méthodes dans ma trigonométrie des Grecs.

M⟡ Delambre, *Hist. de l'Astronomie ancienne*, Tome 2, *L. V*, p. 550.

DE L'IMPRIMERIE DE A. BORÉE.

Eminentissimo Cardinali Alexandro Angelico de Talleyrand Perigord
Archiepiscopo Parisiensi,
priùs Remensi.

Majore spectandum Θεατρῳ
vindicat hunc bene notā virtus,
frustrà repugnat, poscitur omnibus.

ex Santolii hymn. Sacr. S: Remig. in brev. rom.

V 1159.
A: B.

ΘΕΩΝΟΣ ΑΛΕΞΑΝΔΡΕΩΣ

ΥΠΟΜΝΗΜΑ

ΕΙΣ ΤΟ ΔΕΥΤΕΡΟΝ ΤΗΣ ΠΤΟΛΕΜΑΙΟΥ ΜΑΘΗΜΑΤΙΚΗΣ ΣΥΝΤΑΞΕΩΣ.

COMMENTAIRE

DE THÉON D'ALEXANDRIE,

SUR LE SECOND LIVRE DE LA COMPOSITION MATHÉMATIQUE DE PTOLEMÉE,

TRADUIT POUR LA PREMIÈRE FOIS DU GREC EN FRANÇAIS,
SUR LES MANUSCRITS DE LA BIBLIOTHÈQUE DU ROI,

PAR M. L'Abbé HALMA

Chanoine honoraire de l'Eglise métropolitaine de Paris,
et membre de l'Académie royale des sciences, de Prusse.

POUR SERVIR DE SUITE ET D'ÉCLAIRCISSEMENT A SON ÉDITION GRECQUE
ET A SA TRADUCTION FRANÇAISE DE L'ASTRONOMIE DE PTOLEMÉE.

TOME II,

CONTENANT LA SECONDE PARTIE DES DÉVELOPPEMENS DE LA TRIGONOMÉTRIE SPHÉRIQUE
D'HIPPARQUE ET DE PTOLEMÉE, AVEC LEUR APPLICATION AUX ASCENSIONS, ETC.

obliquitas eclipticæ maxima
$23° 28' 40''$

Parisiis MDCCXLIV.

A PARIS,

CHEZ MERLIN, LIBRAIRE, QUAI DES AUGUSTINS, N° 7.

1821.

TABLE

DES CHAPITRES CONTENUS DANS CE SECOND LIVRE.

Épitre dédicatoire

ΘΕΩΝΟΣ ΑΛΕΞΑΝΔΡΕΩΣ

ΥΠΟΜΝΗΜΑ

ΕΙΣ ΤΟ ΔΕΥΤΕΡΟΝ

ΤΗΣ ΤΟΥ ΠΤΟΛΕΜΑΙΟΥ ΣΥΝΤΑΞΕΩΣ.

ΚΕΦΑΛΑΙΟΝ Α.

ΠΕΡΙ ΤΗΣ ΚΑΘΟΛΟΥ ΘΕΣΕΩΣ ΤΗΣ ΟΙΚΟΥΜΕΝΗΣ.

Διεξελθων ὁ Πτολεμαῖος ἐν τῷ πρώτῳ τῆς συντάξεως τὰ περὶ τῶν ἐν τῷ παντὶ καθόλου ὀφείλοντα προληφθῆναι, τουτέςιν ὅτι σφαιροειδής ἐςιν ὁ οὐρανὸς, καὶ φέρεται σφαιροειδῶς, καὶ ὅτι δύο διαφοραὶ τῶν πρώτων κινήσεων εἰσὶν ἐν τῷ οὐρανῷ, περί τε τῆς γῆς ὅτι καὶ αὐτὴ σφαιροειδής ἐςι πρὸς αἴσθησιν, ὡς καθ' ὅλα μέρη λαμβανομένη, καὶ μέση τοῦ παντὸς οὐρανοῦ κεῖται, κέντρῳ παραπλησίως, μηδ' ἡντιναοῦν κίνησιν ποιουμένη, καὶ σημείου λόγον ἐπέχουσα πρὸς τὸ μέχρι τῆς τῶν ἀπλανῶν ἀςέρων σφαίρας ἀπόςημα. Ἔτι δὲ καὶ ἐπὶ τῶν κατὰ μέρος διαλαβὼν, περί τε τῆς πηλικότητος τῆς μεταξὺ τῶν τρόπων περιφερείας, ὡς ἐπὶ τοῦ διὰ τῶν πόλων τῆς σφαίρας γραφομένου μεγίςου κύκλου, καὶ ὅτι ἡ ταύτης ἡμίσεια ἴση οὖσα τῇ μεταξὺ τῶν δύο πόλων, τοῦ τε ἰσημερινοῦ καὶ τοῦ διὰ μέσων τῶν ζωδίων, ἀπολαμβάνει τὴν ἔγκλισιν, ἤτοι τὴν λόξωσιν ἣν ποιεῖται ὁ ζωδιακὸς πρὸς τὸν ἰσημερινὸν, ἥν τινα καὶ οἱ τροπικοὶ ἀπέχουσιν ἐφ' ἑκάτερα τοῦ ἰσημερινοῦ, καὶ περὶ τῆς τοῦ ἐξάρματος καταλήψεως, καὶ τῶν εἰρημένων κατὰ μέρος λοξώσεων, καὶ ἔτι τῶν ἐπ' ὀρθῆς τῆς σφαίρας συναναφορῶν, τῶν τε τοῦ ζωδιακοῦ καὶ τοῦ ἰσημερινοῦ κύ-

ΤΗΕΟΝ. III.

COMMENTAIRE

DE THÉON D'ALEXANDRIE

SUR LE SECOND LIVRE

DE LA COMPOSITION MATHÉMATIQUE DE PTOLEMÉE.

CHAPITRE I.

DE LA SITUATION DE LA PARTIE HABITÉE DE LA TERRE.

Ptolemée a exposé dans le premier livre de la composition, ce qu'il étoit nécessaire de dire dès le commencement, sur le système de l'univers, savoir que le ciel est sphérique et se meut sphériquement, qu'il y a deux premiers mouvemens dans le ciel; et concernant la terre, qu'elle est aussi sphérique au moins sensiblement et prise dans sa totalité; qu'elle est au milieu du ciel comme si elle en étoit le centre, sans faire aucun mouvement, et comme un point relativement à la distance des étoiles fixes. Passant de là aux notions particulières sur la grandeur de l'arc des tropiques, sur le grand cercle qui passe par les poles de la sphère, il a montré que la moitié de cet arc étant égale à l'arc compris entre les poles de l'équateur et ceux du cercle oblique mitoyen du zodiaque, comprend l'inclinaison ou l'obliquité du zodiaque sur l'équateur, laquelle est la quantité dont les tropiques sont chacun éloignés de l'équateur. Pour ce qui est de la mesure de la hauteur du pole, des distances particulières de chaque point de l'oblique à l'équateur, et des coascensions des segmens du zodiaque et de l'équateur dans la sphère

I

droite, c'est-à-dire en combien de temps chaque dixaine de degré du zodiaque prise depuis l'intersection de ce cercle et de l'équateur traverse l'horizon dans la sphère droite, les temps que ces mêmes segmens du zodiaque emploient pour tous les lieux de la terre à traverser le méridien, sont l'objet de ce second livre.

Il s'y propose d'y expliquer par une méthode également prompte et facile, les principales propriétés de la sphère oblique dans tous ses degrés d'obliquité. Il marque ensuite quelles sont ces propriétés principales de la sphère, dont il doit parler. Il dit que la sphère est oblique pour tous les lieux terrestres où l'équateur est incliné sur l'horizon, c'est-à-dire où les poles de la sphère, qui sont ceux de l'équateur, ne sont pas dans l'horizon. Car les lieux qui ont les poles dans l'horizon, ont la sphère droite, puisque l'horizon de ces lieux passant par les poles de l'équateur est pour ces lieux, à angles droits sur l'équateur. C'est pourquoi nous avons dit qu'alors la sphère est droite. Mais où les poles ne sont pas dans l'horizon, l'équateur est incliné sur l'horizon, et il a appellé ces positions, obliquités ou inclinaisons.

Quand donc nous voulons connoître la grandeur d'une inclinaison, nous ne cherchons que l'angle aigu formé au centre de la sphère par la section commune de l'horizon et du méridien, et par la section commune du méridien et de l'équateur; car cet angle est l'inclinaison des deux plans de l'horizon et de l'équateur. Et puisqu'il en résulte deux angles au dessus de l'horizon de la terre,

κλου τμημάτων, τουτέςιν ἑκάςη δεκαμοι- ρία τοῦ ζωδιακοῦ ἀπὸ τῆς κοινῆς τομῆς αὐτοῦ τε καὶ τοῦ ἰσημερινοῦ πόσοις χρόνοις συναναφέρεται τὸν ἐπ' ὀρθῆς τῆς σφαίρας ὁρίζοντα, οἵ τινες καὶ κατὰ πᾶσαν οἴκησιν τοῖς αὐτοῖς τμήμασι τοῦ ζωδιακοῦ συμμεσουρανοῦσι, τουτέςι συνεξέρχονται τὸν μεσημβρινόν, ἑξῆς ἐν τούτῳ τῷ βιβλίῳ δευτέρῳ τυγχάνοντι.

Βούλεται περὶ τῶν καθ' ἑκάςην ὡρισμένην τινὰ τῆς σφαίρας ἔγκλισιν συμβαινόντων κυριωτέρων ἰδιωμάτων κατὰ τὸν εὐμεθόδευτον τρόπον ἐφοδεῦσαι. Τίνα δὲ ἐςὶ τὰ κυριώτερα τῶν ἰδιωμάτων περὶ ὧν τὸν λόγον μέλλει ποιεῖσθαι, μικρὸν προϊὼν αὐτὸς ἐρεῖ. Ἔγκλισιν δὲ σφαίρας καλεῖ, ἐφ' ὧν οἰκήσεων ὁ ἰσημερινὸς ἐγκέκλιται πρὸς τὸν ὁρίζοντα, τουτέςιν ἐφ' ὧν οἰκήσεων οἱ πόλοι τῆς σφαίρας οἵ τινες εἰσὶ καὶ τοῦ ἰσημερινοῦ, οὐκ εἰσὶν ἐπὶ τοῦ ὁρίζοντος. Ὅταν γὰρ ὦσιν ἐπὶ τοῦ ὁρίζοντος, τότε καὶ ὁ ὁρίζων διὰ τῶν πόλων τοῦ ἰσημερινοῦ τυγχάνων, πρὸς ὀρθὰς αὐτῷ γίνεται· διὸ καὶ ἐλέγομεν τότε ὀρθὴν εἶναι τὴν σφαῖραν. Ὅτε δὲ οὐκ εἰσὶν αἱ πόλοι ἐπὶ τοῦ ὁρίζοντος, τότε καὶ ὁ ἰσημερινὸς ἐγκέκλιται πρὸς τὸν ὁρίζοντα, διὸ καὶ ἐγκλίσεις τὰς τοιαύτας θέσεις ἐκάλεσεν.

Ὅθεν καὶ ἡνίκα ἂν ἐπισκέπτεσθαι βουλόμεθα τὴν ἔγκλισιν ἡλίκη τὶς οὖσα τυγχάνει, οὐδὲν ἕτερον ἐπιζητοῦμεν, ἢ τὴν ὀξεῖαν γωνίαν τὴν περιεχομένην ὑπό τε τῆς κοινῆς τομῆς τοῦ ὁρίζοντος καὶ τοῦ μεσημβρινοῦ, καὶ τῆς κοινῆς τομῆς τοῦ μεσημβρινοῦ καὶ τοῦ ἰσημερινοῦ πρὸς τῷ κέντρῳ τῆς σφαίρας γινομένην· αὕτη γάρ ἐςιν ἡ ἔγκλισις τῶν δύο ἐπιπέδων τοῦ τε ὁρίζοντος καὶ τοῦ ἰσημερινοῦ. Καὶ ἐπεὶ δύο εἰσὶν ὑπὲρ γῆν γινόμεναι γωνίαι, μία τε βορειοτέρα καὶ ἀμβλεῖα, καὶ ἑτέρα νοτιωτέρα καὶ ἐλάττων ὀρθῆς, ἐπειδήπερ ἐπὶ τῆς καθ' ἡμᾶς οἰκουμένης τοῦ βορείου πόλου ἀπὸ τοῦ ὁρίζοντος ὑπὲρ γῆν ἐξηρτημένου, ἡ ἔγκλισις ἐπὶ τὰ νότια γίνεται, τὴν νοτιωτέραν καὶ ἐλάσσονα ὀρθῆς φαμὲν εἶναι τὴν ἔγκλισιν.

Ἵνα δὲ καὶ ἐπὶ καταγραφῆς φανερὰ ἡμῖν γένηται τὰ λεγόμενα, ἔστω μεσημβρινὸς μὲν κύκλος ὁ ΑΒΓΔ, ὁρίζοντος δὲ ἡμικύκλιον τὸ ΒΕΔ, ἰσημερινοῦ δὲ τὸ ΑΕΓ, κοινὴ δὲ τομὴ μεσημβρινοῦ καὶ ὁρίζοντος, ἡ ΒΔ, μεσημβρινοῦ δὲ καὶ ἰσημερινοῦ, ἡ ΑΓ, κέντρον δὲ τῆς σφαίρας τὸ Θ, καὶ βόρειος μὲν πόλος ὁ Η, νότιος δὲ ὁ Ζ, ὥστε τὸ μὲν ΒΑΔ ἡμικύκλιον ὑπὲρ γῆν εἶναι. Καὶ ἐπεὶ δύο εἰσὶ γωνίαι ὑπὲρ γῆν περιεχόμεναι ὑπό τε τῆς ΑΘ κοινῆς τομῆς τοῦ ΑΒΓΔ μεσημβρινοῦ, καὶ τοῦ ΑΕΓ ἰσημερινοῦ, καὶ ἔτι τῆς ΒΔ κοινῆς τομῆς τοῦ μεσημβρινοῦ καὶ τοῦ ὁρίζοντος, ἥ τε ὑπὸ ΒΘΑ, καὶ ἡ ὑπὸ ΑΘΔ, καὶ ἔστιν ἡ μὲν ὑπὸ ΒΘΑ βορειοτέρα καὶ μείζων ὀρθῆς, διὰ τὸ τὴν ΑΗΒ περιφέρειαν μείζονα εἶναι τεταρτημορίου, ἡ δὲ ὑπὸ ΑΘΔ νοτιωτέρα, καὶ ἐλάττων ὀρθῆς, ταύτην φαμὲν εἶναι τὴν τῆς σφαίρας ἔγκλισιν, ἣν καὶ ἐγκέκλιται ὁ ΑΕΓ ἰσημερινὸς πρὸς τὸν ΒΕΔ ὁρίζοντα. Ἐπειδὴ ἐὰν ἐπιζεύξωμεν τὴν ΕΘ κοινὴν τομὴν τοῦ τε ὁρίζοντος καὶ τοῦ ἰσημερινοῦ, ὀρθὴ ἔσται πρὸς ἑκατέραν τῶν ΑΘ, ΘΔ, διὰ τὸ καὶ πρὸς τὸ τοῦ ΑΒΓΔ κύκλου ἐπίπεδον ὀρθὴν τυγχάνειν τὴν ΕΘ, καὶ διὰ τοῦτο τὴν ὑπὸ ΑΘΔ γωνίαν κλίσιν γίνεσθαι τοῦ ΑΕΓ ἰσημερινοῦ πρὸς τὸν ΒΕΔ ὁρίζοντα.

Μέλλων οὖν περὶ τῶν καθ' ἑκάστην ἔγκλισιν ἤτοι οἴκησιν ἰδιωμάτων διεξιέναι, ἀναγκαῖον ἡγεῖται καὶ ἐνταῦθα περὶ τῶν καθολι-

l'un qui est obtus et le plus boréal, l'autre qui est aigu et le plus méridional, parce que sur la partie que nous habitons, le pole boréal étant élevé sur l'horizon au-dessus de la terre, l'inclinaison est vers le midi, et nous disons qu'elle est méridionale et moindre qu'un angle droit.

Pour rendre cela plus sensible par une figure (1), soit le cercle ABGD le méridien, BED le demi-cercle de l'horizon, AEG celui de l'équateur, BD la section commune du méridien et de l'horizon, AG celle du méridien et de l'équateur, T le centre de la sphère, H le pole boréal, Z le pole austral, de sorte que le demi-cercle BAD soit au dessus de la terre. Puisqu'il y a deux angles au dessus de la terre formés par la section commune AT du méridien ABGD et de l'équateur AEG, et par la section commune BD du méridien et de l'horizon, savoir l'angle BTA et l'angle ATD, l'angle BTA est le plus boréal, et il est plus grand qu'un angle droit, parce que l'arc AHB est plus grand qu'un quart de cercle, et l'angle ATD est le plus méridional et moindre qu'un angle droit, c'est ce que nous appellons l'inclinaison ou obliquité de la sphère, ou l'angle dont l'équateur AEG est incliné sur l'horizon BED; parce que si nous joignons ET section commune de l'horizon et de l'équateur, elle sera perpendiculaire sur chacune des droites AT, TD, puisque ET est perpendiculaire au plan du cercle ABGD, et que par là l'angle ATD devient l'inclinaison de l'équateur AEG sur l'horizon BED.

Ptolemée se proposant de parcourir les principales propriétés de chaque climat ou lieu habité, juge nécessaire de parler auparavant des plus générales, c'est-à-dire de celles dont la connoissance doit précé-der toutes les autres, comme : quelles sont celles des parties de la terre, que nous connoissons, ou si nous n'en connoissons qu'une portion? Dans ce dernier cas, quelle est cette portion comparativement au reste, si elle est boréale ou australe relativement à l'équateur? Les moyens sûrs et évidens de parvenir à ces connoissances, sont, comme il le dit, de concevoir toute la grandeur de la terre partagée par un plan qui passant par les pôles de la sphère, la coupe en deux hémisphères, et par le plan de l'équateur qui coupe chacun de ces deux hémisphères en deux également, de sorte que le globe terrestre soit coupé en quatre portions égales, deux boréales et deux australes, et que la partie que nous habi-tons soit comprise dans l'un des quarts boréaux.

Figurons-nous donc la sphère terrestre, et faisons passer par les poles de la sphère céleste un plan qui coupe la sphère ter-restre en deux hémisphères, et qui trace sur elle le cercle ABGD (Fig. 2), de sorte que l'un des deux soit le plus élevé comme étant le nôtre, et l'autre le plus bas; et pareil-lement, le plan de l'équateur BED faisant par la section de la sphère terrestre, un cercle qui la coupe en deux autres hémisphères. Dès-lors au dessus du plan du cercle ABGD seront deux quarts de la sphère, l'un com-pris entre les demi-cercles BAD et BED, et l'autre entre les demi-cercles BGD et BED; les deux autres sont conçus être au-des-sous. Soit A le pôle boréal, G l'austral, de sorte que des deux quarts boréaux, le quart DABE, relativement à ce pole boréal, soit supérieur au cercle ABGD, ainsi que celui que l'on conçoit au dessous, et que des deux quarts austraux, le quart BGDE

κωτέρων προδιαλαβεῖν, τουτέςι πότερόν ποτε καθ' ὅλης τῆς γῆς εἰσὶν αἱ ἐν γνώσει ἡμῖν γε-γενημέναι οἰκήσεις, ἢ ἐπὶ μέρους τινὸς αὐτῆς; Καὶ εἰ ἐπὶ μέρους, ποςημόριον ἐςὶν αὐτὸ τοῦτο τὸ οἰκούμενον τῆς ὅλης γῆς; καὶ εἰ βο-ρειότερον ἢ νοτιώτερον τοῦ ἰσημερινοῦ. Ποι-εῖται δὲ τὴν τοιαύτην ἐπίγνωσιν ἐξ ἐναργῶν καὶ φαινομένων παρατηρήσεων τρόπῳ τοιῷδε· Δεῖ, φησὶ, νοεῖν τὸ ὅλον μέγεθος τῆς γῆς διαιρούμενον εἰς τέσσαρα ἴσα οὕτως, ὥςε κύκλου τινὸς διὰ τῶν πόλων ὄντος τῆς σφαί-ρας ἐκβαλλόμενον τὸ ἐπίπεδον, διχοτομεῖν εἰς δύο ἡμισφαίρια. Ἔτι δὲ καὶ τὸ τοῦ ἰσημερινοῦ ἐπίπεδον ἐκβαλλόμενον διχοτομεῖν ἑκάτερον τῶν ἡμισφαιρίων εἰς δύο τεταρτημόρια, ὥςε τὴν ὅλην γῆν διαιρεῖσθαι εἰς τέσσαρα ἴσα, δύο μὲν βόρεια, δύο δὲ νότια, καὶ τὴν καθ' ἡμᾶς οἰκουμένην περιέχεσθαι ὑπὸ τοῦ ἑτέρου τῶν βορείων τεταρτημορίου.

Οἷον γενοήσθω ἡ τῆς γῆς σφαῖρα, καὶ ἐκ-βεβλήσθω ἐπίπεδον διὰ τῶν πόλων τῆς οὐρα-νίου σφαίρας τέμνον αὐτὴν εἰς δύο ἡμισφαί-ρια, καὶ ποιείτω ἐν αὐτῇ κύκλον τὸν ΑΒΓΔ, καὶ ἔξω τῶν ἡμισφαιρίων τὸ μὲν ἀνωτέρω καὶ ὡς πρὸς ἡμᾶς, τὸ δὲ ἕτερον κατωτέρω. Ὁμοί-ως δὲ καὶ τὸ διὰ τοῦ ἰσημερινοῦ ἐπίπεδον ὡς τοῦ διὰ τοῦ ΒΕΔ κύκλου, τεμνέτω αὐτὴν εἰς ἕτερα δύο ἡμισφαίρια, ὥςε γίνεσθαι ἀνωτέρω μὲν τοῦ τοῦ ΑΒΓΔ κύκλου ἐπιπέδου δύο τε-ταρτημόρια, τό τε ὑπὸ τῶν ΒΑΔ, καὶ ΒΕΔ ἡμικυκλίων περιεχόμενον, καὶ τὸ ὑπὸ τῶν ΒΓΔ, καὶ ΒΕΔ· κατωτέρω δὲ νοεῖσθαι τὰ λοιπὰ δύο. Καὶ ἔςω βόρειος μὲν πόλος ὁ Α, νότιος δὲ ὁ Γ, ὥςε βόρεια εἶναι τό, τε ΔΑΒΕ τε-ταρτημόριον ἀνώτερον τοῦ ΑΒΓΔ κύκλου, καὶ τὸ νοούμενον ὑπ' αὐτὸ, νότια δὲ, ἐν μὲν πά-λιν ἀνώτερον τοῦ ΑΒΓΔ κύκλου τὸ ΒΓΔΕ·

ἕτερον δὲ ὑπ' αὐτὸ ὁμοίως. Φαμὲν οὖν ἓν τῶν οὕτως εἰλημμένων τεταρτημορίων, τῶν βορειοτέρων περιέχειν τὴν καθ' ἡμᾶς οἰκουμένην, περὶ ἧς τὸν λόγον ποιεῖσθαι μέλλομεν. Κατηνέχθη δὲ εἰς τὴν τοιαύτην ἐπίγνωσιν ἐκ τῶν κατὰ μῆκος καὶ πλάτος παρόδων. Καὶ ἐπὶ μὲν τοῦ πλάτους, τουτέςι τῆς ἀπὸ μεσημβρίας πρὸς ἄρκτους παρόδου, διὰ τὸ τὰς σκιὰς τῶν τε γνωμόνων καὶ πάντων ἁπλῶς τῶν ἀποτελούντων σκιὰς, τὰς ἐν ταῖς ἰσημεριναῖς κατ' αὐτὴν τὴν μεσημβρίαν γινομένας, πρὸς ἄρκτους ἀεὶ ποιεῖσθαι τὰς προσνεύσεις, ἐν ταῖς ἐν γνώσει γεγενημέναις ἡμῖν οἰκήσεσι καὶ μηδέποτε πρὸς μεσημβρίαν.

Τοῦτο δὲ συμβαίνει ἐκ τοῦ τὸν ἰσημερινὸν νοτιώτερον ἡμῖν τυγχάνειν, ἡμᾶς δὲ δηλαδὴ βορειοτέρους αὐτοῦ. Φανερὸν γὰρ ἔτι ὁ ἥλιος κατ' εὐθείας γραμμικὰς πέμπων τὰς ἀκτῖνας, ὅταν μὲν κατὰ κορυφήν τινος οἰκήσεως ᾖ, ἀσκίους ἐν αὐτῇ ποιήσει τοὺς γνώμονας, ὅταν δὲ εἴς τι προσνεύσῃ, ἐπὶ τοὐναντίον ἀποςέλλει τὴν σκιάν. Διὸ καὶ ἐπὶ τοῦ ἰσημερινοῦ τυγχάνων ὁ ἥλιος, καὶ ἐπὶ τὰ βόρεια ποιῶν νεύειν τὰς σκιὰς, νοτιώτερος ἡμῖν ἔςαι, δηλαδὴ καὶ ὁ ἰσημερινὸς, βορειοτέρων ἡμῶν τυγχανόντων. Ἔτι δὲ καὶ ἐκ τούτων δύναται θεωρηθῆναι, ὅτι ἡ καθ' ἡμᾶς οἰκουμένη βορειοτέρα τυγχάνει, ἐκ τοῦ πανταχοῦ τὸν βόρειον πόλον ὑπὲρ γῆς καταλαμβάνεσθαι. Εἰ γὰρ ἦν καὶ νοτιωτέρα τοῦ ἰσημερινοῦ οἴκησις, τοῦ κατὰ κορυφὴν αὐτῆς νοτιωτέρου τυγχάνοντος τοῦ ἰσημερινοῦ, καὶ τῆς ἐγκλίσεως ἐπὶ τὰ βόρεια γινομένης, ἔμελλεν ἂν ὁ βόρειος πόλος ἀφανὴς γίνεσθαι, ὁ δὲ νότιος φανερός· ὅπερ οὐδαμοῦ τῆς καθ' ἡμᾶς οἰκουμένης τοιοῦτον καταλαμβάνεται.

soit supérieur au cercle ABGD encore, et l'autre inférieur également. Nous disons qu'un de ces quarts ainsi compris, renferme la partie que nous habitons et dont nous avons à traiter. Ptolemée avoit acquis cette connoissance par les relations des voyages faits en longitude et en latitude; et quant à celle de la latitude particulièrement, c'est-à-dire du midi vers les ourses, par les ombres des gnomons et de tous les corps, toujours dirigées vers les ourses, et non vers le midi, dans ces parties que nous connoissons de la terre, lorsque le soleil est dans les équinoxes, aux instants de midi.

C'est la conséquence de ce que l'équateur est plus austral que nous, puisque nous sommes plus boréaux que lui. Car il est clair que le soleil dardant ses rayons en ligne droite, les gnomons ne jettent point d'ombre dans les pays au dessus desquels il est perpendiculaire; mais au contraire il cause des ombres dans ceux à l'égard desquels il est incliné. C'est pourquoi le soleil étant dans l'équateur, et faisant tomber les ombres vers les parties boréales de la terre, sera plus austral que nous, puisque l'équateur l'est, et que nous sommes plus boréaux que lui. On peut conclure encore, de ce que dans la partie que nous habitons sur la terre, le pole boréal se voit partout au dessus de l'horizon, que cette partie est boréale. Car s'il y avoit un lieu plus austral que l'équateur, parce que l'équateur seroit plus boréal que le point vertical de ce lieu, et qu'il s'inclineroit vers les parties boréales du ciel, le pole boréal devroit disparoître pour ce lieu, et au contraire le pole austral se montrer à lui. Chose que pourtant on ne voit nulle part dans la partie que nous habitons.

Ptolemée concluant de là que cette partie est plus boréale que l'équateur, rend ensuite compte en ces mots, des phénomènes par lesquels il a vu que cette partie est un quart de la surface entière de la terre : par la longitude, c'est-à-dire par l'espace parcouru d'orient en occident, en ce que les mêmes éclipses, surtout celles de lune, où l'on ne voit pas que la différence des parallèles cause la moindre différence dans les temps de ces phénomènes, les lieux de la lune étant alors diamétralement opposés à ceux du soleil, ce qui fait que les temps des obscurations, et leurs grandeurs, sont les mêmes pour toutes les habitations, comme nous l'enseignerons en son lieu, dans les quatrième et cinquième livres. Or, suivant les relations que Ptolemée a consultées, on n'a jamais eu une différence de plus de 12 heures équinoxiales entre les temps où les peuples les plus orientaux, comme sont ceux qui habitent le pays des Thines (Sines ou Chinois) voyent ces éclipses de lune surtout, et les temps où ces mêmes éclipses étoient vues par les habitans des parties les plus occidentales, comme sont ceux des îles Fortunées. Car il a trouvé qu'une même éclipse, quoiqu'arrivée dans un seul et même temps, étoit rapportée à l'occident et au coucher du soleil, par les pays plus orientaux que celui où elle avoit été observée, mais à l'orient et au lever du soleil, par les pays plus occidentaux; et que la différence des temps auxquels les uns et les autres la rapportent est de 12 heures équinoxiales, comme nous l'avons dit, laquelle fait en longitude le demi-cercle de l'équateur, comprenant en latitude, ou en hauteur, 90 degrés comptés sur le cercle qui passe par les poles de l'équateur. Or nous avons démontré que

Ἐκ τούτων οὖν κατανοήσας βορειοτέραν τοῦ ἰσημερινοῦ τυγχάνειν τὴν καθ' ἡμᾶς οἰκουμένην, ἑξῆς ἐρεῖ καὶ ἐκ ποίων φαινομένων κατείληφεν αὐτὴν τεταρτημορίου ὑπάρχουσαν τῆς ὅλης γῆς, καὶ φησίν· Ἐπὶ δὲ τοῦ μήκους τουτέςι τῆς ἀπὸ ἀνατολῆς ἐπὶ δύσιν παρόδου, διὰ τὸ τὰς αὐτὰς ἐκλείψεις, καὶ μάλιςα τὰς σεληνιακὰς, καθ' ἃς οὐδεμία διαφορὰ περὶ τοὺς χρόνους ἐκ τῶν παραλλήλων παρακολουθεῖ, διὰ τὸ ἐκ τῶν κατὰ διάμετρον τοῦ ἡλίου ἐποχῶν καὶ τὰς τῆς σελήνης ἐποχὰς καταλαμβάνεσθαι, καὶ τοὺς αὐτοὺς χρόνους τῶν ἐπισκοτήσεων, καὶ τὰ αὐτὰ μεγέθη συντηρεῖσθαι κατὰ πᾶσαν οἴκησιν, ὡς ἐν τῷ τετάρτῳ καὶ πέμπτῳ βιβλίῳ κατὰ τοὺς οἰκείους τόπους ἀποδείξομεν. Τὰς τοιαύτας οὖν μάλιςα ἐκλείψεις παρά τε τοῖς ἐπ' ἄκρων τῶν ἀνατολικῶν μερῶν τῆς καθ' ἡμᾶς οἰκουμένης οἰκοῦσιν, ὡς τοῖς περὶ τὰς Θίνας, καὶ περὶ τοῖς ἐπ' ἄκρων δυτικῶν, ὡς τοῖς περὶ τὰς Μακάρων νήσους κατελαμβάνετο ἐκ τῶν κομισθεισῶν αὐτῷ ἀναγραφῶν, μὴ πλείω δώδεκα ὡρῶν ἰσημερινῶν τὴν διαφορὰν περιεχούσας· Εὕρισκε γὰρ τὴν αὐτὴν ἔκλειψιν, καίπερ ἑνί τινι χρόνῳ ἀποτελουμένην, τοῖς μὲν ἀνατολικωτέροις τῶν τηρησάντων, πρὸς ταῖς δυσμαῖς ἀναγραφεῖσαν γεγενημένην, δύνοντος ἤδη τοῦ ἡλίου, τοῖς δὲ δυτικωτέροις, πρὸς ταῖς ἀνατολαῖς αὐταῖς δύνοντος τοῦ ἡλίου. Τὴν δὲ διαφορὰν, ὡς ἔφαμεν, μέχρι δώδεκα ὡρῶν ἰσημερινῶν γινομένην, ἥτις ἐςὶ κατὰ μῆκος ἡμικυκλίου τοῦ ἰσημερινοῦ. Ἐπεὶ οὖν τὸ τῆς γῆς τεταρτημόριον, κατὰ τὴν εἰρημένην διαίρεσιν, κατὰ μὲν τὸ μῆκος ἡμικυκλίου ἀπολαμβάνει τοῦ ἰσημερινοῦ, κατὰ δὲ τὸ πλάτος, ἤτοι ἔξαρμα ἐπὶ τοῦ διὰ τῶν πόλων αὐτοῦ ὡς πρὸς ἄρκτους μοιρῶν ϛ. Δέδεικται δὲ ὅτι ἡ καθ'

ἡμᾶς οἰκουμένη κατὰ μὲν τὸ μῆκος ἀπολαμ-
βάνει τοῦ ἰσημερινοῦ ἡμικυκλίου, κατὰ δὲ τὸ
πλάτος, ἤτοι ἔξαρμα, ὡς καὶ ἡ τῆς γεωγρα-
φίας ἔκθεσις περιέχει, μέχρι μοιρῶν ξγ εὑρί-
σκεται, δῆλον ὡς ὅτι ἡ καθ’ ἡμᾶς οἰκουμένη
καὶ ἐν γνώσει ἡμῖν γεγενημένη, τὸ βορειότερον
τεταρτημόριον ἔγγιςα τῆς γῆς περιέχει.

Τῶν δὲ κατὰ μέρος ὀφειλόντων θεωρηθῆναι
μάλις’ ἄν τις ἡγήσαιτο πραγματείαν, καὶ τὰ
ἑξῆς. Ἀποδείξας τὸ τῆς καθ’ ἡμᾶς οἰκουμένης
μέγεθος ὑπὸ τοῦ ἑτέρου τῶν βορείων τεταρτη-
μορίου τῆς ὅλης γῆς ἔγγιςα περιεχόμενον,
ἑξῆς περὶ τῶν ἐν αὐτῇ κατὰ μέρος οἰκήσεων
καὶ τῶν αὐτῶν κυριωτέρων ἰδιωμάτων δια-
λαμβάνει, τουτέςι τίνα ἐςὶ τὰ συμπίπτοντα
ταύταις ταῖς βορειοτέραις οἰκήσεσι, καὶ ὑπο-
κειμέναις ταῖς διὰ τῶν κατὰ κορυφὴν γραφο-
μένων παραλλήλων τῷ ἰσημερινῷ, βορειοτέρων
αὐτοῦ δηλαδὴ, διὰ τὸ τὴν καθ’ ἡμᾶς οἰκου-
μένην, ὡς ἔφαμεν, βορειοτέραν αὐτοῦ τυγχά-
νειν· καὶ φησί· Ταῦτα εἶναι ὅσον τε οἱ πόλοι
τῆς πρώτης φορᾶς, οἵ τινές εἰσι τοῦ ἰσημερινοῦ,
ἀφεςήκασι τοῦ ὁρίζοντος. Περὶ γὰρ τούτους
τὴν τῶν ὅλων πρώτην φορὰν λέγομεν ἀποτε-
λεῖσθαι, ἢ ὅσον τὸ κατὰ κορυφὴν σημεῖον ἀπ-
έχει τοῦ ἰσημερινοῦ κατὰ τὸν μεσημβρινόν.
Ἐδείξαμεν γὰρ ἐν τοῖς εἰς τὸ πρῶτον βιβλίον,
ὅτι ὅσον ἀπέχει ὁ ἰσημερινὸς τοῦ κατὰ κορυ-
φὴν, τοσοῦτον καὶ ὁ πόλος ἀπὸ τοῦ ὁρίζοντος
ἀφέςηκεν ἐπὶ τοῦ μεσημβρινοῦ, καὶ ἔτι οἷς ὁ
ἥλιος κατὰ κορυφὴν γίνεται, καὶ πότε, καὶ
ποσάκις τὸ τοιοῦτον συμβαίνει. Τὸ μὲν οὖν
πότε ἀντὶ τοῦ κατὰ ποίου τμήματος τοῦ ζω-
διακοῦ γινόμενος ὁ ἥλιος κατὰ κορυφὴν γίνε-
ται τῇ δὲ τῇ οἰκήσει· τούτου γὰρ εὑρεθέντος,
καὶ τὸ πότε καταλαμβάνεται ἐκ τῶν κατὰ τὴν
τοιαύτην αὐτοῦ ἐποχὴν χρόνων, τὸ δὲ καὶ

la partie habitée de la terre comprend en longitude le demi-cercle de l'équateur, et on a trouvé qu'en latitude ou en hauteur, comme cela est expliqué dans le traité de géographie, elle embrasse 63 degrés; il est donc évident que ce que nous connoissons de la partie habitée de la terre, compose à peu près un quart boréal de la surface terrestre.

« Quant aux détails particuliers qu'il faut connoître, et le reste ». Ptolémée, après cette démonstration, parcourt les principales propriétés de lieux habités, c'est-à-dire ce qu'éprouvent les parties les plus boréales, situées sous les cercles parallèles à l'équateur qui passent par le point vertical, et par là plus boréaux que l'équateur, parce que, comme nous l'avons dit, la partie que nous habitons est la plus boréale. Ptolémée ajoute ensuite qu'il faut savoir combien est grande la distance entre les poles du premier mouvement, qui sont ceux de l'équateur, et l'horizon; car nous disons que c'est autour de ces poles que se fait le premier mouvement de l'univers; ou la grandeur de l'intervalle pris sur le méridien entre l'équateur et le point vertical; car nous avons montré dans notre commentaire sur le premier livre, qu'autant l'équateur est éloigné du point vertical, autant sur le méridien le pole est éloigné de l'horizon; il faut connoître aussi les lieux sur lesquels le soleil est vertical, quand, et combien de fois cela arrive, pour conclure du point du zodiaque où le soleil est alors, celui de telle ou telle habitation où il est vertical; car l'un étant trouvé, on a bientôt l'autre par le moyen des temps où le soleil est dans ce lieu, et aussi combien de fois, parce qu'on a remarqué que les habitations qui ont leur point vertical entre l'équateur et le tropique d'été, ont deux fois le soleil vertical, et que celles qui sont sous ce tropique, l'ont une fois vertical quand il est dans ce tropique même, mais que jamais le soleil n'est vertical sur celles qui sont au-delà du tropique; quels sont les rapports des ombres équinoxiales et tropiques (*solsticiales*) aux gnomons, dans les instans de midi, c'est-à-dire quel rapport en général a le gnomon dont la grandeur est connue, à l'ombre qui en vient dans les temps de l'équinoxe, et dans ceux des solstices d'été et d'hiver, où le soleil est le plus avancé sur le méridien, à la fin de la sixième heure; et quelles sont les différences des plus longs et des plus courts jours comparés aux jours des équinoxes. Par exemple, à Alexandrie le plus long jour est de 14 heures; le plus court, de 10; et le jour de l'équinoxe dans le climat de cette ville, la différence est de 2 heures. Car elle est la même entre le plus long et celui de l'équinoxe, qu'entre celui-ci et le plus court... Il expose enfin toutes les circonstances des accroissemens et décroissemens des jours, dans lesquelles sont comprises non-seulement les différences des plus longs et des plus courts comparés aux équinoxes, mais encore celles des jours intermédiaires. Les levers et couchers simultanés des arcs correspondans du zodiaque et de l'équateur, comme ils ont été donnés pour la sphère droite, c'est-à-dire, avec combien de temps de l'équateur chaque décamorie se lève ou se couche à l'horizon, en chaque climat. On en déduira aisément les parties proportionnelles pour

ποσάκις, διὰ τὸ καταλαμβάνεσθαι ὅτι τοῖς μὲν ἔχουσι τὸ κατὰ κορυφὴν σημεῖον μεταξὺ τοῦ ἰσημερινοῦ καὶ τοῦ θερινοῦ τροπικοῦ, δὶς γίνεται ὁ ἥλιος κατὰ κορυφὴν, τοῖς δὲ πρὸς αὐτῷ τῷ θερινῷ, ἅπαξ ἐν αὐτῇ τῇ θερινῇ τροπῇ, τοῖς δ' ἐκτὸς τοῦ τροπικοῦ, οὐδόλως. Καὶ τίνες οἱ λόγοι τῶν ἰσημερινῶν καὶ τροπικῶν ἐν ταῖς μεσημβρίαις σκιῶν πρὸς τοὺς γνώμονας, τουτέστι τίνα λόγον ἔχει καθόλου ὁ γνώμων, οἵου δ' ἂν μεγέθους λαμβάνηται πρὸς τὴν ἀφ' ἑαυτοῦ γινομένην σκιὰν, ἔν τε τῇ ἰσημερινῇ καὶ ἐν τῇ θερινῇ τροπῇ, καὶ ἐν τῇ χειμερινῇ, κατὰ τὴν ἐπὶ τοῦ μεσημβρινοῦ τοῦ ἡλίου πάροδον, τουτέστι κατὰ τὸ πέρας τῆς ἕκτης ὥρας, καὶ πηλίκαι τῶν μεγίστων ἢ ἐλαχίστων ἡμερῶν καθ' ἕκαστον κλίμα αἱ ὑπεροχαὶ πρὸς τὰς ἰσημερινὰς, οἷον ὡς ἐπὶ τοῦ δι' Ἀλεξανδρείας κλίματος δείκνυται, ἡ μὲν μεγίστη ἡμέρα ὡρῶν ἰσημερινῶν ιδ, ἡ δὲ ἐλαχίστη, ι· ἡ δὲ ἰσημερινή, πανταχῆ ιβ· ὡς ἐπὶ τούτου τοῦ κλίματος τὴν εἰρημένην διαφορὰν ὡρῶν δύο τυγχάνειν. Τοσαύταις γὰρ αἱ δεκατέσσαρες ὧραι τῆς μεγίστης ἡμέρας, καὶ αἱ δέκα τῆς ἐλαχίστης διαφέρουσι τῶν δώδεκα τῆς ἰσημερινῆς, καὶ ὅσα ἄλλα περὶ τὰς κατὰ μέρος αὐξομειώσεις τῶν νυχθημέρων ἐπισυμβαίνει, τουτέστιν ἵνα μὴ μόνον τῶν μεγίστων ἢ ἐλαχίστων ἡμερῶν τὰς περὶ τὴν ἰσημερινὴν διαφορὰς λαμβάνωμεν, ἀλλὰ καὶ τῶν μεταξὺ ἡμερῶν. Ἔτι δὲ καὶ περὶ τῶν συνανατολῶν καὶ συγκαταδύσεων, τῶν τε τοῦ ζωδιακοῦ καὶ τοῦ ἰσημερινοῦ τμημάτων, ὥσπερ καὶ ἐπ' ὀρθῆς τῆς σφαίρας. Τουτέστιν ἑκάστη πάλιν δεκαμοιρία τοῦ ζωδιακοῦ πόσοις τοῦ ἰσημερινοῦ χρόνοις συνανέρχεται ἢ συγκαταδύεται τὸν ὁρίζοντα καθ' ἑκάστην ἔγκλισιν, ἀφ' ὧν καὶ τὰς ταῖς τούτων μικρομερε-

ςέραις ἐπιβαλλούσας, ὡς καθ' ὁμαλὴν παρ-
αύξησιν ἐκ προχείρου, διὰ τὸ πρὸς τὰ γραμ-
μικὰ ἀδιάφορον καταλαμβανόμενα, καὶ ἔτι
τὰ περὶ τὰ ἰδιώματα καὶ τὰ μεγέθη τῶν γι-
νομένων γωνιῶν ὑπὸ τῶν κυριωτέρων μεγίςων
κύκλων, οἰονεὶ πηλίκας τε ποιεῖ γωνίας ὁ μεσ-
ημβρινὸς πρὸς τὸν ζωδιακὸν κατὰ τὰς ἀρχὰς
τῶν δωδεκατημορίων. Ὁμοίως δὲ καὶ ὁ ὁρίζων,
καὶ ἔτι ὁ διὰ τῶν κατὰ κορυφὴν καὶ ἑκάςου
δωδεκατημορίου ἀρχῆς γραφόμενος μέγιςος
κύκλος, καθ' ἑκάςην ἀπὸ τοῦ ἰσημερινοῦ
ἀπόςασιν. Καὶ αὗται δὲ αἱ περιφέρειαι ἀπὸ
τοῦ κατὰ κορυφὴν ἐπὶ τὰ εἰρημένα τμήματα
τοῦ ζωδιακοῦ πηλίκαι τινὲς οὖσαι καταλαμ-
βάνονται, καθ' ἑκάςην ὁμοίως ἀπὸ τοῦ μεσ-
ημβρινοῦ ἀπόςασιν. Εἶτα εἰπὼν τὰ καιριώ-
τερα τῶν κεφαλαίων περὶ ὦν καθ' ἑκάςην
ἔγκλισιν τοὺς ἐπιλογισμοὺς μέλλει ποιεῖσθαι,
ἐξῆς ἄρχεται τῆς ἀποδείξεως τοῦ ἀπάριθμη-
θέντος αὐτῷ πρώτου κεφαλαίου. Ἔςι δὲ τοῦτο·
πόσον τε οἱ πόλοι τῆς πρώτης φορᾶς τοῦ ὁρί-
ζοντος ἀφεςήκασι, τουτέςιν ὅπως χρὴ τὴν
εὕρεσιν τοῦ ἐξάρματος τῶν ὑπὸ τὸν αὐτὸν
παράλληλον οἰκήσεων ἐπιλογίσασθαι. Καὶ ἀρ-
χόμενος τῆς τοιαύτης ἀποδείξεως, προεκτί-
θησι λημμάτιον συντελοῦν αὐτῷ πρὸς τὴν
προκειμένην ἀπόδειξιν, οὗ ἐςιν ἡ πρότασις
τοιαύτη·

ΚΕΦΑΛΑΙΟΝ Β.

ΠΩΣ ΔΟΘΕΝΤΟΣ ΤΟΥ ΤΗΣ ΜΕΓΙΣΤΗΣ ΗΜΕΡΑΣ
ΜΕΓΕΘΟΥΣ, ΑΙ ΑΠΟΛΑΜΒΑΝΟΜΕΝΑΙ ΤΟΥ ΟΡΙ-
ΖΟΝΤΟΣ ΠΕΡΙΦΕΡΕΙΑΙ ΥΠΟ ΤΕ ΤΟΥ ΙΣΗΜΕΡΙΝΟΥ
ΚΑΙ ΤΟΥ ΛΟΞΟΥ ΚΥΚΛΟΥ ΔΙΔΟΝΤΑΙ.

Τ ΟΥΤΕΣΤΙ πῶς ἂν ἐπί τινος οἰκήσεως δοθέντος
ἡμῖν ἐξ ὑδρίου ὡροσκοπίου τοῦ μεγέθους τῆς
ἡμέρας πόσων ἐςὶν ὡρῶν ἰσημερινῶν, αἱ ἀπο-

les arcs plus petits, comme s'ils croissoient
uniformément, car ces parties prises ainsi
ne différent pas sensiblement des résultats
que la géométrie donneroit pour les
moindres arcs. Enfin les propriétés et les
grandeurs des arcs formés par les princi-
paux d'entre les grands cercles; c'est-à-dire
la grandeur des angles que le méridien
fait sur le zodiaque aux premiers points
des dodécatémories; et de ceux que font
l'horizon et le grand cercle qui passe par
le point vertical et le premier point de
chaque dodécatémorie, en chacune des
distances à l'équateur; comme aussi, de
combien de degrés sont les arcs compris
depuis le point vertical jusqu'aux sections
susdites du zodiaque. Ensuite il fait l'énu-
mération des principaux objets dont il doit
faire le calcul pour chaque climat, et il com-
mence par celui qui, pour le premier climat,
consiste dans la recherche de la distance
des poles du premier mouvement à l'hori-
zon, c'est-à-dire dans le calcul qu'il con-
vient d'employer pour trouver la hauteur
du pole pour les lieux terrestres situés sous
un même parallèle. Mais auparavant, il
propose un lemme dont il se sert pour sa
démonstration, et dont voici l'énoncé.

CHAPITRE II.

COMMENT, LA LONGUEUR DU PLUS LONG JOUR
ÉTANT DONNÉE, LES ARCS LE L'HORIZON
INTERCEPTÉS ENTRE L'ÉQUATEUR ET LE
CERCLE OBLIQUE, SONT AUSSI DONNÉS.

C ELA signifie que, connoissant pour un
lieu terrestre par l'hydroscope, la gran-
deur du jour en heures équinoxiales,

les arcs de l'horizon interceptés entre l'équateur et la portion du zodiaque, laquelle se lève alors, c'est-à-dire, dans laquelle le soleil est alors, sont donnés. Et d'abord, nous bornant aux jours les plus longs et les plus courts, selon celui des deux tropiques qui se lève, nous ne calculerons que pour les commencemens des signes, et cela suffira pour l'usage de cette méthode, utile encore pour les prosneuses des éclipses de lune. La prosneuse est l'inclinaison vers quelque partie de l'horizon, de la partie des luminaires, la première ou la dernière obscurcie. Elle est utile aussi pour les phases des astres. Voulant donc étendre cette démonstration à toutes les habitations ou parallèles qui passent par elles, il prend pour exemple, le cercle parallèle à l'équateur, qui passe par le point vertical de Rhodes, où le plus long jour s'est trouvé être de 14 ½ heures, et la hauteur du pôle donnée de 36 degrés au moyen de l'instrument décrit dans le premier livre par les armilles ou la plinthe. Il prend ce climat pour exemple, parce que la hauteur y étant en nombres entiers, est aisée à calculer, parce que Hipparque y a fait plusieurs observations, et parce qu'enfin ce climat tient le milieu entre les sept climats. Ptolemée dit donc:

Soit proposé pour exemple général, le cercle parallèle à l'équateur, qui passe par Rhodes, où la hauteur du pôle est de 36 degrés, et le plus long jour de 14 ½ heures équinoxiales, soit le méridien A B G D (Fig. 1.), le demi-cercle oriental de l'horizon BED, celui de l'équateur A E G,

λαμβανόμεναι τοῦ ὁρίζοντος περιφέρειαι μεταξὺ τοῦ τε ἰσημερινοῦ καὶ τοῦ ἀνατέλλοντος τμήματος τοῦ ζωδιακοῦ, τουτέστιν ἐφ' οὗ ἐστιν ὁ ἥλιος τότε, δίδονται. Καὶ πρότερον ὡς ἐπὶ τῶν μεγίστων ἢ ἐλαχίστων ἡμερῶν, τουτέστιν ὁποτέρου τῶν τροπικῶν ἀνατέλλοντος. Διὰ μέντοι τὸ πρὸς τὸ χρήσιμον αὔταρκες, μόνας τὰς κατὰ τὰς ἀρχὰς τῶν δωδεκατημορίων γινομένας ἐπιλογίζεται. Ἔστι δὲ χρήσιμος ἡ τοιαύτη ἀπόδειξις καὶ πρὸς τὰς προσνεύσεις τῶν τῆς σελήνης ἐκλείψεων. Πρόσνευσίς δέ ἐστιν, ἡ πρός τι μέρος τοῦ ὁρίζοντος νεῦσις, τοῦ τὸ πρῶτον ἢ τὸ ἔσχατον ἐπισκοτουμένου τῶν φώτων μέρους· ἔστι γεμὴν καὶ πρὸς τὰς φάσεις τῶν ἀστέρων. Βουλόμενος οὖν τὴν τοιαύτην ἀπόδειξιν ἐπὶ πασῶν τῶν οἰκήσεων, ἤτοι τῶν δι' αὐτῶν παραλλήλων ποιήσασθαι, χρῆται πάλιν, ὑποδείγματος ἕνεκεν, τῷ διὰ τοῦ κατὰ κορυφὴν τῆς Ῥόδου γραφομένῳ παραλλήλῳ τῷ ἰσημερινῷ, ἔνθα ἡ μὲν μεγίστη ἡμέρα κατείληπται ὡρῶν ἰσημερινῶν ιδ ς'', τὸ δὲ ἔξαρμα τοῦ πόλου ἐκ τοῦ ὀργάνου τοῦ ἐν τῷ πρώτῳ βιβλίῳ διὰ τῶν κρίκων ἢ καὶ τῆς πλινθίδος μοιρῶν λϛ. Εἴληφε δὲ καὶ ἐν τῷ ὑποδείγματι τοῦτο τὸ κλίμα, διὰ τὸ τὸ ἔξαρμα εἰς ὅλας μοίρας ἀπαρτίζον, εὐεπιλόγιστον εἶναι, καὶ διὰ τὸ πολλὰς τηρήσεις ἐν τούτῳ τῷ κλίματι παρὰ τοῦ Ἱππάρχου γεγενῆσθαι, καὶ ἔτι διὰ τὸ μέσον αὐτὸ εἶναι τῶν ἑπτὰ κλιμάτων, καὶ φησί·

Προκείσθω δὴ καθόλου τῶν ὑποδείξεων ἕνεκεν ὁ διὰ Ῥόδου γραφόμενος παράλληλος τῷ ἰσημερινῷ, ὅπου τὸ μὲν ἔξαρμα τοῦ πόλου, μοιρῶν ἐστι λϛ, ἡ δὲ μεγίστη ἡμέρα ὡρῶν ἰσημερινῶν ιδ ς''. Καὶ ἔστω μεσημβρινὸς μὲν κύκλος ὁ ΑΒΓΔ, ὁρίζοντος δὲ τὸ ἀνατολικὸν ἡμικύκλιον τὸ ΒΕΔ, ἰσημερινοῦ δὲ τὸ ΑΕΓ.

Καὶ τὸ μὲν ΒΑΔ ὑπὲρ γῆς τοῦ ΒΕΔ ὁρίζοντος, τὸ δὲ ΒΓΔ ὑπὸ γῆν, καὶ εἰλήφθω ὁ νότιος πόλος τοῦ ἰσημερινοῦ ὁ Ζ· φανερὸν γὰρ ὅτι ὑπὸ γῆν ἐςι, καὶ ὁ κατὰ διάμετρον αὐτοῦ ὑπὲρ γῆς τυγχάνει, διὰ τὸ τὴν καθ' ἡμᾶς οἰκουμένην βορειοτέραν εἶναι. Ὑποκείσθω δὲ τοῦ διὰ μέσων τῶν ζωδίων τὸ χειμερινὸν τροπικὸν σημεῖον ἀνατέλλειν, τουτέςι τὴν ἀρχὴν τοῦ αἰγόκερω, διὰ τοῦ Η σημείου τοῦ ὁρίζοντος, καὶ γεγράφθω διὰ τοῦ ΖΗ μεγίςου κύκλου τεταρτημόριον τὸ ΖΗΘ. Δῆλον γὰρ ὅτι τεταρτημόριόν ἐςι, διὰ τὸ τὸν Ζ πόλον εἶναι τοῦ ΑΕΓ ἰσημερινοῦ. Καὶ δέον ἔςω δοθέντος τοῦ τῆς μεγίςης ἡμέρας μεγέθους, τὴν ἀπολαμβανομένην μεταξὺ τοῦ τε ἰσημερινοῦ καὶ τοῦ ἀνατέλλοντος σημείου τοῦ ζωδιακοῦ περιφέρειαν τοῦ ὁρίζοντος, τουτεςι τὴν ΕΗ εὑρεῖν.

Ἐπεὶ οὖν ἡ τῆς σφαίρας ςροφὴ περὶ τοὺς τοῦ ἰσημερινοῦ πόλους ἀποτελεῖται, φανερὸν ὅτι ἐν τῷ αὐτῷ χρόνῳ, τό τε Η σημεῖον καὶ τὸ Θ κατὰ τὸν ΑΒΓΔ μεσημβρινὸν παρέςαι. Ἐὰν γὰρ διὰ τοῦ Η σημείου παράλληλον τῷ ἰσημερινῷ γράψωμεν ὡς τὸν ΚΗΛ, ὁμοία ἔςαι ἡ ΗΚ τῇ ΘΑ, καὶ ἡ ΗΛ τῇ ΘΓ, διὰ τὸ παραλλήλων αὐτὰς εἶναι περιφερείας, τὰς δὲ ὁμοίας περιφερείας ἐν ἴσῳ χρόνῳ διεξέρχονται τὰ σημεῖα, ὥςε ἐν ᾧ τὸ Η ἐπὶ τὸ Κ, τουτέςιν ἐπὶ τὸν μεσημβρινὸν, ἐν τοσούτῳ καὶ τὸ Θ ἐπὶ τὸ Α, τουτέςι πάλιν ἐπὶ τὸν μεσημβρινόν. Καὶ ἔτι ἐν ᾧ τὸ Λ ἐπὶ τὸ Η, ἐν τοσούτῳ καὶ τὸ Γ ἐπὶ τὸ Θ, ἢ καὶ ὡς ἐν τῷ περὶ κινουμένης σφαίρας, ἐν μιᾷ περιφορᾷ τῆς σφαίρας ὁ διὰ τῶν πόλων ὡς ὁ ΖΗΘ, δὶς ἔςαι ὀρθὸς πρὸς τὸν ὁρίζοντα, δηλαδὴ ἐφαρμόσει τῷ μεσημβρινῷ, καὶ ἔςαι τὰ Η, Θ σημεῖα ἅμα ἐπὶ τοῦ μεσημβρινοῦ.

et soit BAD la portion de l'horizon BED, au-dessus de la terre, BGD celle au-dessous, et prenons Z pour le pole austral de l'équateur. Car, il est clair qu'il est au-dessous de la terre, et celui qui lui est diamétralement opposé, est au-dessus, parce que la partie que nous habitons est la plus boréale. Supposons que le point tropique d'hiver du cercle mitoyen du zodiaque, c'est-à-dire le premier du capricorne, se lève au point H de l'horizon. Menons par Z, H, le quart ZHT d'un grand cercle; car il est clair que c'est un quart de cercle, puisque Z est le pole de l'équateur AEG. La grandeur du plus long jour étant donnée, proposons-nous de trouver l'arc de l'horizon compris entre l'équateur et la portion du zodiaque laquelle se lève, c'est-à-dire, ici, l'arc EH.

La révolution de la sphère se faisant autour des poles de l'équateur, il est évident que le point H et le point T parviendront au méridien ABGD dans le même instant. Car, si par le point H nous menons le parallèle KHL à l'équateur, HK sera semblable à TA, et HL à TG, parce que ce sont des arcs de parallèles, et que ces points parcourent des arcs semblables dans un temps égal. Ainsi donc, au même moment où le point H arrive en K dans le méridien, le point T arrive en A aussi dans le méridien, et au même instant où le point L arrive en H, le point G arrive en T; ou comme dans une révolution entière de la sphère, le cercle ZHT qui passe par les poles, sera deux fois perpendiculaire sur l'horizon, où il coïncidera avec le méridien, et les points H, T, seront ensemble dans le méridien.

2 *

Cela demande une explication plus étendue. « Puisque la révolution de la sphère se fait autour des poles de l'équateur, et le reste. » Mais le temps pendant lequel H va en K, est celui depuis le lever jusqu'à la culmination pendant lequel H au-dessus de terre, et celui du trajet de L en H, est le temps qui s'écoule depuis le méridien inférieur. Par conséquent, l'arc TA de l'équateur comprend le temps depuis les levers jusqu'au point le plus élevé au-dessus de la terre, et l'arc GT renferme le temps depuis le point le plus bas au-dessous de la terre. Il s'en suivra que le temps du jour sera le double de celui qui est contenu dans TA, et que le temps de la nuit sera double de celui qui est marqué par GT, puisque dans les parallèles à l'équateur, leurs segmens supérieurs à la terre, et ceux qui lui sont inférieurs, séparés ceux-ci de ceux-là par l'horizon, sont coupés chacun en deux portions égales par le méridien. Le temps depuis le lever jusqu'au méridien, où est la culmination supérieure, est égal au temps depuis midi ou la culmination supérieure jusqu'au coucher ; et de même, le temps depuis le coucher jusqu'à la culmination inférieure est égal au temps depuis la culmination inférieure jusqu'au lever. Réciproquement donc, puisque le plus long jour dans le climat proposé, est de $14\frac{1}{2}$ heures, le plus court jour égal à la nuit du plus long jour, sera de $9\frac{1}{2}$ heures, parce que les 24 heures de chaque nychthémère sont embrassées à très-peu près par les 360 temps de l'équateur. Ainsi, l'arc T A qui embrasse le temps de la moitié du plus court jour, sera de $4\frac{1}{2}\frac{1}{4}$, et l'arc A E qui embrasse la moitié du jour équinoxial, sera de 6 heures équinoxiales. Par conséquent, l'arc restant T E qui est la différence de la moitié du plus court jour au jour équinoxial, sera de $1\frac{1}{4}$

Ἐφ' ὃ μᾶλλον καὶ τὴν ἔμφασιν περὶ τὸ ῥητὸν λέγειν. Ἐπεὶ τοίνυν ἡ τῆς σφαίρας στροφὴ περὶ τοὺς τοῦ ἰσημερινοῦ πόλους ἀποτελεῖται, καὶ τὰ ἑξῆς. Ἀλλ' ἐν ᾧ τὸ Η ἐπὶ τὸ Κ, ὁ ἀπὸ ἀνατολῶν ἐπὶ τὴν ὑπὲρ γῆν μεσουράνησιν χρόνος ἐστίν, ἐν ᾧ δὲ τὸ Λ ἐπὶ τὸ Η, ὁ ἀπὸ τῆς ὑπὸ γῆν μεσουρανήσεως χρόνος ἐστίν. Καὶ ἡ μὲν ΘΑ ἄρα τοῦ ἰσημερινοῦ περιφέρεια περιέχει τὸν ἀπὸ ἀνατολῶν ἐπὶ τὴν ὑπὲρ γῆν μεσουράνησιν χρόνον· ἡ δὲ ΓΘ περιέχει τὸν χρόνον τὸν ἀπὸ τῆς ὑπὸ γῆν μεσουρανήσεως ἐπὶ τὴν ἀνατολήν. Ἀκόλουθον ἂν εἴη διὰ ταῦτα καὶ τὸν μὲν τῆς ἡμέρας χρόνον εἶναι τὸν διπλάσιον τοῦ ὑπὸ τῆς ΘΑ περιεχομένου, τὸν δὲ τῆς νυκτὸς τὸν διπλάσιον τοῦ ὑπὸ τῆς ΓΘ· ἐπειδήπερ τὰ τῶν παραλλήλων τῷ ἰσημερινῷ τμήματα ὑπὲρ γῆν καὶ ὑπὸ γῆν ὑπὸ τοῦ ὁρίζοντος χωριζόμενα, διχατομοῦνται ὑπὸ τοῦ μεσημβρινοῦ. Καὶ γίνεται ὁ ἀπὸ ἀνατολῶν ἐπὶ μεσημβρίαν ἤτοι μεσουράνησιν, ἴσος τῷ ἀπὸ μεσημβρίας ἢ μεσουρανήσεως ἐπὶ δύσιν. Καὶ πάλιν ὁ ἀπὸ δύσεως ἐπὶ τὴν ὑπὸ γῆν μεσουράνησιν, ἴσος τῷ ἀπὸ τῆς ὑπὸ γῆν μεσουρανήσεως ἐπὶ τὴν ἀνατολήν. Καὶ ἐπεὶ ἡ μεγίστη ἡμέρα ἐν τῷ ὑποκειμένῳ κλίματι ὡρῶν ἐστι ιδ´ ϛ´´, εἴη ἂν ἡ ἐλαχίστη ἴση οὖσα ἐναλλὰξ τῇ νυκτὸς τῆς μεγίστης ἡμέρας ὡρῶν θ´ ϛ´´, διὰ τὸ καὶ συναμφότερον τὸ νυχθήμερον τὰς κδ´ ὥρας ἰσημερινὰς τῶν τξ´ χρόνων τοῦ ἰσημερινοῦ ἔγγιστα περιέχειν. Ὥστε καὶ ἡ ΘΑ τὸν χρόνον περιέχουσα τοῦ ϛ´´ τῆς ἐλαχίστης ἡμέρας, ὡρῶν ἔσται δ´ ϛ´´ δ´´, ἡ δὲ ΑΕ τὸν χρόνον περιέχουσα τοῦ ϛ´´ τῆς ἰσημερινῆς ἡμέρας, ἔσται ὡρῶν ἰσημερινῶν ϛ´. Καὶ λοιπὴ ἄρα ἡ ΘΕ περιφέρεια διαφορὰ οὖσα τῆς ϛ´ τῆς ἐλαχίστης ἡμέρας παρὰ τὴν ἰσημερινὴν, ὥρας μὲν ἔσται ᾱ δ´´, χρόνων δὲ δηλονότι

τῇ με΄. Ἐπειδήπερ ἡ ἰσημερινὴ ὥρα χρόνων
ἐςὶ ιε, λοιπὴ δὲ ἡ ΘΑ, χρόνων ἐςὶν οᾱ ιε΄,
ἐπεὶ καὶ ὅλη ἡ ΕΑ τεταρτημορίου τυγχάνουσα,
μοιρῶν ἐςιν ζ.

Ὅτι δὲ ἡ ἴση τῆς ΕΘ περιφερείας ἡμίσειά
ἐςι τῆς διαφορᾶς τῆς μεγίςης ἡμέρας περὶ
τὴν ἰσημερινήν, ὡς αὐτός φησιν, ς΄ αὐτὴν
εἶναι τῆς διαφορᾶς τῆς μεγίςης ἢ ἐλαχίςης
ἡμέρας παρὰ τὴν ἰσημερινήν, οὕτω δεικτέον.
Ἐὰν γὰρ ὑποθέμενοι καὶ τὸ Μ σημεῖον καθ᾽
οὗ ἀνατέλλει τὸ θερινὸν τροπικόν, λάβωμεν
τὸν βόρειον πόλον κατὰ τὸ Ν, καὶ δι᾽ αὐτοῦ
καὶ τοῦ Μ γράψωμεν τεταρτημόριον τὸ ΝΜΞ,
καὶ διὰ τοῦ Μ παράλληλον τῷ ἰσημερινῷ ὡς
τὸν ΜΟ, δῆλον ὡς ὅτι ἐπὶ τοῦ ΜΟ θερινοῦ
τροπικοῦ ὁ ἥλιος ἐνεχθήσεται ἐν τῇ μεγίςῃ
ἡμέρᾳ· καὶ ἐν ᾧ τὸ Μ ἐπὶ τὸ Ο, ἐν τῷ το-
σούτῳ καὶ τὸ Ξ ἐπὶ τὸ Α· ἀλλ᾽ ἐν ᾧ τὸ Μ
ἐπὶ τὸ Ο, ὁ ἀπὸ ἀνατολῶν ἐπὶ μεσημβρίαν
χρόνος ἐςὶ τῆς μεγίςης ἡμέρας, ὥςε καὶ ἡ
ΕΑ τὸν χρόνον περιέχει τοῦ ς΄ τῆς μεγίςης
ἡμέρας. Ἀλλὰ καὶ ἡ ΕΑ τῆς ἰσημερινῆς· ἡ
ἄρα ΕΞ διαφορά ἐςι τῆς ς΄ τῆς μεγίςης
ἡμέρας παρὰ τὴν ς΄ τῆς ἰσημερινῆς, ἡμίσεια
δὲ δηλονότι τῆς διαφορᾶς τῆς ὅλης ἡμέρας
πρὸς τὴν ὅλην. Λέγω οὖν ὅτι ἴση ἐςὶν ἡ ΞΕ
τῇ ΕΘ. Ἐπεὶ γὰρ ἴσος ἐςὶν ὁ ΚΗ τροπικὸς
τῷ ΜΟ, καὶ τῶν ἐναλλὰξ ἄρα αἱ ἡμίσειαι,
ἴση ἄρα ἡ ΜΟ τῇ ΗΛ, καὶ ὁμοία. Ἀλλ᾽ ἡ
μὲν ΜΟ τῇ ΑΞ ἐςὶν ὁμοία, καὶ εἰσὶ τοῦ αὐτοῦ
κύκλου, ἴση ἄρα ἡ ΑΞ τῇ ΘΓ. Καὶ κοινῆς
ἀφαιρεθείσης τῆς ΤΞ, λοιπὴ ἄρα ἡ ΑΘ λοι-
πῇ τῇ ΞΓ ἐςὶν ἴση. Ἔςι δὲ καὶ ὅλη ἡ ΑΕ
ὅλῃ τῇ ΕΓ ἴσῃ· καὶ λοιπὴ ἄρα ἡ ΘΕ λοιπῇ
τῇ ΕΞ ἐςὶν ἴση.

Δειχθείσης οὖν τῆς ΕΘ ἐπὶ τοῦ ὑποκει-

de ces heures, ce qui fait 18 temps 45
minutes. Car, une heure équinoxiale est de
15 temps, et l'autre arc TA sera de $71^t 15'$,
puisque l'arc entier EA étant un quart de
cercle, est de 90^d.

Pour prouver que l'arc égal à E T est
la moitié de la différence du plus grand
jour au jour de l'équinoxe, comme il le
dit : supposant que M est le point tro-
pique d'été, qui se lève, prenons N
pour le pole boréal, et par N et par M
menons le quart de cercle NMX, et par
M le parallèle MO à l'équateur : il est
évident que dans le plus long jour, le soleil
sera porté sur le tropique d'été MO, et
pendant le temps que M mettra à aller en
O, X ira en A ; or, pendant le temps que
M va en O, le temps depuis le lever jus-
qu'à midi, appartient au plus long jour;
donc l'arc XA renferme le temps de la
moitié du plus long jour. Mais EA est la
moitié du jour équinoxial, par conséquent,
XE est la différence de la moitié du plus
long jour à la moitié du jour équinoxial, ou
bien la moitié de la différence entre ces
deux jours entiers. Or, je dis que XE est
égal à ET. Car, puisque le tropique KH
est égal au tropique MO, les moitiés de
l'un sont égales aux moitiés de l'autre; MO
est donc égal et semblable à HL, mais
MO est semblable à AX, et ce sont des
arcs du même cercle, donc AX est égal à
TG, et ôtant l'arc commun TX reste AT
égal à XG; mais l'arc entier AE est égal à
l'arc entier EG; donc, l'arc restant TE est
égal à l'arc restant EX.

Etant démontré que l'arc E T dans le

climat en question, est de $1\frac{1}{4}$ heure, ou
bien de 18 temps 45', et que l'arc restant,
T A est de 71 temps 15', Ptolemée ap-
plique le théorême sphérique de la com-
paraison des raisons par synthèse, dé-
montré dans le premier livre, à la recherche
de la valeur E H de l'horizon, en disant:
d'après ce qui a été démontré ci-dessus,
les arcs EB, ZT étant menés à deux autres
arcs de grands cercles AE, AZ, de ma-
nière qu'ils se coupent en H, la raison de
la soutendante du double de l'arc AT à la
soutendante du double de l'arc AE, est
composée de la raison de la soutendante
du double de l'arc TZ à celle du double
de l'arc ZH, et de la raison de celle du
double de l'arc HB à celle du double de
l'arc BE. Mais le double de l'arc TA est
de 142^p 30' (car cet arc simple contenait
71^d 15'), et sa soutendante est de 113^p 37'
54"; le double de l'arc AE est de 180^d, et
sa soutendante est de 120^p; le double de
l'arc TZ est aussi de 180^d, car TZ mené
du pole sur l'équateur est un quart de
ce cercle qui vaut 90 degrés, et sa corde
a 120^p le double de l'arc ZY, est de 132^d,
17' 20" (parce que TH est l'arc de la plus
grande obliquité, de 23^d 51' 20", car H est
supposé être le point tropique d'hiver); et
sa corde est de 109^p 44' 53", donc, si de
la raison de 113^p 37' 54" à 120^p, nous ôtons
celle de 120 à 109^p 44' 53", restera la rai-
son de la corde du double de l'arc HB à
celle du double de l'arc BE, laquelle est
de 103^p 55' 26" à 120^p. Or, 120^p est la corde

μένου κλίματος ὥρας ᾱ δ', χρόνων δὲ δη-
λονότι ιη' με'· καὶ λοιπῆς τῆς ΘΑ χρόνων
οᾱ ιε', προσχρῆται εἰς τὴν κατάληψιν τῆς
ΕΗ περιφερείας τοῦ ὁρίζοντος τῷ δειχθέντι
σφαιρικῷ θεωρήματι ἐν τῷ πρώτῳ βιβλίῳ
ἐπὶ τῆς κατὰ σύνθεσιν τῶν λόγων ἀνάπαλιν
λήψεως, καί φησιν· Ἐπεὶ οὖν κατὰ τὰ αὐτὰ
τοῖς ἔμπροσθεν ἀποδεδειγμένοις εἰς δύο με-
γίςων κύκλων περιφερείας τὰς ΑΕ καὶ ΑΖ
δύο γεγραμμέναι εἰσὶν αἱ ΖΘ καὶ ΒΕ, τέ-
μνουσαι ἀλλήλας κατὰ τὸ Η, ὁ τῆς ὑπὸ τὴν
διπλῆν τῆς ΘΑ πρὸς τὴν ὑπὸ τὴν διπλῆν τῆς
ΑΕ λόγος συνῆπται ἔκ τε τοῦ τῆς ὑπὸ τὴν
διπλῆν τῆς ΘΖ πρὸς τὴν ὑπὸ τὴν διπλῆν τῆς
ΖΗ, καὶ τοῦ τῆς ὑπὸ τὴν διπλῆν τῆς ΗΒ
πρὸς τὴν ὑπὸ τὴν διπλῆν τῆς ΒΕ. Ἀλλ' ἡ
μὲν τῆς ΘΑ περιφερείας διπλῆ μοιρῶν ἐςὶν
ρμβ λ' (αὕτη γὰρ κατείληπτο οᾱ νε') καὶ
ἡ ὑπ' αὐτὴν εὐθεῖα τμημάτων ριγ̄ λζ νδ",
ἡ δὲ τῆς ΑΕ περιφερείας διπλῆ μοιρῶν ρπ̄
καὶ ἡ ὑπ' αὐτὴν εὐθεῖα τμημάτων ρκ̄. Πάλιν
ἡ μὲν τῆς ΘΖ διπλῆ μοιρῶν ρπ̄ (ἐπεὶ καὶ
αὐτὴ ἡ ΘΖ ἐκ πόλου οὖσα τὸν ἐπὶ ἰσημερινὸν
τῶν τοῦ τεταρτημορίου ἐςὶ μοιρῶν ϛ̄, (ἡ δὲ
ὑπὸ τὰς ρπ̄ μοίρας εὐθεῖα, τμημάτων ρκ̄
ἡ δὲ τῆς ΖΗ διπλῆ μοιρῶν ρλβ ιζ κ" (διὰ
τὸ καὶ τὴν ΘΗ περιφέρειαν μοιρῶν τυγχάνειν
κγ̄ να' κ" τῆς μεγίςης λοξώσεως, τὸ γὰρ Η
σημεῖον χειμερινὸν ὑπόκειται τροπικόν) ἡ δὲ
διπλῆ τῆς ΖΘ μοιρῶν ρπ̄, καὶ ἡ ὑπ' αὐτὴν
εὐθεῖα μοιρῶν ρκ̄, ἡ δὲ ὑπὸ τὴν ΖΗ εὐθεῖα
τμημάτων ρθ̄ μδ' νγ". Ἐὰν ἄρα ἀπὸ τοῦ
λόγου τοῦ τῶν ριγ̄ λζ νδ" πρὸς τὰ ρκ̄ ἀφ'
ἕλωμεν τὸν τῶν ρκ̄ πρὸς τὰ ρθ̄ μδ' νγ",
καταλειφθήσεται ἡμῖν ὁ τῆς ὑπὸ τὴν διπλῆν
τῆς ΗΒ πρὸς τὴν ὑπὸ τὴν διπλῆν τῆς ΒΕ
λόγος, ὁ τῶν ργ̄ νε' κϛ", πρὸς τὰ ρκ̄. Καὶ

ἔςιν ἡ ὑπὸ τὴν διπλῆν τῆς ΒΕ περιφερείας τμημάτων ρκ̄, καὶ ἡ ὑπὸ τὴν διπλῆν ἄρα τῆς ΗΒ περιφερείας εὐθεῖα τμημάτων ἔςαι ργ̄ νε′ κϛ″, ἡ δὲ ἐπ᾽ αὐτῆς περιφέρεια, τουτέςιν ἡ διπλῆ τῆς ΗΒ περιφερείας μοιρῶν ρκ̄ ἔγγιςα, αὐτὴ δὲ ἡ ΒΗ μοιρῶν ξ̄. Καὶ λοιπὴ ἄρα ἡ ΗΕ ἐπιζητουμένη τοῦ ὁρίζοντος περιφέρεια μεταξὺ τοῦ ἰσημερινοῦ καὶ τοῦ χειμερινοῦ τροπικοῦ ἐπὶ τῆς ὑποκειμένης οἰκήσεως ἔςαι μοιρῶν λ̄, οἵων ὁ ὁρίζων τξ̄. Γίνεται δὲ ἡ ἀφαίρεσις καὶ ἡ κατάληψις τοῦ λόγου οὕτω· πολλαπλασιάζοντες τὸν ρθ̄ μδ′ νγ″, ἐπὶ τὸν ριγ̄ λζ′ νδ″, ὃν τρόπον ὑπεδείξαμεν ἐν τοῖς εἰς τὸ πρῶτον βιβλίον, καὶ τὸν συναγόμενον μερίζοντες περὶ τὸν ρκ̄, εὑρίσκομεν τὸν ργ̄ νε′ κϛ″. Καὶ ἔςαι γεγονὼς ὡς ριγ̄ λζ′ νδ″ πρὸς ρκ̄, οὕτως ργ̄ νε′ κϛ″ πρὸς ρθ̄ μδ′ νγ″. Καὶ μέσου τούτων λαμβανομένου τοῦ ρκ̄, ἐὰν ἀπὸ τοῦ τῶν ργ̄ νε′ κϛ″, πρὸς τὰ ρθ̄ μδ′ νγ″ λόγου, τουτέςιν ὃν ἔχει ἡ ὑπὸ τὴν διπλῆν τῆς ΘΑ πρὸς τὴν ὑπὸ τὴν διπλῆν τῆς ΛΕ, τοῦ αὐτοῦ ὄντος τῷ τῶν ριγ̄ λζ′ νδ″ πρὸς τὰ ρκ̄, ἀφέλωμεν τὸν τῶν ρκ̄ πρὸς τὰ ρθ̄ μδ′ νγ″, τουτέςι τὸν λόγον τῆς ὑπὸ τὴν διπλῆν τῆς ΘΖ πρὸς τὴν ὑπὸ τὴν διπλῆν τῆς ΖΗ, καταλειφθήσεται ὁ λόγος ὁ τῶν ργ̄ νε′ κϛ″ πρὸς τὰ ρκ̄, τουτέςιν ὁ τῆς ὑπὸ τὴν διπλῆν τῆς ΗΒ πρὸς τὴν ὑπὸ τὴν διπλῆν τῆς ΒΕ. Καὶ ἔςιν ἡ ὑπὸ τὴν διπλῆν τῆς ΒΕ τμημάτων ρκ̄, καὶ ἡ ὑπὸ τὴν διπλῆν ἄρα τῆς ΗΒ περιφερείας εὐθεῖα τμημάτων ἔςαι ργ̄ νε′ κϛ″.

du double de l'arc **BE**; donc, la corde du double de l'arc HB sera de 103ᵖ 55′ 26″, et l'arc soutenu par cette corde, c'est-à-dire le double de H B est de 120ᵈ à peu près, et l'arc **BH** lui-même est de 60ᵖ. Par conséquent, l'arc restant H E de l'horizon, qui est celui que nous cherchons entre l'équateur et le point tropique d'hiver, pour l'habitation proposée, sera de 30 degrés, dont l'horizon en contient 360. Or, voici comment on procède pour trouver ce qui reste après la division de ces raisons : on multiplie 109ᵖ 44′ 53″ par 113ᵖ 36′ 54″, comme il a été dans le premier livre; et ayant divisé le produit par 120, on trouve 103ᵖ 55′ 26″, et on aura la raison 113ᵖ 37′ 54″ à 120, comme 103 ᵖ 55′ 26 à 109ᵖ, prenant pour terme moyen 120, si de la raison de 103ᵖ 55′ 26″ à 109 ᵖ 44′ 53″, c'est-à-dire, de là raison de la corde du double de **TA** à la corde du double de **A E**, laquelle est la même que de 113ᵖ 37′ 54″ à 120ᵖ, nous ôtons la raison de 120ᵖ à 109ᵖ 44′ 53″, c'est-à-dire la raison de la corde du double de T Z à la corde du double de **Z H**, restera la raison de 103ᵖ 55′ 26″ à 120ᵖ, laquelle est celle de la corde du double de HB à la corde du double de BE. Or, la corde du double de **BE** est de 120ᵖ; donc, la corde du double de **MB** sera de 103ᵖ 55′ 26″.

CHAPITRE III.

COMMENT, LES MÊMES CHOSES ÉTANT SUP-
POSÉES, ON TROUVE LA HAUTEUR DU POLE,
ET RÉCIPROQUEMENT.

APRÈS que Ptolémée a résolu, pour
le parallèle qui passe par Rhodes, où le
plus long jour est de 14 ½ heures équi-
noxiales, la question qu'il s'était proposée,
qui était de savoir comment pour toutes les
habitations ou pour les parallèles à l'équa-
teur qui passent par le point vertical de
chacune, la grandeur du plus long jour étant
donnée, on prend l'arc de l'horizon entre
l'équateur et le point orient du cercle
oblique mitoyen du zodiaque, je veux
dire le point tropique. Il passe au second
chapitre qui traite de la manière de trou-
ver la hauteur du pole, quand on a la
durée du plus long jour, ou, ce qui est la
même chose, la distance des poles à l'é-
quateur prise sur le méridien, laquelle est
égale à la distance du point vertical à l'é-
quateur, distance que nous avons appelée
latitude de l'habitation. Il dit donc en se
servant de la même figure, soit proposé
encore avec cette donnée, c'est-à-dire avec
l'arc donné de l'horizon, de prendre la hau-
teur du pole, je veux dire l'arc Z B, dis-
tance du pole de l'équateur au point B qui
est dans l'horizon et dans le méridien A B
G D. Il a pris encore pour cette démons-
tration le même théorème sphérique de la
comparaison des raisons prises par diérèse,
en ces termes : la raison de la corde du
double de l'arc E T à celle du double de
l'arc T A, est composée de la raison de la

ΚΕΦΑΛΑΙΟΝ Γ΄.

ΠΩΣ ΤΩΝ ΑΥΤΩΝ ΥΠΟΚΕΙΜΕΝΩΝ ΤΟ ΕΞΑΡΜΑ
ΤΟΥ ΠΟΛΟΥ ΔΙΔΟΤΑΙ ΚΑΤΑ ΤΟ ΑΝΑΠΑΛΙΝ.

ΑΠΟΔΕΙΞΑΣ ἐπὶ τοῦ διὰ Ῥόδου παραλλήλου,
ἔνθα ἡ μεγίστη ἡμέρα ὡρῶν ἐστιν ἰσημερινῶν
δ´ ς" τὸ προτεθὲν αὐτῷ θεώρημα, τουτέστιν
ὃν τρόπον ἐπὶ πασῶν τῶν οἰκήσεων, ἤτοι τῶν
διὰ τῶν κατὰ κορυφὴν αὐτῶν γραφομένων
παραλλήλων τῷ ἰσημερινῷ, δοθέντος τοῦ τῆς
μεγίστης ἡμέρας μεγέθους, ἡ ἀπολαμβανομένη
τοῦ ὁρίζοντος περιφέρεια μεταξὺ τοῦ τε ἰση-
μερινοῦ καὶ τοῦ ἀνατέλλοντος τμήματος τοῦ
διὰ μέσων τῶν ζωδίων, λέγω δὴ τοῦ τροπικοῦ
λαμβάνεται, ἔρχεται ἐπὶ τὸ προκείμενον κε-
φάλαιον· ἔστι δὲ τοιοῦτον· πῶς ἂν δοθέντος
τοῦ τῆς μεγίστης ἡμέρας μεγέθους, καὶ τὸ
ἔξαρμα τοῦ πόλου δίδοται, τουτέστιν ἡ ἀπὸ
τοῦ ὁρίζοντος ἀπόστασις τῶν πόλων ἐπὶ τοῦ
μεσημβρινοῦ, ἥ τις ἴση ἐστὶ τῇ τοῦ κατὰ κο-
ρυφὴν ἀπὸ τοῦ ἰσημερινοῦ ἀποστάσει, ὃ καὶ
πλάτος ἐλέγομεν εἶναι τῆς οἰκήσεως. Χρῆται
οὖν τῇ ἀποδείξει ἐπὶ τῆς αὐτῆς καταγραφῆς,
καὶ φησίν· Προκείσθω δὴ πάλιν τοῦ δεδομέ-
νου, τουτέστι τῆς εἰρημένης τοῦ ὁρίζοντος
περιφερείας, καὶ τὸ ἔξαρμα τοῦ πόλου λαβεῖν
λέγω δὴ τὴν ΖΒ περιφέρειαν (ταύτην γὰρ ἀφ-
έστηκεν ὁ πόλος τοῦ ἰσημερινοῦ) ἀπὸ τοῦ Β
ὅ ἐστι τοῦ ὁρίζοντος ἐπὶ τοῦ ΑΒΓΔ μεσημ-
βρινοῦ. Κέχρηται δὲ καὶ ἐνταῦθα τῇ κατὰ
διαίρεσιν τῶν λόγων λήψει ἐπὶ τοῦ αὐτοῦ σφαι-
ρικοῦ θεωρήματος τοῦ ἐν τῷ πρώτῳ βιβλίῳ
δειχθέντος οὕτω· Πάλιν γὰρ ἐπὶ τῆς ἄνω κα-
ταγραφῆς, ὁ τῆς ὑπὸ τὴν διπλῆν τῆς ΕΘ πρὸς
τὴν ὑπὸ τὴν διπλῆν τῆς ΘΑ λόγος, συνῆπτ-

έκ τε τοῦ τῆς ὑπὸ τὴν διπλῆν τῆς ΕΗ, πρὸς
τὴν ὑπὸ τὴν διπλῆν τῆς ΗΒ, καὶ τοῦ τῆς
ὑπὸ τὴν διπλῆν τῆς ΒΖ πρὸς τὴν διπλῆν τῆς
ΖΑ. Καὶ ἵνα μὴ ταυτολογῶμεν, ἀρκούντως
τὴν περὶ τούτων διδασκαλίαν ποιησάμενοι,
προχειρότερον τὰ ἑξῆς δηλώσομεν. Ἐπεὶ οὖν
δέδοται ἡ ΕΘ περιφέρεια, δέδοται καὶ ἡ δι-
πλῆ αὐτῆς, καὶ ἡ ὑπ' αὐτὴν εὐθεῖα, ὁμοίως
καὶ ἡ ὑπὸ τὴν διπλῆν τῆς ΘΑ περιφερείας, λει-
πούσης εἰς τὸ τεταρτημόριον. Δίδοται δὲ καὶ
ὁ τῆς ὑπὸ τὴν διπλῆν τῆς ΕΗ τοῦ ὁρίζοντος
περιφερείας, ἐπεὶ καὶ αὐτὴ ἡ ΕΗ δίδοται. Καὶ
πάλιν ἡ ὑπὸ τὴν διπλῆν τῆς ΗΒ, λειπούσης
καὶ αὐτῆς εἰς τὸ τεταρτημόριον. Καὶ ἐὰν ἄρα
ἀπὸ τοῦ λη λδ κϛ πρὸς τὰ ριγ λζ νδ λό-
γου, τουτέστι τοῦ τῆς ὑπὸ τὴν διπλῆν τῆς
ΕΘ πρὸς τὴν ὑπὸ τὴν διπλῆν τῆς ΘΑ, ἀφ-
έλωμεν τὸν τῶν ξ πρὸς τὰ ργ νε κγ,
τουτέστι τὸν τῆς ὑπὸ τὴν διπλῆν τῆς ΕΗ πρὸς
τὴν ὑπὸ τὴν διπλῆν τῆς ΗΒ λόγου, καταλει-
φθήσεται ὁ τῆς ὑπὸ τὴν διπλῆν τῆς ΖΒ πρὸς
τὴν ὑπὸ τὴν διπλῆν τῆς ΖΑ λόγος, ὁ τῶν ο
λγ ἔγγιστα πρὸς τὰ ρκ. Γέγονε δὲ αὐτῷ ἡ
ἀφαίρεσις τοῦ λόγου καὶ ἡ κατάλειψις τὸν
τρόπον τοῦτον· πολλαπλασιάσας γὰρ τὰ ργ
νε κγ ἐπὶ τὰ λη λδ κγ, καὶ τα γενόμενα
μερίσας παρὰ τὸν ριγ λζ νδ, τὰ εὑρεθέντα
ἐκ τοῦ μερισμοῦ λε ιϛ λη, ἔσχε τέταρτον
ἀνάλογον, καὶ γέγονεν ὡς λη λδ κϛ πρὸς
ριγ λζ νδ, οὕτως λε ιϛ λη, πρὸς ργ νε
κγ. Καὶ ἐπεὶ ὁ λόγος ὁ τῶν λη λδ κϛ πρὸς
τὰ ριγ λζ νδ, συνῆπται ἔκ τε τοῦ τῶν λε
ιϛ λη πρὸς τὰ ξ, καὶ τοῦ τῶν ξ πρὸς τὰ
ργ νε κγ. Ἐὰν ἄρα ἀπὸ τοῦ λόγου τῶν λε
ιϛ λη πρὸς τὰ ργ νε κγ (ὁ γὰρ αὐτὸς
τούτῳ πεπόρισται) ἀφέλωμεν τὸν τῶν ξ πρὸς
τὰ ργ νε κγ, καταλειφθήσεται ὁ τῆς ὑπὸ

corde du double de l'arc EH à celle du
double de l'arc HB, et de la raison de la
corde du double de l'arc BZ à la corde du
double de l'arc ZA. Et pour ne pas nous
répéter, cette opération étant suffisamment
éclaircie, nous nous exprimerons doréna-
vant plus briévement. Puisque l'arc ET est
donné, son double est aussi donné, ainsi
que sa corde, et celle du double de TA,
complément du quart du cercle. Mais la
corde du double de l'arc EH de l'horizon
est aussi donné, puisque EH est donné,
ainsi que la corde du double de HB, com-
plément du quart du cercle. Donc, si de
la raison 38ᵖ 34′ 22″ à 113ᵖ 37′ 54″, c'est-à-
dire de la raison de la corde du double de
ET à la corde du double de TA, nous
ôtons la raison de 6o à 103ᵖ 55′ 23″, c'est-
à-dire celle de la corde du double de EH
à la corde du double de HB, restera la
raison de la corde du double de ZB à la
corde du double de ZA, laquelle raison
est à peu près celle de 70ᵖ 33′ à 120ᵖ. Il a
donc trouvé la raison qui provient de la di-
vision de ces raisons, en multipliant 103ᵖ 55′
23″ par 38ᵖ 34′ 23″, et en divisant leur
produit par 113ᵖ 37′ 54″. Le quatrième
terme proportionnel a été le quotient
35ᵖ 16′ 38″. Ainsi, il a eu 35ᵖ 15′ 38″ à
103ᵖ 55′ 23‵, comme 38ᵖ 34′ 22″ à 113ᵖ 37′
54″. Mais, la raison de 38ᵖ 34′ 22″, à 113ᵖ
37′ 54″ étant composée de la raison de 35ᵖ
16′ 38″ à 6oᵖ, et de la raison de 6o à 103ᵖ
55′ 23″, si de la raison 35ᵖ 16′ 38″ à 103ᵖ 55′
23″, (car celle-ci est la même que celle-là),
nous ôtons la raison de 6o à 103ᵖ 55′ 23″,
restera la raison de la corde du double de

ZB, àla corde du double de ZA, laquelle
est celle de 35ᵖ 16' 38'' à 60ι. Si la corde
du double de ZA étoit de 60ᵖ, nous aurions
la corde du double de ZB de 35ᵖ 16' 38'',
donc, la corde du double de ZA étant de
120, nous disons : comme 60 est à 120,
ainsi 35ᵖ 16' 38'' sont à 70ᵖ 33' à peu près.
Trouvant donc ainsi la corde du double
de l'arc de ZB, de 70ᵖ 33', et prenant son
arc de 72ᵈ environ, puis la moitié de cet
arc, nous avons 36ᵈ pour la hauteur cher-
chée du pole.

Proposons-nous maintenant, comme il l'a
enseigné en tête de ce chapitre, de trouver
la différence du plus long ou du plus court
jour à celui de l'équinoxe, quand la hau-
teur du pole est donnée par l'observation
faite au moyen des armilles ou de la plinthe
ou parallélépipède quadrangulaire, c'est-
à-dire le double de l'arc TE (car il a été
démontré que cet arc est la différence de la
moitié du plus long ou du plus court jour
à la moitié du jour équinoxial, puisque
l'arc EA de l'équateur s'étend depuis
l'horizon jusqu'au méridien, c'est-à-dire
depuis le lever jusqu'à six heures. Il prend
encore ici, avec la même figure, le même
théorême par diérése, et tout y est clair
tant dans les lignes que dans les grandeurs.
Il dit donc, en raisonnant toujours de
même par division de raisons et par le quo-
tient qui en résulte, que si de la raison de
de 70ᵖ 32' 3'' à 97ᵖ 4' 56'', c'est-à-dire de
la raison de la corde du double de ZB à la
corde du double de BA, nous ôtons la rai-
son de 109ᵖ 44' 53 à 48ᵖ 31' 55'' qui est
celle de la corde du double de ZH à la
corde du double de TH, restera la raison
de la corde du double de TE à la corde du

τὴν διπλῆν τῆς ZB πρὸς τὴν ὑπὸ τὴν διπλῆν
τῆς ZA λόγος, ὁ τῶν λε ις' λη'' πρὸς τὰ ξ.
Καὶ εἰ μὲν ἡ ὑπὸ τὴν διπλῆν τῆς ZA τμημά-
των ἦν ξ, εἴχομεν καὶ τὴν ὑπὸ διπλῆν τῆς ZB
τμημάτων. λε ις' λη''. Ἐπεὶ δὲ ἡ ὑπὸ τὴν
διπλῆν τῆς ZA ἐς-ὶν ρκ, ποιοῦμεν ὡς ξ πρὸς
ρκ, οὕτω λε ις' λη'' πρὸς ο λγ' ἔγγιςα. Εὑ-
ρίσκοντες οὖν τὴν ὑπὸ τὴν διπλῆν τῆς ZB
περιφερείας ο λγ', καὶ λαμβάνοντες τὴν ἐπ'
αὐτῆς περιφέρειαν μοιρῶν τυγχάνουσαν οβ
ἔγγιςα, καὶ ταύτην τὴν ς'', ἔξομεν τὴν ZB
ἐπιζητουμένην τοῦ ἐξάρματος περιφέρειαν μοι-
ρῶν λς.

Ἔς-ω δὴ πάλιν, καθὼς ἐν τῷ κεφαλαίῳ
τούτῳ ἐπηγγείλατο, καὶ τὸ ἀνάπαλιν δεῖξαι,
τούτές-ι πῶς ἂν δοθέντός τοῦ ἐξάρματος ἐκ
παρατηρήσεως, ἤται διὰ τῶν κρίκων ἢ τῆς
πλινθίδος, καὶ ἡ διαφορὰ τῆς μεγίς-ης ἢ ἐλα-
χίς-ης ἡμέρας παρὰ τὴν ἰσημερινὴν, τουτές-ιν
ἡ διπλῆ τῆς ΘΕ περιφερείας (αὕτη γὰρ ἡ
ΕΘ ἐδείχθη διαφορὰ οὖσα τῆς ς'' τῆς ἐλαχίς-ης
ἢ μεγίς-ης ἡμέρας) πρὸς τὴν ς'' τῆς ἰσημε-
ρινῆς, ἐπεὶ καὶ ἡ ΕΑ τοῦ ἰσημερινοῦ ἀπὸ τοῦ
ὁρίζοντός ἐς-ιν ἐπὶ τὸν μεσημβρινὸν, τουτές-ιν
ἀπὸ ἀνατολῶν ἕως ὥρας ἕκτης. Χρῆται οὖν
τῇ ἀποδείξει πάλιν ἐπὶ τῆς αὐτῆς καταγραφῆς
προς-χρώμενος τῇ κατὰ διαίρεσιν τοῦ λόγου
λήψει, καὶ ἔς-ι σαφῆ τὰ ἐπὶ τῶν γραμμῶν
καὶ τῶν μεγεθῶν λεγόμενα. Φησὶ δὲ πάλιν ἐπὶ
τῆς ἀφαιρέσεως καὶ καταλήψεως τοῦ λόγου,
ὅτι ἐὰν ἀπὸ τοῦ τῶν ο λβ' γ'' πρὸς τὰ 4ζ δ
νς'' λόγου, τουτές-ι τοῦ τῆς ὑπὸ τὴν διπλῆν
τῆς ZB πρὸς τὴν διπλῆν τῆς BA, ἀφέλωμεν
τὸν τῶν ρθ μδ' νγ'' πρὸς τὰ μη λα' νε'', τὸν
τῆς ὑπὸ τὴν διπλῆν τῆς ZH πρὸς τὴν ὑπὸ
τὴν διπλῆν τῆς ΗΘ, καταλειφθήσεται ἡμῖν
ὁ τῆς ὑπὸ τὴν διπλῆν τῆς ΘΕ πρὸς τὴν ὑπὸ

τὴν διπλῆν τῆς ΕΛ λόγος, ὁ τῶν λα ια' κϛ"
πρὸς τὰ ϙζ δ' νϛ", ᾧ λόγῳ ὁ αὐτός ἐστιν ὁ
τῶν λη λδ' πρὸς τὰ ρκ. Καὶ ἔστιν ἡ ὑπὸ
τὴν διπλῆν τῆς ΕΛ ρκ· καὶ ἡ ὑπὸ τὴν δι-
πλῆν ἄρα τῆς ΕΘ ἔσται λη λδ'. Γέγονε δὲ
ἡμῖν ἡ εὕρεσις οὕτως· πολλαπλασιάσαντες
γὰρ πάλιν τὰ μη λα' νε" ἐπὶ τὰ ο λδ' γ",
καὶ τὰ γενόμενα μερίσαντες παρὰ τὸν ρθ
μδ' νγ", εὕρομεν ἐκ τοῦ μερισμοῦ λα ια' κϛ",
καὶ γέγονεν ὡς ρθ μδ' νγ" πρὸς μη λα' νε",
οὕτως ο λδ' γ" πρὸς λα ια' κϛ". Καὶ ἐὰν
ἀπὸ τοῦ τῶν ο λδ' γ" πρὸς τὰ ϙζ δ' νϛ" λό-
γου ἀφέλωμεν τὸν τῶν ο λδ' γ" πρὸς τὰ λα
ια' κϛ", καταλειφθήσεται ὁ λόγος ὁ τῶν λα
ια' κϛ" πρὸς τὰ ϙζ δ' νϛ". Καὶ ἵνα πάλιν
τοῦτον τὸν λόγον εἰς τὸν ρκ μεταγάγωμεν,
πολλαπλασιάσαντες τὸν ρκ ἐπὶ τὸν λα ια'
κϛ", καὶ τὰ γενόμενα μερίσαντες περὶ τὰ ϙζ
δ' νϛ", εὕρομεν ἐκ τοῦ μερισμοῦ τὸν λη λδ',
καὶ γέγονεν ὡς λα ια' κϛ" πρὸς ϙζ δ' νϛ",
οὕτω λη λδ' πρὸς ρκ. Δεδομένης οὖν τοῦτον
τὸν τρόπον τῆς ὑπὸ τὴν διπλῆν τῆς ΕΘ περι-
φερείας τμημάτων λη λδ', ἕξομεν δεδομένην
καὶ τὴν ἐπ' αὐτῆς περιφέρειαν, τουτέστι τὴν
διπλῆν τῆς ΕΘ, μοιρῶν λζ λ' ἔγγιστα, ὡρῶν
δὲ ἰσημερινῶν δηλονότι β ϛ", διὰ τὸ τὴν
ἰσημερινὴν ὥραν χρόνων εἶναι ιε.

Πάλιν τοῦ ἐξάρματος δοθέντος, δέον ἔστω
εὑρεῖν τὴν εἰρημένην τοῦ ὁρίζοντος περιφέρειαν
μεταξὺ τοῦ τε ἰσημερινοῦ καὶ τοῦ ἀνατέλλον-
τος σημείου, τοῦ διὰ μέσων τῶν ζῳδίων, ὡς
τὴν ΕΗ. Χρῆται οὖν πάλιν πρὸς τὴν τοιαύτην
ἀπόδειξιν τῇ αὐτῇ καταγραφῇ, ὑποθέμενος
ὁμοίως ἀνατέλλειν τὸ χειμερινὸν τροπικὸν διὰ
τοῦ Η σημείου, καὶ φησὶ πάλιν διὰ τὴν κα-
ταγραφὴν ὁ τῆς ὑπὸ τὴν διπλῆν τῆς ΖΛ πρὸς
τὴν ὑπὸ τὴν διπλῆν τῆς ΑΒ λόγος συνῆπται

double de EA, laquelle est celle de 31^p
11' 26" à 97^p 4' 56", la même que celle de
38^p 34' à 120^p. Or la corde du double de
EA est de 120, donc celle du double de
TE est de 38^p 34', et voici comment nous
trouvons celle-ci : Nous multiplions 48 31'
55" par 70 32' 3", nous en divisons le pro-
duit par 109^p 44' 53", le quotient est 31^p
11' 26". Or la raison de 109^p 44' 53" à 48^p
31' 55" est la même que celle de 70^p 32' 3"
à 31^p 11' 26". Si donc de la raison de 70^p
32' 3" à 97^p 4' 56", nous ôtons la raison de
70^p 32' 3" à 31^p 11' 26" à 97^p 4' 56", restera
la raison de 31^p 11' 26" à 97^p 4' 76". Et pour
transformer celle-ci en une raison égale,
dont 120 soit un des termes, nous multiplions
120 par 31^p 11' 26", nous en divisons le pro-
duit par 97^p 4' 56", le quotient donne 38'
34', et nous avons la même raison de 31^p 11'
26" à 97^p 4' 56", que de 38^p 34' à 120^p. Con-
noissant ainsi la corde du double de ET
de 38^p 34', nous aurons son arc de 37^p 30',
à très-peu près, ou bien de $2\frac{1}{2}$ heures équi-
noxiales, parce que l'heure équinoxiale est
de 15 temps.

Supposons encore, que la hauteur du pole
étant donnée, il faille trouver l'arc EH de
l'horizon entre l'équateur et le point orient
du cercle qui ceint le zodiaque par le mi-
lieu de sa largeur. Ptolémée pour le trouver,
employe encore la même figure et la même dé-
monstration, et supposant toujours que le
point tropique d'hiver se lève en H, il dit que
la raison de la corde du double de ZA à la
corde du double de AB, est composée de la

raison de la corde du double de ZT à la corde du double de TH, et de la raison de la corde du double de HE à la corde du double de EB. Et puisque l'arc ZA du quart de cercle est donnée, l'arc AB est aussi donné, l'arc BZ de la hauteur du pole étant donné ; donc, les doubles de ces arcs et les cordes de ces doubles sont donnés. Ainsi, la raison de la corde du double de ZA à la corde du double de AB, est donnée. Et puisque l'arc ZT du quart de cercle est donné, l'arc TH d'obliquité est aussi donné, par conséquent aussi leurs doubles sont donnés, ainsi que les cordes de ces doubles. On a donc la raison de la corde du double de ZT à la corde du double de TH. Si donc, de la raison de la corde du double de ZA à la corde du double de AB, nous ôtons la raison de la corde du double de ZT à la corde du double de TH, restera la raison de la corde du double de HE à la corde du double de EB, laquelle est celle de 60 à 120. Or, la corde du double de EB est de 120ᵖ, donc la corde du double de HE est de 60ᵖ, ainsi, l'arc soutendu par cette corde, c'est-à-dire le double de HE est de 60ᵖ, et l'arc HE lui-même, est de 30ᵖ.

« Il est clair, que quand nous ne supposerions pas que c'est le point tropique d'hiver qui se lève en H, mais tout autre point, etc. » En supposant que c'est le point tropique d'hiver qui se lève, ayant pris la hauteur du pole par les armilles ou par la plinthe, Ptolemée a démontré que l'arc ET de l'équateur est la moitié de la différence du plus long ou du plus court jour au jour équinoxial ; et aussi, que l'arc EH de l'horizon, qui est compris entre l'équateur et le point tropique. Et il ajoute, que si l'on supposoit

ἔκ τε τοῦ τῆς ὑπὸ τὴν διπλῆν τῆς ΖΘ πρὸς τὴν ὑπὸ τὴν διπλῆν τῆς ΘΗ, καὶ τοῦ τῆς ὑπὸ τὴν διπλῆν τῆς ΗΕ πρὸς τὴν ὑπὸ τὴν διπλῆν τῆς ΕΒ. Καὶ ἐπεὶ δέδοται ἡ ΖΑ τεταρτημορίου, δέδοται καὶ ἡ ΑΒ, ἐπεὶ καὶ ἡ ΒΖ τοῦ ἐξάρματος. Δέδονται ἄρα καὶ αἱ διπλαῖ αὐτῶν καὶ αἱ ὑπ' αὐτὰς εὐθεῖαι· ὥστε δέδοται ὁ τῆς ὑπὸ τὴν διπλῆν τῆς ΖΑ πρὸς τὴν ὑπὸ τὴν διπλῆν τῆς ΑΒ λόγος. Πάλιν ἐπεὶ δέδοται ἡ ΖΘ τεταρτημορίου, δέδοται καὶ ἡ ΘΗ τῆς λοξώσεως, δέδονται ἄρα καὶ αἱ διπλαῖ αὐτῶν, καὶ αἱ ὑπ' αὐτὰς εὐθεῖαι· ὥστε δέδοται καὶ ὁ τῆς ὑπὸ τὴν διπλῆν τῆς ΖΘ πρὸς τὴν ὑπὸ τὴν διπλῆν τῆς ΘΗ λόγος. Ἐὰν οὖν πάλιν ἀπὸ τοῦ λόγου τοῦ τῆς ὑπὸ τὴν διπλῆν τῆς ΖΑ πρὸς τὴν ὑπὸ τὴν διπλῆν τῆς ΑΒ ἀφέλωμεν τὸν τῆς ὑπὸ τὴν διπλῆν τῆς ΖΘ πρὸς τὴν ὑπὸ τὴν διπλην τῆς ΘΗ, καταλειφθήσεται ὁ τῆς ὑπὸ τὴν διπλῆν τῆς ΗΕ πρὸς τὴν ὑπὸ τὴν διπλῆν τῆς ΕΒ, ὁ τῶν ξ πρὸς τὰ ρκ. Καὶ ἔστιν ἡ ὑπὸ τὴν διπλῆν τῆς ΕΒ, τμημάτων ρκ· καὶ ἡ ὑπὸ τὴν διπλῆν ἄρα τῆς ΗΕ, τῶν αὐτῶν ἔσται ξ, ὥστε καὶ ἡ ἐπ' αὐτῆς περιφέρεια, τουτέστιν ἡ διπλῆ τῆς ΗΕ, μοιρῶν ἔσται ξ, αὐτὴ δὲ ἡ ΗΕ, μοιρῶν λ.

Φανερὸν δὲ ἔτι κἂν μὴ τὸ χειμερινὸν τροπικὸν σημεῖον ὑποθώμεθα ἀνατέλλειν, καὶ τὰ ἑξῆς. Ἐπεὶ ὑποθέμενος τὸ χειμερινὸν τροπικὸν σημεῖον ἀνατέλλειν, λαμβάνων τὸ ἔξαρμα δεδομένον, ἤτοι ἐκ τῆς τῶν διὰ τῶν κρίκων ἢ τῆς πλινθίδος παρατηρήσεως, ἀπεδείκνυε τὴν ΕΘ περιφέρειαν, τοῦ ἰσημερινοῦ ἡμίσειαν οὖσαν τῆς διαφορᾶς τῆς μεγίστης ἢ ἐλαχίστης ἡμέρας περὶ τὴν ἰσημερινὴν, καὶ ἔτι τὴν ΕΗ περιφέρειαν τοῦ ὁρίζοντος τὴν ἀπολαμβανομένην μεταξὺ τοῦ τε ἰσημερινοῦ καὶ τοῦ τρο-

πικοῦ σημείου, φησὶν ὅτι κἂν μὴ τὸ χειμε-
ρινὸν τροπικὸν σημεῖον ὑποθώμεθα ἀνατέλλειν,
ἄλλο δέ τι τμῆμα τοῦ διὰ μέσων τῶν ζω-
δίων, δοθήσεται πάλιν ἑκατέρα τῶν ΕΘ καὶ
ΕΗ περιφερειῶν, προεκτεθειμένου ἡμῖν τοῦ
τῆς λοξώσεως κανονίου. Εὑρήσομεν γὰρ πάλιν
τὰς τοιαύτας περιφερείας διὰ τὸ προεκτεθεῖσθαι
ἡμῖν τὸ τῆς λοξώσεως κανόνιον. Εἶτα διὰ τὸ
πρόχειρον βουλόμενος διδάξαι, ὅτι ἐὰν ἐπὶ
ἑνὸς τεταρτημορίου ποιήσηται τὴν ἀπόδειξιν
τῶν εἰρημένων περιφερειῶν, δεδειχὼς ἂν εἴη
καὶ τὰς ἐπὶ ὅλου τοῦ διὰ μέσων συνιςαμένας,
φησὶν, ὅτι καὶ παρακολουθοῦντος μὲν αὐτόθεν
τοῦ τὰ ὑπὸ τῶν αὐτῶν παραλλήλων γινόμενα
τμήματα τοῦ διὰ μέσων, τουτέςι τὰ ἴσων
ἀπέχοντα τοῦ αὐτοῦ τροπικοῦ σημείου, τὰς
αὐτὰς καὶ ἐπὶ τὰ αὐτὰ μέρη τοῦ ἰσημερινοῦ
ποιεῖν τοῦ ὁρίζοντος τομὰς, καὶ τὰ τῶν νυχθ-
ημέρων μεγέθη ἴσα ἑκάτερα ἑκατέροις τῶν
ὁμοίων.

Ὅτι μὲν οὖν τὰ ὑπὸ τοῦ αὐτοῦ παραλ-
λήλου γινόμενα τμήματα τοῦ διὰ μέσων τῶν
ζωδίων ἴσον ἀπέχουσι τοῦ αὐτοῦ τροπικοῦ,
δῆλον· ἐπειδήπερ καὶ ὁ παράλληλος τῷ τρο-
πικῷ ἴσας ἀφαιρεῖ ἐφ' ἑκάτερα τοῦ τροπικοῦ
τὰς μεταξὺ αὐτῶν. Ἔτι δὲ καὶ ἐὰν γράψωμεν
τὸν ΑΒΓΔ ζωδιακὸν, καὶ ὑποθώμεθα τὸ Α
τροπικὸν, καὶ γράψωμεν τὸν ἐφαπτόμενον
αὐτοῦ κύκλον, ὡς τὸν ΕΑΖ, καὶ ἕτερον τούτῳ
παράλληλον τέμνοντα τὸν ζωδιακὸν, ὡς τὸν
ΒΔ, καὶ λαβόντες τὸν πόλον τῶν παραλλήλων
τὸ Η σημεῖον, γράψωμεν δι' αὐτοῦ καὶ τοῦ
Α μέγιςον κύκλον ὡς τὸν ΗΑΘΓ, ἥξει καὶ
ἐπὶ τῶν τοῦ ζωδιακοῦ πόλων. Καὶ ἐπεὶ δύο
κύκλοι τέμνουσιν ἀλλήλους, ὅ, τε ΑΒΓΔ ζω-
διακὸς καὶ ὁ ΒΔ παράλληλος καὶ διὰ τῶν
πόλων αὐτῶν γέγραπται ὁ ΗΑΘΓ, ὁ ΗΑΘΓ

que ce n'est point le tropique d'hiver qui se lève, mais tout autre point du cercle qui ceint le zodiaque, chacun des arcs ET, EH, seroit encore donné par la table d'obliquité, car nous y trouverons tous ces arcs. Ensuite, voulant montrer d'une manière expéditive, que s'il a fait sa démonstration des arcs sur un quart de cercle, il pouvoit également les démontrer en prenant un point quelconque du cercle qui ceint le zodiaque, il dit qu'une des conséquences nécessaires de ce que les divisions du cercle oblique faites par les mêmes parallèles, c'est-à-dire à des distances égales prises depuis un même point tropique, font des divisions égales de l'horizon et du même côté de l'équateur, c'est qu'elles donnent les grandeurs des jours naturels (*nychthé-méres*) égales chacune à chacune pour les points semblablement placés de part et d'autre.

Il est évident que les segments du cercle oblique sous le même parallèle, sont à égale distance du même tropique, puisque ce parallèle coupe des deux côtés du point solstitial, des arcs égaux sur le cercle oblique. Et si nous décrivons le zodiaque ABGD, (Fig. 4), et que nous supposions le point tropique en A, où le cercle EAZ le touche, et à celui-ci un parallèle BD qui coupe le zodiaque, prenant H pour pole des parallèles, décrivons par ce point et par A le grand cercle HATG par les poles du zodiaque. Le zodiaque ABGD, et le parallèle BD se coupant l'un l'autre, et le cercle KATG passant par leurs poles, celui-ci coupe en deux portions égales les segments de ces cercles, et par conséquent les arcs AB, AD, du zodiaque depuis le point tropique A, sont égaux. Il est évident aussi, que les mêmes divisions du cercle oblique font des divisions égales sur l'horizon, d'un même côté de l'équateur, puisque le parallèle se lève et se couche aux mêmes points de l'horizon, et du même côté de l'équateur comme cela a été démontré dans le livre de la sphère mobile. Il est évident encore que les grandeurs des nychthéméres seront égales chacune à chacune pour les points semblablement placés, comme le jour au jour, et la nuit à la nuit, parce que, dans la même obliquité de la sphére, le même point du même parallèle est toujours au-dessus de l'horizon, et un autre toujours le même au-dessous, et que le soleil parcourt ce parallèle, quand il est en chacun de ces points.

Tout cela étant autant de conséquences de ce qui a été démontré auparavant, il prouve encore que les points du cercle oblique placés sous des parallèles égaux, c'est-à-dire également éloignés d'un même point équinoxial (comme cela a été démontré dans le 18ᵉ théorême du second livre des sphériques), coupent dans l'horizon des arcs égaux, de chaque côté de l'équateur, et donnent les grandeurs de jours et de nuits réciproquement égales, c'est-à-dire, font la nuit d'un côté de l'équateur, égale au jour de l'autre, et la nuit de celui-ci égale au jour du premier. Car, dans cette même figure, supposons K le point où le demi-cercle BED de l'horizon est coupé par un parallèle égal à celui qui passe par le point H, et décrivons les segments HL, KM des

δίχα τέμνει τὰ ἀπειλημμένα τμήματα τῶν κύκλων, ἴση ἄρα ἐςὶν ἡ ΑΒ τοῦ ζωδιακοῦ περιφέρεια ἀπὸ τοῦ Α τροπικοῦ τῇ ΑΔ. Ὅτι δὲ τὰ εἰρημένα τοῦ ζωδιακοῦ τμήματα καὶ τὰς αὐτὰς καὶ ἐπὶ τὰ αὐτὰ μέρη τοῦ ἰσημερινοῦ ποιεῖ τὰς τοῦ ὁρίζοντος τομὰς, ἐπεὶ καὶ ὁ παράλληλος τὰ κατὰ τῶν αὐτῶν καὶ ἐπὶ τὰ αὐτὰ μέρη τοῦ ἰσημερινοῦ τοῦ ὁρίζοντος σημείων, τάς τε ἀνατολὰς καὶ τὰς δύσεις ποιεῖται, ὡς ἐδείχθη ἐν τῷ περὶ κινουμένης σφαίρας. Φανερὸν δὲ ὅτι καὶ τὰ τῶν νυχθημέρων μεγέθη, ἴσα ἔςαι ἑκάτερα ἑκατέροις τῶν ὁμοίων, οἷον ἡ μὲν ἡμέρα τῇ ἡμέρᾳ, ἡ δὲ νὺξ τῇ νυκτὶ, διὰ τὸ αὐτὸ τμῆμα τοῦ αὐτοῦ παραλλήλου ἐπὶ τῆς αὐτῆς ἐγκλίσεως πάντοτε ὑπὲρ γῆν ἀπολαμβάνεσθαι, καὶ τὸ αὐτὸ ὑπὸ γῆν, καὶ κατὰ τοῦ αὐτοῦ παραλλήλου φέρεσθαι τὸν ἥλιον, καθ' ἑκάτερον τῶν εἰρημένων σημείων τυγχάνοντα.

Παρακολουθούντων οὖν τούτων ἐκ τῶν προαποδεδειγμένων, συναποδείκνυσιν ὅτι καὶ τὰ ὑπὸ τῶν ἴσων παραλλήλων γινόμενα τμήματα τοῦ διὰ μέσων τῶν ζωδίων, τουτέςι τὰ ἴσον ἀπέχοντα τοῦ αὐτοῦ ἰσημερινοῦ σημείου (δέδεικται γὰρ καὶ τοῦτο ἐν τῷ δεκάτῳ ὀγδόῳ θεωρήματι τοῦ δευτέρου τῶν σφαιρικῶν) τὰς τοῦ ὁρίζοντος περιφερείας τὰς ἑκατέρωθεν τοῦ ἰσημερινοῦ, ἴσας ποιεῖν, καὶ τῶν νυχθημέρων ἐναλλὰξ ἴσα τὰ μεγέθη τῶν ἀνομοίων, τουτέςι τὴν μὲν νύκτα τῇ ἡμέρᾳ, τὴν δὲ ἡμέραν τῇ νυκτί.

Ἐὰν γὰρ ἐπὶ τῆς ἐκείνης καταγραφῆς ὑποθέμενοι καὶ τὸ Κ σημεῖον καθ' ὃ τέμνει τὸ ΒΕΔ τοῦ ὁρίζοντος ἡμικύκλιον ὁ ἴσος παράλληλος τῷ διὰ τοῦ Η γραφομένῳ, καὶ γράψωμεν τὰ τῶν παραλλήλων τμήματα, ὡς τὰ ΗΛ, ΚΜ, δηλονότι ἐναλλὰξ τυγχάνοντα, τουτέςι τὸ μὲν, ὑπὲρ γῆς, ὡς τὸ ΗΛ, τὸ δὲ ὑπὸ γῆν, ὡς τὸ ΚΜ, ἴσα ἀλλήλοις ἔςαι. Ἔπειτα λαβόντες τὸν βόρειον πόλον ὑπὲρ γῆς τὸ Ν, γράψωμεν δι' αὐτοῦ καὶ τοῦ Κ, μεγίςου κύκλου τεταρτημόριον τὸ ΝΚΞ, ἐκ τοῦ πόλου γάρ ἐςιν ἐπὶ τὸν ἰσημερινὸν, ἴσαι ἔσονται καὶ αἱ ΑΘ, ΞΓ, ἐπεὶ καὶ ἡ ΛΗ τῇ ΚΜ ἴση ἐςὶ καὶ ὁμοία. Ἀλλ' ἡ μὲν ΑΘ τῇ ΛΗ ἐςὶν ὁμοία, διὰ τὸ παραλλήλους αὐτὰς οὔσας μεταξὺ τυγχάνειν μεγίςων κύκλων τῶν ΖΒΑ, ΖΗΘ, διὰ τῶν πόλων αὐτῶν γραφέντων. Διὰ τὰ αὐτὰ δὴ καὶ ἡ ΚΜ τῇ ΞΓ ἐςὶν ὁμοία, καὶ εἰσὶ τοῦ αὐτοῦ κύκλου· ἴση ἄρα ἐςὶν ἡ ΑΘ τῇ ΞΓ. Ἔςι δὲ καὶ ἡ ΑΕ τῇ ΕΓ ἴση, διὰ τὸ μεγίςους ὄντας τόν τε ΑΕΓ ἰσημερινὸν καὶ τὸν ΒΕΔ ὁρίζοντα τέμνειν ἀλλήλους εἰς ἡμικύκλιον, τὸν δὲ ΑΒΓΔ μεσημβρινὸν διὰ τῶν πόλων αὐτῶν ὄντα τέμνειν δίχα τὰ ἀπειλημμένα αὐτῶν ἡμικύκλια, ὡς ἐν τοῖς σφαιρικοῖς ἐδείχθη· ὥςε καὶ λοιπὴ ἡ ΘΕ λοιπῇ τῇ ΞΕ, ἔςαι ἴση. Καὶ γίνεται δύο τρίπλευρα ἴσα καὶ ὅμοια τὰ ΕΗΘ, ΕΚΞ, τὰς δύο πλευρὰς τὰς ΕΘ, ΘΗ, ταῖς δυσὶ πλευραῖς ταῖς ΕΞ, ΚΞ ἴσας ἔχοντα, τὴν μὲν ΘΕ τῇ ΕΞ, τὴν δὲ ΘΗ τῇ Κ. Λαξώσεις γάρ εἰσι τῶν ἴσον ἀπεχόντων τοῦ ἰσημερινοῦ. Ἢ καὶ ὅτι ἐπεὶ ἴση ἐςὶν ἡ ΖΘ τῇ ΝΞ, ἐκ πόλων γάρ εἰσιν ἐπὶ τὸν ἰσημερινὸν, ὧν ἡ ΖΗ τῇ ΝΚ ἴση, ἐκ τῶν πόλων γάρ εἰσιν ἐπὶ τοὺς ἴσους παραλλήλους, καὶ λοιπὴ ἄρα ἡ ΗΘ, λοιπῇ τῇ ΚΞ ἐςὶν ἴση. Ἀλλὰ καὶ γωνία ἡ ὑπὸ ΗΘΕ γωνίᾳ τῇ ὑπὸ ΕΞΚ ἴση, ὀρθαὶ γάρ, διὰ τὸ τοὺς ΖΗΘ, ΝΚΞ, διὰ τῶν πόλων εἶναι τοῦ ΑΕΓ ἰσημερινοῦ, καὶ βάσιν τὴν ΗΕ βάσει τῇ ΕΚ γίνεσθαι ἴσην· ἢ καὶ ἔτι οἱ ἴσοι παράλληλοι ἴσας ἀφαιροῦσι μεγίςου τινὸς πρὸς τὸν μέγιςον τῶν παραλ-

parallèles, lesquels sont alternes, l'un HL au-dessus de l'horizon, et l'autre KM au-dessous, égaux l'un à l'autre. Ensuite, prenant N pour pole boréal au-dessus de la terre décrivons par N et par K le quart de grand cercle NKX, car il est mené du pole sur l'équateur, les arcs AT, XG, seront égaux, puisque LH est égal et semblable à KM. Mais AT est semblable à LH, parce qu'ils sont parallèles et compris entre les grands cercles ZBA, ZHT qui passent par les mêmes poles. Pour les mêmes raisons encore, l'arc KM est semblable à l'arc XG, car celui-ci est pris sur le même cercle, donc AT est égal à XG. Mais AE est égal à EG, parce que les deux grands cercles AEG de l'équateur, et BED de l'horizon, s'entrecoupent chacun en deux demi-cercles, et que le méridien ABGD qui passe par leurs poles, coupe chacun de ces deux demi-cercles en deux portions égales, comme on le prouve dans les sphériques. Par conséquent, le complément TE sera égal au complément XE. Ainsi, on a deux trilatéres égaux et semblables EHT et EKX, dont les deux côtés ET et TH sont égaux aux deux EX et KX, ET à EX, et TH à KX, car ce sont les obliquités des points également éloignés de l'équateur, ou bien ZT étant égal à NX, parce qu'ils sont menés des poles sur l'équateur, leurs portions ZH, NK, étant égales parce qu'elles sont menées des poles à des parallèles égaux, l'arc restant HT est égal à l'arc restant KX. Mais l'angle HTE est égal à l'angle EXK, car ils sont droits, parce que ZHT, NKX, sont menés des poles sur l'équateur AEG, et que la base HE est égale à la base EK; ou parce que des parallèles égaux coupent des arcs égaux de grand cercle sur un grand cercle qui traverse le plus grand des parallèles. Donc, les parallèles égaux coupant des arcs égaux de l'horizon, de chaque côté de l'équateur, font les grandeurs des nychthéméres réciproquement égales pour les points placés sur des parallèles de dénominations contraires, savoir le jour de l'un égal à la nuit de l'autre, et la nuit de celui-là égale au jour de celui-ci. Car leurs segments alternes ont été démontrés égaux, celui de l'un sur l'horizon, égal à celui de l'autre dessous, et celui de dessous de l'un à celui de dessus de l'autre. Cela étant, si sur un seul quart de cercle nous calculons les grandeurs particulières des arcs coupés dans l'horizon, nous aurons par là toutes calculées les grandeurs des différences en heures temporaires pour tous les jours comparés au jour équinoxial, ainsi que celles qui se font sur tout le cercle oblique, comme on va le voir pour tous les arcs du cercle oblique entier.

Soit le zodiaque ou oblique ABGD (Fig. 5.) divisé, comme il est ci-après, en quatre parties égales, de sorte que le point de l'équinoxe vernal soit A, le point tropique d'été B, le point équinoxial d'automne C, et le point tropique d'hiver D, je dis que si nous calculons les arcs susdits du seul quart de cercle AB, nous aurons par-là même tout calculés les arcs de tout le cercle oblique ABGD. Car puisque les segments qui s'étendent à égales distances du même point tropique, font les mêmes divisions de l'horizon, et donnent les mêmes grandeurs des jours et des nuits, il est clair que le calcul des arcs du seul quart de cercle AB, nous donnera ceux du quart de cercle BG, également éloignés du point tropique. Et puisqu'il est démontré tout ensemble que les points également éloignés d'un même point équinoxial, coupent des arcs de l'horizon égaux des deux côtés de ce point, et donnent les grandeurs des parties des nychthéméres réciproquement égales entr'elles,

λήλων, τὰς μεταξὺ αὐτῶν· ὥςε οἱ ἴσοι παράλληλοι τὰς τοῦ ὁρίζοντος περιφερείας ἴσας ἀπολαμβάνοντες ἐφ' ἑκάτερα τοῦ ἰσημερινοῦ, καὶ τῶν νυχθημέρων τά τε μεγέθη ἐναλλὰξ ἴσα ποιοῦσι τῶν ἀνομοίων, τὴν μὲν ἡμέραν τῇ νυκτὶ, τὴν δὲ νύκτα τῇ ἡμέρᾳ· ἐπεὶ καὶ τὰ ἐναλλὰξ αὐτῶν τμήματα ἴσα ἐδείχθη, τὸ μὲν ὑπὲρ γῆς τῷ ὑπὸ γῆν, τὸ δὲ ὑπὸ γῆν τῷ ὑπὲρ γῆς. Ὄντων δὲ τούτων οὕτως, ἐὰν ἐπὶ ἑνὸς μόνου τεταρτημορίου τὰς κατὰ μέρος πηλικότητας ἐπιλογισώμεθα τῶν ἀπολαμβανομένων τοῦ ὁρίζοντος περιφερειῶν, καὶ τῶν παρὰ τὴν ἰσημερινὴν ἡμέραν πρὸς τὰς καιρικὰς διαφόρων, ἐπιλελογισμένας ἕξομεν, καὶ τὰς ἐπὶ ὅλου τοῦ διὰ μέσων συνιςαμένας, οὕτως ἂν γένοιτο δῆλον.

Ἐκκείσθω γὰρ ὁ ΑΒΓΔ ζωδιακὸς, διῃρημένος εἰς τὰ δωδεκατημόρια, ὡς ὑπογέγραπται, ὥςε ἐαρινὸν μὲν εἶναι τὸ Α, θερινὸν δὲ τὸ Β, μετοπωρινὸν δὲ τὸ Γ, χειμερινὸν δὲ τὸ Δ, λέγω ὅτι ἐὰν μόνου τοῦ ΑΒ τεταρτημορίου τὰς εἰρημένας περιφερείας ἐπιλογισώμεθα, συναποδεδειγμένας ἕξομεν καὶ τὰς ὅλου τοῦ ΑΒΓΔ ζωδιακοῦ. Ἐπεὶ γὰρ συνῆκται ὅτι τὰ ἴσον ἀπέχοντα τοῦ αὐτοῦ τροπικοῦ, τὰς αὐτὰς ποιεῖ τοῦ ὁρίζοντος τομὰς, καὶ ἔτι τὰ αὐτὰ μεγέθη τῶν ἡμερῶν καὶ νυκτῶν, δῆλον ὅτι ἐὰν τὰς τοῦ ΑΒ τεταρτημορίου ἐπιλογισώμεθα, συναποδεδειγμέναι ἔσονται καὶ τοῦ ΒΓ, ἐπὶ τῶν ἴσον ἀπεχόντων σημείων τοῦ Β τροπικοῦ. Πάλιν ἐπεὶ συναποδέδεικται, ὅτι τὰ ἴσον ἀπέχοντα τοῦ αὐτοῦ ἰσημερινοῦ, τάς τε τοῦ ὁρίζοντος περιφερείας ἴσας ἑκατέρωθεν τοῦ ἰσημερινοῦ ποιεῖ, καὶ τὰ μεγέθη τῶν νυχθημέρων ἐναλλὰξ ἴσα τῶν ἀνομοίων, τὴν μὲν ἡμέραν ἴσην τῇ νυκτὶ, τὴν δὲ νύκτα

ἴσην τῇ ἡμέρᾳ. Δεδομένων ἄρα τῶν ἐπὶ τοῦ
ΑΒ τεταρτημορίου, ἕξομεν καὶ τὰς ἐπὶ τοῦ
ΑΔ ἐπὶ τῶν ἴσον ἀπεχόντων σημείων τοῦ
αὐτοῦ ἰσημερινοῦ τοῦ Α, καὶ τὰς μὲν τοῦ
ὁρίζοντος περιφερείας δηλονότι, τῶν αὐτῶν.
Τὰ δὲ μεγέθη τῶν καιρικῶν ἡμερῶν, ἀφ' ὧν
ἡ πρὸς τὴν ἰσημερινὴν ἡμέραν διαφορὰ κα-
ταλαμβάνεται, ἤτοι ἀπὸ τῶν ἐναλλὰξ τῶν ἐπὶ
τοῦ ΑΒ ἡμερῶν, ἢ ἀπὸ τῶν λειπουσῶν εἰς
τὰς κδ´ ὥρας τῶν ἐπὶ τοῦ ΑΒ τεταρτημορίου
ἡμερῶν, καὶ ἔτι ἐκ τῶν ἀπὸ τοῦ ΑΔ, ἕξομεν
καὶ τὰς ἐπὶ τοῦ ΔΓ τῶν ἴσων, ἐπὶ τῶν ἴσον
ἀπεχόντων σημείων τοῦ Δ τροπικοῦ.

ΚΕΦΑΛΑΙΟΝ Δ΄.

ΠΩΣ ΕΠΙΛΟΓΙΣΤΕΟΝ, ΤΙΣΙ ΚΑΙ ΠΟΤΕ ΚΑΙ ΠΟΣΑΚΙΣ Ο ΗΛΙΟΣ ΓΙΝΕΤΑΙ ΚΑΤΑ ΚΟΡΥΦΗΝ.

Προεκτεθείμενης ἡμῖν τῆς τῆς λοξώσεως
πραγματείας, καὶ τῆς τῶν ἐξαρμάτων εὑ-
ρέσεως, εὐμεταχείριστον ἡμῖν ἔσται τὸ συν-
επιλογίζεσθαι, τίσι καὶ πότε καὶ ποσάκις ὁ
ἥλιος κατὰ κορυφὴν γίνεται· κατὰ κορυφὴν
δὲ λέγω μὲν γίνεσθαι τὸν ἥλιον, ὅταν ἐπὶ
τοῦ μεσημβρινοῦ γινόμενος, καὶ ἐπὶ τοῦ πό-
λου τοῦ ὁρίζοντος τυγχάνῃ· τοῦτο γάρ ἐστι
τὸ κατὰ κορυφὴν σημεῖον, ὅπερ ἐστὶ καὶ δι-
χοτομία τοῦ ὑπὲρ γῆς ἡμικυκλίου τοῦ μεσ-
ημβρινοῦ· τότε δὲ καὶ οἱ γνώμονες ἄσκιοι
γίνονται. Φανερὸν δὲ καὶ ἐκ τῶν ἀποδειχθη-
σομένων ἡμῖν ἔτι τοῖς μὲν ὑπὸ τοὺς πλεῖον
ἀπέχοντας τοῦ ἰσημερινοῦ παραλλήλους τῶν
τῆς ὅλης ἀποστάσεως τοῦ θερινοῦ τροπικοῦ

ΤΗΕΟΝ. II.

---

sur les parallèles de dénominations con-
traires, savoir le jour à la nuit, et la
nuit au jour, les arcs du quart de cercle
AB étant donnés, nous aurons aussi
les arcs sur AD, qui se terminent en
des points également éloignés du même
point équinoxial A, et les arcs de l'ho-
rizon de même grandeur, ainsi que les
grandeurs des jours temporaires, qui
montrent la différence d'avec le jour
équinoxial, soit par la réciprocité des
jours sur AB, soit par les compléments
à 24 heures, des jours, sur le quart de cer-
cle A B; et encore, par les arcs pris de AD,
nous aurons ceux sur AG de mêmes gran-
deurs, parce qu'ils sont également éloignés
du point tropique D.

CHAPITRE IV.

COMMENT IL FAUT CALCULER SUR QUELS POINTS, QUAND, ET COMBIEN DE FOIS, LE SOLEIL DEVIENT VERTICAL.

Nous avons exposé tout ce qui concerne
l'obliquité, et la manière de trouver les
hauteurs du pole. Il nous sera aisé de dire
d'après cela, sur quels lieux, quand et com-
bien de fois le soleil devient vertical; je dis
que le soleil est vertical, quand il est dans
le méridien, et au pole de l'horizon; car
c'est ce pole qui est le point vertical, puis-
qu'il est le point du milieu de la demi-cir-
conférence du méridien au-dessus de l'ho-
rizon. Alors les gnomons ne rendent point
d'ombre. Or on verra par ce que nous
dirons, que jamais le soleil n'est vertical
sur les lieux terrestres situés sous les pa-
rallèles, dont la distance à l'équateur est
de plus de 23ᵈ 51′ à peu près de la décli-
naison entière du point tropique d'été; qu'il

l'est une fois sur ceux qui sont sous cette déclinaison, lorsqu'il est sur le point de retourner, c'est-à-dire, dans ce point tropique même, et deux fois sur ceux qui sont à une distance de l'équateur plus petite que 23ᵈ 51'. Il nous est aisé de nous en convaincre par la table d'obliquité.

Car, (F. 7.) si nous décrivons l'horizon ABGD, le demi-cercle de l'équateur AEG, celui du méridien BED, le pole boréal étant R, le tropique d'été ZN, le demi-cercle du zodiaque ATG, et que nous prenions le point vertical L hors du tropique, il est évident que le soleil parcourant le zodiaque ATG, et ne passant pas le tropique, ne sera jamais dans le parallèle qui passe par L, et par conséquent ne deviendra jamais vertical sur les habitations situées sous L. Mais si T est le point vertical, alors le soleil parcourant le zodiaque, décrira le parallèle ZH quand il sera parvenu en T, et il sera une fois vertical sur les hommes qui habitent sous le parallèle ZH. Si M est le point vertical, le parallèle NMX qui passe par M entre l'équateur et le tropique d'été, coupe le zodiaque dans les points N et X, et le soleil, quand il sera en N, et quand il sera en X, décrivant le même parallèle NMX, passera par M, et sera ainsi deux fois vertical, l'une en s'éloignant de l'équateur, et l'autre en s'en rapprochant. Ainsi généralement, en tout parallèle où la hauteur du pole, ou la distance du point vertical à l'équateur, est moindre que la distance 23ᵈ 51' ET de l'équateur au tropique d'été, le soleil est deux fois vertical sur les habitans de ce parallèle; il l'est une fois, où elle est de 23ᵈ 51'; et où elle est plus grande, il ne le devient jamais. Il

μοιρῶν κγ να ἔγγιϛα, οὐδόλως ὁ ἥλιος γί-νεται κατὰ κορυφὴν, τοῖς δὲ ὑπ' αὐτὰς τὰς κγ να ἀπέχουσιν, ἅπαξ ἐν τῇ μιᾷ ἀποκα-ταϛάσει, τουτέϛιν ἐν αὐτῇ τῇ θερινῇ τροπῇ, τοῖς δὲ ὑπὸ τοὺς ἔλασσον τῶν κγ να, δὶς. Καὶ τοῦτο δὲ ἡμῖν πρόχειρον γίνεται ἐκ τοῦ τῆς λοξώσεως κανονίου.

Ἐὰν γὰρ γράψωμεν ὁρίζοντα μὲν κύκλον τὸν ΑΒΓΔ, ἰσημερινοῦ δὲ ἡμικύκλιον τὸ ΑΕΓ, τοῦ δὲ μεσημβρινοῦ τὸ ΒΕΔ, καὶ βόρειον πόλον τὸ Ρ, τροπικὸν δὲ θερινὸν τὸν ΖΝ, ζωδιακοῦ δὲ ἡμικύκλιον τὸ ΑΘΓ, καὶ λάβω-μεν τὸ κατὰ κορυφὴν ἐκτὸς τοῦ Θ τροπικοῦ τὸ Λ, δῆλον ὡς ὅτι ὁ ἥλιος ἐπὶ τοῦ ΑΘΓ ζωδιακοῦ κινούμενος, καὶ μὴ παρεκπίπτων τὸν τροπικὸν, οὐδέποτε γενήσεται κατὰ τοῦ διὰ τοῦ Λ παραλλήλου, ὥϛε οὐδὲ κατὰ κο-ρυφὴν τοῖς ὑπὸ τὸν διὰ τοῦ Λ οἰκοῦσιν. Ὅταν δὲ τὸ Θ ᾖ τὸ κατὰ κορυφὴν, δῆλον πάλιν ὅτι ὁ ἥλιος ἐπὶ τοῦ ζωδιακοῦ κινούμενος καὶ κατὰ τὸν Θ γενόμενος θερινὸν τροπικὸν, γράψει τὸν ΖΗ παράλληλον, καὶ ἔϛαι τότε μόνον κατὰ κορυφὴν τοῖς ὑπὸ τὸν ΖΗ παρ-άλληλον οἰκοῦσιν, ὅταν δὲ τὸ Μ κατὰ κορυφήν, τότε καὶ ὁ διὰ τοῦ Μ παράλληλος μεταξὺ τοῦ τε ἰσημερινοῦ καὶ τοῦ θερινοῦ τροπικοῦ γραφόμενος ὡς ὁ ΝΜΞ τέμνει τὸν ζωδιακὸν κατὰ τὰ Ν, Ξ σημεῖα, καὶ εἴτε κατὰ τοῦ Ν εἴη ὁ ἥλιος, εἴτε κατὰ τοῦ Ξ, τὸν αὐτὸν παράλληλον γράφων τὸν ΝΜΞ, ἥξει κατὰ τοῦ Μ, καὶ ἔϛαι δὶς κατὰ κορυφὴν γινόμενος ἐν τῇ μιᾷ πρὸς τὸν ἰσημερινὸν ἀποκαταϛάσει ὥϛε καὶ καθόλου ἔνθα τὸ ἔξαρμα, ἤτοι ἡ ἀπὸ τοῦ κατὰ κορυφὴν ἐπὶ τὸν ἰσημερινὸν ἀπόϛασις ἐλάττων ἐϛὶ τῶν τῆς ΕΘ διαϛά-σεως ἀπὸ τοῦ ἰσημερινοῦ ἐπὶ τὸ θερινὸν τρο-πικὸν μοιρῶν κγ να, δὶς γίνεται ὁ ἥλιος κα-τα κορυφὴν τοῖς ὑπ' ἐκεῖνον τὸν παράλληλον οἰκοῦσιν. Ἔνθα δὲ αὐτῶν τῶν κγ να' ἅπαξ, ἔνθα δὲ πλειόνων, οὐδόλως. Εὔληπτα δὲ ἡμῖν ἔσται ἐκ τοῦ τῆς λοξώσεως κανονίου, καὶ τὰ Μ, Ν, Ξ σημεῖα τοῦ ζωδιακοῦ, καθ' ὧν γινόμενος ὁ ἥλιος κατὰ κορυφὴν γίνεται τοῖς ὑπὸ τὸν ΜΝΞ παράλληλον οἰκοῦσι, γραφομένων διὰ τῶν Ν, Ξ, καὶ τοῦ Ρ πόλου, τῶν ΡΝΤ, ΡΞΟ τεταρτημορίων. Ἐπεὶ κἂν ἡ ἀπόστασις τοῦ παραλλήλου ἀπὸ τοῦ ἰσημερινοῦ, ἴση ἐστὶν ἑκατέρα τῶν ΝΤ καὶ ΞΟ, αἷς ἀπέχουσιν ἤτοι λελόξωνται ἀπὸ τοῦ ἰσημερινου τὰ Ν, Ξ σημεῖα τοῦ ζωδιακου, διὰ τὸ καὶ αὐτὰς ἐπὶ τοῦ διὰ τῶν πόλων εἶναι τοῦ ἰσημερινου, καὶ μεταξὺ αὐτὰς εἶναι τῶν παραλλήλων. Ἔχομεν δὲ καὶ τὴν ΑΝ ἀπὸ τοῦ ἰσημερινου ἐπὶ τὸ κατὰ κορυφὴν τὴν αὐτὴν οὖσαν τῷ ἐξάρματι, ἔχομεν ἄρα καὶ ἑκατέραν τῶν ΝΤ, ΞΟ. Ἐὰν ἄρα λαμβάνοντες ἤτοι τὸ ἔξαρμα, ἢ τὴν ἀπὸ τοῦ κατὰ κορυφὴν ἐπὶ τὸν ἰσημερινὸν, εἰσαγάγωμεν εἰς τὸ τῆς λοξώσεως κανόνιον κατὰ τὸ δεύτερον σελίδιον, εὑρήσομεν ἐν τῷ πρώτῳ σελιδίῳ περιεχομένην τὴν ΑΝ, ἢ τὴν ΓΞ τοῦ ζωδιακου περιφέρειαν ἀπὸ τῶν Α, Γ ἰσημερινῶν σημείων ὡς ἐπὶ τὰ βόρεια, διὰ τὸ τὴν καθ' ἡμᾶς οἰκουμένην βορειοτέραν δεδεῖχθαι δηλαδὴ καὶ τὸν διὰ τοῦ κατὰ κορυφὴν παράλληλον, ὡς τὸν ΝΜΞ, ὥστε καὶ αὐτὰ τὰ Ν, Μ, Ξ σημεῖα, καθ' ὧν τυγχάνων ὁ ἥλιος γίνεται κατὰ κορυφήν.

nous sera facile de prendre par la table d'obliquité les pointes M, N, X du zodiaque, dans lesquels le soleil devient vertical au-dessus des habitations qui sont sous le parallèle NMX, en décrivant par les points NX, et par le pole R, les quarts de cercle RNT, RXO. Puisque la distance EM du parallèle à l'équateur, est égale à chacun des arcs NT, XO, dont sont éloignés ou déclinent de l'équateur les points N, X du zodiaque, ces arcs étant menés des poles à l'équateur, et étant entre mêmes parallèles, et l'arc AN de la distance de l'équateur au point vertical, étant égal à la hauteur du pole, nous avons chacun des arcs NT, XO. Si donc, prenant ou la hauteur du pole, ou la distance du point vertical à l'équateur, nous la portons dans la seconde colonne de la table d'obliquité, nous trouverons dans la première colonne l'arc AN ou GX du cercle oblique, en allant des points équinoxiaux A, G, vers les ourses; car il est démontré que notre partie habitée de la terre est boréale, ainsi que le parallèle vertical, tel que NMX, et par conséquent aussi les points N, M, X, où le soleil est vertical, quand il est dans ces points.

ΚΕΦΑΛΑΙΟΝ Ε'.

ΠΩΣ ΑΠΟ ΤΩΝ ΕΚΚΕΙΜΕΝΩΝ ΟΙ ΛΟΓΟΙ ΤΩΝ ΓΝΩΜΟΝΩΝ ΠΡΟΣ ΤΑΣ ΙΣΗΜΕΡΙΝΑΣ ΚΑΙ ΤΡΟΠΙΚΑΣ ΕΝ ΤΑΙΣ ΜΕΣΗΜΒΡΙΑΙΣ ΣΚΙΑΣ ΛΑΜΒΑΝΟΝΤΑΙ.

ΑΠΟΔΕΙΞΑΣ ἐκ τῶν ἐξ ἀρχῆς καταριθμηθέν-

CHAPITRE V.

COMMENT, D'APRÈS CE QUI PRÉCÈDE, ON TROUVE LES RAPPORTS DES GNOMONS A LEURS OMBRES ÉQUINOXIALES ET SOLSTIALES A MIDI.

PTOLÉMÉE ayant commencé par donner

en plusieurs chapitres l'énumération sommaire des principales propriétés des divers degrés d'obliquité de la sphère, la distance des poles du premier mouvement à l'horizon, les lieux où le soleil est vertical, quand et combien de fois il l'est, vient enfin au chapitre annoncé dans son énumération, du rapport des ombres équinoxiales et solstitiales à leurs gnomons. Il prend encore pour cette démonstration le parallèle qui passe par Rhodes, et il dit : « Nous allons montrer que ces rapports des ombres aux gnomons se prennent très-facilement par le moyen de l'arc donné entre les tropiques », c'est-à-dire de l'arc compris depuis le tropique d'été jusqu'au tropique d'hiver, écart que les armilles ont fait trouver de 47d 42′ 40″; et par le moyen de l'arc compris entre l'horizon et les poles, c'est-à-dire de l'arc de la hauteur du pole, ce qui se prouvera de la manière suivante.

Soit le cercle méridien ABGD (Fig. 8) décrit autour du centre E. Supposons le point vertical en A, et tirons le diamètre AEG, perpendiculairement à ce diamètre je mène la droite GKZN dans le plan du méridien, et parallèle à la section commune de l'horizon et du méridien. Car, si nous imaginons par E la droite XEO de cette section, elle sera perpendiculaire à la droite AEG qui passe par le point vertical, AX et AO étant chacun un quart de cercle, parce que ce point A est, comme nous l'avons déjà dit, le pole de l'horizon; et que GKZN est menée perpendiculairement à AG. Donc, GKZN est perpendiculaire à la section commune XEO de l'horizon et

τῶν αὐτῷ κεφαλαίων τῶν περὶ τὰς ἐγκλίσεις κυριωτέρων ἰδιωμάτων, ὅσον τε οἱ πόλοι τῆς πρώτης φορᾶς τοῦ ὁρίζοντος ἀφεςήκασι, καὶ οἷς ὁ ἥλιος κατὰ κορυφὴν γίνεται, καὶ πότε καὶ ποσάκις τὸ τοιοῦτον συμβαίνει, ἑξῆς ἀποδείκνυσι τὸ μετὰ ταῦτα ἀπαριθμηθὲν κεφάλαιον, τουτέςι τίνες τε οἱ λόγοι τῶν ἰσημερινῶν καὶ τροπικῶν ἐν ταῖς μεσημβρίαις σκιῶν πρὸς τοὺς γνώμονας. Χρῆται δὲ πάλιν καὶ πρὸς τὴν τούτου ἀπόδειξιν τῷ διὰ Ῥόδου τοιούτῳ παραλλήλῳ, καὶ φησίν· Ὅτι δὲ οἱ προκείμενοι λόγοι τῶν σκιῶν πρὸς τοὺς γνώμονας ἁπλούςερον λαμβάνονται, δοθέντων ἅπαξ τῆς τε μεταξὺ τῶν τροπικῶν περιφερείας, τουτέςι τῆς ἀπὸ τοῦ θερινοῦ τροπικοῦ ἐπὶ τὸν χειμερινὸν τροπικὸν τοῦ ἡλίου παραχωρήσεως, ἥτις ἐδείχθη διὰ τῶν κρίκων καὶ τῆς πλινθίδος μοιρῶν μζ΄ μβ΄ μ΄, καὶ τῆς μεταξὺ τοῦ ὁρίζοντος καὶ τῶν πόλων, τουτέςι τῆς τοῦ ἐξάρματος περιφερείας, οὕτως ἂν γένοιτο δῆλον·

Ἔςω γὰρ μεσημβρινὸς κύκλος ὁ ΑΒΓΔ, περὶ κέντρον τὸ Ε, καὶ ὑποκείσθω τὸ κατὰ κορυφὴν σημεῖον τὸ Α, καὶ διήχθω ἡ ΑΕΓ διάμετρος, ᾗ πρὸς ὀρθὰς γωνίας ἐν τῷ τοῦ μεσημβρινοῦ ἐπιπέδῳ ἡ ΓΚΖΝ παράλληλος, δηλονότι γινομένη τῇ κοινῇ τομῇ τοῦ τε ὁρίζοντος καὶ τοῦ μεσημβρινοῦ. Ἐὰν γὰρ νοήσωμεν διὰ τοῦ Ε τὴν κοινὴν τομὴν τοῦ ὁρίζοντος καὶ τοῦ μεσημβρινοῦ διαγομένην, ὡς τὴν ΞΕΟ, ἔςαι πρὸς ὀρθὰς τῇ ΑΕΓ διὰ τοῦ κατὰ κορυφὴν, ἐπεὶ καὶ τεταρτημόριον γίνεται ἑκατέρα τῶν ΑΞ, ΑΟ· διὰ τὸ πόλον εἶναι, ὡς ἔφαμεν, τοῦ ὁρίζοντος τὸ Α σημεῖον. Διῆκται δὲ καὶ ἡ ΓΚΖΝ τῇ ΑΓ πρὸς ὀρθάς· παράλληλος ἄρα ἐςὶν ἡ ΓΚΖΝ τῇ ΞΕΟ κοινῇ τομῇ τοῦ τε ὁρίζοντας καὶ τοῦ μεσημβρινοῦ.

Ὥϛε ἡ ΓΚΖΝ ἐν τῷ παρὰ τὸν ὁρίζοντά ἐϛιν ἐπιπέδῳ, ἐφ' ἣν κατὰ τὸ μέσον τῆς ἡμέρας, τουτέϛι κατὰ τὴν ἕκτην ὥραν αἱ σκιαὶ τῶν γνωμόνων πίπτουσι, διὰ τὸ τὸν ἥλιον καὶ τὸν γνώμονα ἐν τῷ τοῦ μεσημβρινοῦ ἐπιπέδῳ, δηλαδὴ καὶ τὴν ἀκτῖνα καὶ τὴν σκιάν. Καὶ ἐπεὶ ὅλη ἡ γῆ σημείου καὶ κέντρου λόγον ἔχει πρὸς αἴσθησιν πρὸς τὸ μέχρι τῆς τοῦ ἡλίου σφαίρας ἀπόϛημα, καθὼς καὶ οἱ γνωμονικοὶ παραλαμβάνοντες οὐδενὶ αἰσθητῷ διαφωνοῦσι ταῖς διὰ τῶν ὀργάνων ὡροσκοπήσεσι τοῖς φαινομένοις, ἀκολούθως ἂν εἴη καὶ τὸ Ε κέντρον ἀδιάφορον τῆς τοῦ γνώμονος κορυφῆς, ἐπεὶ καὶ τουτο τὸ σημεῖον τυγχάνει.

Νοείσθω οὖν γνώμων μὲν ὁ ΓΕ, ὥϛε ῥίζαν μὲν αὐτου ἐν τῷ παρὰ τὸν ὁρίζοντα ἐπιπέδῳ τυγχάνειν τὸ Γ, ἄκρον δὲ τὸ Ε· ἡ δὲ ΓΚΖΝ ἐφ' ἣν κατὰ τὸ μέσον τῆς ἡμέρας αἱ σκιαὶ πίπτουσι, καὶ διὰ τὸ τὸ διὰ Ῥόδου πάλιν κλίμα ὑποκεῖσθαι, ἔνθα τὸ ἔξαρμα μοιρῶν ἐϛι λϛ̄, δῆλον ὡς ὅτι ἡ μὲν ΑΒ ἀπὸ τοῦ κατὰ κορυφὴν ἐπὶ τὸν ἰσημερινὸν ἴση οὖσα τῷ ἐξάρματι, μοιρῶν ἐϛι λϛ̄. Ταύτης δὲ ἐλάσσων ἐϛὶν ἡ ἀπὸ του ἰσημερινου ἐπὶ τὸ τροπικὸν δεδειγμένη μοιρῶν κγ̄ να'· ὥϛε τὸ θερινὸν τροπικὸν μεταξὺ πίπτει τῶν Β καὶ Α σημείων. Ἔϛω δὴ τὸ Η, δῆλον δὲ ὅτι καὶ τὸ χειμερινὸν τροπικὸν ἐπὶ τὰ ἕτερα μέρη του ἰσημερινου πίπτει, πιπτέτω ὡς κατὰ τὸ Λ. Γνώμονος οὖν ὄντος του ΓΕ, καὶ κορυφῆς αὐτου του Ε, δῆλον ὡς ὅτι ὁ ἥλιος κατ' εὐθεῖαν γραμμὴν πέμπων τὰς ἀκτῖνας (καὶ τουτο γὰρ σύμφωνον τοῖς φαινομένοις καταλαμβάνεται) κατὰ του μεσημβρινου γινόμενος, ὡς ἐπὶ τὸ Η θερινὸν τροπικὸν, ἀκτῖνα μὲν πέμψει τὴν ΗΕΘΚ, ἣν φαμὲν θερινὴν, σκιὰν δὲ ποιήσει ἐν τῷ παρὰ τὸν ὁρίζοντα ἐπιπέδῳ

du méridien. GKZN est donc dans le plan parallèle à l'horizon, sur lequel au milieu du jour, c'est-à-dire à la sixième heure, tombent les ombres des gnomons, parce qu'alors le soleil et le gnomon, ainsi que le rayon solaire et l'ombre, sont dans le plan du méridien. Et puisque toute la terre n'est sensiblement que comme un point et un centre relativement à sa distance de l'orbite du soleil, comme on le voit par les *gnonomiques*, où les rapports des ombres, ne diffèrent nullement des phénomènes dans les observations des heures, faites à l'aide des instrumens, il s'ensuit que le centre E n'est pas différent du point vertical du gnomon, puisqu'il est ce point même.

Concevons donc le gnomon GE, dont le pied G soit dans le plan de l'horizon, et dont la pointe soit en E; et la droite GKZN, sur laquelle tombent les ombres au milieu du jour. Comme nous supposons toujours le climat de Rhodes, où la hauteur du pôle est de 36 degrés, il est clair que l'arc AB depuis le point vertical jusqu'à l'équateur, étant égal à la hauteur du pôle, est aussi de 36^d. Or l'arc de 23^d 51', depuis l'équateur jusqu'au tropique, étant plus petit, il s'ensuit que le tropique d'été tombe entre les points B et A. Soit H, le point où il tombe. Il est évident que le tropique d'hiver tombe de l'autre côté de l'équateur, comme en L. Le gnomon étant EG, et sa pointe ou le point vertical étant E, il est évident que le soleil, dardant son rayon en ligne droite, conformément aux phénomènes, étant dans le méridien, par exemple au point tropique H d'été, lancera le rayon HETK, que nous appelons le rayon d'été, et produira l'ombre GO sur le plan parallèle à l'horizon. Quand il sera en B dans l'équateur, il dardera pareillement le rayon BEDZ que nous appelons rayon équinoxial, et il produira l'ombre GZ. Pareillement encore, étant en L dans le tropique d'hiver, il enverra le rayon LEMN que nous appelons rayon d'hiver, et il produira l'ombre GN. L'ombre méridienne tropique d'été sera donc GK, celle de l'équinoxe GZ, et celle d'hiver GN. Et puisque l'arc AB, du point vertical à l'équateur, étant égal à l'intervalle entre le pole boréal et l'horizon, est égal à l'arc GD, GD sera de 36 des degrés dont le méridien en a 360, et chacun des arcs TD et DM, égaux aux arcs HB et BL, de l'intervalle de $23^d\ 51'\ 20''$ sera entre l'équateur et des tropiques. Il est donc évident que l'arc restant GT, sera de $12^d\ 8'\ 40''$, et l'arc entier GM de $59^d\ 51'\ 20''$, de sorte que les angles au centre auront les mêmes valeurs, savoir : GEK, $12^d\ 8'\ 40''$; GEZ, 36^d; et GEN, $59^d\ 51'\ 20''$ des degrés dont 360 font quatre angles droits. Mais si 360 degrés font deux angles droits, alors GEK en vaut $24^d\ 17'\ 20''$; GEZ, 72^d, et GEN $119^d\ 42'\ 40''$. Par conséquent, si l'on circonscrit des cercles aux triangles rectangles EGK, EGX, EGN, l'arc soutenu par le côté GK du triangle GEK, sera de $24^d\ 17'\ 20''$ des degrés dont le cercle circonscrit au triangle rectangle EGK, en contient 360. L'autre arc soutenu par GE, étant le supplément au demi cercle vaudra $155^d\ 42'\ 40''$, parce que l'angle en G est droit. Pour le triangle rectangle EGZ, l'arc soutendu par la droite GZ,

τὴν ΓΚ. Ἐπὶ δὲ τοῦ Β ἰσημερινοῦ γινόμενος, πέμψει ὁμοίως ἀκτῖνα μὲν τὴν ΒΕΔΖ, ἣν φαμὲν ἰσημερινήν· σκιὰν δὲ ποιήσει τὴν ΓΖ. Ἔτι δὲ ὁμοίως καὶ ἐπὶ τοῦ Λ χειμερινοῦ τροπικοῦ γινόμενος, ἀκτῖνα μὲν πέμψει τὴν ΛΕΜΝ, ἣν φαμὲν πάλιν χειμερινὰν, σκιὰν δὲ ποιήσει τὴν ΓΝ. Ἔσται οὖν θερινὴ μὲν τροπικὴ μεσημβρινὴ σκιὰ ἡ ΓΚ, ἰσημερινὴ δὲ μεσημβρινὴ ἡ ΓΖ, χειμερινὴ δὲ μεσημβρινὴ, ἡ ΓΝ. Καὶ ἐπεὶ ἡ ΑΒ περιφέρεια, οὖσα ἀπὸ τοῦ κατὰ κορυφὴν ἐπὶ τὸν ἰσημερινὸν, ᾗ καὶ τὴν ἴσην ἐξήρτηται ὁ βόρειος πόλος ἀπὸ τοῦ ὁρίζοντος ἴση ἐστὶ τῇ ΓΔ περιφερείᾳ, ἔσται καὶ ἡ ΓΔ μοιρῶν λϛ, οἵων ὁ ΑΒΓΔ μεσημβρινὸς μοιρῶν τξ· ἔσται δὲ καὶ ἑκατέρα τῶν ΘΔ καὶ ΘΜ ἴσαι πάλιν οὖσαι ταῖς ΗΒ, ΒΛ ἀπὸ τοῦ ἰσημερινοῦ ἐφ' ἑκάτερον τῶν τροπικῶν μοιρῶν κγ να κ. Φανερὸν οὖν ὅτι καὶ λοιπὴ ἡ ΓΘ περιφέρεια καταλειφθήσεται μοιρῶν ιβ η μ, ὅλη δὲ ἡ ΓΜ, νθ να κ, ὥστε καὶ αἱ ἐπ' αὐτῶν γωνίαι πρὸς τῷ κέντρῳ λαμβανόμεναι τῶν αὐτῶν ἔσονται, οἵων αἱ τέσσαρες ὀρθαὶ τξ. Ἡ μὲν ὑπὸ ΓΕΚ ιβ η μ, ἡ δὲ ὑπὸ ΓΕΖ λϛ, ἡ δὲ ὑπὸ ΓΕΝ νθ να κ. Οἵων δὲ αἱ δύο ὀρθαὶ τξ, τοιούτων ἡ μὲν ὑπὸ ΓΕΚ, κδ ιζ κ, ἡ δὲ ὑπὸ ΓΕΖ, τῶν αὐτῶν οϛ, ἡ δὲ ὑπὸ ΓΕΝ ὁμοίως ριθ μβ μ. Καὶ τῶν γραφομένων ἄρα κύκλων περὶ τὰ ΕΓΚ, ΕΓΞ, ΕΓΝ ὀρθογώνια, ἡ μὲν ὡς πρὸς τὸ ΕΓΚ τρίγωνον ἐπὶ τῆς ΓΚ εὐθείας περιφέρεια, τοιούτων ἔσται κδ ιζ κ, οἵων ὁ περὶ τὸ ΕΓΚ ὀρθογώνιον κύκλος τξ, λοιπὴ δὲ ἡ ἐπὶ τῆς ΓΕ εὐθείας περιφέρεια λείπουσα εἰς τὸ ἡμικύκλιον, διὰ τὸ ὀρθὴν εἶναι τὴν πρὸς τῷ Γ, λοιπῶν ἔσται εἰς τὰς ρπ μοίρας ρνε μβ μ. Ὡς δὲ ὡς πρὸς τὸ ΕΓΖ ὀρθογώνιον ἡ μὲν ἐπὶ τῆς ΓΖ εὐθείας περιφέρεια, τοιούτων ἔσται οϛ, οἵων πάλιν ὁ περὶ τὸ ΕΓΖ τρίγωνον ὀρ-

θογώνιον κύκλος τξ. Λοιπὴ δὲ πάλιν ἡ ἐπὶ
τῆς ΓΕ λείποισα εἰς τὰς ρπ μοίρας τοῦ ἡμι-
κυκλίου, μοιρῶν ἔσαι ρπ. Ἔτι δὲ ὡς πρὸς
τὸ ΕΓΝ τρίγωνον, ἡ μὲν ἐπὶ τῆς ΓΝ εὐθείας
περιφέρεια, τοιούτων ἔσαι ριθ μδ μ, οἵων
ὁ περὶ τὸ ΕΓΝ ὀρθογώνιον κύκλος τξ. Καὶ
λοιπὴ δὲ πάλιν ἡ ἐπὶ τῆς ΓΕ λείπουσα εἰς
τὰς ρπ τοῦ ἡμικυκλίου, μοιρῶν ἔσαι ξ ιζ
κ, ὥσε καὶ τῶν ὑπ' αὐτὰς εὐθειῶν ἡ ΓΕ
συνάγεται κοινὴ οὖσα τῶν τριῶν τριγώνων,
οἵων μὲν ἡ ΓΚ κε ιδ μγ. Ἡ γὰρ τηλικαύτη
εὐθεῖα ὑποτείνει τὴν ἐπὶ τᾶς ΓΚ εἰρημένην
περιφέρειαν, μοιρῶν οὖσαν κδ ιζ κ, τοι-
ούτων ἡ ΓΕ ριζ να ιη. ἡ γὰρ τηλικαύτη
πάλιν εὐθεῖα ὑποτείνει τὴν ἐπὶ τῆς ΓΕ εἰ-
ρημένην περιφέρειαν μοιρῶν ρνε μδ μ.

Ὁμοίως δὲ καὶ ἐπὶ τοῦ ΕΓΖ τριγώνου λαβὼν
τὰς εὐθείας τὰς ὑποτεινούσας τὰς ἐπὶ τῶν ΓΖ
καὶ ΓΕ περιφερείας, τουτέσιν αὐτὰς τὰς ΖΓ,
ΓΕ εὐθείας, ἐξέθετο τὴν μὲν ΖΓ ο λϛ δ.
τὴν δὲ ΕΓ μζ δ νϛ. Ἔτι ὁμοίως καὶ ἐπὶ
τοῦ ΕΓΝ τριγώνου, τὴν μὲν ΝΓ ργ μϛ
ιϛ, τὴν δὲ ΓΕ ξ ιε μδ. Καὶ οἵων ἄρα
ὁ ΕΓ γνώμων ξ, τοιούτων καὶ ἡ ΓΚ θερινὴ
σκιὰ συναχθήσεται ιβ νε, ἡ δὲ ΓΖ ἰσημερι-
νὴ μγ λϛ, ἡ δὲ ΓΝ χειμερινὴ, ργ κγ ἔγγιςα.

Πεποίηται δὲ τὴν μεταγωγὴν τῶν λό-
γων εἰς τὸν ξ, διὰ τὸ πρόχειρον, ἐπειδή-
περ καθ' ἑκάςην τῶν ΓΚ, ΓΖ, ΓΝ σκιῶν
διάφορον εὑρίσκομεν τὸ ΓΕ μέγεθος τοῦ γνώ-
μονος. Μετείληφε δὲ τοὺς λόγους, ὡς ἔφαμεν
εἰς τὸν ξ, ἵνα ἐν ἑνὶ μεγέθει τοῦ γνώμονος
ἐκκειμένους ἔχῃ τοὺς λόγους· οἷον ὅτι ἐπεὶ
εὕρισκεν, οἵων ἡ ΓΕ τοῦ γνώμονος μοιρῶν
ριζ ιη να, τοιούτων τὴν ΓΚ εὐθεῖαν κε ιδ
μγ. Καὶ οἵων ἄρα ἡ ΓΕ εὐθεῖα τοῦ γνώμονος
ξ, τοιούτων ἔσαι καὶ ἡ ΓΚ τῆς θερινῆς
σκιᾶς ιβ νε. Ἐὰν γὰρ πολλαπλασιάσωμεν

---

aura 72 des degrés dont le cercle circons-
crit en contient 360. L'arc GE de supplé-
ment aux 180^d du demi-cercle, en aura
108^d. Enfin, pour le triangle EGN, l'arc
soutenu par la droite GN, sera de 119^d
42' 40" des 360^d du cercle circonscrit; et
l'arc GE, de supplément aux 180^d du demi-
cercle, vaudra 60^d 17' 20". Ainsi, de toutes
les soutendantes, de ces arcs, GE étant
commune à ces trois triangles, vaut 117^p
51' 18" des parties dont la corde de l'arc
GK de 24^d 17' 20", en contient 25^p 14' 43";
car cette droite est aussi la corde de l'arc
155^d 42' 40".

Pareillement, dans le triangle EGZ,
prenant les soutendantes ZG et GE, il a
fait GZ de 70^p 32' 4", et EG de 97^p 4' 56".
Pareillement encore dans le triangle EGN,
NG est de 103^p 46' 16', et GE, de 60^p 15'
42^p. Donc, des parties dont le gnomon EG
en contient 60, l'ombre d'été GK en con-
tiendra 12^p 55'; l'ombre équinoxiale GZ,
43^p 36", et l'ombre d'hiver, 103^p 23' à peu
près.

Ptolémée fait la comparaison de ces va-
leurs à 60, pour plus de facilité, parce qu'en
chacune des ombres GK, GZ, ZN, nous
trouvons une valeur différente pour le
gnomon GE. Il a donc transformé ces rai-
sons, de manière qu'en donnant une valeur
constante au gnomon, ces autres grandeurs
conservassent toujours leurs mêmes rap-
ports avec lui. Ainsi, ayant trouvé que des
parties dont le gnomon GE en a 117^p 18'
51", la droite GK en a 5^p 14' 43", il a con-
clu que de celles dont GE en a 60, GK

de l'ombre d'été en aura 12ᵖ 55′. Car, si nous multiplions 60 par 25ᵖ 14′ 23″, et que nous divisions le produit par 117ᵖ 18′ 51″, nous trouverons le terme proportionnel 12ᵖ 55″; et l'on a comme 117ᵖ 18′ 51″ sont à 25ᵖ 14′ 43″, ainsi, 60 sont à 12ᵖ 55′. Le rapport du gnomon à son ombre, dans le point tropique d'été, sera donc de 60 à 12ᵖ 55. Pareillement, puisque des parties dont le gnomon EG en contient 97ᵖ 4′ 56″, l'ombre équinoxiale GZ a été démontrée en avoir 70ᵖ 32′ 4″, elle en aura 43ᵖ 36′ de celles dont le gnomon en auroit 60, de même. Enfin, puisque de celles dont le gnomon EG en avoit 60ᵖ 15′ 42″ l'ombre d'hiver GN en avoit 103ᵖ 46′ 16″, de celles dont ce gnomon en a 60, GN en aura 103ᵖ 20′ à peu près. Car, en multipliant et divisant, nous trouverons le quatrième terme proportionnel de ces deux analogies, comme nous avons trouvé celui de la première pour l'ombre d'été.

Ptolemée a dit que le cercle ayant 360 degrés, la circonférence les comprend tous, et que l'angle au centre a pour valeur le nombre qu'il embrasse de ces degrés, dont quatre font 360 angles droits, mais que les angles à la circonférence s'évaluent comme s'ils étoient doubles, car tel est le rapport qu'ont les angles au centre, et ceux qui sont inscrits à la circonférence, avec les arcs sur lesquels ils sont appuyés; le cercle soutendant quatre angles droits au centre, et deux seulement la circonférence. Car (Fig. 9.) si, ayant décrit le cercle ABGD autour du centre E, nous y menons les deux diamètres AG, BD, perpendiculaires l'un sur l'autre, et que nous divisions l'arc GD en 90 portions égales, menant du centre E des droites aux points

τὸν ξ ἐπὶ τὰ κε ιδ΄ μγ″, καὶ τὰ γενόμενα μερίσωμεν περὶ τὸν ριζ ιη΄ να″, εὑρήσομεν τέταρτον ἀνάλογον τὸν ιϛ νε΄, καὶ γίνεται ὡς ριζ ιη΄ να″ πρὸς κε ιδ΄ μγ″, οὕτως ξ πρὸς ιϛ νε΄. Ἔϛαι ἄρα λόγος ὁ τοῦ γνώμονος πρὸς τὴν ἀφ' ἑαυτοῦ σκιὰν ἐν τῇ θερινῇ τροπῇ, ὁ τῶν ξ πρὸς ιϛ νε΄. Ὁμοίως δὲ πάλιν ἐπεὶ οἵων ἐϛὶν ὁ ΕΓ γνώμων ϛζ δ΄ νϛ″, τοιούτων καὶ ἡ ΓΖ ἰσημερινὴ σκιὰ ἐδείχθη ο λϛ δ″. Καὶ οἵων ἄρα ὁ ΕΓ γνώμων ξ, τοιούτων καταλειφθήσεται καὶ ἡ ΓΖ ἰσημερινὴ σκιὰ μγ λϛ΄. Καὶ ἐπεὶ πάλιν οἵων ἐϛὶν ὁ ΕΓ γνώμων ξ ιε΄ μβ″, τοιούτων ἡ ΓΝ χειμερινὴ σκιὰ ργ μϛ΄ ιϛ″· καὶ οἵων ἄρα ὁ ΕΓ γνώμων ξ, τοιούτων καταλειφθήσεται καὶ ἡ ΓΝ χειμερινὴ σκιὰ ργ κ΄ ἔγγιϛα, πολλαπλασιαζόντων ἡμῶν καὶ μεριζόντων πρὸς τὴν λῆψιν τοῦ τέταρτον ἀνάλογον, καὶ ἐπὶ τῶν δύο τούτων λόγων ἀκολούθως τῷ πρώτῳ τοῦ γνώμονος πρὸς τὴν θερινὴν σκιὰν λόγῳ.

Ἔφησε δὲ οἵων ὁ κύκλος τξ, τοιούτων καὶ τὴν ἀπολαμβανομένην περιφέρειαν· τόσων δὲ καὶ τὴν ἐπ' αὐτὴν γωνίαν πρὸς τῷ κέντρῳ τυγχάνουσαν τῶν αὐτῶν οἵων αἱ τέσσαρες ὀρθαὶ τξ, πρὸς δὲ τῇ περιφερείᾳ οἵων αἱ δύο ὀρθαὶ τξ, οἷον τῶν διπλασίων, διὰ τὸ τὰς πρὸς τῷ κέντρῳ καὶ ταῖς περιφερείαις συνιϛαμένας γωνίας τὸν αὐτὸν λόγον ἐχούσας ταῖς περιφερείαις ἐφ' ὧν βεβήκασι, πρὸς μὲν τῷ κέντρῳ οὔσας τὸν κύκλον ὑποτείνειν τέσσαρας ὀρθὰς, πρὸς δὲ τῇ περιφερείᾳ δύο. Ἐὰν γὰρ ἐκθέμενοι κύκλον ὡς τὸν ΑΒΓΔ περὶ κέντρον τὸ Ε, διαγάγωμεν αὐτῷ δύο διαμέτρους, πρὸς ὀρθὰς ἀλλήλαις, ὡς τὰς ΑΓ, ΒΔ, καὶ διέλωμεν τὴν ΓΔ περιφέρειαν, εἰς ϛ ἴσα, καὶ ἀπὸ τοῦ Ε κέντρου ἐπὶ τὰ τῶν

διηρημένων σημεῖα ἐπιζεύξωμεν εὐθείας, ἔσται
καὶ ἡ ὑπὸ ΓΕΔ γωνία ὀρθὴ εἰς ϟ ἴσας γω-
νίας διηρημένη. Καὶ ἔσται οἵων μὲν ὁ κύκλος
τξ, τοιούτων ἡ ΓΔ περιφέρεια ϟ, διὰ τὸ
τεταρτημόριον τυγχάνειν, οἵων δὲ αἱ πρὸς τῷ
Ε κέντρῳ γωνίαι τέσσαρες ὀρθαὶ τξ, τοιού-
των ἡ ὑπὸ ΓΕΔ γωνία ϟ, διὰ τὸ ὀρθὴν
αὐτὴν τυγχάνειν. Ἐὰν δὲ πάλιν ἐπιζεύξαντες
τὰς ΑΒ, ΑΔ διέλωμεν καὶ τὴν ΒΓΔ περιφέ-
ρειαν ἡμικυκλίου τυγχάνουσαν εἰς ρπ, καὶ
ἀπὸ τοῦ Α σημείου ἐπὶ τὰ τῆς ΒΓΔ περιφε-
ρείας ρπ τμήματα ἐπιζεύξωμεν εὐθεῖαν, ἔσται
ὁμοίως καὶ ἡ ὑπὸ ΒΑΔ ὀρθὴ γωνία διαιρε-
θεῖσα εἰς ἴσας γωνίας ρπ. Καὶ ἔσται πάλιν
οἵων ὁ κύκλος τξ, τοιούτων ἡ ΒΓΔ περιφέ-
ρεια ρπ· καὶ ἔτι ἡ ὑπὸ ΒΑΔ ὀρθὴ ρπ, οἵων
αἱ δύο ὀρθαὶ ρπ, δια τὸ, ὡς ἔφαμεν, πρὸς
τῇ περιφερείᾳ τὰς δύο ὀρθὰς ὑποτείνειν ὅλον
τὸν κύκλον, πρὸς δὲ τῷ κέντρῳ τὰς τέσσαρας·
ἐπεὶ καὶ αἱ πρὸς τῷ κέντρῳ γωνίαι διπλασίονές
εἰσι τῶν πρὸς τῇ περιφερείᾳ, ὅταν τὴν αὐτὴν
περιφέρειαν βάσιν ἔχωσι. Δῆλον δὴ καὶ καθ-
όλου, ὅτι ὅσων ἐὰν ᾖ τμημάτων ἡ ἀπολαμβα-
νομένη περιφέρεια, οἵων ὁ κύκλος τξ, τοσούτων
ἔσται καὶ ἡ μὲν πρὸς τῷ κέντρῳ γωνία, οἵων
τέσσαρες αἱ ὀρθαὶ τξ, ἡ δὲ πρὸς τῇ περιφε-
ρείᾳ τῶν διπλασιόνων, οἵων αἱ δύο ὀρθαὶ τξ.
Ἐπειδήπερ ἐὰν ἀπολαβόντες τυχοῦσαν τὴν ΓΖ,
ἐπιζεύξωμεν ἀπὸ τῶν Ε καὶ Α σημείων τὰς
ΕΖ, ΑΖ, καὶ ἔτι ἐπὶ τὰ μεταξὺ τῶν τῆς ΓΖ
διαιρέσεως τοῦ κύκλου σημείων ἐπιζεύξωμεν
εὐθείας ἀπὸ τῶν Ε, Α, ἔσται ἡ μὲν ὑπὸ
ΓΕΖ γωνία διηρημένη εἰς τηλικαύτας γωνίας,
τῷ πλήθει τῶν τῆς ΓΖ διαιρέσεως, ἡλίκων
ἔσται ἡ ὑπὸ ΓΕΔ γωνία πρὸς τῷ κέντρῳ οὖσα
ὀρθὴ ϟ. Ἡ δὲ ὑπὸ ΓΑΖ ἡμίσεια οὖσα τῆς
ὑπὸ ΓΕΖ εἰς τηλικαύτας τῷ πλήθει τῶν πρὸς

ΤΗΕΟΝ. II.

de divisions, l'angle droit GED sera divisé
en 90 angles égaux, et l'arc GD sera de 90
des portions dont le cercle en a 360, parce
que cet arc est un quart de la circonférence
du cercle, et qu'ainsi l'angle GED a 90 des
portions, dont 360 font les quatre angles
droits dont les sommets sont au centre,
puisqu'il est droit lui-même. Joignant ac-
tuellement AB, AD, divisons l'arc BGD du
demi-cercle en 180 portions égales, et du
point A menons des droites à ces 180 divi-
sions, l'angle droit BAD sera pareillement
divisé en 180 angles égaux, et l'arc BGD
sera de 180 des 360 portions du cercle. Ainsi,
l'angle droit BAD aura 180 des portions dont
le cercle en a 360, et cela, comme nous l'a-
vons dit, parce que deux seuls angles droits
à la circonférence, et quatre au centre, sont
soutendus par la circonférence entière, ces
angles au centre étant doubles en nombre,
de ceux qui sont à la circonférence, quand
ils y sont appuyés sur le même arc. Or, il
est certain en général, qu'autant l'arc com-
prend des 360 divisions de la circonférence
du cercle, autant l'angle au centre appuyé sur
cet arc embrasse de ces divisions dont 360
font quatre angles droits, et que l'angle à
la circonférence contient de divisions
doubles, dont 360 font deux angles droits.
En effet, prenant un arc quelconque
GZ, des points E, A, joignons EZ, AZ,
puis des points E, A, menons des droites
aux divisions de l'arc GZ, l'angle GEZ sera
partagé en autant d'angles, que l'arc GZ
contient de divisions de celles dont l'angle
droit au centre GED en a 90. Mais l'angle
GAZ, qui est la moitié de l'angle GEZ,
sera partagé en autant d'angles, que
l'angle au centre GEZ vaudroit des divi-

5

sions dont l'angle droit BAD en a 180. Ainsi, un angle égal à GEZ qui auroit son sommet dans la circonférence, embrasseroit un nombre double des portions qu'il embrasse étant central; mais les angles au centre sont tels qu'un droit est de 90 portions, ou quatre droits de 360; et l'angle inscrit à la circonférence est tel qu'un droit est de 180, et deux droits de 360, comme je l'ai déjà dit.

Après qu'en prenant l'arc de hauteur du pole, et ceux d'entre les tropiques, il a démontré ces rapports du gnomon, il dit: Si l'on a deux seuls rapports du gnomon aux ombres, soit à l'ombre d'été et à l'équinoxiale, soit à celle d'été et à celle d'hiver, nous aurons par eux la hauteur du pole et l'arc entre les tropiques. Il en donne la raison en ces mots: deux quelconques des angles en E étant donnés, l'autre est aussi donné à cause des distances égales TD et DM de l'équateur aux tropiques. Car soit, comme dans la figure 6 précédente, le rapport du gnomon GE à l'ombre d'été GK, et à l'ombre équinoxiale GZ, et qu'il s'agisse de trouver la latitude du lieu terrestre et l'arc entre les tropiques. Puisque dans le climat supposé de Rhodes, le gnomon GE étant de 60 parties, l'ombre d'été s'est trouvée en avoir 12ᵖ 55', et que les carrés de EG et GK sont égaux au carré de EK, si nous ajoutons le carré 3600 de EG à 166 50' qui est celui de GK, la somme étant 3766 50', le côté EK sera de 61ᵖ 22' 30" des parties dont KG en vaut 12ᵖ 55'. Ainsi, de celles dont EK en a 120, GK en aura 25ᵖ 15' 16". Et si nous circonscrivons un cercle au triangle

τῷ Ε κέντρῳ, ἡλίκων ἂν εἴη, ἡ ὑπὸ ΒΑΔ ὀρθὴ γωνία ρπ‾, ὥςε ἡ ἴση τῇ ὑπὸ ΓΕΖ πρὸς τῇ περιφερείᾳ συνιςαμένη, τῶν διπλασιόνων ἔςαι τῷ πλήθει τῶν πρὸς τῷ κέντρῳ συνιςαμένων. Ἀλλ' αἱ μὲν πρὸς τῷ κέντρῳ, τηλικαῦται εἰσὶν, ἡλίκων, ὡς ἔφαμεν, ἡ μία ὀρθὴ ϟ, ἢ αἱ τέσσαρες ὀρθαὶ τξ· ἡ δὲ πρὸς τῇ περιφερείᾳ ἡλίκων ἡ μία ὀρθὴ ρπ‾, ἢ αἱ δύο ὀρθαὶ τξ.

Ἐπεὶ οὖν παραλαμβάνων τὴν τοῦ ἐξάρματος περιφέρειαν, καὶ τὰς μεταξὺ τῶν τροπικῶν ἀπεδείκνυε τοὺς εἰρημένους λόγους τοῦ γνώμονος πρὸς τὰς σκιάς, φησὶ, κἂν δύο μόνοι λόγοι δοθῶσι τοῦ γνώμονος πρὸς τὰς σκιάς, οἷον εἴτε πρὸς τὴν θερινὴν καὶ τὴν ἰσημερινὴν, ἢ τὴν θερινὴν καὶ τὴν χειμερινὴν, ἢ τὴν ἰσημερινὴν καὶ τὴν χειμερινὴν, δοθήσεται ἡμῖν καὶ τὸ ἔξαρμα, καὶ ἡ μεταξὺ τῶν τροπικῶν. Εἶτα καὶ τὴν αἰτίαν ἐπάγων δι' ἣν δίδονται, φησίν· Ἐπειδήπερ καὶ δύο δοθεισῶν ὁποιωνοῦν πρὸς τῷ Ε γωνιῶν, δίδοται καὶ ἡ λοιπή. Ἔτι δὲ πάλιν τὴν αἰτίαν προστίθησι δι' ἣν δίδοται καὶ ἡ λοιπὴ, λέγων διὰ τὸ ἴσας εἶναι τὰς ΘΔ καὶ ΔΜ ἀπὸ τοῦ ἰσημερινοῦ ἐπὶ τὰ τροπικά. Ἔςω γὰρ ὡς ἐπὶ τῆς ἐπάνω καταγραφῆς δοθεὶς πρῶτον ὁ λόγος τοῦ ΓΕ γνώμονος πρὸς τὴν ΓΚ θερινὴν σκιὰν, καὶ τὴν ΓΖ ἰσημερινὴν, καὶ δέον ἔςω εὑρεῖν τό, τε ἔξαρμα τῆς οἰκήσεως καὶ τὴν μεταξὺ τῶν τροπικῶν. Ἐπεὶ οὖν ἐν τῷ ὑποκειμένῳ διὰ Ῥόδου κλίματι ἐδείχθη οἵων ὁ ΓΕ γνώμων ξ, τοιούτων ἡ ΓΚ θερινὴ σκιὰ ιβ νε', καὶ ἔςι τὰ ἀπὸ τῶν ΕΓ, ΓΚ, ἴσα τῷ ἀπὸ τῆς ΕΚ. Ἐὰν ἄρα τὰ ͵γχ τοῦ ἀπὸ τῆς ΕΓ συνθῶμεν τοῖς ἀπὸ τῆς ΓΚ ρξϛ‾ ν', καὶ τῶν συναγομένων ͵γψξϛ‾ ν' πλευρὰν λάβωμεν, ἃ γίνεται ξα κβ λ', ἔςαι

ἡ ΕΚ ξα̅ κδ' λα", οἵων ἡ ΚΓ ιϛ̅ νε'. Καὶ
οἵων ἄρα ἡ ΕΚ ρκ̅, τοιούτων ἔϛαι καὶ ἡ
ΤΚ κε̅ ιε' ιϛ". Καὶ ἐὰν γράψωμεν περι τὸ
ΕΓΚ ὀρθογώνιον κύκλον, εὑρήσομεν καὶ τὴν
ἐπὶ τῆς ΓΚ εὐθείας περιφέρειαν μοιρῶν κδ' ιζ'
κ", ὥϛε καὶ ἡ ὑπὸ ΓΕΚ γωνία πρὸς τῇ πε-
ριφερείᾳ οὖσα τοῦ περιγραφομένου κύκλου,
τοιούτων ἔϛαι κδ' ιζ' κ", οἵων αἱ δύο ὀρθαὶ
τξ̅, οἵων δ' αἱ τέσσαρες ὡς πρὸς τῷ κέντρῳ
τυγχάνουσαι τοῦ ΑΒΓΔ μεσημβρινοῦ ιβ̅ η'
μ". Ὁμοίως, ἐπεὶ οἵων ἐϛὶν ὁ ΓΕ γνώμων ξ,
τοιούτων ἐδείκνυτο καὶ ἡ ΓΖ ἰσημερινὴ σκιὰ
μγ̅ λϛ', ἐὰν πάλιν συνθῶμεν τὰ ἀπ' αὐτῶν,
εὑρήσομεν τὸ ἀπὸ τῆς ΕΖ καὶ αὐτὴν τὴν
ΕΖ δεδομένην. Καὶ οἵων ἄρα ἡ ΕΖ ρκ̅, δο-
θήσεται καὶ ἡ ΖΓ, καὶ ἡ ἐπ' αὐτῆς περιφέ-
ρεια τοῦ γραφομένου κύκλου περὶ τὸ ΕΓΖ
ὀρθογώνιον· ὥϛε καὶ ἡ ὑπὸ ΓΕΖ γωνία δο-
θήσεται ὡς πρὸς τῇ περιφερείᾳ οὖσα τοῦ γρα-
φέντος κύκλου περὶ τὸ ΕΓΖ ὀρθογώνιον, οἵων
αἱ δύο ὀρθαί. Ὡς δὲ πρὸς τῷ Ε κέντρῳ τοῦ
μεσημβρινοῦ, οἵων αἱ τέσσαρες ὀρθαί, ὥϛε
καὶ ἡ ΓΔ περιφέρεια συναχθήσεται ἴση οὖσα
τῷ ἐξάρματι μοιρῶν λϛ̅· ἔϛι γὰρ ἀπὸ τοῦ
Γ κατὰ κορυφὴν ἐπὶ τὸ Δ ἰσημερινόν. Εὕρη-
ται δὲ καὶ ἡ ΓΘ ιβ̅ η' μ", καὶ λοιπὴν ἄρα
ἕξομεν τὴν ΘΔ, ἥτις ἐϛὶν ἀπὸ τοῦ τροπικοῦ
ἐπὶ τὸν ἰσημερινὸν μοιρῶν κγ̅ να' κ". Ἴση
δὲ ἡ ΘΔ τῇ ΔΜ, ὥϛε καὶ ὅλην τὴν ΘΔΜ
μεταξὺ δηλαδὴ τῶν τροπικῶν περιφέρειαν,
ἐσόμεθα εὑρηκότες μοιρῶν μζ̅ μβ' μ".

Πάλιν δὲ ἔϛωσαν ἕτεροι δύο λόγοι δοθέντες,
τουτέϛιν ὅ τε τοῦ ΓΕ γνώμονος πρὸς τὴν ΓΚ
θερινὴν σκιάν, καὶ τὴν ΓΝ χειμερινήν, καὶ
διὰ τὸ δεδόσθαι τὸν λόγον τοῦ ΕΓ γνώμονος
πρὸς τὴν ΓΚ, δοθήσεται ὁμοίως ἡ ΓΘ περι-

rectangle EGK, nous trouverons l'arc sou-
tendu par la droite GK, de 24^p 17' 20",
de sorte que l'angle GEK à la circonfé-
rence du cercle circonscrit, est de 24^d 17'
20" des degrés dont 360 font deux angles
droits, et de 12^d 8' 40" des degrés dont 360
font quatre angles droits au centre du
méridien. Pareillement, puisque le gno-
mon GE étant de 60 parties, l'ombre équi-
noxiale GZ s'est trouvée de 43^p 36', si nous
ajoutons encore leurs carrés, nous aurons
le carré de EZ qui nous donnera EZ
même, et nous trouverons ZG en parties,
dont EZ en aura 120, ainsi que l'arc sur
cette droite dans le cercle circonscrit au
triangle rectangle EGZ; de sorte que l'angle
GEZ inscrit à la circonférence de ce cercle,
autour du rectangle EGZ, sera donné
comme étant de deux angles droits; mais
comme de quatre angles droits, s'il est con-
sidéré comme étant au centre du méri-
dien. Ainsi, on conclura que l'arc GD est
égal à la hauteur du pole 36^d, car c'est la
distance du point vertical G à l'équateur
en D, or G T s'est trouvé de 12^d 8' 40", nous
aurons donc le reste TD qui est la distance
du tropique à l'équateur, 23^d 51' 20"; mais
l'arc TD est égal à l'arc DM, nous aurons
donc l'arc entier TDM entre les tropiques,
de 47^d 42' 40".

Soient encore donnés deux autres rap-
ports du gnomon GE, l'un à l'ombre d'été
GK, l'autre à l'ombre d'hiver GN. Puisque
le rapport de GE à GK est donné, l'arc GT

sera pareillement donné, et puisque le rapport de GE à GN est aussi donné, si nous prenons encore la somme de leurs carrés, elle nous donnera le cárré de EN, et par là EN même. Or GN nous est donnée en parties dont EN en a 120, et par conséquent aussi, l'arc soutendu par GN, donc l'angle GEN sera donné en degrés dont 360 feroient deux angles droits, et en degrés dont 360 font quatre angles droits, et par là aussi l'arc GM. Or l'arc GT est donné, donc l'autre angle TM entre les tropiques sera donné, ainsi que sa moitié TD. Mais GT étoit donné, donc l'arc entier GD de la hauteur du pole sera donné.

Enfin, étant donné le rapport du gnomon GE à chacune des ombres équinoxiales d'hiver, GZ GN, et par le rapport donné de GE à GZ, nous trouverons l'arc GD de la hauteur du pole; et par le rapport donné de GE à GN, l'arc GM. La hauteur connue GD du pole, nous fera connoître l'arc GM, et l'arc restant DM, ainsi que l'arc égal DT, et par conséquent aussi l'arc TM entre les tropiques. Nous prenons les grandeurs de ces droites en parties dont il y en a 120 au diamètre, parce que les droites inscrites au cercle sont calculées sur cette division.

Ptolemée nous ayant ainsi enseigné comment, quand nous avons par observation l'arc de la hauteur du pole et l'arc entre les tropiques, nous trouvons ces mêmes rapports des gnomons aux ombres; et réciproquement, comment, ayant par l'observation les rapports des ombres aux gnomons, nous trouvons l'arc de la hauteur du pole et l'arc entre les tropiques, il ajoute: pour donner aux observations toute l'exactitude possible, il vaut mieux déterminer l'arc entre les tropiques et la hauteur du pole, qui se prennent plus exacte-

φέρεια. Ἔτι δὲ καὶ ἐπεὶ δέδοται ὁ λόγος τῆς ΓΕ πρὸς τὴν ΓΝ, ἐὰν πάλιν συνθῶμεν τὰ ἀπ' αὐτῶν, εὑρήσομεν τὸ ἀπὸ τῆς ΕΝ, καὶ αὐτὴν τὴν ΕΝ, οἵων ἡ ΝΓ. Καὶ οἵων ἄρα ἡ ΕΝ ρκ, τοιούτων καὶ ἡ ΓΝ ἔςι δοθεῖσα καὶ ἡ ἐπ' αὐτῆς περιφέρεια, ὥςε καὶ ἡ ὑπὸ ΓΕΝ γωνία, οἵων αἱ δύο ὀρθαὶ, καὶ οἵων αἱ τέσσαρες, ἔςαι δεδομένη· καὶ διὰ τοῦτο κἂν ἡ ΓΜ περιφέρεια δοθήσεται, δέδοται καὶ ἡ ΓΘ· καὶ λοιπὴ ἄρα ἡ ΘΜ μεταξὺ τῶν τροπικῶν ἔςαι δοθεῖσα, ὥςε καὶ ἡ ς″ αὐτῆς ἡ ΘΔ. Ἦν δὲ καὶ ἡ ΓΘ δεδομένη· καὶ ὅλη ἄρα ἡ ΓΔ ἴση οὖσα τῷ ἐξάρματι, ἔςαι δεδομένη.

Δεδόσθω δὴ πάλιν ὅπερ ὑπολείπεται ὁ τοῦ ΓΕ γνώμονος λόγος πρὸς ἑκατέραν τήν τε ΓΖ ἰσημερινὴν σκιὰν, καὶ τὴν ΓΝ χειμερινήν. Καὶ διὰ τὸ δεδόσθαι τὸν τῆς ΕΓ πρὸς ΓΖ λόγον, ἀκολούθως πάλιν εὑρήσομεν τήν τε ΓΔ τοῦ ἐξάρματος. Καὶ ἔςι διὰ τὸ δεδόσθαι τὸν τῆς ΓΕ πρὸς ΓΝ λόγον, ὁμοίως δοθήσεται ἡ ΓΜ. Καὶ ἐπεὶ δέδοται ἡ ΓΔ τοῦ ἐξάρματος, δέδοται δὲ καὶ ἡ ΓΜ, καὶ λοιπὴ ἡ ΔΜ δοθήσεται, ὥςε καὶ ἡ ἴση αὐτῇ ἡ ΔΘ ἔςαι δεδομένη· καὶ ὅλη ἄρα ἡ ΘΜ μεταξὺ τῶν τροπικῶν ἔςαι δεδομένη. Μεταλαμβάνομεν δὲ τὰ μεγέθη τῶν εὐθειῶν, ποιοῦντες αὐτὰς, οἵων ἡ διάμετρος ρκ, διὰ τὸ καὶ τὰς ἐν κύκλῳ εὐθείας οὕτως ἐκκεῖσθαι.

Εἶτα ἐπεὶ ἐδίδασκεν ἡμᾶς πῶς ἂν ἐκ τηρήσεως ἔχοντες τήν τε τοῦ ἐξάρματος περιφέρειαν, καὶ τὴν μεταξὺ τῶν τροπικῶν, εὑρίσκομεν τοὺς εἰρημένους λόγους τῶν γνωμόνων πρὸς τὰς σκιὰς, καὶ τὸ ἀνάπαλιν· πῶς πάλιν ἐκ τηρήσεως λαμβάνοντες τοὺς λόγους τῶν γνωμόνων πρὸς τὰς σκιὰς, εὑρίσκομεν τήν τε τοῦ ἐξάρματος περιφέρειαν καὶ τὴν μεταξὺ τῶν τροπικῶν, ἑξῆς ἐρεῖ τε, μᾶλλον δὲ οἱ πρὸς ἀκριβεςέραν κατάληψιν ἐκ τῶν τηρήσεων παραλαμβάνοντες τὸ ἕτερον δεικνύναι, καὶ φησί· Τοῦ μέντοι περὶ τὰς τηρήσεις αὐτὰς ἀκριβοῦς ἕνεκεν, ἐκεῖνα μὲν ἀδιςάκτως ἂν λαμβάνοιτο καθ᾽ ὃν ὑπεδείξαμεν τρόπον. Ἐκ μὲν τῶν τηρήσεων φησὶν ἀκριβέςερον λαμβάνεται, ἥ τε μεταξὺ τῶν τροπικῶν καὶ τὸ ἔξαρμα, διὰ τῶν εἰς τὸ πρῶτον βιβλίον δεδειγμένων ὀργάνων τῶν τε κρίκων καὶ τῆς πλινθίδος. Οἱ δὲ τῶν ἐκκειμένων σκιῶν πρὸς τοὺς γνώμονας λόγοι, οὐχ᾽ ὁμοίως, διὰ τὸ τῶν μὲν ἰσημερινῶν τὸν χρόνον ἀόριςόν πως καθ᾽ ἑαυτὸν εἶναι, τῶν δὲ τροπικῶν τὰ τῶν γνωμόνων ἄκρα δυσδιάκριτα. Εὑρίσκομεν γὰρ ἐπὶ μὲν τῶν ἰσημερινῶν τὰς σκιὰς τῶν γνωμόνων εὐλήπτους ἡμῖν γινομένας, διὰ τὸ μήτε πάνυ αὐτὰς παρεκτεινομένας, καθάπερ ἐν ταῖς χειμεριναῖς τροπαῖς, μήτε σφόδρα συςελλομένας καθάπερ ἐν ταῖς θεριναῖς δυσδιάκριτα ἔχειν τὰ πέρατα, τὸν δὲ χρόνον οὐκέτι, διὰ τὸ ἀκαριαῖον τινὰ αὐτὸν εἶναι, τοῦ ἡλίου ταχέως ἀφιςαμένου ἀπὸ τοῦ ἰσημερινοῦ, διὰ τὸ καὶ τὰς πρὸς τοῖς ἰσημερινοῖς λοξώσεις μείζοσι διαφοραῖς παρηυξῆσθαι, καὶ διὰ τοῦτο ταχέως ἀφιςαμένου ἀπὸ τοῦ ἰσημερινοῦ, ἅμα τῷ γενέσθαι τὴν ἰσημερίαν, καὶ τὸ μέγεθος τῆς σκιᾶς ἀμείβεσθαι. Διὸ οὐδὲ ἀκριβέςερον ἐςὶ λαβεῖν τὸν λόγον. Ἐπὶ δὲ τῶν τροπικῶν, εὑρίσκομεν πάλιν τὸν μὲν χρόνον καθ᾽ ὃν δεῖ λαβεῖν, εὔληπτον ἡμῖν γινόμενον, διὰ τὸ καὶ ἐπὶ πολὺ τοῦ ἡλίου μηδενὶ αἰσθητῷ λοξουμένου, τὸν αὐτὸν λόγον μένειν τῷ γνώμονος πρὸς τὰς σκιὰς, τὰ δὲ ἄκρα τῶν σκιῶν καθ᾽ ὃν εἰρήκαμεν τρόπον δυσδιάκριτα, ὡς διὰ τοῦτο πάλιν μὴ δύνασθαι ἀκριβεςέρως λαμβάνειν τὸν λόγον. Διὸ ἐπὶ μὲν τῶν ἰσημερινῶν τῷ χρόνῳ τὸ ἕτερον περιῆψεν, ἐπὶ δὲ τῶν τρο-

ment par l'observation faite au moyen des armilles ou du parallélepipède (de la plinthe), comme il l'a enseigné dans le premier livre. Mais les rapports des ombres aux gnomons n'y ont pas une égale précision , parce que l'instant de celles des équinoxes n'est pas bien déterminé , et parce que les extrémités decelles d'hiver ne sont pas bien distinctes. Nous trouvons bien dans les équinoxes, les ombres des gnomons aisées à prendre, parce qu'elles ne sont pas aussi prolongées que celles d'hiver, ni aussi comprimées que celles d'été. Mais il n'en est pas de même pour l'instant juste de l'équinoxe, il est trop difficile à saisir, parce que ce n'est qu'un instant indivisible , et que le soleil s'éloigne trop vite du vrai point équinoxial , les accroissemens des déclinaisons étant les plus grandes dans les équinoxes, ce qui fait que le soleil y faisant plus de chemin en un temps égal, s'éloigne plus rapidement de l'équateur, d'où il arrive qu'au moment même de l'équinoxe, l'ombre change de longueur. C'est pourquoi on ne peut pas établir un rapport bien rigoureux. Pour les ombres tropiques (solsticiales), nous trouvons bien l'instant juste, parce que le soleil restant sensiblement dans la même déclinaison pendant quelque temps, le rapport du gnomon aux ombres demeure le même pendant tout le temps. Mais les extrémités des ombres sont confuses; ainsi, à cet égard, on ne peut pas davantage établir un rapport bien exact. Voilà pourquoi Ptolemée rejette sur le temps dans les équinoxes, et sur les ombres dans les solstices, l'impossibilité d'obtenir un résultat juste. Or, il est évident que si les observations ne donnent pas avec une grande précision les rapports des gnomons aux ombres, on ne pourra pas les appliquer avec fruit à la recherche de la hauteur du pole, ni à celle de l'intervalle des tropiques.

CHAPITRE VI.

EXPOSITION DES CIRCONSTANCES PROPRES A CHAQUE PARALLÈLE.

Les propriétés les plus générales des pays situés sous le parallèle de Rhodes ainsi démontrées, c'est - à - dire, comment étant donné le plus long jour, on prend la hauteur du pole sur ces pays, sur quels points, quand, et combien de fois le soleil devient vertical dans une année, ceux où il ne l'est jamais, et les rapports des gnomons à leurs ombres, dans les temps que nous avons dits, Ptolemée continue ainsi : « Nous suivrons la même méthode pour expliquer les propriétés les plus importantes des divers parallèles, comme nous avons fait pour celui de Rhodes » : comme si c'étoit dans le parallèle de Rhodes, et non à Rhodes même ; car il y a bien d'autres contrées habitées sous ce parallèle qui ont les mêmes propriétés, telles que la même grandeur du plus long jour, la même hauteur du pole, les mêmes rapports des gnomons aux ombres, et la verticalité effective ou nulle du soleil. Puis, quand il a pris par la durée du plus long jour,

πικῶν, ταῖς σκιαῖς τῶν γνωμόνων. Δῆλον δὲ καὶ ὅτι τῶν λόγων τοῦ γνώμονος πρὸς τὰς σκιὰς μὴ ἀκριβῶς ἐκ τῶν τηρήσεων καταλαμβανομένων, οὐδὲ τὸ ἐκ τούτων κατὰ τὴν εἰρημένην ἀνάπαλιν δεῖξιν καταλαμβανόμενον ἔξαρμα, ἢ καὶ μεταξὺ τῶν τροπικῶν διάστημα καταλειφθήσεται.

ΚΕΦΑΛΑΙΟΝ Ϛ'.

ΕΚΘΕΣΙΣ ΤΩΝ ΚΑΤΑ ΠΑΡΑΛΛΗΛΟΝ ΙΔΙΩΜΑΤΩΝ.

Ἀποδείξας ἐφ' οὗ ὑπέθετο διὰ Ῥόδου παραλλήλου τὰ καθολικώτερα τῶν ἰδιωμάτων τῶν ὑπ' αὐτὸν οἰκήσεων. Ταῦτα δ' ἐστὶν ὃν τρόπον δοθέντος τοῦ τῆς μεγίστης ἡμέρας μεγέθους καταλαμβάνεται τὸ ἔξαρμα τῶν ἐπ' αὐτῷ οἰκήσεων, καὶ τίσιν ὁ ἥλιος κατὰ κορυφὴν γίνεται, καὶ πότε, καὶ ποσάκις ἐν τῷ ἐνιαυσίῳ χρόνῳ, καὶ τίσιν οὐδόλως, καὶ τοὺς λόγους τῶν γνωμόνων πρὸς τὰς ἀφ' ἑαυτῶν σκιὰς κατὰ τοὺς εἰρημένους χρόνους, φησὶ Τὸν αὐτὸν δὴ τρόπον τοῖς ἀποδεδειγμένοις ἐπὶ τοῦ διὰ Ῥόδου παραλλήλου κατακολουθοῦντες ταῖς ἐφόδοις, εὑρήσομεν καὶ τὰ ἐπὶ τῶν ἄλλων παραλλήλων εἰρημένα καθόλου ἰδιωμάτων. Ποιεῖται δὲ τὰς καταλήψεις τῶν ἰδιωμάτων τῶν οἰκήσεων διὰ τὸ καθολικώτερον, καθάπερ ἐπὶ τοῦ διὰ Ῥόδου παραλλήλου, καὶ οὐχὶ ἐπὶ τῆς Ῥόδου. Ἐπειδήπερ ὑπὸ τὸν αὐτὸν παράλληλον πλείους εἰσὶν οἰκήσεις τὰ αὐτὰ ἰδιώματα περιέχουσαι, τουτέστι τό, τε αὐτὸ μέγεθος τῆς μεγίστης ἡμέρας, καὶ τὸ αὐτὸ ἔξαρμα, καὶ τοὺς αὐτοὺς τῶν σκιῶν πρὸς τοὺς γνώμονας λόγους, καὶ ὁμοίως τὸ κατὰ κορυφὴν γίνεσθαι τὸν ἥλιον ἢ μή.

Καὶ ἐπεὶ ἀπὸ τοῦ μεγέθους τῆς μεγίϛης ἡμέ-
ρας λαμβάνων τὴν τοῦ ὁρίζοντος περιφέρειαν,
ἐξ ἧς τὸ ἔξαρμα μετεχειρίζετο, καὶ τὰ λοιπὰ,
φησὶ τὰς ἀποδείξεις ποιεῖσθαι ἐπὶ τῶν ὑπὸ
τοὺς παραλλήλους οἰκήσεων κατὰ τὴν παρ-
αὔξησιν τοῦ τετάρτου τῆς μιᾶς ἰσημερινῆς
ὥρας τῶν μεγίϛων ἡμερῶν. Ἐπὶ τούτων γὰρ
τῶν ὑπεροχῶν καλῶς ἔχειν ἡγήσατο τοὺς
ἐπιλογισμοὺς ποιήσασθαι, διὰ τὸ μήτε σφέ-
δρα συνέλευσιν γίνεσθαι τῶν παραλλήλων,
καὶ ἀνεπαισθήτους τῶν ἰδιωμάτων τὰς δια-
φορὰς, μηδὲ πάλιν ἄγαν ἀπ' ἀλλήλων ἀφ-
ϛάναι, καὶ μείζονας ἀπεργάζεσθαι παρὰ
τὰς ἐξ ἀναλόγου τοῖς χρόνοις τοῦ τετάρτου
τῆς ὥρας ἐπιβαλλούσας.

Ποιεῖται οὖν τὰς εἰρημένας καθόλου δείξεις
ἐπὶ τῶν εἰρημένων οἰκήσεων, ἤτοι τῶν δι' αὐτῶν
παραλλήλων, τὴν ἀρχὴν ἀπὸ τοῦ ὑπ' αὐτὸν τὸν
ἰσημερινὸν παραλλήλου ποιούμενός, τουτέϛιν
ἀπὸ τῆς ὀρθῆς σφαίρας. Εἶτα ἀρχόμενος τῶν
τούτου ἰδιωμάτων φησὶν, ὃς ἀφορίζει μὲν οὗτος,
τουτέϛιν ὁ ἰσημερινὸς τὸ πρὸς μεσημβρίαν
μέρος ἀπὸ τοῦ ὅλου τεταρτημορίου ἔγγιϛα
τῆς καθ' ἡμᾶς οἰκουμένης· τὸ γὰρ δι' αὐτοῦ
ἐπίπεδον χωρίζει τό, τε νότιον τοῦ παντὸς
ἡμισφαίριον ἀπὸ τοῦ βορείου, ἐν ᾧ ἐϛιν ἡ
καθ' ἡμᾶς οἰκουμένη· ἐδείχθη γὰρ αὕτη πε-
ριέχουσα τὸ ἕτερον τῶν βορειοτέρων τῆς γῆς
ἔγγιϛα τεταρτημορίων. Μόνος δὲ ἔχει τὰς
ἡμέρας καὶ τὰς νύκτας ἴσας ἀλλήλαις, διὰ
τὸ τὸν ὁρίζοντα διὰ τῶν πόλων ὄντα τῆς
σφαίρας, οἵ τινές εἰσι καὶ τῶν παραλλήλων,
διχοτομεῖν τοὺς παραλλήλους, καὶ ἡμικύ-
κλιον αὐτῶν ἀπολαμβάνειν ὑπὲρ γῆς, καὶ
ἡμικύκλιον ὑπὸ γῆν. Καὶ διὰ τοῦτο ἴσα καὶ
ὅμοια γίνεσθαι τὰ ὑπὲρ γῆν τμήματα τῶν
παραλλήλων τοῖς ὑπὸ γῆν δηλαδὴ, καὶ ἰσο-

l'arc de l'horizon d'où il a conclu la hauteur du pole et le reste, il dit qu'il démontrera les propriétés de chacun des parallèles distants les uns des autres d'un quart d'heure équinoxiale d'augmentation dans la durée de leur plus long jour respectif. Il a cru qu'il suffiroit de calculer pour les latitudes prises suivant les différences des temps, parce qu'ainsi les parellèles ne sont pas trop rapprochés, et que les différences de l'un à l'autre sont insensibles, et qu'ils ne sont pas non plus assez éloignés les uns des autres, pour que leurs différences excédent la proportion d'un quart d'heure de temps.

Ptolémée fait un exposé général des propriétés des lieux terrestres par celles de leurs parallèles, en commençant par le parallèle qui est sous l'équateur même, c'est-à-dire dans la sphère droite. La première des propriétés de ce parallèle, dit-il, c'est qu'il est presque la limite qui distingue la partie australe de la terre, d'avec tout le quart que nous habitons. Car le plan qui passe par ce parallèle, sépare l'hémisphère austral, du boréal où est notre partie habitée, que nous avons dit comprendre à peu près un des quarts boréaux de la terre. Ce parallèle ou équateur est le seul qui ait les jours égaux aux nuits, parce que son horizon passant par les poles de la sphère, qui sont aussi ceux de tous les parallèles, les coupe chacun en deux demi-cercles, dont l'un est au-dessus de l'horizon terrestre, et l'autre au-dessous. C'est pourquoi, sous l'équateur, les segmens des parallèles supérieurs à la terre (à l'horizon) sont égaux et semblables aux inférieurs, et montent dans le même temps, ce qui n'a lieu dans aucune des inclinaisons de la sphère oblique, l'horizon n'y passant pas par les poles des parallèles, mais l'équateur seul étant coupé en deux portions égales par l'horizon en toute inclinaison de la sphère oblique, ce qui est la raison pour laquelle les jours sont sensiblement égaux aux nuits sous le seul parallèle nommé équateur, parce qu'étant le plus grand des parallèles, il est coupé pour tous les lieux terrestres en deux parties égales par l'horizon qui est aussi un grand cercle. Il a dit sensiblement, à cause du mouvement propre du soleil. Car si cet astre parcouroit un espace égal uniformément pendant le jour et pendant la nuit, les portions égales du zodiaque ne répondroient pas pour cela à des portions égales de l'équateur, par la révolution de ses demi-cercles, comme nous le montrerons dans la suite. Mais les parallèles à l'équateur étant coupés en portions inégales dans les inclinaisons de la sphère oblique, il s'ensuit que pour la partie boréale que nous habitons, les parallèles plus austraux que l'équateur ayant leurs segmens supérieurs à l'horizon plus petits que ceux qui sont audessous, rendent les jours plus courts que les nuits; et réciproquement, les parallèles plus boréaux que l'équateur, ayant leurs segmens supérieurs plus grands que les inférieurs, rendent les jours plus longs que les nuits, suivant ce qui est prouvé dans le second livre des sphériques, savoir : que si sur la sphère un grand cercle coupe des cercles parallèles, sans passer par leurs poles, comme l'horizon coupe les cercles parallèles à l'équateur, dans la sphère oblique, leurs segmens dans un des hémisphères seront d'autant plus grands que le demi-cercle, que l'intervalle entre le pole toujours visible et le plus grand de tous les parallèles, sera plus grand, et les autres segmens se-

χρόνιον, τοῦ τοιούτου μηδ' ἐπὶ μιᾶς τῶν ἐγκλίσεων συμβαίνοντος, διὰ τὸ μηκέτι διὰ τῶν πόλων τῶν παραλλήλων γίνεσθαι τὸν ὁρίζοντα, ἀλλὰ μόνου μὲν πάλιν τοῦ ἰσημερινοῦ κατὰ πᾶσαν ἔγκλισιν δίχα διαιρουμένου ὑπὸ τοῦ ὁρίζοντος, καὶ τὰς καθ' αὐτὸν ἡμέρας ταῖς νυξὶ ἴσας ποιοῦντος πρὸς αἴσθησιν, ἐπεὶ καὶ μέγιστος ὢν τῶν παραλλήλων, ὑπὸ μεγίστου τοῦ ὁρίζοντος πανταχοῦ δίχα διαιρεῖται. Τὸ δὲ πρὸς αἴσθησιν εἴρηκε, διὰ τὴν τοῦ ἡλίου ἰδίαν κίνησιν. Εἰ γὰρ καὶ ἐν τῇ ἡμέρᾳ καὶ ἐν τῇ νυκτὶ τὸ ἴσον ὁμαλῶς ἐκινεῖτο, ὅμως οὐδὲ ταῖς ἴσαις τοῦ διὰ μέσων ἴσαι τοῦ ἰσημερινοῦ ἐπελαμβάνοντο, μετὰ τὴν ἡμικυκλίων αὐτοῦ περιφορὰν, ὡς ἐν τοῖς ἑξῆς κατὰ τοὺς οἰκείους τόπους ἀποδώσομεν. Τῶν δὲ τῷ ἰσημερινῷ παραλλήλων εἰς ἄνισα κατὰ τὰς ἐγκλίσεις διαιρουμένων, καὶ κατὰ τὴν καθ' ἡμᾶς βορειοτέραν οἰκουμένην, τῶν μὲν νοτιωτέρων τοῦ ἰσημερινοῦ παραλλήλων τὰ ὑπὲρ γῆν τμήματα τῶν ὑπὸ γῆν ἐλάσσων ποιούντων, καὶ τὰς ἡμέρας τῶν νυκτῶν βραχυτέρας, τῶν δὲ βορειοτέρων ἀνάπαλιν τὰ ὑπὲρ γῆν τῶν ὑπὸ γῆν μείζονα, καὶ τὰς ἡμέρας τῶν νυκτῶν πολυχρονιωτέρας, καθάπερ ἐν τῷ δευτέρῳ τῶν σφαιρικῶν ἐδείχθη. ὅτι ἐὰν ἐν σφαίρᾳ μέγιστος κύκλος παραλλήλους τινὰς κύκλους μὴ διὰ τῶν πόλων τέμνῃ, καθάπερ ὁ ὁρίζων ἐπὶ τῶν ἐγκλίσεων τοὺς παραλλήλους τῷ ἰσημερινῷ, τῶν ἀπολαμβανομένων τμημάτων ἐν ἑνὶ τῶν ἡμισφαιρίων, ἡμικυκλίων μὲν ἔσται μείζονα ὅσα ἐστὶ μεταξὺ τοῦ ἀεὶ φανεροῦ πόλου, καὶ τοῦ μεγίστου τῶν παραλλήλων, τὰ δὲ λοιπὰ ἐλάσσονα· καὶ πάλιν ὅτι ἐὰν ἐν σφαίρᾳ μέγιστος κύκλος παραλλήλους τινὰς τέμνῃ τῶν ἐν τῇ σφαίρᾳ μὴ διὰ τῶν πόλων ὢν τοῦ φανεροῦ πόλου, καὶ

ἐπὶ τῆς καθ' ἡμᾶς βορειοτέρας οἰκουμένης ὁ βό-
ρειος πόλος ἀεὶ φανερὸς εἰς ἄνισα αὐτοὺς τέμνει.
Ἔτι δὲ ὁ παράλληλος οὗτος καὶ ἀμφίσκιος, τοῦ
ἡλίου δὶς κατὰ κορυφὴν τοῖς ὑπ' αὐτὸν γινο-
μένου κατὰ τὰ σημεῖα καθ' ἃ τέμνουσιν
ἀλλήλους ὁ ἰσημερινὸς καὶ ὁ ζωδιακός. Κατὰ
τοῦτον γὰρ γινόμενος ὁ ἥλιος γράφει αὐτὸν
τὸν ἰσημερινὸν πρὸς αἴσθησιν διὰ τοῦ κατὰ
κορυφὴν τῶν ὑπ' αὐτὸν οἰκήσεων τυγχάνοντα.
Τὸ δὲ πρὸς αἴσθησιν ἐνταῦθα ἡμῖν εἴρηται
διὰ τὸ ἕλικας γράφειν τὸν ἥλιον, καὶ τότε
μόνον ἡνίκα κατὰ τὰ εἰρημένα σημεῖα τυγ-
χάνων κατὰ κορυφὴν γίνεται, συμβαίνει καὶ
τοὺς γνώμονας ἀσκίους γίνεσθαι κατ' αὐτὴν
τὴν μεσημβρινήν. Ἀμφίσκιος δὲ ἐκλήθη, διὰ
τὸ καὶ ἐπὶ τὰ βόρεια καὶ τὰ νότια ἀποςέλλειν
τὰς σκιὰς, καὶ τοῦ μὲν ἡλίου τὸ βόρειον
ἡμικύκλιον διαπορευομένου, τὰς τῶν γνωμό-
νων σκιὰς πρὸς μεσημβρίαν τρέπεσθαι, τὸ
δὲ νότιον διαπορευομένου πρὸς ἄρκτους.

Ἐὰν γὰρ νοήσωμεν μεσημβρινὸν μὲν κύ-
κλον τὸν ΑΒΓΔ, ἰσημερινοῦ δὲ ἡμικύκλιον
τὸ ΑΕΓ, τὸ δὲ κατὰ κορυφὴν σημεῖον τὸ Α,
καὶ ζωδιακὸν τὸν ΑΘΓΖ, κοινὴν δὲ τομὴν
τῶν κύκλων καὶ διάμετρον αὐτῶν γινομένην
τὴν ΑΗΓ εὐθεῖαν, κέντρον δὲ αὐτῶν καὶ τῆς
σφαίρας τὸ Η, ὅπερ νοείσθω καὶ τοῦ γνώμονος
ῥίζα ἐν τῷ παρὰ τὸν ὁρίζοντα ἐπιπέδῳ τὸ Λ·
κορυφὴν δὲ τοῦ γνώμονος τὸ Κ, βόρειον δὲ
τοῦ ζωδιακοῦ ἡμικύκλιον τὸ ΑΖΓ, νότιον δὲ
τὸ ΑΘΓ. Ὅταν ἄρα ὁ ἥλιος ἐπί τινος τμή-
ματος τῶν ἐπὶ τοῦ ΑΖΓ βορείου ἡμικυκλίου
παροδεύῃ ὡς κατὰ τὸ Ζ, δῆλον ὡς ἔτι κατ'
εὐθείας γράφων, καὶ κατὰ διάμετρον πέμπων
τὰς ἀκτῖνας, ἐπὶ τὰ νότια αὐτὰς ἀποςέλλει;
ὡς τὴν ΖΚΘ, ἥτις δηλαδὴ καὶ νοτιωτέραν
ποιήσει τὴν σκιὰν ἐν τῷ παρὰ τὸν ὁρίζοντα

ΘΕΟΝ. II.

ront d'autant plus petits. Et qu'ainsi sur
l'hémisphère boréal de la terre, le pole
boréal étant toujours visible, ce grand
cercle les coupe en segmens inégaux. Le
parallèle sous l'équateur est amphiscien, le
soleil étant deux fois vertical sur les habita-
tions qui y sont situées dans les points d'in-
tersection de l'équateur et du cercle mitoyen
du zodiaque. Car, quand le soleil est dans
ces points, il décrit sensiblement l'équateur
qui passe par le point vertical de ces habi-
tations, nous disons *sensiblement*, parce
que le soleil décrit véritablement des hé-
lices; il n'est vertical que quand il est dans
ces points, et alors les gnomons ne rendent
aucune ombre à midi. On appelle ce pa-
rallèle amphiscien, parce que les ombres
s'y jettent tantôt vers les ourses, tantôt
vers le midi; vers les ourses, quand le
soleil parcourt le demi-cercle austral; vers
le midi, quand il parcourt le demi-cercle
boréal.

Car, si nous concevons (Fig. 12.) le mé-
ridien ABGD, le demi-cercle AEG de l'é-
quateur, le point vertical A, le zodiaque
ATGZ, la droite AHG section commune
et diamètre de ces cercles, et H le centre
de la sphère, lequel est aussi le pied L du
gnomon dans le plan parallèle à l'horizon,
K la pointe du gnomon, AZG le demi-
cercle boréal du zodiaque, et ATG l'austral.
Quand donc le soleil est en quelque point Z
du demi-cercle boréal AZG qu'il parcourt,
il darde ses rayons en ligne droite diamé-
tralement vers le midi, comme ZKT, qui
fera par conséquent l'ombre projetée au
midi dans le plan horizontal. Et quand
il est en quelque point du demi-cercle

6

austral, c'est-à-dire quand il parcourra ATG, il le fera tomber vers les ourses. On a alors l'ombre d'hiver et celle d'été chacune de 26 ½ des parties dont le gnomon en a 60, comme il sera dit dans la suite. Nous disons en général les rapports des gnomons aux ombres équinoxiales et tropiques dans l'instant de midi, pour dire celles qui sont les plus approchées de ce temps où le soleil est juste dans les points équinoxiaux et tropiques; car il arrive rarement que le soleil y soit précisément à midi, c'est-à-dire à la sixième heure; n'y ayant nulle différence sensible, si les conversions du soleil (solstices) et les équinoxes se faisoient à midi précis, attendu que la déclinaison du soleil ne change pas alors sensiblement, et ne fait pas tomber l'ombre différemment. Tous les astres fixes et errans, qui font leurs révolutions dans l'équateur, sont verticaux sur les habitations situées sous l'équateur, parce que l'équateur est lui-même vertical sur elles, tous les astres leur paroissent se lever et se coucher, parce que les poles de la sphère étant dans l'horizon, font qu'aucun des cercles n'est ni toujours visible, ni toujours invisible, et que le méridien n'y est pas colure, c'est-à-dire que le méridien n'y étant pas coupé par quelque cercle toujours visible, n'y devient pas tronqué. Car, il a appelé colure (tronqué), un méridien ainsi coupé, comme nous disons que les cônes, dont les sommets sont coupés par des cercles, sont colures ou tronqués. Quant aux

ἐπιπέδῳ. Ὅταν δὲ ἐπί τινος τῶν τοῦ νοτίου ἡμικυκλίων, τουτέςι τοῦ ΑΘΓ παροδεύῃ, ὁμοίως ἐπὶ τὰ βόρεια πέμψει τὴν σκιάν. Καὶ ἔςιν ἐνταῦθα οἵων ὁ γνώμων ξ, τοιούτων καὶ ἡ θερινὴ καὶ χειμερινὴ σκιὰ κϛ ϛ″, ὡς ἑξῆς δειχθήσεται. Λέγομεν δὲ καὶ καθόλου τοὺς λόγους τῶν γνωμόνων πρὸς τὰς ἰσημερινὰς καὶ τροπικὰς σκιὰς τὰς γινομένας ἐν ταῖς μεσημβρίαις, τὰς πλησιαζούσας τούτῳ τῷ χρόνῳ, ἐν ᾧ ὁ ἥλιος ἐπὶ τῶν τροπικῶν ἢ ἰσημερινῶν σημείων παραγίνεται, διὰ τὸ σπανίως αὐτὸν κατ' αὐτὴν μεσημβρίαν, τουτέςι κατὰ ὥρας ἕκτης, κατὰ τῶν εἰρημένων σημείων ἀκριβῶς τυγχάνειν, ὡς μηδενὶ ἀξιολόγῳ αὐτῶν διαφερουσῶν τοῦ, ὡς ἂν εἰ ἐν αὐτῇ τῇ μεσημβρινῇ ἐτύγχανον ἀκριβῶς αἱ τροπαὶ καὶ αἱ ἰσημερίαι ἀποτελούμεναι· διὰ τὸ μηδενὶ ἀξιολόγῳ ἐν τῷ μεταξὺ χρόνῳ λοξοῦσθαι τὸν ἥλιον δηλαδὴ, μηδὲ τὴν σκιὰν αἰσθητῷ τινι διάφορον γίνεσθαι. Τοῖς δὲ ὑπὸ τὸν ἰσημερινὸν οἰκοῦσι κατὰ κορυφὴν γίνονται τῶν ἀςέρων ὅσοι ἐπὶ τοῦ ἰσημερινοῦ ποιοῦνται τὰς περιφορὰς, εἴτε πλάνητες εἴτε καὶ ἀπλανεῖς, διὰ τὸ αὐτὸν τὸν ἰσημερινὸν διὰ τοῦ κατὰ κορυφὴν εἶναι, ὡς ἔφαμεν, τῶν ὑπ' αὐτοῦ οἰκήσεων. Πάντες δὲ καὶ ἀνατέλλοντες καὶ δύνοντες φαίνονται, διὰ τὸ τοὺς πόλους τῆς σφαίρας ἐπὶ τοῦ ὁρίζοντος ὄντας, μηδένα κύκλον ποιεῖν τῶν παραλλήλων ἀεὶ φανερὸν, ἢ ἀεὶ ἀφανῆ, μηδὲ τὸν μεσημβρινὸν κόλουρον, τουτέςι μηδὲ ἀποτέμνεσθαι μεσημβρινὸν ὑπό τινος ἀεὶ φανεροῦ καὶ κόλουρον γίνεσθαι. Κόλουρον δὲ ἐκάλεσε τὸν οὕτως ἀποτεμνόμενον μεσημβρινὸν, καθάπερ καὶ τοὺς κώνους, ὧν ἀποτέμνονται αἱ κορυφαὶ ὑπὸ κύκλων τινῶν κολούρους προσαγορεύομεν. Ὅτι δὲ καὶ τοῖς ὑπὸ τὸν ἰσημερινὸν οἰκοῦσιν ὰ γνώμων πρὸς τὴν ὑφ' ἑαυτοῦ γινομένην σκιὰν ἐν τῇ μεσημβρινῇ κατά τε τὴν χειμερινὴν καὶ τὴν θερινὴν τροπὴν λόγον ἔχει, τὸν τῶν ξ πρὸς τὰς κϛ ϛ", οὕτως ἡμῖν ἔσται δῆλον.

Ἔστω γὰρ μεσημβρινὸς μὲν κύκλος ὁ ΑΒΓΔ, καὶ ἰσημερινοῦ μὲν σημεῖον τὸ Α, ὅπέρ ἐστι καὶ κατὰ κορυφὴν τῆς ὑπὸ τὸν ἰσημερινὸν οἰκήσεως, καὶ χειμερινοῦ μὲν τροπικοῦ σημείου τὸ Ζ, θερινοῦ δὲ τὸ Η. Φανερὸν δὴ ὅτι ὅταν ὁ ἥλιος ἐπὶ τοῦ Α ἰσημερινοῦ παραγίνηται, ὡς ἔφαμεν, καὶ κατὰ κορυφὴν, ἄσκιον ποιήσει τὸν ΕΓ γνώμονα, ὅταν δὲ κατὰ τὸ Ζ, ἀκτῖνα μὲν πέμψει τὴν ΖΕΘ, σκιὰν δὲ ποιήσει τὴν ΓΘ· ὅταν δὲ κατὰ τὸ Η γένηται, ἀκτῖνα πάλιν πέμψει τὴν ΗΕΚ, σκιὰν δὲ ποιήσει τὴν ΓΚ. Ἐπεὶ οὖν ἰσημερινὸν μὲν σημεῖον ἐστὶ τὸ Α, ἡ δὲ ἀπὸ τοῦ ἰσημερινοῦ ἐπὶ τὸ τροπικὸν, ἡ ΑΖ ἐστὶ μοιρῶν κγ να κ", καὶ ἡ ἴση αὐτοῦ δηλονότι ἡ ΓΔ, τῶν αὐτῶν ἔσται κγ να κ", ὥστε καὶ ἡ πρὸς τῷ Ε γωνία, οἵων μέν εἰσιν αἱ τέσσαρες ὀρθαὶ τξ, τοιούτων ἐστὶν κγ να κ", οἵων δὲ αἱ δύο ὀρθαὶ τξ, τοιούτων μζ μδ μ". Ἐὰν ἄρα περὶ τὸ ΕΓΘ τρίγωνον ὀρθογώνιον κύκλον περιγράψωμεν, ὡς τὸν ΕΓΘ, ἔσται ἡ ὑπὸ ΓΕΘ γωνία μζ μδ μ", καὶ ἡ ΓΘ περιφέρεια μοιρῶν ὁμοίως μζ μδ μ", ὥστε καὶ ἡ λειποῦσα εἰς τὸ ἡμικύκλιον ἡ ΓΕ περιφέρεια μοιρῶν ἔσται ρλβ ιζ κ"· καὶ τῶν ὑπ' αὐτὰς ἄρα εὐθειῶν ἡ μὲν ΘΓ τμημάτων ἔσται μη λα να", ἡ δὲ ΓΕ ρθ μδ νγ". Ἐπεὶ οὖν λόγος ἐστὶ τῆς ΕΓ πρὸς ΓΘ, ὁ τῶν ρθ μδ νγ" πρὸς τὰ μη λα νε". Καὶ οἵων ἄρα ὁ ΕΓ γνώμων ξ, τοιούτων ἡ ΓΘ κϛ ϛ" ἔγγιστα, ἴση δὲ ἡ ΓΘ τῇ ΓΚ· καὶ ἡ ΓΚ ἄρα ἔσται τῶν αὐτῶν κϛ ϛ". Λόγος ἄρα τοῦ ΓΕ γνώμονος πρὸς

rapports du gnomon à son ombre dans l'instant de midi, lors du solstice d'hiver et du solstice d'été, je dis qu'il est, pour les habitations situées sous l'équateur, comme celui de 60 à 26 ½.

Soit (Fig. 11.) ABGD le méridien, A le point équinoxial où le soleil est vertical sur une habitation équatoriale, Z le point tropique d'hiver, K celui d'été. Il est clair que le soleil étant vertical, comme nous avons dit, dans le point équinoxial A, le gnomon EG ne rendra point d'ombre. Et quand le soleil sera en Z, il enverra le rayon ZET, et fera rendre l'ombre GT; mais quand il sera en H, il enverra le rayon HEK, et fera rendre l'ombre GK. Si donc le point équinoxial est A, l'arc AZ de l'équateur au tropique, est de 23ᵈ 51′ 20″, et son égal GD, d'autant. Ainsi, l'angle E vaut 23ᵈ 51′ 20″ des degrés dont quatre angles droits en valent 360, et 47ᵈ 42′ 40″ de ceux dont 360 font la valeur de deux angles droits. Si donc au triangle rectangle EGT, nous circonscrivons le cercle EGT, l'angle GET sera de 47ᵈ 42′ 40″, de sorte que l'arc GE, supplément au demi-cercle, sera de 132ᵈ 17′ 20″. Donc, de leurs cordes, GT vaudra 48ᵖ 31′ 51″; et GE, 109ᵖ 44′ 53″. Ainsi, le rapport de GE à GT, est celui de 109ᵖ 44′ 53″ à 48ᵖ 31′ 51. Par conséquent, faisant le gnomon GE de 60 parties, GT en aura 26 ½ à peu près. Mais GT est égale à GK, donc GK sera aussi de 26 ½ parties. C'est pourquoi le rap-

6*

port du gnomon GE à l'une et à l'autre des ombres tropiques, est de 60 à 26 ¹⁄₂.

Après avoir exposé les propriétés générales des habitations situées sous l'équateur, où chaque jour et chaque nuit est de 12 heures, il commence à parcourir les propriétés des habitations dans la sphère oblique, prises à un quart d'heure équinoxiale d'accroissement, de différence des unes aux autres, comme il l'avoit annoncé, et il dit : « Le second parallèle est celui où le plus long jour est de 12 ¹⁄₄ heures équinoxiales. Il est à 4ᵈ ¹⁄₄ de distance de l'équateur, et il passe par l'île Taprobane. Il est aussi un des parallèles amphisciens, le soleil y devenant deux fois vertical sur les habitations situées sous ce parallèle, et ne faisant jetter aucune ombre par les gnomons, quand il est dans le méridien, des lieux distants de 79 ¹⁄₂ degrés de part et d'autre du tropique d'été. De sorte que, pendant qu'il parcourt 159 de ces degrés, les ombres des gnomons tombent vers le midi ; et quand il parcourt les 201 degrés restants, elles tombent vers les ourses. Or, dans ce climat, le gnomon étant de 60 parties, l'ombre équinoxiale est de 4ᵖ 3′ 12′ ; l'ombre tropique d'été, de 21ᵖ 3′ ; et celle d'hiver de 32ᵖ. Il faut admettre, dans les obliquités, que les parallèles imaginés à la surface de la terre, correspondent dans le même ordre à ceux du ciel, quoiqu'ils ne soient pas dans les mêmes plans. Car la terre étant sphérique, et au centre de l'univers, il s'ensuit que les cercles imaginés dans le ciel parallèles à l'équateur, enferment la terre qui n'est qu'un point ; mais si nous leur donnons une forme cônique, ils aboutiront à la terre.

Soit ABGD le méridien céleste (Fig. 12.), ZHT le méridien terrestre, A le point vertical

ἑκατέραν τῶν ΓΚ, ΓΘ τροπικῶν σκιῶν, ὅ τῶν ξ πρὸς τὰ κϛ̅ ϛ″.

Εἶτα εἰπὼν τὰ καθόλου ἰδιώματα τῶν ὑπὸ τὸν ἰσημερινὸν οἰκήσεων, ἔνθα πᾶσα ἡμέρα καὶ πᾶσα νὺξ ὡρῶν ἐϛι ιϛ, ἄρχεται ἑξῆς καὶ ἐπὶ τῶν ἐγκλίσεων διαλαμβάνειν περὶ τῶν αὐτῶν, καθὼς ἐπηγγείλατο, τετάρτῳ μιᾶς ὥρας ἰσημερινῆς τὰς παραυξήσεις ποιούμενος τῶν μεγίϛων ἡμερῶν, καὶ φησί· Δεύτερος γίνεται παράλληλος καθ' ὃν ἂν ἡ μεγίϛη ἡμέρα ὡρῶν ἐϛιν ἰσημερινῶν ιϛ δ′. Οὗτος δὲ ἀπέχει του ἰσημερινοῦ μοιρῶν δ δ′, καὶ γράφεται διὰ Ταπροβάνης τῆς νήσου. Ἔϛι δὲ καὶ οὗτος τῶν ἀμφισκίων, του ἡλίου πάλιν δὶς τοῖς ὑπ' αὐτὸν γινουμένου κατὰ κορυφὴν, καὶ τοὺς γνώμονας ἐν ταῖς μεσουρανήσεσι ποιοῦντος ἀσκίους, ὅταν ἀπέχῃ τῆς θερινῆς τροπῆς ἐφ' ἑκάτερα τὰ μέρη, μοιρῶν οθ̅ ϛ″, ὥϛε τὰς μὲν ρνθ̅ διαπορευομένου αὐτοῦ, τὰς τῶν γνωμόνων σκιὰς ἀποκλίνειν εἰς τὰ νότια, τὰς δὲ λοιπὰς σα̅ εἰς τὰ βόρεια. Καὶ ἔϛιν ἐνταῦθα, οἵων ὁ γνώμων ξ̅, τοιούτων ἡ μὲν ἰσημερινὴ σκιὰ δ̅ γ′ ιϛ″, ἡ δὲ θερινὴ κα̅ γ′, ἡ δὲ χειμερινὴ λϛ. Χρὴ δὲ ἐπὶ τῶν ἐγκλίσεων οὕτως ἐκδέχεσθαι τοὺς ἐπὶ τῆς γῆς νοουμένους παραλλήλους ὁμοταγεῖς τοῖς ἐν τῷ οὐρανῷ, μὴ μέντοι κατὰ τῶν αὐτῶν αὐτοῖς ὄντας ἐπιπέδων. Ἐπειδήπερ τῆς γῆς σφαιρικῆς ὑπαρχούσης καὶ κατὰ τὸ μέσον του παντὸς, παρακολουθεῖ παρεκπίπτειν τοὺς διὰ του κατὰ κορυφὴν ἐν τῷ οὐρανῷ νοουμένους παραλλήλους τῷ ἰσημερινῷ τὴν ὅλην γῆν, ἀλλὰ κατὰ κωνικοῦ σχήματος αὐτοὺς ὄντας ἐπὶ τῆς γῆς τυγχάνειν.

Οἷον ἔϛω ἐν μὲν οὐρανῷ μεσημβρινὸς κύκλος ὁ ΑΒΓΔ, ἐν δὲ γῇ ὁ ΖΗΘ, καὶ κατὰ κορυφὴν τῆς οἰκήσεως σημεῖον τὸ Α, καὶ

ἐπεζεύχθω ἀπὸ τοῦ Κ κέντρου τῆς γῆς ἐπὶ τὸ
κατὰ κορυφὴν τὸ Α, εὐθεῖα ἡ ΑΖΚ, καὶ ἤχθω
αὐτῇ πρὸς ὀρθὰς ἡ ΒΚΓ. Ὁ ἄρα περὶ τὴν ΒΓ
κύκλος ὀρθὸς πρὸς τὴν ΑΖ, ἀδιαφορήσει τοῦ
διὰ τῆς κατὰ τὸ Ζ οἰκήσεως ὁρίζοντος. Εἰ-
λήφθωσαν οἱ πόλοι τῆς σφαίρας, καὶ ἔξω τὰ
Λ, Μ σημεῖα, καὶ διήχθω ἡ ΛΚΜ, ἄξων
ἄρα ἔσται ὁ ΛΚΝ. Γεγράφθω διὰ τοῦ Α κα-
τὰ κορυφὴν τῷ ἰσημερινῷ παράλληλος ὁ ΑΝΔ,
καὶ δῆλον ὡς ὅτι μενούσης τῆς ΚΑ, καὶ τοῦ
παντὸς φερομένου περὶ τοὺς Λ, Μ πόλους,
ἡ ΚΑ ἀφορίει κῶνον, οὗ βάσις ἔσται ὁ ΑΝΔ
παράλληλος, γραφόμενος ἐν τῇ περιφορᾷ ὑπὸ
τοῦ Α σημείου. Ἐπειδήπερ κἄν, τοῦ κατὰ κο-
ρυφὴν σημείου μένοντος ἐπὶ τοῦ ΑΒΓΔ μεσ-
ημβρινοῦ, νοήσωμεν τὴν ΚΑ σὺν τῷ παντὶ
φερομένην, τοῦ Κ μένοντος, γράφει ἡ ΚΑ
κῶνον, τὸ δὲ Α τὸν τῆς βάσεως αὐτὸν κύ-
κλον. Ἐὰν οὖν καὶ διὰ τοῦ Ζ νοήσωμεν ὡς
τὸν ΖΟΗ ὑπὸ τοῦ Ζ γραφόμενον παράλληλον
τῷ ΑΝΔ, ἔσται οὕτως ἐν τῇ ἐπιφανείᾳ τοῦ
κώνου, καὶ τῆς γῆς παράλληλος τυγχάνων τῷ
ἐν τῇ γῇ νοουμένῳ ἰσημερινῷ, ὃς νοεῖται ὑπὸ
τῆς τοῦ ἰσημερινοῦ τομῆς ἀποτελούμενος.
Χρὴ ἐκλαμβάνειν ὡς ὑπὸ τὸν ΑΝΔ διὰ τοῦ
κατὰ κορυφὴν παράλληλον, ὁμοίως δὲ καὶ
ἐπὶ τῶν λοιπῶν.

Εὑρίσκεται δὲ πρότερον δοθέντος τοῦ τῆς
μεγίστης ἡμέρας μεγέθους ὡρῶν ιδ δ', ἡ ἀπὸ
τοῦ ἰσημερινοῦ ἀποχὴ τοῦ ὑποκειμένου δευ-
τέρου παραλλήλου μοιρῶν δ δ', ἥτις ἴση ἐστὶν,
ὡς ἔφαμεν, τῷ ἐξάρματι, κατακολουθούντων
ἡμῶν τῷ πρώτῳ θεωρήματι, ἔνθα ὑποθέμενος
τὴν μεγίστην ἡμέραν ὡρῶν ἰσημερινῶν ιδ ς",
εὕρισκε τὴν τοῦ ὁρίζοντος περιφέρειαν τὴν ἀπο-
λαμβανομένην μεταξὺ τοῦ τε ἰσημερινοῦ καὶ
τοῦ τροπικοῦ, τουτέστι τὴν ΕΗ, καὶ ἐκ ταύ-

tical de l'habitation, AZK une droite menée
du centre K de la terre, au point vertical
A, et menons-y la perpendiculaire BKG.
Le cercle décrit autour du diamètre BG
perpendiculaire à AZ, ne différera donc
pas de l'horizon de l'habitation Z. Prenons
les points L et M pour les poles de la
sphère, l'axe sera LKN. Décrivons par le
point A le cercle AND parallèle à l'équa-
teur. Il est clair qu'en laissant KA telle
qu'elle est, et l'univers tournant sur les
poles L, M, KA détermine un cône dont
la base sera le parallèle AND décrit dans la
révolution par le point A. Car si, par le
point vertical demeurant dans le méridien
ABGD, nous concevons KA emportée
dans le mouvement de l'univers, K demeu-
rant immobile, KA décrira un cône, et A
en décrira la base. Si maintenant nous
concevons le cercle ZOH décrit par le
point Z, parallèlement au cercle AND, il
sera tracé à la surface du cône et de la
terre, étant conçu parallèle à l'équateur
sur la terre, lequel est censé formé par la
section de l'équateur. Ainsi de même que
nous regardons le parallèle AND comme
décrit par le point vertical de l'habitation,
nous supposerons la même chose pour tous
les autres.

On trouve d'abord (Fig. 13) que la gran-
deur du plus long jour étant donnée de 12
¼ heures, la distance du second parallèle à
l'équateur, est de 4ᵈ ¼, valeur égale à celle
de la hauteur du pole, comme nous l'avons
dit, conséquemment au premier théo-
rème, où supposant le plus long jour
de 14 ¼ heures équinoxiales, Ptolémée a
trouvé l'arc EH de l'horizon entre l'équa-

teur et le tropique, et par cet arc, l'arc BZ de la hauteur du pole. Car dans cette figure. où ABGD est le méridien, BED l'horizon, AEG l'équateur, le point tropique d'hiver se levant en K, si l'on décrit par le pole Z et par le pole H, l'arc ZHT, nous aurons par la figure même, la raison de la corde du double de l'arc TA à la corde du double de l'arc AE, composée (par synthèse, deuxième cas de Ptolemée) de la raison de la corde du double de l'arc TZ à la corde du double de l'arc ZH, et de la raison de la corde du double de l'arc HB à la corde du double de l'arc BE. Mais l'arc double de l'arc TA est de 176^d 15', parce que l'arc TE étant la moitié de la différence du plus long jour au jour de l'équinoxe, est d'une heure équinoxiale, ou ce qui est la même chose, de 1 temps 52' 30''; par conséquent, l'autre arc TA est de 88^d 7' 30'', dont le double est 176^d 15', et sa corde est de 119^p 56' 8''. Le double de l'arc AE est de 180^d, et sa corde est de 120^p. Le double de l'arc TZ est aussi de 180^d, et sa corde, de 120^p. Le double de l'arc ZH est de 132^d 17' 20'', et sa corde est de 109^p 44' 53''. Si donc de la raison de 119^p 56' 8'' à 120^p, nous ôtons la raison de 120^p à 109^p 44' 53'', restera la raison de 109^p 41' 20'' à 120^p, c'est-à-dire la raison de la corde du double de HB à la corde du double de BE ; or la soutendante du double de BE est de 120^p, donc la corde du double de HB sera de 109^p 41' 20''. Ainsi, l'arc qu'elle soutend, c'est-à-dire le double de BH sera de 132^d 9', et l'arc BH de 66^d 4' 30''. Par conséquent l'autre arc

της την ΒΖ τοῦ ἐξάρματος. Ἐκτεθείσης γὰρ τῆς ὁμοίας ἐκεῖσε καταγραφῆς, τουτέϛι τοῦ τε ΑΒΓΔ μεσημβρινοῦ καὶ τοῦ ΒΕΔ ὁρίζοντος, καὶ τοῦ ΑΕΓ ἰσημερινοῦ, καὶ ληφθέντος τοῦ Κ σημείου, καθ' οὗ τὸ χειμερινὸν τροπικὸν ἀνατέλλει, καὶ γραφείσης διὰ τοῦ Ζ πόλου καὶ τοῦ Η τῆς ΖΗΘ περιφερείας, ὁμοίως διὰ τὴν καταγραφὴν, ὁ τῆς ὑπὸ τὴν διπλῆν τῆς ΘΑ πρὸς τὴν ὑπὸ τὴν διπλῆν τῆς ΑΕ λόγος συνῆπται, ἔκ τε τοῦ τῆς ὑπὸ τὴν διπλῆν τῆς ΘΖ πρὸς τὴν ὑπὸ τὴν διπλῆν τῆς ΖΗ, καὶ τοῦ τῆς ὑπὸ τὴν διπλῆν τῆς ΗΒ πρὸς τὴν ὑπὸ τὴν διπλῆν τῆς ΒΕ. Ἀλλ' ἡ μὲν τῆς ΘΑ περιφερείας διπλῆ, μοιρῶν ἐϛιν ροϛ ιε', ἡ γὰρ ΘΕ ϛ'' οὖσα τοῦ διαφόρου τῆς μεγίϛης ἡμέρας παρὰ τὴν ἰσημερινὴν, αὐτή ἐϛι μιᾶς ὥρας ἰσημερινῆς, χρόνων δὲ δηλονότι ᾱ νϛ λ'', καὶ λοιπὴ ἡ ΘΑ πῆ ζ' λ'', ὥϛε καὶ τὴν διπλῆν αὐτῆς συνάγεσθαι ροϛ ιε', ἡ δὲ ὑπ' αὐτὴν εὐθεῖα, ριθ νϛ' η''· ἡ δὲ τῆς ΑΕ περιφερείας διπλῆ μοιρῶν ρπ, καὶ ἡ ὑπ' αὐτὴν εὐθεῖα τμημάτων ρκ. Καὶ πάλιν ἡ μὲν τῆς ΘΖ διπλῆ μοιρῶν ρπ, καὶ ἡ ὑπ' αὐτὴν εὐθεῖα τμημάτων ρκ, ἡ δὲ τῆς ΖΗ διπλῆ μοιρῶν ρλβ ιζ' κ'', καὶ ἡ ὑπ' αὐτὴν εὐθεῖα ρθ μδ' νγ''. Ἐὰν ἄρα πάλιν ἀπὸ τοῦ λόγου τοῦ τῶν ριθ νϛ' η'' πρὸς τὰ ρκ, ἀφέλωμεν τὸν τῶν ρκ πρὸς τὰ ρθ μγ' νγ'', καταλειφθήσεται ὁ λόγος τῶν ρθ μα' κ'' πρὸς τὰ ρκ, τουτέϛιν ὁ τῆς ὑπὸ τὴν διπλῆν τῆς ΗΒ πρὸς τὴν ὑπὸ τὴν διπλῆν τῆς ΒΕ· καὶ ἔϛιν ἡ ὑπὸ τὴν διπλῆν τῆς ΒΕ τμημάτων ρκ, καὶ ἡ ὑπὸ τὴν διπλῆν ἄρα τῆς ΗΒ μοιρῶν ἔϛαι ρθ μα' κ''· ἡ δὲ ἐπ' αὐτῆς περιφέρεια, τουτέϛιν ἡ διπλῆ τῆς ΒΗ, μοιρῶν ἔϛαι ρλβ θ', αὐτὴ δὲ ἡ ΒΗ, ξϛ δ' λ''. Καὶ λοιπὴ ἡ ΗΕ τοῦ ὁρίζοντος περιφέρεια ἡ μεταξὺ τοῦ

χειμερινοῦ τροπικοῦ καὶ τοῦ ἰσημερινοῦ, μοι-
ρῶν κγ νε΄ λ″.

Εἶτα ἑξῆς τῷ αὐτῷ θεωρήματι προσχρώ-
μενοι, δείξομεν καὶ τὴν ΖΒ περιφέρειαν τοῦ
ἐξάρματος, ἴσην οὖσαν τῇ τοῦ παραλλήλου
ἀπὸ τοῦ ἰσημερινοῦ ἀποστάσει, μοιρῶν δ δ΄.
Γίνεται τοίνυν ἐπὶ τῆς αὐτῆς καταγραφῆς, ὁ
τῆς ὑπὸ τὴν διπλῆν τῆς ΕΘ πρὸς τὴν ὑπὸ τὴν
διπλῆν τῆς ΘΑ λόγος, συνημμένος ἔκ τε τοῦ
τῆς ὑπὸ τὴν διπλῆν τῆς ΕΗ πρὸς τὴν ὑπὸ
τὴν διπλῆν τῆς ΗΒ, καὶ τοῦ τῆς ὑπὸ τὴν
διπλῆν τῆς ΒΖ πρὸς τὴν ὑπὸ τὴν τῆς ΖΑ.
Ἀλλ' ἡ μὲν τῆς ΕΘ περιφερείας διπλῆ, μοιρῶν
ἐστι γ με΄ (τέταρτον γάρ ἐστι μιᾶς ὥρας ἰση-
μερινῆς), καὶ ἡ ὑπ' αὐτὴν εὐθεῖα γ νε΄ λδ″,
ἡ δὲ τῆς ΘΑ διπλῆ μοιρῶν ροϛ ιε΄, καὶ ἡ
ὑπ' αὐτὴν εὐθεῖα ριθ νϛ΄ η″. Καὶ πάλιν ἡ
μὲν διπλῆ τῆς ΕΗ μζ να΄, ἡ δὲ ὑπ' αὐτὴν
εὐθεῖα μη λθ΄ νγ″. Ἐὰν ἄρα πάλιν ἀπὸ τοῦ λόγου
τῶν γ νε΄ δ″, πρὸς τὰ ριθ νϛ΄ η″ ἀφέλωμεν
τὸν τῶν μη λθ΄ νγ″ πρὸς τὰ ρθ μα΄ κ″, κα-
ταλειφθήσεται ὁ τῆς ὑπὸ τὴν διπλῆν τῆς ΒΖ
πρὸς τὴν διπλῆν τῆς ΖΑ, ὁ τῶν γ λε΄ κζ″
πρὸς τὰ μη λα΄ νζ″, ᾧ λόγῳ ὁ αὐτός ἐστι
καὶ ὁ τῶν η να΄ ιϛ″, πρὸς τὰ ρκ. Καὶ ἔστιν
ἡ ὑπὸ τὴν διπλῆν τῆς ΖΑ ρκ, καὶ ἡ ὑπὸ
τὴν διπλῆν ἄρα τῆς ΒΖ περιφερείας εὐθεῖα
ἔσται η να΄ ιϛ″. Ἡ δὲ διπλῆ τῆς ΒΖ περι-
φερείας μοιρῶν η λ΄, αὐτὴ δὲ ἡ ΒΖ τοῦ ἐξ-
άρματος περιφέρεια δ ιε΄.

Ὅτι δὲ καὶ διὰ Ταπροβάνης ἐστὶν ὁ τοι-
οῦτος παράλληλος, δέδεικται ἐν τῇ γεωγρα-
φίᾳ. Καὶ ἐπεὶ ὁ τοσοῦτον ἀπέχων παράλληλος
τοῦ ἰσημερινοῦ μεταξύ ἐστι τοῦ χειμερινοῦ
τροπικοῦ καὶ τοῦ θερινοῦ, δῆλον ὡς ὅτι κατὰ
δύο σημεῖα τέμνει τὸν ζωδιακὸν, καθ' ὧν
γινόμενος ὁ ἥλιος αὐτὸν τὸν παράλληλον γρά-

HE de l'horizon, compris entre le tropique
d'hiver et l'équateur, sera de 23ᵈ 55′ 30″.

Nous allons démontrer par le même théo-
rême, que l'arc ZB de la hauteur du pole,
est égal à la distance du parallèle à l'équa-
teur, 4ᵈ ¼. Dans cette même figure, la raison
de la corde du double de ET à la corde du
double de TA, est composée de la raison
de la corde du double de l'arc EH à
la corde du double de HB, et de la
raison de la corde du double de BZ à la
corde du double de ZA. Mais le double de
ET est de 3ᵈ 45′ (car c'est le quart d'une
heure équinoxiale), et sa corde est de 3ᵖ 55′
34″; le double de TA est de 176ᵈ 15′, et sa
corde est de 119ᵖ 56′ 8″. En outre, le double
de EH est de 47ᵈ 51′, et sa corde est de 48ᵖ
39′ 53″. Si donc la raison de 3ᵖ 55′ 4″ à 119
56′ 8″, nous ôtons la raison de 48ᵖ 39′ 53″ à
119ᵖ 41′ 20″, restera la raison de la corde
du double de BZ à la corde du double de
ZA, laquelle est celle de 3ᵖ 35′ 27″ à 48ᵖ 31″
57″, raison qui est la même que celle de 8ᵖ
51′ 16″ à 120ᵖ. Or, la corde du double de
ZA est de 120ᵖ, donc la corde du double
de l'arc BZ sera de 8ᵖ 51′ 16″. Mais le double
de l'arc BZ est de 8ᵈ 30′, par conséquent,
l'arc BZ de la hauteur du pole est de 4ᵈ 15′.

Ptolemée a prouvé dans son traité de
géographie, que ce parallèle passe par l'île
Taprobane; et puisque le parallèle qui est
à cette distance de l'équateur, est entre le
tropique d'hiver et celui d'été, il est évi-
dent qu'il coupe le zodiaque en deux points
où le soleil, étant deux fois vertical en un
an, décrit sensiblement ce parallèle par la

révolution du monde , c'est pourquoi , comme nous l'avons dit, il est amphiscien (à deux ombres). Quant à ce que pendant qu'il parcourt 159 degrés, il fait tomber les ombres vers le midi ; et pendant qu'il parcourt les 201 degrés restants, il les jette vers les ourses ; voici comme je le prouve :

Soit (Fig. 13.) le méridien ABGD, le demi-cercle de l'horizon BED, celui de l'équateur AEG , le pole boréal Z, tel que l'arc DZ de la hauteur du pole soit de 4ᵈ 15′, soit HKT le tropique d'été, AKG le demi-cercle du zodiaque tangent aux tropiques , et M le point vertical. AM sera dès-lors de 4ᵈ 15′. Décrivons par M le cercle MNXO parallèle à l'équateur, de manière qu'il coupe le zodiaque aux points N, X, et décrivons par le pole Z et par le point N, l'arc NP de grand cercle, cet arc étant égal à AM, marquera la déclinaison 4ᵈ 15′ du point N du zodiaque (de l'écliptique), car ces deux arcs de méridiens sont entre des cercles parallèles. Si nous portons cette valeur dans la seconde colonne de la table d'obliquité (des déclinaisons), nous trouverons dans la première 10ᵈ 30′ pour l'arc AN du zodiaque, depuis le point équinoxial. L'arc de complément NK aura par conséquent les 79ᵈ 30′ du reste du quart de cercle. Nous aurons donc aussi l'arc XK de 79ᵈ 30′, et puisque l'arc NKX du zodiaque est de 159ᵈ, et qu'il est plus boréal que le parallèle MO qui passe par le point vertical , il est évident que le soleil en parcourant cet arc , fait tomber les ombres des gnomons

φων πρὸς αἴσθησιν ἐκ τῆς περιφερείας, δὶς ἔγαι κατὰ κορυφὴν ἐν τῷ ἐνιαυσίῳ χρόνῳ. Καὶ διὰ τοῦτο, ὡς ἔφαμεν, ἔμπροσθεν ἀμφίσκιος ἔγαι. Ὅτι δὲ καὶ τὰς εἰρημένας ρυθ' μοίρας διαπορευόμενος, τὰς τῶν γνωμόνων σκιὰς ἀποκλίνει πρὸς μεσημβρίαν, τὰς δὲ λοιπὰς πρὸς ὅλον τὸν ζωδιακὸν σα πρὸς ἄρκτους, οὕτως ἡμῖν ἔγαι δῆλον.

Ἔγω μεσημβρινὸς μὲν κύκλος ὁ ΑΒΓΔ, ὁρίζοντος δὲ ἡμικύκλιον τὸ ΒΕΔ, ἰσημερινοῦ δὲ τὸ ΑΕΓ, καὶ βόρειος πόλος τὸ Ζ, ὥγε τὴν ΔΖ τοῦ ἐξάρματος μοιρῶν εἶναι δ ιε′. Ἔγω δὲ καὶ θερινὸς τροπικὸς ὁ ΗΚΘ, τοῦ δὲ ζωδιακοῦ καὶ ἐφαπτομένου τῶν τροπικῶν, ἡμικύκλιον ΑΚΓ· Εἰλήφθω τὸ κατὰ κορυφὴν σημεῖον τὸ Μ· ἔγαι ἄρα καὶ ἡ ΑΜ μοιρῶν δ ιε′. Γεγράφθω ὁ διὰ τοῦ Μ κατὰ κορυφὴν παράλληλος τῶ ἰσημερινῷ ὁ ΜΝΞΟ, καὶ τεμνέτω τὸν ζωδιακὸν κατὰ τὰ Ν, Ξ σημεῖα, καὶ γεγράφθω διὰ τοῦ Ζ πόλου καὶ τοῦ Ν μεγίγου κύκλου περιφέρεια, ἡ ΝΠ ἄρα, ἣν λελόξωται τὸ Ν τμῆμα τοῦ ζωδιακοῦ ἀπὸ τοῦ ἰσημερινοῦ, ἴση οὖσα τῇ ΑΜ (διὰ τὸ μεταξὺ αὐτὰς εἶναι τῶν παραλλήλων) μοιρῶν ἐγι δ ιε′. Ἐὰν οὖν ταύτην εἰσαγάγωμεν κατὰ τὸ δεύτερον σελίδιον τοῦ τῆς λοξώσεως κανονίου, εὑρήσομεν ἐν τῷ πρώτῳ περιεχομένην τὴν ΑΝ τοῦ ζωδιακοῦ ἀπὸ τοῦ ἰσημερινοῦ μοιρῶν ι λ′, καὶ λοιπὴν ἄρα τὴν ΗΝ τῶν λοιπῶν εἰς τὰς ϛ τῆς ΑΚ περιφερείας μοιρῶν οθ λ′. Διὰ τὰ αὐτὰ δὴ καὶ τὴν ΞΚ τῶν αὐτῶν ἕξομεν οθ λ′. Καὶ ἐπεὶ ἡ ΝΚΞ τοῦ ζωδιακοῦ περιφέρεια συναγομένη μοιρῶν ρνθ, βορειοτέρα ἐγὶ τοῦ ΜΟ διὰ τοῦ κατὰ κορυφὴν παραλλήλου, δῆλον ὡς ὅτι ταύτην τὴν περιφέρειαν διαπορευόμενος ὁ ἥλιος τὰς τῶν γνωμόνων σκιὰς ἐπὶ τὰ ἐναντία καὶ νοτιώτερα ἀποϛέλλει, τὴν δὲ λοιπὴν καὶ νοτιωτέραν τῶν λοιπῶν εἰς τὰς τξ΄ συναγομένην μοιρῶν ϛα πρὸς ἄρκτους. Ὅταν δὲ κατ᾽ αὐτῶν τῶν Ν, Ξ τυγχάνῃ, ἐν αὐτῇ τῇ μεσημβρινῇ κατὰ κορυφὴν γινόμενος, ἄσκιον ποιεῖ τὸν γνώμονα.

Διαλαβὼν οὖν περὶ τῶν ἰδιωμάτων τοῦ Β καὶ διὰ Ταπροβάνης ἀμφισκίου παραλλήλου, καὶ ἔτι τῶν τούτου ἑξῆς ἀμφισκίων, ἐλθὼν ἐπὶ τὸν ζ᾽᾽ διὰ Συήνης γραφόμενον παράλληλον, ἔνθα ἡ ἀπόϛασις τοῦ παραλλήλου ἀπὸ τοῦ ἰσημερινοῦ, ἤτοι τὸ ἔξαρμα μοιρῶν ἐϛιν κγ να΄, ὅσων ἔγγιϛα καὶ ὁ ἰσημερινὸς ἀπέχει τοῦ τροπικοῦ, φησὶν, ὅτι πρῶτος δ᾽ ἐϛὶν αὐτὸς τῶν καλουμένων ἑτεροσκίων. Οὐδέποτε γὰρ τοῖς ὑπ᾽ αὐτῶν οἰκοῦσιν ἐν ταῖς μεσημβριναῖς αἱ τῶν γνωμόνων σκιαὶ πρὸς μεσημβρίαν ἀποκλίνουσιν, ἀλλ᾽ ἐν αὐτῇ μόνῃ τῇ θερινῇ τροπῇ κατὰ κορυφὴν αὐτοῖς τοῦ ἡλίου γινομένου, οἱ γνώμονες ἄσκιοι θεωροῦνται. Διὸ οὐδὲ λόγον ποιήσει ὁ γνώμων τότε πρὸς τὴν σκιάν· ἐπὶ γὰρ τῆς αὐτῆς καταγραφῆς, ἐπεὶ ὁ διὰ τοῦ κατὰ κορυφὴν γραφόμενος παράλληλος ἀπέχει τοῦ ἰσημερινοῦ μοίρας κγ να΄, ὅσας, ὡς ἔφαμεν, καὶ ὁ τροπικός· ἔϛαι ἄρα ὁ διὰ τοῦ κατὰ κορυφὴν ὁ αὐτὸς τῷ ΗΘ τροπικῷ, καὶ κατὰ τοῦ Θ δηλονότι θερινοῦ τροπικοῦ γινόμενος ὁ ἥλιος, κατὰ κορυφὴν τοῖς ὑπὸ τούτων τὸν παράλληλον οἰκοῦσι τυγχάνων, ἀσκίους ποιήσει τοὺς γνώμονας. Καὶ φανερὸν ὅτι πάντοτε αἱ σκιαὶ τῶν γνωμόνων ἐπὶ τὰ βόρεια ἀποκλίνουσι, καὶ οὐδέποτε πρὸς μεσημβρίαν, διὰ τὸ καὶ ὅλον τὸν ζωδιακὸν νοτιώτερον εἶναι τοῦ ΗΘ παραλλήλου, καὶ οἱ ἑξῆς δὲ αὐτοῦ πάντες παράλληλοι ἐπὶ τῆς καθ᾽ ἡμᾶς οἰκουμένης, οὐδέποτε τὸν ἥλιον ἕξουσι κατὰ κορυφήν. Καὶ ὁμοίως νο-

ΘΕΟΝ. II.

vers les points opposés et plus austraux; et que pendant qu'il parcourt l'arc des 201 degrés restants du cercle, il fait tomber les ombres vers les ourses. Mais quand il est vertical dans les points N, X, dans le méridien même, il laisse le gnomon sans ombre.

Après les propriétés du second parallèle, amphiscien et passant par l'île Taprobane, Ptolemée continue par celles des parallèles suivans, et en vient au 7e, qui passe par Syéne, dont la distance à l'équateur est égale à la hauteur du pole, de 23ᵈ 51′, la même à peu près que la distance de l'équateur au tropique. Ptolemée dit qu'il est le premier de ceux qu'on appelle hétérosciens (à ombres d'un seul côté), parce que jamais, pour les peuples qui habitent sous ce parallèle, les ombres des gnomons, au milieu du jour, ne sont tournées vers le midi, le soleil n'étant vertical pour eux, que lorsqu'il est dans le point tropique même d'été, alors ils voyent que leurs gnomons ne rendent point d'ombre, c'est pourquoi il n'y a aucun rapport du gnomon à l'ombre. Car, dans cette même figure, le parallèle qui passe par le point vertical, étant à la distance de 23ᵈ 51′ de l'équateur, que nous avons dit être celle du tropique d'été, il s'ensuit que le parallèle qui passe par le point vertical, est ce tropique même; et le soleil dans ce tropique étant vertical sur les habitans qui vivent sous ce même tropique, ne fera jetter aucune ombre par leurs gnomons; et il est évident que partout les ombres y seront dirigées vers le côté boréal du monde, et non jamais vers le côté austral, attendu que le zodiaque entier (le cercle qui entoure le zodiaque) est plus austral que le parallèle HT. Les parallèles de notre partie habitée de la terre, qui suivent celui-ci vers les ourses, n'auront jamais le soleil vertical, et parce qu'ils sont tous plus boréaux que le zodiaque, ils ont tous leurs ombres dirigées vers le côté boréal du monde.

L'exposé que fait Ptolemée des propriétés des parallèles, s'étend jusqu'au vingt-cinquième. Il y donne les rapports des gnomons aux ombres pour les habitations par lesquelles passent les parallèles, en prenant un quart d'heure équinoxiale, d'augmentation dans la durée de leurs plus longs jours pour la différence de l'un à l'autre. Quand il en est au vingt-sixième, ce n'est plus un quart d'heure qu'il prend pour cette augmentation, mais une demi-heure, parce que, dit-il, les parallèles sont déjà très-rapprochés, et que la différence dans les hauteurs du pole, n'y est pas d'un degré entier. Car dans les accroissemens par quarts d'heure, nous avons trouvé que les parallèles les plus proches de l'équateur sont plus éloignés les uns des autres, que ceux qui en sont à une plus grande distance. C'est ainsi que pour le second parallèle, nous avons trouvé la distance à l'équateur, de $4^d\,15'$; celle du troisième, de $8^d\,25''$; ainsi l'intervalle du second au troisième, de $4^d\,10'$, est moindre que $4^d\,15'$. Le quatrième pareillement, est moins distant du troisième, que le troisième du second, et ainsi de suite, de sorte qu'au vingt-sixième, il n'y a pas un degré entier d'intervalle entre les parallèles, puisque le vingt-quatrième est à 57 degrés de distance loin de l'équateur, et le vingt-cinquième à 58^d. N'étant donc éloignés l'un de l'autre que d'un degré, si l'on continuoit de prendre un quart d'heure d'accroissement d'un parallèle au suivant pour tous les autres, on ne trouveroit plus un degré de distance

τιώτερον ἔχοντες τὸν ζωδιακὸν, τὰς σκιὰς ἐπὶ τὰ βόρεια ἔχουσι προσνευούσας.

Εκθέμενος οὖν μέχρι τοῦ κε^{ου} παραλλήλου, καὶ τοὺς λόγους τῶν γνωμόνων πρὸς τὰς σκιὰς, καὶ δι' ὧν οἰκήσεων γράφονται οἱ παράλληλοι, τῷ τετάρτῳ τῆς μιᾶς ἰσημερινῆς ὥρας κατὰ παραύξησιν τῶν μεγίϛων ἡμερῶν προσχρησάμενος, ἐλθὼν εἰς τὸν εἰκοϛὸν ἕκτον παράλληλον, οὐκέτι τῷ τετάρτῳ τῆς μιᾶς ἰσημερινῆς ὥρας κατὰ παραύξησιν τῶν μεγίϛων ἡμερῶν προσεχρήσατο, ἀλλὰ ϛ". Καὶ, φησὶ, διὰ τὸ συνεχεῖς ἤδη γίνεσθαι τοὺς παραλλήλους, καὶ τὴν τῶν ἐξαρμάτων διαφορὰν, τουτέϛι τὰς τῶν παραλλήλων ἀποϛάσεις, μηκέτι μηδεμιᾶς ὅλης μοίρας συνάγεσθαι. Τῷ γὰρ αὐτῷ τετάρτῳ μέρει τῆς ὥρας τῶν ἡμερῶν παραυξανομένων, εὑρίσκομεν τοὺς πλησιαιτέρους τοῦ ἰσημερινοῦ παραλλήλους πλεῖον ἀπ' ἀλλήλων ἀπέχοντας τῶν ἀπώτερον, καθάπερ ἐπὶ τοῦ δευτέρου παραλλήλου εὑρίσκομεν τὴν ἀπὸ τοῦ ἰσημερινοῦ ἀπόϛασιν μοιρῶν δ´ ιε΄, τὴν δὲ τοῦ τρίτου η̄ κε΄, καὶ λοιπὴν τὴν ἀπὸ τοῦ δευτέρου ἐπὶ τὸν τρίτον μοιρῶν δ´ ι΄, ἐλάττονα γενομένην τῶν δ´ ιε΄. Καὶ ὁ τέταρτος δὲ ὁμοίως ἔλαττον ἀπέχει τοῦ τρίτου, ἥπερ ὁ τρίτος ἀπὸ τοῦ δευτέρου, καὶ ὁ ἑξῆς δὲ ἀκολούθως, ὡς κατὰ τοῦ εἰκοϛοῦ-ἕκτου, μηκέτι μηδεμιᾶς μοίρας εὑρίσκεσθαι τὰς ἀποϛάσεις τῶν παραλλήλων, ἐπειδήπερ ὁ μὲν εἰκοϛὸς-τέταρτος ἀπέχει τοῦ ἰσημερινοῦ μοίρας νζ̄, ὁ δὲ εἰκοϛὸς-πέμπτος νη̄, καὶ ᾱ μοῖραν αὐτῶν ἀπ' ἀλλήλων ἀπεχόντων. Ἐὰν καὶ τὸν εἰκοϛὸν-ἕκτον τῷ αὐτῷ τετάρτῳ μέρει τῆς ὥρας παραυξήσωμεν, ἀεὶ, ὡς ἔφαμεν, ἐλαττουμένων τῶν διαϛάσεων, οὐκέτι οὐδεμιᾶς μοίρας εὑρεθήσεται ἡ ἀπό-

ςασις τοῦ παραλλήλου, ἤτοι ἡ τῶν ἐξαρμά-
των διαφορά. Ἵνα δὲ καὶ διὰ τῶν γραμμικῶν
δείξεων φανερὸν γένηται τὸ λεγόμενον, δεί-
ξομεν οὕτως· ἐπεὶ γὰρ τοῦ μεγέθους τῆς με-
γίςης ἡμέρας τῷ ἴσῳ παραυξανομένου, καὶ
τὸ τοῦ θερινοῦ τροπικοῦ ὑπὲρ γῆν τμῆμα τῷ
ἴσῳ παραυξάνεται· τοῦτο γάρ ἐςι τὸ περι-
έχον τὸ μέγεθος τῆς μεγίςης ἡμέρας, ἐπεὶ
καὶ κατὰ τούτου φέρεται ὁ ἥλιος. Τοῦ δὲ
θερινοῦ τροπικοῦ ὑπὲρ γῆν τμήματος τῷ ἴσῳ
παραυξανομένου, καὶ τὸ ς´ αὐτοῦ τὸ ἀπὸ
τοῦ ὁρίζοντος ἐπὶ τὸν μεσημβρινὸν τῷ ἴσῳ
παραυξάνεται, ὥςε τοῦ μεγέθους τῆς με-
γίςης ἡμέρας τῷ ἴσῳ παραυξανομένου, καὶ
τὸ ἀπὸ τοῦ ὁρίζοντος ἐπὶ τὸν μεσημβρινὸν
τμῆμα τοῦ θερινοῦ τροπικοῦ τῷ ἴσῳ παραυ-
ξήσεται. Λέγω οὖν ἔτι τούτου τῷ ἴσῳ παρ-
αυξανομένου, καὶ τῶν μεταξὺ τῶν ὁριζόντων
καὶ τοῦ μεσημβρινοῦ περιφερειῶν ἴσων οὐσῶν,
αἱ μεταξὺ τῶν κατὰ κορυφὴν, ἐπὶ τὸ ἔλαττον
συςαθήσονται.

Ἔςω γὰρ μεσημβρινὸς μὲν κύκλος ὁ ΑΒΓΔ,
θερινοῦ δὲ τροπικοῦ ἡμικύκλιον τὸ ΑΕΓ, τοῦ
δὲ ἐπ᾽ ὀρθῆς σφαίρας ὁρίζοντος τὸ ΒΕΔ, τοῦ
δὲ κατὰ τὸν δεύτερον παράλληλον ὁρίζοντος
τὸ ΖΗΘ, τοῦ δὲ τρίτου τὸ ΚΛΜ· ὥςε ἴσαις
περιφερείαις ταῖς ΕΗ, ΗΛ τοῦ θερινοῦ τρο-
πικοῦ, καὶ ἑξῆς ὁμοίως παραυξάνειν τὰ ΑΕ,
ΑΗ, ΑΛ ὑπὲρ γῆν τμήματα ἀπὸ τοῦ ὁρί-
ζοντος ἐπὶ τὸν μεσημβρινὸν, λέγω ὅτι μείζων
ἐςὶν ἡ ΔΘ περιφέρεια τῆς ΘΜ, καὶ ἑξῆς
ὁμοίως. Εἰλήφθωσαν γὰρ αἱ κοιναὶ τομαὶ τῶν
κύκλων, αἱ ΑΓ, ΒΔ, ΖΘ, ΚΜ, καὶ ἔτι αἱ
τοῦ τροπικοῦ καὶ τῶν ὁριζόντων κοιναὶ τομαὶ
αἱ ΝΕ, ΞΗ, ΟΛ. Καὶ ἐπεὶ ὁ ΑΒΓΔ μεσημ-
βρινὸς διὰ τῶν πόλων ἐςὶ τοῦ ΑΕΓ τροπικοῦ,
δίχα αὐτὸν τέμνει· ἡ ΑΓ ἄρα διάμετρός ἐςι

entr'eux, ou de différence dans les hauteurs
du pole. Prouvons cela par une démonstra-
tion géométrique : la grandeur du plus
long jour augmentant également, le seg-
ment du tropique d'été au-dessus de la
terre augmente aussi également, car il
mesure la grandeur du plus long jour,
puisqu'il est parcouru par le soleil (au-
dessus de l'horizon) Mais le segment supé-
rieur du tropique d'été augmentant unifor-
mément, sa moitié prise depuis l'horizon
jusqu'au méridien, augmente aussi unifor-
mément. Or, je dis qu'en conséquence de
cette augmentation égale du segment, et
de l'égalité des arcs compris entre l'hori-
zon et le méridien, les intervalles seront
moindres entre les points verticaux des
parallèles.

Soit (Fig. 14.) le méridien ABGD, le demi-
cercle AEG du tropique d'été, BED celui
de l'horizon de la sphère droite, ZHT celui
de l'horizon du second parallèle, KLM
celui de l'horizon du troisième, de sorte
que les segmens supérieurs AE, AH, AL,
du tropique d'été, entre l'horizon et l'é-
quateur, augmentent des arcs égaux EH,
HL. Je dis que l'arc DT est plus grand que
l'arc TM, et ainsi de suite. Car, prenons
les sections communes AG, BD, ZT, KM
de ces cercles, et les sections communes
NE, XH, OL du tropique et des horizons.
Puisque le méridien ABGD passe par
les poles du tropique AEG, il le coupe
en deux également. Par conséquent, AG
est le diamètre de ce tropique. En outre,

le méridien ABGD et l'horizon BED de la sphère droite, passant par les poles du tropique AEG, sont perpendiculaires sur lui, et par conséquent leur section commune BD est perpendiculaire sur le tropique AEG, et aussi sur AG. Et puisque BD, diamètre de ABGD coupe perpendiculairement AG qui ne passe pas par le centre, il s'ensuit que N est le centre du tropique d'été AEG. Et puisqu'aussi le méridien ABGD est perpendiculaire sur le tropique AEG et sur les horizons (car il passe par leurs poles) le tropique et les horizons sont donc perpendiculaires au méridien. Ainsi, les communes sections NE, XH, OL sont perpendiculaires sur le méridien et sur le diamètre AG du tropique. Et puisque AEG est un demi-cercle, et que de son centre N on a mené NE à angles droits sur le diamètre AG, que les arcs EH, HL, sont pris égaux, et que des points H, L, ont été menées les perpendiculaires HX, LO, il s'ensuit que NX est plus grande que XO, comme je vais le démontrer. Prenant d'autres arcs égaux à EH et à HL, les droites que couperont sur le diamètre les perpendiculaires qui y seront menées de ces arcs, seront toujours plus petites de plus en plus que NX et XO. Le triangle NPO étant rectangle, et la droite PX étant menée de P en X, en coupant PO en X, NX, est plus grande que XO, comme il sera prouvé dans la suite. L'angle NPX est donc plus petit que l'angle XPO. Or, le point P est le centre du méridien ABGD, par conséquent, l'arc DT est plus grand que l'arc TM. Il en est de même pour les suivans. Il est donc géométriquement évident, que la grandeur du plus long jour augmentant par des accroissemens égaux, les intervalles des parallèles qui passent par

οῦ ΑΕΓ τροπικοῦ. Πάλιν ὁ ΑΒΓΔ μεσημ-βρινὸς, καὶ ὁ ΒΕΔ ἐπ' ὀρθῆς τῆς σφαίρας ὁρίζων, διὰ τῶν πόλων τοῦ ΑΕΓ τροπι-κοῦ, ὀρθαί εἰσι πρὸς αὐτὸν, καὶ ἡ κοινὴ ἄρα αὐτῶν τομὴ ἡ ΒΔ, ὀρθή ἐςι πρὸς τὸν ΑΕΓ, τροπικόν· ὥςε καὶ πρὸς τὴν ΑΓ ὀρθή ἐςι. Καὶ ἐπεὶ ἡ ΒΔ, διὰ τοῦ κέντρου οὖσα τοῦ ΑΒΓΔ, τὴν ΑΓ μὴ διὰ τοῦ κέντρου οὖσαν πρὸς ὀρθὰς τέμνει, τὸ Ν ἄρα κέντρόν ἐςι τοῦ ΑΕΓ Θερινοῦ τροπικοῦ. Καὶ ἐπεὶ ὁ ΑΒΓΔ μεσημβρινὸς ὀρθός ἐςι πρός τε τὸν ΑΕΓ τροπικὸν, καὶ πρὸς τοὺς ὁρίζοντας (διὰ γὰρ τῶν πόλων ἐςὶν αὐτῶν), καὶ ὁ τροπικὸς ἄρα καὶ οἱ ὁρίζοντες ὀρθοί εἰσι πρὸς τὸν μεσ-ημβρινόν· ὥςε καὶ αἱ κοιναὶ αὐτῶν τομαί, αἱ ΝΕ, ΞΗ, ΟΛ, ὀρθαί εἰσι πρὸς τὸν ΑΒΓΔ μεσημβρινὸν δηλαδὴ, καὶ πρὸς τὸν ΑΓ, διά-μετρον τοῦ τροπικοῦ. Καὶ ἐπεὶ ἡμικύκλιόν ἐςι τὸ ΑΕΓ, καὶ ἀπὸ τοῦ Ν κέντρου αὐτοῦ πρὸς ὀρθὰς τῇ ΑΓ διαμέτρῳ ἦκται ἡ ΝΕ, καὶ ἴσαι ἀπειλημμέναί εἰσιν αἱ ΕΗ, ΗΛ πε-ριφέρειαι, καὶ ἀπὸ τῶν Η, Λ, κάθετοι ἠγ-μέναί εἰσιν αἱ ΗΞ, ΛΟ· μείζων ἄρα ἡ ΝΞ τῆς ΞΟ, ὡς ἑξῆς δειχθήσεται. Καὶ ἑξῆς ἴσων ἀπολαμβανομένων ταῖς ΕΗ, ΗΛ περιφερείαις, αἱ ἐφεξῆς τῶν ΝΞ, ΞΟ εὐθειῶν ἐπὶ τὸ ἔλαττον συςαθήσονται. Καὶ ἐπεὶ τρίγωνον ὀρθογώνιόν ἐςι τὸ ΝΠΟ, καὶ ἀπὸ τοῦ Π ἐπὶ τὴν ΝΟ εὐθεῖα διῆκται ἡ ΠΞ, τέμνουσα τὴν ΠΟ κατὰ τὸ Ξ, καὶ ἔςιν ἡ ΝΞ τῆς ΞΟ μείζων, ὡς ἑξῆς δειχθήσεται· μείζων ἄρα καὶ ἡ ὑπὸ ΝΠΞ γωνία, τῆς ὑπὸ ΞΠΟ. Καὶ ἔςι τὸ Π κέντρον τοῦ ΑΒΓΔ μεσημβρινοῦ· μείζων ἄρα καὶ ἡ ΔΘ περιφέρεια τῆς ΘΜ, καὶ ἑξῆς ὁμοίως. Καὶ γέγονεν ἡμῖν διὰ τῶν γραμμῶν φανερὸν ὅτι τοῦ μεγέθους τῆς μεγίςης ἡμέρας τῷ ἴσῳ παραυξανομένου, αἱ τῶν παραλλήλων τῶν διὰ τῶν κατὰ κορυφὴν γραφομένων διαϛάσεις, ἐπὶ τὸ ἔλαττον συϛαθήσονται.

Ἑξῆς τὸ παραληφθὲν πρῶτον λημμάτιον ἐκκείσθω τὸ ΑΕΓ ἡμικύκλιον, περὶ διάμετρον τὴν ΑΓ, οὗ κέντρον τὸ Ν, καὶ πρὸς ὀρθὰς ἡ ΝΕ, καὶ ἴσαι αἱ ΕΗ, ΗΛ περιφέρειαι, καὶ κάθετοι αἱ ΗΞ, ΛΟ, λέγω ὅτι μείζων ἐϛὶν ἡ ΝΞ τῆς ΞΟ. Ἤχθω γὰρ διὰ τοῦ Λ τῇ ΑΓ παράλληλος ἡ ΛΠ, καὶ ἐπεζεύχθωσαν αἱ ΕΗ, ΗΛ, ΕΛ· καὶ ἐπεὶ ἴση ἐϛὶν ἡ ΕΗ περιφέρεια τῇ ΗΛ, ἴση ἐϛὶ καὶ ἡ ΕΗ εὐθεῖα τῇ ΗΛ. Καὶ κοινὴ ἡ ΗΡ, καὶ γωνία ἡ ὑπὸ ΕΗΡ, γωνίας τῆς ὑπὸ ΡΗΛ μείζων, ἐπὶ γὰρ μείζονος περιφερείας βέβηκεν ἡ ὑπὸ ΕΗΡ· βάσις ἄρα ἡ ΕΡ, βάσεως τῆς ΡΛ μείζων ἐϛί. Καὶ ἔϛιν ὡς ἡ ΕΡ πρὸς ΡΛ, οὕτως ἡ ΠΜ πρὸς ΜΛ· μείζων ἄρα ἐϛὶ καὶ ἡ ΠΜ τῆς ΜΛ, τουτέϛιν ἡ ΝΞ τῆς ΞΟ. Καὶ ἐξῆς ὁμοίως τῶν περιφερειῶν ἴσων ἀπολαμβανομένων, αἱ ὑπὸ τῶν καθέτων ἀπολαμβανόμεναι τῆς διαμέτρου, ἐπὶ τὸ ἔλαττον συϛαθήσονται.

Ἔτι δὲ ἑξῆς ἐκθησόμεθα καὶ τὸ παραλελειμμένον δεύτερον λημμάτιον· ἐκκείσθω τὸ ΝΠΟ τρίγωνον, ὀρθὴν ἔχον τὴν πρὸς τῷ Ν γωνίαν, καὶ ἀπειλήφθω μείζων ἡ ΝΞ τῆς ΞΟ, καὶ ἐπεζεύχθω ἡ ΠΞ, λέγω ὅτι μείζων ἐϛὶν ἡ ὑπὸ ΝΠΞ γωνία τῆς ὑπὸ ΞΠΟ. Ἤχθω γὰρ διὰ τοῦ Ξ τῇ ΟΠ παράλληλος ἡ ΞΡ· ἔϛιν ἄρα ὡς ἡ ΝΞ πρὸς ΞΟ, οὕτως ἡ ΝΡ πρὸς ΡΠ. Μείζων δὲ ἡ ΝΞ τῆς ΞΟ· μείζων ἄρα καὶ ἡ ΝΡ τῆς ΡΠ. Ἀλλὰ τῆς ΝΡ μείζων ἐϛὶν ἡ ΞΡ, πολλῷ ἄρα ἡ ΞΡ μείζων τῆς ΡΠ. Ὥϛε καὶ γωνία ἡ ὑπὸ ΡΠΞ μείζων ἐϛὶ τῆς ὑπὸ ΠΞΡ. Ἴση δὲ ἡ ὑπὸ ΠΞΡ τῇ ὑπὸ ΞΠΟ, ἐναλλὰξ γὰρ, καὶ ἡ ὑπὸ ΝΠΞ ἄρα μείζων ἐϛὶ τῆς ὑπὸ ΞΠΟ. Καὶ ἑξῆς δὲ ὁμοίως ἐλαττόνων ἀπολαμβανομένων κατὰ τὸ ἑξῆς

les points verticaux, diminueront toujours de plus en plus.

Pour démontrer le premier lemme mis en avant, soient (Fig. 15.) AEG un demi-cercle soutenu sur le diamètre AG, et dont le centre est N, la perpendiculaire NE, les arcs égaux EH, HL, et les perpendiculaires HX, LO; je dis que NX est plus grande que XO. En effet, menons LP parallèle à AG, et joignons-les droites EH, HL, EL. Puisque l'arc EH est égal à l'arc HL, la droite EH est égale à la droite HL. Le côté HR est commun, et l'angle EHR est plus grand que l'angle RHL, car EHR est appuyé sur un plus grand arc. La base ER est donc plus grande que la base RL. Mais comme ER est à RL, ainsi PM est à ML, c'est-à-dire NX à XO. Donc, si l'on prend des arcs égaux à la suite les uns des autres, les portions du diamètre interceptées entre les perpendiculaires menées de ces arcs, diminueront toujours de plus en plus.

Exposons maintenant le second lemme (Fig. 16.): supposons le triangle NPO rectangle en N; prenons NX plus grand que XO, et joignons PX. Je dis que l'angle NPX est plus grand que l'angle XPO. Car, soit menée par X la parallèle XR à OP; alors, comme NX est à XO, ainsi NR est à RP. Or, NX est plus grand que XO, mais XR est plus grand que NR, donc XR est beaucoup plus grand que RP. Par conséquent, l'angle RPX est plus grand que l'angle PXR est égal à l'angle XPO, car ils sont alternes, donc l'angle NPX est plus grand que l'angle XPO. Et de même, si les droites interceptées sont toujours de plus en plus petites à la suite les unes des autres, les angles dont elles sont les côtés, iront aussi toujours en diminuant. Ainsi donc, à mesure que les plus longs jours vont en croissant de quart en quart d'heure équinoxiale, sur la série des parallèles, les intervalles des horizons de ces parallèles, ou les distances de ces parallèles entr'eux, allant toujours en se rétrécissant de plus en plus, il s'ensuit que ces mêmes parallèles étant très rapprochés entr'eux, les différences d'élévation du pole deviennent peu à peu insensibles, et se confondent. C'est pourquoi, pour les parallèles qui suivent le vingt-cinquième, Ptolemée a pris les accroissemens par demi-heure pour la durée de leurs plus longs jours ; et quant aux plus éloignés, et aux pays inconnus, il n'a pas marqué pour eux les rapports des gnomons aux ombres.

Après avoir parlé des hétérosciens, il choisit une habitation dont il dit : où le plus long jour est de 24 heures équinoxiales, le parallèle est à 66ᵈ 8′ 4o″ de l'équateur, et il est le premier des périsciens (à ombre tournante), parce que, lors du solstice d'été, le soleil ne s'y couchant pas, les ombres des gnomons se dirigent successivement vers tous les points de l'horizon. Le parallèle tropique d'été y est toujours visible, mais celui d'hiver toujours invisible, et le cercle qui entoure le zodiaque y devient l'horizon même, quand son point équinoxial du printemps se lève.

Prouvons cela géométriquement. Soit l'horizon ABGD, le méridien AEG, le pole boréal E élevé au-dessus de l'horizon, de l'arc EA de 66ᵈ 8′ 4o″, autant que le plus grand des cercles parallèles toujours

τῶν εὐθειῶν, καὶ αἱ γωνίαι ἐπὶ τὸ ἔλαττον συςαθήσονται. Τῶν οὖν μεγίςων ἡμερῶν τῷ τετάρτῳ τῆς ὥρας παραυξανομένων, καὶ τὸ μεταξὺ τῶν ὁριζόντων, ἤτοι τῶν ἀποςάσεων τῶν παραλλήλων ἐπὶ τὸ ἔλασσον συνιςαμένων, συμβαίνει ἐπὶ τῶν ἔτι βορειοτέρων παραλλήλων συνεχεςέρους ἔτι μᾶλλον αὐτοὺς γινομένους μηδεμίαν ἀξιόλογον ποιεῖσθαι διαφορὰν περὶ τὰ ἐξάρματα, ἢ καὶ τὰ καθόλου συμπίπτοντα. Διὸ καὶ ἐπὶ τῶν ἐξῆς του εἰκοςοῦ-πέμπτου παραλλήλου τῷ ϛ″ μέρει τῆς πρώτης ὥρας προσεχρήσατο πρὸς τὴν παραύξησιν τῶν μεγίςων ἡμερῶν, καὶ ἔτι ὡς περὶ ἀπωκισμένων τόπων καὶ τὸ πλεῖον ἀγνώςων διαλαμβάνων, οὐδὲ τοὺς λόγους τῶν γνωμόνων πρὸς τὰς σκιὰς παρέθηκεν.

Εἶτα εἰπὼν περὶ τῶν ἑτεροσκίων, ἐξῆς ἐκτίθεται οἴκησίν τινα, ἐφ' ἧς φησίν· Ὅπου δὲ ἡ μεγίςη ἡμέρα ὡρῶν ἐςιν κδ, ἐκεῖνος ὁ παράλληλος ἀπέχει του ἰσημερινοῦ μοιρῶν ξϛ η′ μ″. Πρῶτος δέ ἐςιν οὗτος τῶν περισκίων· κατὰ γὰρ μόνην τὴν θερινὴν τροπὴν, μὴ δύνοντος ἐκεῖ τοῦ ἡλίου, αἱ τῶν γνωμόνων σκιαὶ ἐπὶ πάντα τὰ τοῦ ὁρίζοντος μέρη τὰς προσνεύσεις ποιοῦνται. Καὶ ἔςιν ἐνταῦθα ὁ μὲν θερινὸς τροπικὸς παράλληλος ἀεὶ φανερὸς, ὁ δὲ χειμερινὸς τροπικὸς, ἀεὶ ἀφανής. Γίνεται δὲ καὶ ὁ ζωδιακὸς κύκλος ὁ αὐτὸς τῷ ὁρίζοντι, ὅταν αὐτοῦ τὸ ἐαρινὸν ἰσημερινὸν σημεῖον ἀνατέλλῃ.

Ἵνα δὲ καὶ ἐπὶ καταγραφῆς φανερὸν γένηται τὸ τοιοῦτον, ἔςω ὁρίζων μὲν κύκλος ὁ ΑΒΓΔ, μεσημβρινὸς δὲ ὁ ΑΕΓ, καὶ ἔςω ὑπὲρ γῆς ὁ βόρειος πόλος, ὥςε τὴν ΑΕ τοῦ ἐξάρματος μοῖραν εἶναι ξϛ η′ μ″, ὅσας καὶ ὁ διὰ τοῦ

κατὰ κορυφὴν παράλληλος ἀπέχει του ἰσημε-
ρινοῦ. Καὶ γεγράφθω πόλῳ τῷ Ε, καὶ δια-
ϛήματι τῷ ΕΑ του ἐξάρματος ὁ μέγιϛος
τῶν ἀεὶ φανερῶν, καὶ ἔϛω ὁ ΑΖΗΛ· δῆλον
δὴ ὅτι οὗτος ἔϛαι θερινὸς τροπικὸς, διὰ τὸ
τὴν ΑΕ του ἐξάρματος μοιρῶν εἶναι ξϛ‾ η′ μ″,
ὅσων ἐϛὶ καὶ ἡ ἐκ του πόλου αὐτου, διὰ τὸ
μέχρι του ἰσημερινου εἶναι αὐτὴν μοιρῶν ϟ,
τὴν δὲ ἀπὸ του ἰσημερινου ἐπὶ τὸν τροπικὸν,
μοιρῶν κγ‾ να′ κ″. Εἰλήφθω δὲ καὶ ὁ νότιος
πόλος ὁ Θ, καὶ γεγράφθω ἀεὶ ἀφανὴς χει-
μερινὸς κύκλος ὁ ΜΓΚ. Καὶ ἔϛιν ὁ ΒΚΔΗ
ζωδιακὸς ἐφαπτόμενος τῶν τροπικῶν, ὥϛε
ἀνατολικὰ μὲν εἶναι τὰ πρὸς τῷ Δ, δυτικὰ
δὲ τὰ πρὸς τῷ Β. Ἔϛαι ἄρα, του Η ὄντος
θερινου τροπικου, τὸ Β ἐαρινὸν, διὰ τὸ πρὸς
δυσμὰς καὶ εἰς τὰ προηγούμενα ὑποκεῖσθαι
τὸ Β, καὶ ἔτι τεταρτημορίου τυγχάνειν τὴν
ΗΒ. Ἐπειδήπερ ὁ ΑΕΘΚ μεσημβρινὸς διὰ τῶν
του ΑΒΓΔ ὁρίζοντος, καὶ διὰ τῶν του ΒΚΔΗ
ζωδιακου πόλων ἐϛὶν, ἐπεὶ καὶ διὰ τῶν πόλων
ἐϛὶ τῶν τροπικῶν. καὶ διὰ τῶν Η, Κ ἐπαφῶν,
καὶ δίχα τέμνει τὰ ἀπολαμβανόμενα αὐτῶν
ἡμικύκλια· ὥϛε καὶ τὸ Δ, σημεῖον ἔϛαι μετ-
οπωρινόν. Γεγράφθω δὴ καὶ τὸ ΒΔ του ἰση-
μερινου ὑπὲρ γῆν ἡμικύκλιον, ὅμοια ἄρα ἐϛὶ
τὰ ΖΗΑ, ΚΜΓ, ΒΔ ἡμικύκλια τῶν παραλ-
λήλων. Ἐν ᾧ ἄρα τὸ Η διελθὸν τὴν ΗΖΑ
ἐπὶ τὸ Α παραγίνεται, ἐν τούτῳ καὶ τὸ Κ δι-
ελθὸν τὴν ΚΓΜ ἐπὶ τὸ Γ παραγίνεται. Καὶ
ἔτι τὸ Β ἐαρινὸν πρὸς δυσμὰς τυγχάνον,
διελθὸν τὴν ΒΔ, ἐπὶ τὸ Δ ἀνατολικὸν παρ-
έϛαι, καὶ ἐφαρμόσει ὁ ΗΒΚ ζωδιακὸς ἐπὶ
τὸν ΑΒΓΔ ὁρίζοντα, ἐπεὶ καὶ κατὰ πλείονα ἢ
δύο σημεῖα συμβάλλει αὐτῷ, τὰ Α, Β, Γ,
Δ, ὥϛε τότε ἐφαρμόσουσιν ὅ, τε ζωδιακὸς
καὶ ὁ ὁρίζων ἐπὶ τῆς τοιαύτης ἐγκλίσεως, ὅτε

visibles, qui passe par le point vertical, est
éloigné de l'équateur; décrivons ce cercle
AZHL, du pole E, et de l'intervalle EA;
Il est clair que ce sera le tropique d'été,
parce que l'arc AE de hauteur est de 66ᵃ
8′ 40″ des degrés dont la distance du pole
à l'équateur en a 90, et celle de l'équa-
teur au tropique 23ᵈ 51′ 20″. Prenons T
pour le pole austral, et décrivons le cercle
parallèle d'hiver toujours invisible, MGK.
Le cercle qui entoure le zodiaque BKDH
est tangent aux deux tropiques, de sorte que
l'orient est vers D, et l'occident vers B.
Ainsi, H étant le point tropique d'été, B
sera l'équinoxe du printemps, puisque B
est supposé à l'occident et vers les points
précédens, et que HB est un arc du quart
de cercle; le méridien AETK passant par
les poles de l'horizon et par les poles du
zodiaque BKDH, puisqu'il passe par les
poles des tropiques, et par les points tan-
gents H, K, coupe ainsi en deux portions
égales ces hémisphères formés par l'horizon
et le cercle qui ceint le zodiaque, de sorte
que D sera le point équinoxial d'automne.
Décrivons le demi-cercle BD de l'équateur,
au-dessus de l'horizon. Les demi-cercles
ZHA, KMG, BD, des parallèles seront sem-
blables; par conséquent, dans le temps où
H parcourant l'arc HZA parvient en A, K
parcourant l'arc KMG arrive en G; et le
point équinoxial B du printemps, qui est
à l'occident, parcourant l'arc BD arrivera
aussi en D à l'orient. Le zodiaque HBK
coincidera alors avec l'horizon ABGD,
puisqu'il a plus de deux points communs
avec lui, savoir les points A, B, G, D. Le
zodiaque et l'horizon se confondront donc
l'un avec l'autre dans la même inclinaison,

lorsque le point équinoxial de printemps se levera. Et il est évident que le soleil étant au point tropique H d'été, et décrivant le tropique d'été AZL toujours visible, ne se couchera pas ce jour là, puisqu'aucune partie de ce tropique ne se couchera, et il fera le jour de 24 heures équinoxiales en dirigeant les ombres vers tous les points de l'horizon. Car, quand il est en H, il projette l'ombre vers A ; quand il est en H, il projette l'ombre vers A ; quand il est en L, il la projette vers l'occident qui est marqué par D ; quand il est en A, il la fait tomber vers G ; et quand il est en Z, il la dirige vers les parties orientales du côté B.

» Si l'on vouloit par curiosité, connoître les particularités propres aux latitudes plus boréales encore, on trouveroit que là où le pole est élevé de 67 degrés environ, les 15 degrés du cercle qui entoure le zodiaque, comptés des deux côtés du point tropique d'été ne se couchent pas, et que pour cette raison, le plus long jour et le temps pendant lequel les ombres ne cessent de tourner autour de l'horizon, y durent presqu'un mois.

Pour faire mieux sentir la vérité de ces paroles, soit encore le méridien ABGD, le demi-cercle BED de l'horizon, et ZEH celui de l'équateur. Puisque ce parallèle est à 67ᵈ loin de l'équateur, prenons N pour le pole de la sphére, de sorte que ND soit de 67ᵈ. Et puisque l'arc NH est mené du pole de la sphére, de sorte que ND soit de 67ᵈ. Et puisque l'arc NH aboutit du pole à l'équateur, il est de 90 degrés. Le complément DX sera donc de 23ᵈ. Mais la distance du point H de l'équateur au tropique, comptée sur le même méridien, est de 23ᵈ 51', le tropique d'été sera donc au-dessus de l'horizon. Décrivons-en le segment supérieur AKT, le demi cercle ZKH du zodiaque;

καὶ τὸ ἐαρινὸν σημεῖον ἀνατέλλει. Δῆλον καὶ ὡς ὅτε ὁ ἥλιος κατὰ τοῦ Η θερινοῦ τροπικοῦ τυγχάνων, καὶ γράφων τὸν ΑΖΛ θερινὸν τροπικὸν ἀεὶ φανερὸν ὄντα, οὐ δύσεται ἐν ἐκείνῃ τῇ ἡμέρᾳ, ἐπεὶ καὶ οὐδὲ μέρός τι τοῦ τροπικοῦ δύσεται, καὶ ποιήσει τὴν ἡμέραν ὡρῶν ἰσημερινῶν κδ, κατὰ πάντα τὰ μέρη τοῦ ὁρίζοντος τὰς τῶν σκιῶν προσνεύσεις ποιούμενος. Ἐπειδήπερ ὅτε μέν ἐστιν ἐπὶ τοῦ Η, ἐπὶ τὸ Α ἀποστέλλει τὴν σκιὰν, ὅτε δὲ ἐπὶ τοῦ Λ, ὡς ἐπὶ τὰ πρὸς τῷ Δ μέρη· ὅτε δὲ ἐπὶ τοῦ Α, ὡς ἐπὶ τὰ πρὸς τῷ Γ· ὅτε δὲ ἐπὶ τοῦ Ζ, ὡς ἐπὶ τὰ πρὸς τῷ Β.

Εἰ δέ τις ἄλλως, θεωρίας ἕνεκεν ἐπιζητοίη, καὶ περὶ τῶν βορειοτέρων ἐγκλίσεων τινὰ τῶν ἰδιωμάτων, εὕροι ἂν ὅπου τὸ μὲν ἔξαρμα τοῦ πόλου ἐστὶν ξζ ἔγγιστα, ἐκεῖ μὴ δυνούσης ὅλως ἐφ' ἑκάτερα τῆς θερινῆς τροπῆς τοῦ διὰ μέσων τῶν ζῳδίων μοιρῶν ιε, ὥστε τὴν μεγίστην ἡμέραν καὶ τὴν τῶν σκιῶν ἐπὶ πάντα τὰ μέρη τοῦ ὁρίζοντος περιαγωγήν, σχεδὸν μηνιαίαν γίνεσθαι.

Ἵνα δὲ καὶ ταῦτα δῆλα γένηται τὰ λεγόμενα, ἔστω πάλιν μεσημβρινὸς μὲν κύκλος ὁ ΑΒΓΔ, ὁρίζοντος δὲ ἡμικύκλιον τὸ ΒΕΔ, ἰσημερινοῦ δὲ τὸ ΖΕΗ. Καὶ ἐπεὶ ὁ παράλληλος ἀπέχει τοῦ ἰσημερινοῦ μοίρας ξζ, εἰλήφθω ὁ βόρειος πόλος τῆς σφαίρας, καὶ ἔστω τὸ Ν, ὥστε τὴν ΝΔ γίνεσθαι μοιρῶν ξζ. Καὶ ἐπεὶ ἡ ΝΗ ἐκ τοῦ πόλου ἐστὶν ἐπὶ τὸν ἰσημερινὸν, μοιρῶν ἐστιν ϟ· καὶ λοιπὴ ἡ ΔΗ ἔσται μοιρῶν κγ. Ἔτι δὲ καὶ ἡ ἀπὸ τοῦ Η ἰσημερινοῦ ἐπὶ τὸν τροπικὸν ἐπὶ τοῦ αὐτοῦ κύκλου κγ να, ὥστε ὑπὲρ γῆς ἔσται τὸ θερινὸν τροπικόν. Γεγράφθω τὸ ὑπὲρ γῆν αὐτοῦ τμῆμα, καὶ ἔστω τὸ ΑΚΘ· καὶ ἔτι τοῦ ζῳδιακοῦ ἡμι-

κύκλιον τὸ ΖΚΗ, καὶ γεγράφθω πόλω τῷ Ν,
καὶ διαςήματι τῷ τετάρτῳ τοῦ ὁρίζοντος μέγι-
ςος τῶν ἀεὶ φανερῶν παράλληλος ὁ ΞΠΟΔ, ἀπ-
έχων μὲν δηλονότι τοῦ ἰσημερινοῦ μοίρας κγ,
τέμνων δὲ τὸν ζωδιακὸν κατὰ τὰ Ο, Π ση-
μεῖα. Καὶ ἐπεὶ ἡ ΗΔ μοιρῶν ἐςιν κγ, ἐὰν
ταῦτα εἰσαγάγωμεν εἰς τὸ τῆς λοξώσεως κα-
νόνιον κατὰ τὸ δεύτερον σελίδιον, εὑρήσομεν
τοῦ ζωδιακοῦ ἀφ' ἑκατέρου τῶν ἰσημερινῶν
σημείων ἀπολαμβανομένας μοίρας οε, τουτ-
έςιν ἑκάτερον τῶν ΖΠ καὶ ΗΟ, συναμφοτέ-
ρας δὲ μοίρας ρν, καὶ λοιπὴ ἄρα ἑκατέρα
τῶν ΠΚ, ΚΟ περιφερειῶν μοιρῶν ιε, συν-
αμφοτέρας δὲ λ, αἵ τινες ὑπὸ τοῦ ἀεὶ φα-
νεροῦ κύκλου ὑπὲρ γῆς ἀπολαμβάνονται. Ὥςε
ἐπὶ τῆς ὑποκειμένης ἐγκλίσεως διαπορευόμενος
ὁ ἥλιος τὴν ΠΟ περιφέρειαν, οὐ δύσεται ἕως
τὰς τοσαύτας μοίρας ἐκ τῆς ἰδίας κινήσεως
διεξέλθη, καὶ ποιήσει δηλαδὴ τὴν ἡμέραν
μηνιαίαν, διὰ τὸ ἐπὶ τοσοῦτον ἔγγιςα χρόνον
τὰς λ μοίρας αὐτὸν τοῦ διὰ μέσων κινεῖσθαι.

Ἐπὶ μὲν τῶν ἄλλων παραλλήλων τὸ μέγεθος
τῆς μεγίςης ἡμέρας παραλαμβάνων, ἀπεδεί-
κνυε τὸ ἔξαρμα. Νῦν δὲ τὸ ἀνάπαλιν· ἐκ τοῦ
ἐξάρματος τὸ μέγεθος τῆς μεγίςης ἡμέρας,
καὶ δεικνὺς τὸ ἀκόλουθον, ὅτι ἔςι καὶ ἐπὶ
τούτου τοῦ παραλλήλου καὶ τῶν ἑξῆς, ἀπὸ
τοῦ μεγέθους τῆς ἡμέρας τὸ ἔξαρμα λαβεῖν,
φησίν· Ὅσας γὰρ ἐὰν εὕρωμεν τοῦ ἰσημερινοῦ
μοίρας τὸν παράλληλον ἀπέχοντα τὸν ἀπο-
λαμβάνοντα λόγου ἔνεκεν ἐφ' ἑκάτερα τοῦ
τροπικοῦ μοίρας ιε, γινόμενον δὲ ἀεὶ φανερὸν
μεθ' ὧν ἀπολαμβάνει τοῦ διὰ μέσων, ἐφ' ἑκά-
τερον μὲν τοῦ τροπικοῦ μοίρας ιε, συναμ-
φοτέρας δὲ λ, καὶ ποιοῦντα τὴν μεγίςην
ἡμέραν δηλονότι μηνιαίαν, ὡς τὸν κγ, ὡς

THÉON II.

et du pole N, et d'un intervalle égal au quart
de l'horizon, décrivons le plus grand des
parallèles toujours visibles XPOD, à la dis-
tance de 23^d loin de l'équateur, et qui coupe
le zodiaque dans les points O, P. Puisque
l'arc HD est de 23^d, si nous portons ce
nombre dans la seconde colonne de la table
d'obliquité, nous trouverons 75 degrés de
l'un et de l'autre côté des points tropiques,
c'est-à-dire, chacun des arcs ZP et HO,
qui font ensemble 150 degrés. Par consé-
quent, les complémens PK et KO seront de
15 degrés, et leur somme sera de 30^d qui
seront interceptés par le cercle toujours
visible au-dessus de l'horizon. Ainsi, dans
cette latitude, le soleil parcourant l'arc
PO, ne se couchera pas pendant qu'il par-
courra les degrés de cet arc par son mou-
vement propre, et il y fera le jour d'un
mois, parce que c'est à peu près le temps
qu'il emploie à parcourir 30 degrés du
cercle qui ceint le zodiaque.

Quant aux autres parallèles, en prenant
la grandeur du plus long jour, Ptolémée a
démontré la hauteur du pole. Ici au con-
traire, par la hauteur du pole, il donne la
durée du plus long jour; et ajoutant que
sur ce parallèle et les suivans, on peut tou-
jours, par la grandeur du jour, connoître
la hauteur du pole, il dit : autant nous
trouvons de distance à l'équateur, pour le
parallèle qui intercepte par exemple 15
degrés de part et d'autre du point tropique
toujours visible, avec les degrés inter-
ceptés sur le zodiaque, faisant ensemble
30 degrés, ce qui donne un jour d'un mois
de durée, autant il s'en faudra que la hau-

teur du pole ne soit de 90ᵈ du quart de cercle. Aussi, disons-nous, à 23 degrés de l'équateur, le complément à 90 degrés du quart de cercle décrit du pole à l'équateur, sera la hauteur du pole boréal, c'est-à-dire ici 67 degrés. C'est comme s'il eût dit : où le plus long jour est d'un mois, là le cercle toujours visible interceptera 15 degrés de part et d'autre du point tropique d'été au-dessus de la terre. Et le parallèle qui intercepte ce nombre de degrés, est à 23 degrés de distance de l'équateur, comme cela est évident par la table d'obliquité ou des déclinaisons. On voit en effet que la hauteur du pole est égale au complément 67. Ainsi comme pour les tropiques, la hauteur du pole se connoît ici par la durée du plus long jour, parce que, conformément à ce qui a été dit plus haut, les ombres se dirigent successivement vers tous les points de l'horizon ; par une conséquence de cette démonstration, il en est de même pour tous les autres périsciens.

CHAPITRE VII.

DES ASCENSIONS SIMULTANÉES DE L'ÉQUATEUR ET DU CERCLE QUI CEINT LE ZODIAQUE, DANS LA SPHÈRE OBLIQUE.

Des propriétés générales et communes à toutes les inclinaisons de la sphère oblique, Ptolemée, qui dans le premier livre avoit déjà préludé aux co-ascensions du cercle oblique et de l'équateur, par celles de la sphère droite qui ont été démontrées les mêmes pour toute habitation, quand le soleil est au méridien, juge con-

ἔφαμέν, μοιρῶν ἀπέχοντα, τὰς λειπούσας αὐταῖς εἰς τὰς ἀπὸ τοῦ πόλου ἐπὶ τὸν ἰσημερινὸν τοῦ τεταρτημορίου μοίρας ζ, φήσομεν εἶναι τοῦ βορείου πόλου τὸ ἔξαρμα. Ἔςαι οὖν δηλονότι ἐπὶ τοῦ τοιούτου παραλλήλου τὸ ἔξαρμα μοιρῶν ξζ, ὅσας αἱ κγ λείπουσιν εἰς τὰς ζ, ἵνα ᾖ τὸ λεγόμενον αὐτῷ τοιοῦτον, ὅπου δὲ ἡ μεγίςη ἡμέρα μηνιαῖά ἐςιν, ἐκεῖ ὁ ἀεὶ φανερὸς ἀποληψεται ὑπὲρ γῆς ἐφ' ἑκάτερα τοῦ θερινοῦ τροπικοῦ μοιρῶν ιε. Ὁ δὲ τὰς τοσαύτας παραλαμβάνων παράλληλος, ἀπέχει τοῦ ἰσημερινοῦ μοιρῶν κγ, ὡς ἐκ τοῦ τῆς λοξώσεως κανονίου γίνεται δῆλον. Καὶ φανερὸν ὡς τῶν λοιπῶν εἰς τὸ τεταρτημόριον μοιρῶν ξζ ἔςαι τὸ ἔξαρμα τοῦ πόλου, ὥςε ἀκολούθως τοῖς τροπικοῖς καὶ ἐνταῦθα ἀπὸ τοῦ μεγέθους τῆς μεγίςης ἡμέρας τὸ ἔξαρμα καταλαμβάνεται. Ἐπεὶ δὲ καὶ ἀκολούθως τοῖς ἐπάνω εἰρημένοις αἱ σκιαὶ κατὰ πάντα τὰ μέρη τοῦ ὁρίζοντος τὰς προσνεύσεις ποιοῦνται, καὶ ἐπὶ τῶν ἑξῆς περισκίων τῇ αὐτῇ ἀποδείξει κατακολουθοῦντες, κατάδηλα εὑρήσομεν τὰ λεγόμενα περὶ αὐτῶν.

ΚΕΦΑΛΑΙΟΝ Ζ.

ΠΕΡΙ ΤΩΝ ΕΠΙ ΤΗΣ ΕΓΚΕΚΛΙΜΕΝΗΣ ΣΦΑΙΡΑΣ ΤΟΥ ΔΙΑ ΜΕΣΩΝ ΤΩΝ ΖΩΔΙΩΝ ΚΥΚΛΟΥ ΚΑΙ ΤΟΥ ΙΣΗΜΕΡΙΝΟΥ ΣΥΝΑΝΑΦΟΡΩΝ.

Διεξελθὼν περὶ τῶν καθ' ἕκαςον παράλληλον ἰδιωμάτων, καὶ προλαβὼν ἐν τῷ πρώτῳ τῆς συντάξεως περὶ τῶν ἐπ' ὀρθῆς τῆς σφαίρας συναναφορῶν, τοῦ τε διὰ μέσων τῶν ζωδίων κύκλου καὶ τοῦ ἰσημερινοῦ, αἵ τινες αἱ αὐταὶ ἐδείκνυντο τυγχάνουσαι, καὶ ταῖς καθ' ἑκάςην οἴκησιν συμμεσουρανήσεσιν, ἐν-

ταῦτα ἀκόλουθον ἡγεῖται, καὶ τὰς ἐπὶ τῶν
ἐγκλίσεων τῆς σφαίρας γινομένας αὐτῶν συν-
αναφορὰς μεθοδεῦσαι, τουτέστιν ἑκάστῃ δεκα-
μοιρίᾳ τοῦ ζωδιακοῦ πόσοις τοῦ ἰσημερινοῦ
χρόνοις καθ' ἑκάστην ἔγκλισιν τῆς καθ' ἡμᾶς
οἰκουμένης συναναφέρεται, ἀφ' ὧν καὶ τοὺς
ταῖς μικρομερεστέραις τῶν κατὰ δεκαμοιρίαν
ἐπιβάλλοντας καθ' ὁμαλὴν παραύξησιν, διὰ
τὸ ἀδιάφορον ἔστιν ἐπιλογίζεσθαι. Εἶτα καὶ τὸ
χρήσιμον διδάσκων τῆς τούτων προδιαλήψεως,
φησί· Τούτων γὰρ δειχθέντων, εὐμεταχείριστος
ἡμῖν ἔσται ἡ κατάληψις τῶν λοιπῶν καὶ κα-
τὰ μέρος ὀφειλόντων προληφθῆναι, εἰς τὴν
τῆς μαθηματικῆς συντάξεως θεωρίαν λέγω
δὴ τό, τε εὑρεῖν τὸ μέγεθος τῆς δοθείσης
ἡμέρας, ἢ τῆς νυκτός, ἤγουν πόσων ἐστὶν
ὡρῶν ἰσημερινῶν ἡ διδομένη καιρικὴ ἡμέρα,
καὶ τὸ τὴν καιρικὴν ὥραν εὑρεῖν πόσων ἰση-
μερινῶν χρόνων ἐστί, καὶ τὰς διδομένας ὥρας
καιρικὰς μεταλαβεῖν εἰς ἰσημερινάς, καὶ τὸ
ἀνάπαλιν. Καὶ ἔτι, δοθέντος τινὸς χρόνου,
εὑρεῖν τήν τε ἀνατέλλουσαν καὶ μεσουρανοῦ-
σαν καὶ δύνουσαν μοῖραν τοῦ ζωδιακοῦ. Καὶ
ἐπεὶ παρά τισιν εὕρισκε διαφόρως τὰς ὀνο-
μασίας τῶν ζωδίων ἀναγεγραμμένας, καὶ ἔτι
τὰς ἀρχὰς αὐτῶν, οὐκ ἀπὸ τῶν τροπικῶν
ἰσημερινῶν σημείων λαμβανομένας, ἐπιση-
μαίνεται αὐτὸς λέγων, ὅτι καταχρησόμεθα
μέντοι ταῖς τῶν ζωδίων ὀνομασίαις, καὶ ἐπ'
αὐτῶν τῶν τοῦ λοξοῦ κύκλου τμημάτων,
καὶ ὡς τῶν ἀρχῶν αὐτῶν ἀπὸ τῶν τροπικῶν
καὶ τῶν ἰσημερινῶν σημείων λαμβανομένων.
Τὸ μὲν ἀπὸ τῆς ἐαρινῆς ἰσημερίας πρὸς τὰ
ἑπόμενα πρῶτον δωδεκατημόριον κριὸν κα-
λοῦντες, τὸ δὲ δεύτερον, ταῦρον, καὶ ἑξῆς
ἀκολούθως, κατὰ τὴν παραδεδομένην ἡμῖν
τάξιν τε καὶ ὀνομασίαν τῶν δώδεκα ζωδίων.

venable de s'occuper de la théorie des co-ascensions dans la sphère oblique, c'est-à-dire, de montrer avec combien de temps de l'équateur, chaque dixaine de degrés du cercle oblique passe au méridien pour toutes les déclinaisons de la partie de la terre que nous habitons, au moyen de quoi on pourra pour des arcs plus petits que ceux de 10 degrés, calculer les parties qui leur correspondent, comme si les accroissemens se faisoient uniformément; ces parties proportionnelles ne différant pas sensiblement des réelles. Ensuite, montrant l'utilité de ces propositions préalables, il dit qu'elles serviront généralement bien pour l'intelligence de tout le reste de la composition mathématique. Je veux dire pour trouver la grandeur d'un jour ou d'une nuit donnée, ou de combien d'heures équinoxiales est un jour temporaire donné, de combien de temps équinoxiaux est une heure temporaire, pour changer les heures temporaires données en heures équinoxiales, et réciproquement. Et aussi, dans un temps donné pour trouver le point du cercle oblique qui se lève, qui passe au méridien, ou qui se couche. Et comme il a trouvé que les signes du zodiaque ne sont pas pris d'une manière unique, mais qu'il y a des personnes qui n'en comptent pas les premiers, depuis les points tropiques, ou équinoxiaux, il fixe une manière de la prendre, en disant: «Nous nous conformerons à l'abus des dénominations des figures d'animaux pour désigner les arcs qu'ils occupent sur le cercle oblique, en les commençant aux points tropiques et aux équinoxiaux. Nous appellerons bélier la dodécatémorie qui commence à l'équinoxe du printemps, en allant vers les points conséquens (vers l'o-rient); le second sera le taureau, et ainsi de suite pour l'ordre et la dénomination des douze signes.

Ici encore, comme il l'a fait en traitant des ascensions dans la sphère droite, pour plus de facilité, il expose d'abord des lemmes par lesquels il montre que ce qui est prouvé pour un des quarts du cercle, l'est aussi pour les trois autres, et il dit : « prouvons d'abord que les arcs du cercle oblique également éloignés du même point équinoxial, montent avec des arcs égaux de l'équateur.

Soit en effet (Fig 19), ABGD le méridien, BED le demi cercle oriental de l'horizon, AEG l'équateur, M le pole boréal, L l'austral, et soient ZH et TK deux segmens du cercle qui entoure le zodiaque, tels que chacun des points Z et T soit dans l'équinoxe vernal, c'est-à-dire, que Z et T soient le point même où commence le bélier. Car il faut concevoir cette figure comme représentant la sphère, et comme ayant mis par sa révolution, le commencement du bélier sous la terre en T, et que chacun des arcs égaux KT, ZK du cercle oblique, tant pris de l'un et de l'autre côté de ce point, l'arc boréal TH de ce cercle monte sur l'horizon, et l'arc TE de l'équateur avec lui, parce que T leur point commun traverse en un certain temps l'équateur, et que les segmens du cercle oblique décrivent, en tournant, des cercles parallèles à l'équateur. Il faut encore concevoir la sphère comme ayant porté, par sa révolution, le même point T du bélier en Z, et que l'arc TK se lève, c'est-à-dire l'arc HZ du cercle oblique, égal à l'arc TK inférieur à la terre, et qu'avec lui se lève, par les mêmes raisons, l'arc EZ

Εἶτα πάλιν καὶ ἐνταῦθα, καθάπερ ἐπὶ τῶν ἐπ' ὀρθῆς τῆς σφαίρας συναναφορῶν τοῦ εὐμεταχειρίς·ου προνοούμενος, προεκτίθεται λημμάτια συντελοῦντα αὐτῷ πρὸς προχειροτέραν τῶν προκειμένων ἀναφορῶν δεῖξιν, τουτές·ιν ὅπως ἐφ' ἑνὸς μόνου τεταρτημορίου τὴν ἀπόδειξιν ποιησάμενὸς, δεδειχὼς εἴη καὶ τῶν λοιπῶν τριῶν. Καὶ φησὶν ὅτι, λέγω δὴ πρῶτον, ὅτι αἱ ἴσον ἀπέχουσαι τοῦ αὐτοῦ ἰσημερινοῦ σημείου περιφέρειαι τοῦ διὰ μέσων τῶν ζωδίων κύκλου ταῖς ἴσαις ἐπὶ τοῦ ἰσημερινοῦ περιφερείαις συναναφέρονται.

Ἔς·ω γὰρ μεσημβρινὸς μὲν κύκλος ΑΒΓΔ, ὁρίζοντος δὲ ἀνατολικὸν ἡμικύκλιον τὸ ΒΕΔ, ἰσημερινὸς δὲ τὸ ΑΕΓ. Καὶ βόρειος μὲν πόλος τὸ Μ, νότιος δὲ τὸ Λ, καὶ τοῦ ζωδιακοῦ δύο τμήματα, τό τε ΖΗ καὶ τὸ ΘΚ, οὕτως ἔχοντα, ὥς·ε ἑκάτερον μὲν τῶν Ζ καὶ Θ σημείων τὸ κατὰ τὴν ἐαρινὴν ἰσημερίαν τυγχάνειν, τουτές·ιν ὥς·ε τὸ Ζ καὶ τὸ Θ, τὸ αὐτὸ εἶναι κατὰ τὴν ἀρχὴν τοῦ κριοῦ. Οὕτω δὲ χρὴ νοεῖν τὴν καταγραφὴν, ὡς ς·ρεφομένης τῆς σφαίρας καὶ τῆς ἀρχῆς τοῦ κριοῦ ὑπὸ γῆν λαμβανομένης ὡς κατὰ τὸ Θ, τῶν δὲ ΚΘ, ΖΗ τοῦ διὰ μέσων ἴσον ἐφ' ἑκάτερα αὐτοῦ ἀπολαμβανομένων, ἀνηνέχθαι μὲν τὴν ΘΗ τοῦ ζωδιακοῦ νοτιωτέραν περιφέρειαν, συνανηνέχθαι δὲ αὐτῇ τὴν ΘΕ τοῦ ἰσημερινοῦ, διὰ τὸ τὸ Θ κοινὸν αὐτῶν σημεῖον, καθ' ἕνα τινὰ χρόνον ἐπὶ τοῦ ὁρίζοντος παραγίνεσθαι, καὶ τὰ τοῦ ζωδιακοῦ τμήματα κατὰ παραλλήλων τῷ ἰσημερινῷ κύκλων πάντα τότε φέρεσθαι. Πάλιν δὲ χρὴ νοεῖν ς·ραφεῖσαν τὴν σφαῖραν, καὶ τὸ αὐτὸ σημεῖον τὸ κατὰ τὸν κριὸν, ὅπερ ἦν τὸ Θ κατὰ τοῦ Ζ γινόμενον, καὶ ἀνηνέχθαι μὲν τὴν ΘΚ, τουτές·ι τὴν ΗΖ τοῦ ζωδιακοῦ περιφέρειαν ἴσην τῇ ὑπὸ γῆν τῇ ΘΚ· συνανηνέχθαι δὲ αὐτῇ, διὰ τὰ αὐτὰ, τὴν ΕΖ τοῦ ἰσημερινοῦ, καὶ προσκείσθω δεῖξαι, ὅτι ἴση ἐϛὶ καὶ ἡ ΘΕ τῇ ΕΖ.

Γεγράφθωσαν διὰ τῶν Μ, Λ πόλων, μεγίϛων κύκλων τμήματα, τό, τε ΜΕΛ, καὶ ΛΘ, καὶ ΛΚ, καὶ ΜΖ καὶ ΜΗ. Ἐπεὶ οὖν ἴσαι ὑπόκεινται αἱ ΖΗ καὶ ΘΚ, καὶ οἱ διὰ τῶν Κ, Η ἄρα γραφόμενοι παράλληλοι ἴσοί εἰσι· διὰ τὸ ἐν τοῖς σφαιρικοῖς δεδεῖχθαι; ὅτι οἱ ἴσας ἀφαιροῦντες παράλληλοι κύκλοι, μεγίϛου τινὸς κύκλου περιφερείας πρὸς τὸν μέγιϛον τῶν παραλλήλων, ἴσοί εἰσιν. Οἱ δὲ ἴσοι παράλληλοι ἴσας ἀφαιροῦσι μεγίϛού τινὸς κύκλου πρὸς τὸν μέγιϛον τῶν παραλλήλων· ἴση ἄρα ἐϛὶ καὶ ἡ ΚΕ τῇ ΕΗ. Καὶ ἐπεὶ ἴση ἐϛὶν ἡ ΛΚ τοῦ γραφομένου παραλλήλου τῇ ΜΗ, ἐκ πόλου πάλιν γινομένη τοῦ διὰ τοῦ Η γραφομένου παραλλήλου, ἔτι δὲ καὶ ἡ ΛΘ τῇ ΜΖ (ἐκ τοῦ παραλλήλου γὰρ τοῦ ἰσημερινοῦ), ἰσόπλευρα γίνεται τὰ ΛΚΘ, ΜΖΗ τρίπλευρα, ἐπεὶ καὶ αἱ ΚΘ, ΖΗ τοῦ ζωδιακοῦ ἴσαι ὑπόκεινται. Ὥϛε καὶ ἡ ὑπὸ ΛΚΘ γωνία ἴση ἔϛαι τῇ ὑπὸ ΜΖΗ, ὡς ὁ Μενέλαος δείκνυσιν ἐν τοῖς σφαιρικοῖς. Ἔϛι δὲ καὶ τὸ ΛΚΕ τῷ ΜΕΗ ἰσόπλευρον, διὰ τὸ πάλιν τήν τε ΛΕ καὶ τὴν ΜΕ ἐκ τῶν πόλων εἶναι ἐπὶ τὸν ἰσημερινόν· καὶ ἡ ὑπὸ ΚΛΕ ἄρα γωνία ἴση ἔϛαι τῇ ὑπὸ ΗΜΕ. Ἔϛι δὲ καὶ ἡ ὑπὸ ΚΛΘ ὅλη τῇ ὑπὸ ΗΜΖ ὅλη, ἴση, ὥϛε καὶ λοιπὴ ἡ ὑπὸ ΕΛΘ τῇ ὑπὸ ΕΜΖ ἐϛιν ἴση. Καὶ ἐπεὶ δύο αἱ ΕΛ, ΛΘ, δυσὶ ταῖς ΕΜ, ΜΖ ἴσαί εἰσιν (ἐκ πόλων γὰρ, ὡς ἔφαμεν, τοῦ ἰσημερινοῦ), ἀλλὰ καὶ γωνία ἡ ὑπὸ ΕΛΘ τῇ ὑπὸ ΕΜΖ ἐϛιν ἴση· βάσις ἄρα ἡ ΘΕ, βάσει τῇ ΕΖ ἐϛιν ἴση.

Ἐπεὶ οὖν τὴν τοιαύτην ἀπόδειξιν ὁ Πτο-

de l'équateur. Il s'agit de démontrer que l'arc TE est égal à l'arc EZ.

Décrivons par les poles M, L, les segmens de grands cercles MEL, LT, LK, MZ et MH. Puisqu'on suppose les arcs ZH et TK égaux, les parallèles décrits par les points K, H, sont aussi égaux. Comme il est démontré dans les sphériques, que les cercles parallèles qui interceptent des arcs égaux de quelque grand cercle de part et d'autre du plus grand des parallèles, sont égaux, ici des parallèles égaux interceptent donc des arcs égaux d'un grand cercle, de part et d'autre du plus grand des parallèles, donc l'arc KE est égal à l'arc EH. Et puisque l'arc LK est égal à l'arc MH, car ils sont menés du pole du parallèle qui passe par H, et que l'arc LT est égal à l'arc MZ, car ils sont pris dans le parallèle équateur, (aux points extrêmes T et Z des arcs égaux KT et ZK), les trilatères LKT, MZX, ont donc leurs côtés homologues égaux, puisque KT et ZH sont supposés des arcs égaux du zodiaque. L'angle LKT sera donc égal à l'angle MZH, comme Ménélas le démontre dans ses sphériques; or, le trilatère LKE a aussi ses côtés égaux à ceux du trilatère MEH, car LE et ME sont également menés des poles à l'équateur. Donc l'angle KLE sera égal à l'angle HME; mais l'angle entier KLT est égal à l'angle entier HMZ, donc l'angle restant ELT est égal à l'angle restant EMZ. Et puisque les deux côtés EL, LT, sont égaux aux deux EM, MZ (car ils sont décrits du pole de l'équateur, comme nous l'avons dit), et que l'angle ELT est égal à l'angle EMZ, la base TE est donc égale à la base EZ.

Ptolemée établit cette démonstration

sur la révolution de la sphère en prenant le point équinoxial du printemps, tantôt au-dessus de la terre, tantôt au-dessous; nous allons démontrer la même chose d'une autre manière, en prenant l'équinoxe dans un lieu constant, et d'abord au-dessus de la terre. (Fig. 20.) Soit encore ABGD le méridien, BED l'horizon, AEG l'équateur, KT et TH les deux segmens égaux du cercle oblique, de chaque côté du point vernal T, et décrivons les cercles parallèles ZH, et ND le plus grand des parallèles toujours visibles. Et par le point H, décrivons le grand cercle NHX, qui touche le grand cercle DN, en faisant le demi-cercle décrit du point N sur H, X, asymptote au demi-cercle décrit de D sur E, K, Décrivons par les poles L, M, les arcs de grands cercles LK, LE, LT, MT, MH, MX, ZH sera semblable à EX. Or, l'arc entier ZH monte avec l'arc KTH, donc l'arc entier EX montera avec l'arc KTH; desquels l'arc ET monte avec l'arc KT, et le reste TX avec le reste TH. Je dis que l'arc ET est égal à l'arc XT. Car, puisque l'arc KT est égal à l'arc TH, et que les cercles parallèles menés par K et par H sont égaux, et que les cercles parallèles interceptent des arcs égaux sur un grand cercle de part et d'autre du plus grand des parallèles, il s'ensuit que l'arc KE est égal à l'arc EZ. Mais EZ est égal à XH, donc KE est égal à XH. Et puisque les cercles qui passent par K et par H sont parallèles, l'arc LK est égal à l'arc MH, car ils sont menés des poles de parallèles égaux: Or, LT est égal à MT, et KT à TH, donc l'angle KLT est égal à l'angle TMH. Et puisque les deux arcs KL, LE, sont égaux aux deux arcs HM, MZ, et que la base KE est égale à la base XH,

λεμαῖος, ὡς μετακινουμένης τῆς σφαίρας πεποίηται, ποτὲ μὲν ὑπὸ γῆν, ποτὲ δὲ ὑπὲρ γῆς παραλαμβάνων τὸ ἐαρινὸν σημεῖον, δείξομεν αὐτοὶ ἑτέρως κατὰ τοῦ αὐτοῦ τόπου παραλαμβάνοντες αὐτό· καὶ πρότερον ὑπὸ γῆν. Καὶ ἐκκείσθω πάλιν ὅ, τε ΑΒΓΔ μεσημβρινὸς, καὶ ὁ ΒΕΔ ὁρίζων, καὶ ὁ ΑΕΓ ἰσημερινὸς, καὶ τοῦ ζωδιακοῦ δύο τμήματα ἴσα ἐφ' ἑκάτερα τοῦ ἐαρινοῦ σημείου τὰ ΚΘ, ΘΗ, τοῦ Θ ὑποκειμένου ἐαρινοῦ, καὶ γεγράφθωσαν παράλληλοι ὅ τε ΖΗ, καὶ ὁ μέγιστος τῶν ἀεὶ φανερῶν ὁ ΔΝ. Καὶ ἔτι διὰ μὲν τοῦ Η, μέγιστος κύκλος γεγράφθω ἐφαπτόμενος τοῦ ΔΝ, ὁ ΝΗΞ, ἀσύμπτωτον ποιῶν τὸ ἀπὸ τοῦ Ν ἡμικύκλιον, ὡς ἐπὶ τὰ Η, Ξ μέρη τῷ ἀπὸ τοῦ Δ ἡμικυκλίῳ, ὡς ἐπὶ τὰ Ε, Κ μέρη· καὶ διὰ τῶν Λ, Μ πόλων γεγράφθωσαν μεγίστων κύκλων περιφέρειαι, αἱ ΑΚ, ΛΕ, ΛΘ, ΜΘ, ΜΗ, ΜΞ· ὁμοία ἄρα ἐστὶν ἡ ΖΗ τῇ ΕΞ. Ἀλλὰ ἡ ΖΗ ὅλη τῇ ΚΘΗ συναναφέρεται· καὶ ἡ ΕΞ ἄρα ὅλη τῇ ΚΘΗ συναναφέρεται, ὧν ἡ ΕΘ τῇ ΚΘ, καὶ λοιπὴ ἄρα ἡ ΘΞ λοιπῇ τῇ ΘΗ συνανενεχθήσεται. Λέγω οὖν ὅτι ἴση ἐστὶν ἡ ΕΘ τῇ ΘΞ. Ἐπεὶ γὰρ ἴση ἐστὶν ἡ ΚΘ τῇ ΘΗ, καὶ οἱ διὰ τῶν Κ καὶ Η παράλληλοι κύκλοι ἴσοί εἰσιν. Οἱ δὲ ἴσοι παράλληλοι, ἴσας ἀφαιροῦσι μεγίστου τινὸς κύκλου πρὸς τὸν μέγιστον τῶν παραλλήλων· ἴση ἄρα ἡ ΚΕ τῇ ΕΖ. Ἀλλὰ ἡ ΕΖ τῇ ΞΗ ἐστὶν ἴση, καὶ ἡ ΚΕ ἄρα τῇ ΞΗ ἐστὶν ἴση. Καὶ ἐπεὶ οἱ διὰ τῶν Κ, Η παράλληλοί εἰσιν, ἴση ἐστὶν ἡ ΛΚ τῇ ΜΗ, ἐκ πόλων γὰρ τῶν ἴσων παραλλήλων. Ἔστι δὲ καὶ ἡ ΛΘ τῇ ΜΘ ἴση, ἀλλὰ καὶ ἡ ΚΘ τῇ ΘΗ· ἴση ἄρα καὶ γωνία ἡ ὑπὸ ΚΛΘ τῇ ὑπὸ ΘΜΗ. Καὶ ἐπεὶ δύο αἱ ΚΛ, ΛΕ, δυσὶ ταῖς ΗΜ, ΜΖ, ἴσαί εἰσιν. Ἀλλὰ καὶ βάσις ἡ ΚΕ; βάσει τῇ

ΞΗ ἐςὶν ἴση· γωνία ἄρα ἡ ὑπὸ ΚΛΕ γω-
νία τῇ ὑπὸ ΞΜΗ ἐςὶν ἴση. Ἦν δὲ καὶ ἡ ὑπὸ
ΚΛΘ ὅλη τῇ ὑπὸ ΘΜΗ ἴση, καὶ λοιπὴ ἄρα
ἡ ὑπὸ ΕΛΘ, λοιπῇ τῇ ὑπὸ ΘΜΞ ἔςιν ἴση.
Καὶ ἐπεὶ δύο αἱ ΕΛ, ΛΘ, δυσὶ ταῖς ΘΜ,
ΜΖ ἴσαί εἰσι, καὶ γωνίας ἴσας περιέχουσι·
βάσις ἄρα ἡ ΕΘ, βάσει τῇ ΘΞ ἐςὶν ἴση.

Ἀλλὰ δὴ ὑποκείσθω τὸ ἐαρινὸν σημεῖον τὸ
Θ ὑπὲρ γῆς, καὶ ἴσαι αἱ ΚΘ, ΘΗ τοῦ ζω-
διακοῦ, λέγω πάλιν ὅτι ταῖς ἴσαις τοῦ ἰση-
μερινοῦ συναναφέρονται. Γεγράφθω γὰρ πάλιν
ὅ, τε ΚΡ παράλληλος, καὶ ὁ ΒΟ μέγιςος τῶν
ἀεὶ ἀφανῶν, καὶ ἐφαπτόμενος τοῦ ΟΒ ὁ ΟΚΠ,
ἀσύμπτωτον ποιῶν τὸ ἀπὸ τοῦ Ο ἡμικύκλιον,
ὡς ἐπὶ τὰ Κ, Π μέρη τῷ ἀπὸ τοῦ Β, ὡς ἐπὶ
τὰ Ρ, Ε. Καὶ διὰ τῶν Λ, Μ πόλων γεγρά-
φθωσαν μεγίςων κύκλων περιφέρειαι αἱ ΜΘ,
ΜΕ, ΜΗ, ΛΘ, ΛΠ, ΛΕ. Καὶ ἐπεὶ ὁμοιά
ἐςιν ἡ ΡΚ τῇ ΕΠ, ἐν ἴσῳ χρόνῳ συναναφέ-
ρονται. Ἀλλὰ ἡ ΚΡ τῇ ΚΗ συνανηνέχθαι,
καὶ ἡ ΕΠ ἄρα τῇ ΚΗ συνανενεχθήσεται, ὧν
ἡ ΘΕ τῇ ΘΗ, καὶ λοιπὴ ἄρα ἡ ΘΠ τῇ ΘΚ.
Καὶ ὁμοίως δειχθήσεται ἴση ἡ ΕΘ τῇ ΘΠ.

Ἑξῆς δὲ καὶ ἕτερον λημμάτιον ἐκτίθεται
συντελοῦν καὶ αὐτὸ εἰς τὴν προειρημένην
προχειροτέραν τῶν ἀναφορῶν ἀπόδειξιν, οὗ
ἡ πρότασις ἔςι τοιαύτη. Δείξομεν δὴ πάλιν
ὅτι αἱ συναναφερόμεναι τοῦ ἰσημερινοῦ περι-
φέρειαι ταῖς ἴσαις, καὶ ἴσον ἀπεχούσαις τοῦ
αὐτοῦ τροπικοῦ σημείου τοῦ διὰ μέσων τῶν
ζωδίων κύκλου συναμφότεραι αὐτῶν, συναμ-
φοτέραις ταῖς ἐπ' ὀρθῆς τῆς σφαίρας, ἴσαί
εἰσι· τουτέςιν ὅτι ἐὰν ἐφ' ἑκάτερα τοῦ θε-
ρινοῦ τροπικοῦ σημείου, ἢ καὶ τοῦ χειμερινοῦ,
δύο ἴσας ἀπολάβωμεν τοῦ διὰ μέσων περι-
φερείας, οἷον ὡς ἐπὶ τοῦ θερινοῦ τήν τε τρι-
ακοςὸν μοῖραν τοῦ καρκίνου, ἢ τοῦ ταύρου

il s'ensuit que l'angle KLE est égal à l'angle
XMH. Mais l'angle entier KLT est égal à
l'angle entier TMH, donc l'angle restant
ELT est égal à l'angle restant TMX. Et
puisque les deux arcs EL, LT, sont égaux
aux deux TM, MZ, et embrassent des angles
égaux, il s'ensuit que la base ET est égale
à la base TX.

Supposons maintenant (Fig. 21.) le point
vernal T au-dessus de la terre; et les arcs
KT, TH du zodiaque, égaux, je dis qu'ils
montent aussi avec des arcs égaux de l'é-
quateur. Car, décrivons encore le cercle
parallèle KR, et BO le plus grand des pa-
rallèles toujours visibles, et le cercle OKP
tangent au cercle OP, et rendant le demi-
cercle mené de O à des points comme
K, P, asymptote au demi-cercle mené de
B à des points comme R, E. Et par les
poles L, M, soient décrits les arcs des
grands cercles MT, ME, MH, LT, LP,
LE. Puisque RK est semblable à EP, ces
deux arcs montent en même temps. Mais
KR monte avec KH, donc EP montera
avec KH. Or, de ces arcs, TE monte avec
TH, donc le reste TP monte avec TK. On
démontrera pareillement que ET est égal à
TP.

Ptolemée expose ensuite un autre lemme
toujours dans la même vue de rendre cette
doctrine des co-ascensions plus facile; en
voici l'énoncé : Nous démontrerons encore
que les arcs de l'équateur qui se lèvent avec
des arcs du cercle oblique égaux et égale-
ment éloignés du même point tropique,
sont, deux ensemble, égaux aux deux qui
montent dans la sphère droite, c'est-à-dire
que si des deux côtés du point tropique
d'été ou d'hiver, nous prenons sur le
cercle oblique deux arcs, comme depuis
le point tropique d'été, le trentième
degré de l'écrevisse, ou du taureau et du

lion, ou ceux du bélier et de la vierge, et de même depuis le point tropique d'hiver, égaux ensemble à 60 degrés, autant de degrés monteront en chaque inclinaison de la sphère, qu'il en passe dans la sphère droite. Or, dans la sphère droite, avec la dodécatémorie du bélier, montent 27 temps 50 minutes de l'équateur, et autant avec celle de la vierge ; ensorte qu'avec ces deux dodécatémories qui sont à égale distance du point tropique d'été, se lèvent les 55 temps 40 minutes de la sphère droite. Il démontre que dans les inclinaisons de la sphère oblique, ces mêmes 55ᵗ 40′ montent avec les deux mêmes dodécatémories, non ici 27ᵗ 50′ avec chacune, mais 55ᵗ 40′ avec les deux ensemble. Il le prouve par la latitude de Rhodes ; savoir : qu'avec la dodécatémorie du bélier s'y lèvent 19ᵗ 12′, et avec celle de la vierge, le reste 36ᵗ 28′.

En effet, soit (Fig. 22) ABGD le méridien, BED le demi-cercle oriental de l'horizon, AEG celui de l'équateur. Décrivant deux arcs égaux du cercle oblique, et à égales distances du point tropique d'hiver ; savoir : ZH, le point Z étant supposé l'équinoxe d'automne ; et TH, T étant celui du printems. Il faut encore ici concevoir la sphère faisant sa révolution, de sorte que le point T, le premier du bélier, étant pris sous terre, atteigne le point H dans l'horizon, se lève pour aller vers l'occident, l'arc TH étant, je suppose, de 60 degrés, et pour cette raison, qu'il soit composé des signes des poissons et du verseau,

καὶ τοῦ λέοντος, ἢ τοῦ κριοῦ καὶ τῆς παρθένου, ἢ καὶ ὁμοίως ἐπὶ τοῦ χειμερινοῦ, συναμφοτέραις ταῖς ξ μοίραις, τοσαῦται τοῦ ἰσημερινοῦ ἐφ' ἑκάϛης τῶν ἐγκλίσεων συναναφέρονται, ὅσαι καὶ συνανέρχονται ἐπὶ τῆς ὀρθῆς σφαίρας. Εἰσὶ δὲ οἱ ἐπ' ὀρθῆς τῆς σφαίρας τῷ τοῦ κριοῦ δωδεκατημορίῳ συναναφερόμενοι τοῦ ἰσημερινοῦ χρόνοι κζ ν, τοσοῦτοι δὲ καὶ τῷ τῆς παρθένου, ὡς συνάγεσθαι τῶν δύο τούτων δωδεκατημορίων, ἴσον ἀπεχόντων τοῦ θερινοῦ τροπικοῦ σημείου τοὺς συναναφερομένους ἐπὶ τῆς ὀρθῆς σφαίρας χρόνους νε μ′. Δείκνυσιν οὖν ὅτι καὶ ἐπὶ τῶν ἐγκλίσεων οἱ αὐτοὶ νε μ′ χρόνοι τοῦ ἰσημερινοῦ, τοῖς αὐτοῖς δυσὶ δωδεκατημορίοις συναναφέρονται. Οὐχὶ δὲ καὶ ἐνταῦθα ἑκατέρῳ κζ ν′, ἀλλὰ συναμφοτέροις νε μ′. Καθάπερ ἐπὶ τῆς διὰ Ῥόδου οἰκήσεως ἑξῆς δείκνυσιν, ὅτι τῷ μὲν τοῦ κριοῦ δωδεκατημορίῳ συναναφέρονται χρόνοι ιθ ιϛ′, τῷ δὲ τῆς παρθένου, οἱ λείποντες εἰς τοὺς νε μ χρόνους λϛ κη′.

Ἐκκείσθω γὰρ ὁ ΑΒΓΔ μεσημβρινὸς, καὶ τῶν ἡμικυκλίων τό, τε ΒΕΔ ἀνατολικὸν τοῦ ὁρίζοντος, καὶ τὸ ΑΕΓ τοῦ ἰσημερινοῦ, καὶ γεγράφθωσαν δύο ἴσαί τε καὶ ἴσον ἀπέχουσαι τοῦ χειμερινοῦ τροπικοῦ σημείου τοῦ διὰ μέσων τῶν ζωδίων περιφέρειαι, ἥ τε ΖΗ, τοῦ Ζ ὑποκειμένου μετοπωρινοῦ, καὶ ἡ ΘΗ, τοῦ Θ ὑποκειμένου ἐαρινοῦ. Χρὴ δὲ πάλιν καὶ ἐνταῦθα νοεῖν μετακινουμένην τὴν σφαῖραν, ὥϛε τοῦ μὲν Θ σημείου κατὰ τῆς ἀρχῆς τοῦ κριοῦ ὑπὸ γῆν λαμβανομένου, ἐπέχειν τὸ Η σημεῖον ἐπὶ τοῦ ὁρίζοντος, ἀνατέλλειν εἰς τὰ προηγούμενα, ὡς τὴν ΘΗ περιφέρειαν, λόγου ἕνεκεν μοιρῶν οὖσαν ξ, καὶ διὰ τοῦτο εἶναι αὐτὴν ἰχθύων καὶ ὑδροχόου, καὶ γίνεσθαι τὸ Η σημεῖον ἀρχὴν ὑδροχόου, καὶ ἀπέχειν ἀπὸ τοῦ χειμερινοῦ τροπικοῦ, τουτέστι τῆς τοῦ αἰγόκερω ἀρχῆς εἰς τὰ ἑπόμενα μοίρας λ· καὶ πάλιν τοῦ Ζ ἀπέχειν τὸ Η σημεῖον εἰς τὰ ἑπόμενα, μοίρας ξ, ὥστε εἶναι τὴν ΖΗ λίτρας καὶ ταύρου, καὶ γίνεσθαι πάλιν τὸ Η σημεῖον κατὰ τῆς ἀρχῆς τοῦ τοξότου, καὶ ἀπέχειν τοῦ χειμερινοῦ τροπικοῦ εἰς τὰ προηγούμενα τὰς λοιπὰς ἀπὸ τῆς ἀρχῆς τοῦ τοξότου μοίρας λ. Καὶ ἐπεὶ τὸ Η σημεῖον κατὰ διαφόρων τμημάτων τοῦ ζωδιακοῦ τυγχάνει ἴσον ἀπεχόντων τοῦ αὐτοῦ τροπικοῦ, ἐπὶ τοῦ αὐτοῦ ἔσται παραλλήλου, ἐπειδήπερ καὶ ἴση ἐστὶν ἡ ΖΗ τῇ ΗΘ, καὶ κατὰ τοῦ αὐτοῦ σημείου τοῦ ὁρίζοντος δηλαδὴ ἀνενεχθήσονται, ἐπεὶ καὶ ὁ παράλληλος.

Ἐπειδήπερ καὶ ἐὰν γράψωμεν τὸ τοῦ ζωδιακοῦ ἡμικύκλιον τὸ ΑΜΓ, τοῦ μὲν Α κατὰ τὸ ἐαρινὸν λαμβανομένου, τοῦ δὲ Μ κατὰ τὸ θερινὸν τροπικὸν, τοῦ δὲ Γ κατὰ τὸ μετοπωρινόν. Καὶ ἀπολαβόντες τὴν ΜΝ, λόγου ἕνεκεν, μοιρῶν λ, διὰ τοῦ Ν παράλληλον τῷ ΑΕΓ ἰσημερινῷ γράψωμεν τὸν ΝΞ, ἔσται καὶ ἡ ΜΞ μοιρῶν λ, λοιπὴ δὲ ἑκατέρα τῶν ΝΑ, ΞΓ μοιρῶν ξ· καὶ δηλαδὴ τὰ Ν, Ξ διὰ τοῦ Η ἀνενεχθήσονται. Καὶ τῶν μὲν Ν, Ξ σημείων κατὰ τοῦ Η ἀναφερομένων, ἡ μὲν ΞΓ τὴν τῆς ΗΘ θέσιν ἕξει, ἡ δὲ ΝΑ τὴν τῆς ΗΖ, καὶ συνανενεχθήσεται ἡ ΗΖ τοῦ ζωδιακοῦ τῇ ΕΖ τοῦ ἰσημερινοῦ, καὶ ἡ ΘΗ τῇ ΘΕ· ὥστε καὶ συναμφοτέρας τὰς ΘΗ, ΗΖ, ὅλῃ τῇ ΘΕΖ τοῦ ἰσημερινοῦ ἐπὶ τῆς ἐγκλίσεως συναναφέρεσθαι. Δῆλον δὲ αὐτόθεν ὅτι ἡ ΘΕΖ τοῦ ἰσημερινοῦ ταῖς ΘΗ, ΗΖ τοῦ ζωδιακοῦ, καὶ ἐπὶ τῆς ὀρθῆς σφαίρας συνανενεχθήσεται. Ἐπειδήπερ ἐὰν, ὑποθέμενοι τὸν νότιον πόλον τοῦ ἰσημερινοῦ τὸ Κ σημεῖον,

ΘΕΟΝ. ΙΙ.

que le point H soit le commencement du verseau, et soit à 3o degrés de distance à l'orient du point tropique d'hiver, c'est-à-dire du premier point du capricorne; et que le point H soit ensuite de 6o degrés à l'orient du point Z, en sorte que ZH embrasse les signes de la balance et du scorpion; puis, que H étant le premier point du sagittaire, soit distant de 3o autres degrés, l'occident du point tropique d'hiver, comptés depuis celui où commence le sagittaire. Et puisque H placé en différents points du zodiaque également éloignés du même point tropique, est toujours sur le même parallèle, il s'ensuit que ZH étant égal à HT, ils se lèveront au même point de l'horizon; car ce point est celui du lever pour tout le parallèle.

En effet (Fig. 23), si nous décrivons le demi-cercle AMG du zodiaque, le point A étant pris pour l'équinoxe du printemps, M pour le tropique d'été, et G pour l'équinoxe d'automne. Faisant MN, par exemple, de 3o degrés, nous décrirons par le point N le parallèle NX à l'équateur AEG, et MX sera de 3o degrés. Chacun des arcs restants NA, XG, sera de 6o degrés, et les points N, X, se lèveront en H. Ces points montant en H, XG aura la position de HT, NA celle de HZ, or l'arc HZ du zodiaque se lèvera avec l'arc EZ de l'équateur, et l'arc TH avec l'arc TE. Ainsi, les deux arcs TH, HZ, monteront avec l'arc entier TEZ de l'équateur, dans la sphère oblique. Or, il est évident que l'arc TEZ de l'équateur, se lève aussi dans la sphère droite, avec les arcs TH, HZ du zodiaque. Car, si nous supposons le pole austral de l'équateur en K, et que nous décrivons par ce pole et par H le quart de grand cercle KHL qui est l'horizon dans la sphère droite, puisqu'il passe par les poles de la sphère, l'arc TL montera dans la sphère droite avec l'arc TH du zodiaque, parce que ces arcs sont situés sous terre, au-dessous de KHL qui est alors l'horizon. Mais l'arc LZ se lève avec l'arc HZ du zodiaque, parce qu'ils sont tous deux compris sous le même horizon. Donc, la somme TLZ des deux arcs de l'équateur, c'est-à-dire, TEZ se lève avec les arcs TH, HZ du zodiaque, dans la sphère droite, ainsi que nous avons démontré qu'ils se lèvent avec eux, dans la sphère oblique.

Il est évident par ces deux lemmes, que si nous calculons les coascensions particulières sur un seul quart de cercle, les coascensions seront par là même démontrées dans les trois autres quarts de cercle; car, soit (Fig. 23) le zodiaque partagé en 12 dodécatémories. Par le premier lemme, puisque le bélier et les poissons sont à égales distances du même point équinoxial, ils monteront en temps égaux de l'équateur. Si donc, nous calculons les temps qui montent avec le bélier, nous aurons ceux qui montent avec les poissons. De même, si nous calculons ceux qui montent avec le taureau, nous aurons ceux qui montent avec le verseau. Et si nous calculons ceux qui montent avec les gémeaux, nous aurons ceux qui montent avec le capricorne. Par conséquent, si nous prenons la somme des temps qui se lèvent avec le quart de ce cercle compris depuis l'équinoxe du printemps jusqu'au point tropique d'été, nous aurons la somme des temps qui se lèvent avec l'autre quart du cercle, depuis l'équi-

γράψωμεν δι' αὐτου καὶ του Η μεγίϛου κύκλου τεταρτημόριον τὸ ΚΗΛ, ἰσοδύναμουν τῷ ἐπ' ὀρθῆς τῆς σφαίρας ὁρίζοντι, διὰ τὸ καὶ αὐτὸν, ὡς ἔφαμεν, διὰ τῶν πόλων γεγράφθαι τῆς σφαίρας, ἡ μὲν ΘΛ ἔϛαι ἡ συναναφερομένη ἐπὶ τῆς ὀρθῆς σφαίρας τῇ ΘΗ του ζωδιακου, διὰ τὸ ταύτας ὑπὸ ΚΗΛ τότε ὁρίζοντος ὑπὸ γῆν ἀπολαμβάνεσθαι, ἡ δὲ ΛΖ ἡ συνανενεχθεῖσα τῇ ΗΖ του ζωδιακου, διὰ τὸ καὶ ταύτας ὑπὸ του αὐτου ὁρίζοντος ἀπολαμβάνεσθαι, ὥϛε συναμφοτέραν τὴν ΘΛΖ του ἰσημερινου, τουτέϛι ΘΕΖ, συναμφοτέραις ταῖς ΘΗ, ΗΖ του ζωδιακου, καὶ ἐπ' ὀρθῆς τῆς σφαίρας συναναφέρεσθαι, αἵ τινες καὶ ἐπὶ τῆς ἐγκεκλιμένης ἐδείχθησαν αὐταῖς συναναφερόμεναι.

Καὶ φανερὸν ἡμῖν γέγονε διὰ τῶν τοιούτων δύο λημματίων, ὅτι καὶ ἐὰν ἐφ' ἑνὸς μόνου τεταρτημορίου τὰς κατὰ μέρος συναναφορὰς ἐπιλογισώμεθα, συναποδεδειγμέναι ἔσονται καὶ αἱ τῶν λοιπῶν τριῶν συναναφοραί. Ἐκκείσθω γὰρ ὁ ζωδιακὸς κύκλος διῃρημένος εἰς τὰ δωδεκατημόρια. Διὰ τὸ πρῶτον οὖν λημμάτιον, ἐπεὶ ἴσον ἀπέχουσι του αὐτου ἰσημερινου σημείου ὅ, τε κριὸς καὶ οἱ ἰχθύες, ἐν ἴσοις χρόνοις του ἰσημερινου συνανενεχθήσονται. Ἐὰν οὖν ἐπιλογισώμεθα τοὺς τῷ κριῷ συναναφερομένους χρόνους, ἔξομεν καὶ τοὺς τοῖς ἰχθύοις συναναφερομένους. Διὰ τὰ αὐτὰ δὲ καὶ ἐὰν τοὺς τῷ ταύρῳ, ἔξομεν καὶ τοὺς τῷ ὑδροχόῳ. Καὶ ἔτι ἐὰν τοὺς τοῖς διδύμοις, ἔξομεν καὶ τοὺς τῷ αἰγοκέρωτι, ὥϛε ἐὰν τοὺς συναναφερομένους χρόνους τῷ ἀπὸ τῆς ἐαρινῆς ἰσημερίας εἰς τὴν θερινὴν τροπὴν τεταρτημορίῳ ἐπιλογισώμεθα, συναποδεδειγμένους ἔξομεν καὶ τοὺς ἀπὸ τῆς ἐαρινῆς ἰση μερίας ἐπὶ τὴν χειμερινὴν τροπὴν τοῦ ἑτέρου τεταρτημορίου. Καὶ διὰ τὸ δεύτερον λημμάτιον πάλιν, ἐπεὶ καὶ ὁ κριὸς καὶ ἡ παρθένος ἴσον ἀπέχουσι τοῦ θερινοῦ τροπικοῦ, συναμφότεροι τοσούτοις χρόνοις ἐπὶ τῆς ἐγκλίσεως συναναφέρονται, ὅσοις καὶ ἐπὶ τῆς ὀρθῆς σφαίρας. Ἔχομεν δὲ πόσοις χρόνοις ἐπὶ τῆς ὀρθῆς σφαίρας συναναφέρονται (πεπραγμάτευται γὰρ ἡμῖν τὸ τοιοῦτον ἐν τῷ πρώτῳ βιβλίῳ), ἔχομεν ἄρα πόσοις καὶ ἐπὶ τῆς ἐγκλίσεως. Ἐὰν γὰρ εὕρωμεν τὸ τοῦ κριοῦ δωδεκατημόριον πόσοις χρόνοις συναναφέρεται, τῶν λοιπῶν ἕξομεν τὸ τῆς παρθένου. Ὁμοίως δὲ καὶ διὰ τὴν τοῦ ταύρου συναναφοράν, ἕξομεν καὶ τὴν τοῦ λέοντος, καὶ ἔτι διὰ τὴν τῶν διδύμων, τὴν τοῦ καρκίνου. Ὥστε πάλιν ἐκ τῶν ἀπὸ τῆς ἐαρινῆς ἰσημερίας μέχρι τροπῆς θερινῆς συναναφορῶν, ἕξομεν καὶ τὰς ἀπὸ θερινῆς τροπῆς, μέχρι μετοπωρινῆς ἰσημερίας. Καὶ πάλιν διὰ τὸ πρῶτον λημμάτιον, ἐπεὶ ἴσον ἀπέχουσι τοῦ αὐτοῦ μετοπωρινοῦ σημείου, ἥ τε παρθένος καὶ αἱ λίτραι, ἴσοις χρόνοις συναναφέρονται. Ἔχομεν δὲ τοὺς τῇ παρθένῳ συναναφερομένους χρόνους, ἕξομεν ἄρα καὶ τοὺς ταῖς λίτραις· καὶ ὁμοίως διὰ τοὺς τῷ λέοντι, τοὺς τοὺς τῷ σκορπίῳ· καὶ ἔτι διὰ τοὺς τῷ καρκίνῳ, τῷ τοξότῃ, ὥστε ἐὰν τοῦ ἑνὸς τεταρτημορίου, τοῦ ἀπὸ τῆς ἐαρινῆς ἰσημερίας ἐπὶ τὴν θερινὴν τροπὴν συναναφερομένους χρόνους ἐπιλογισώμεθα, συναποδεδειγμένοι ἔσονται καὶ τῶν λοιπῶν τριῶν τεταρτημορίων.

Τούτων οὖν προληφθέντων, ἑξῆς ποιεῖται τοῦ εἰρημένου τεταρτημορίου τοῦ διὰ μέσων τὴν τῶν ἀναφορῶν ἀπόδειξιν, προσχρώμενος πάλιν, ὑποδείγματος ἕνεκεν, τῷ διὰ Ῥόδου παραλλήλῳ, δι' ἃς ἐπάνω εἴπομεν αἰτίας, ἔνθα

noxe du printemps jusqu'au point tropique d'hiver. Et par le second lemme, puisque le bélier et la vierge sont également éloignés du tropique d'été, ces deux signes se lèvent dans la sphère oblique en autant de temps que dans la sphère droite. Or, nous savons en combien de temps ils montent dans la sphère droite; car nous l'avons donné dans le premier, nous savons donc aussi en combien de temps ils montent dans la sphère oblique; car si nous trouvons en combien temps la dodécatémorie du bélier se lève, nous aurons le reste pour celle de la vierge de même par la co-ascension du taureau, nous aurons celle du lion, et par celle des gémeaux, celle du cancer. Ainsi, par les co-ascensions depuis l'équinoxe vernal jusqu'au tropique d'été, nous aurons les autres depuis le solstice d'été jusqu'à l'équinoxe d'automne, et encore par le premier lemme, puisque la vierge et la balance sont également éloignées du même équinoxe d'automne, elles montent dans les mêmes temps. Mais nous avons les temps qui montent avec la vierge, nous aurons donc ceux qui montent avec la balance, et pareillement par ceux qui montent avec le lion, ceux qui montent avec le scorpion; et par ceux qui montent avec le cancer, ceux qui montent avec le sagittaire. Ainsi donc, si nous prenons la somme des temps qui montent avec le quart de cercle compris entre le printemps et le tropique d'été, les temps pour les trois autres quarts nous seront par là même donnés.

A ces préliminaires, Ptolemée fait succéder la démonstration des ascensions de ce quart du cercle oblique, en prenant toujours pour exemple, pour les raisons que nous avons dites, le parallèle de Rhodes où le plus long jour est de 14 ½ heures équi-noxiales, et où le pole boréal est élevé de 36 degrés au-dessus de l'horizon.

(Fig. 24.) Le méridien étant ABGD, le demi-cercle oriental de l'horizon BED, celui de l'équateur AEG, celui du cercle oblique ZHT, tel que le point H de la commune section de l'équateur AEG, et du cercle oblique ZHT, soit l'équinoxe vernal, c'est-à-dire le commencement du bélier; par le pole boréal K, et par le point L de la section commune du zodiaque et de l'horizon, je décris le quart de grand cercle KLM. Soit proposé, dit-il, l'arc HZ du zodiaque étant donné, de trouver l'arc HE de l'équateur qui se lève avec lui. Supposons d'abord que HL est la dodécatémorie du bélier. Suivant le théorème sphérique démontré par diérèse, KD étant la hauteur du pole, et LM la déclinaison du trentième degré du bélier, l'arc EM se trouve, par la transformation de la raison qui résulte de la multiplication et de la division, de 8ᵈ 3o'. Or, puisque dans la sphère droite l'arc entier MH monte avec l'arc de la dodécatémorie du bélier, parce que KLM mené par les poles est l'horizon dans la sphère droite, l'arc entier MH vaudra les 27 temps 5o minutes qui ont été démontrés monter avec le bélier dans la sphère droite. Or, HE qui monte avec les 3o degrés HL du bélier, dans la latitude de Rhodes, est de 19 temps 12'; et il est d'ailleurs démontré par les deux lemmes précédens, comme nous l'avons dit, que la dodécatémorie des pois-

ἡ μὲν μεγίϛη ἡμέρα ὡρῶν ἐϛιν ἰσημερινῶν ιδ´ ϛ´´, ὁ δὲ βόρειος πόλος ἐξήρτηται τοῦ ὁρί-ζοντος μοιρῶν λϛ̄.

Καὶ ἐκθέμενος πάλιν μεσημβρινὸν μὲν κύκλον τὸν ΑΒΓΔ, ὁρίζοντος δὲ ἀνατολικὸν ἡμικύκλιον τὸ ΒΕΔ, ἰσημερινοῦ δὲ τὸ ΑΕΓ, τοῦ δὲ διὰ μέσων τῶν ζωδίων τὸ ΖΗΘ, οὕτως ἔχον, ὥϛε τὸ Η σημεῖον τῆς κοινῆς τομῆς τοῦ τε ΑΕΓ ἰσημε-ρινοῦ καὶ τοῦ ΖΗΘ ζωδιακοῦ ὑποκεῖσθαι ἐαρινόν, τουτέϛι τὸ κατὰ τῆς ἀρχῆς τοῦ κριοῦ, βόρειον δὲ πόλον τὸ Κ σημεῖον. Καὶ γράψας δι' αὐτοῦ καὶ τῆς κατὰ τὸ Λ κοινῆς τομῆς τοῦ τε ζωδιακοῦ καὶ τοῦ ὁρίζοντος μεγίϛου κύκλου τεταρτημόριον τὸ ΚΛΜ, φησί. Προκείσθω δὴ τῆς ΗΛ τοῦ ζωδιακοῦ περιφερείας δοθείσης, τὴν συναναφερομένην αὐτῇ ταῖς ἰσημεριναῖς, τουτέϛι τὴν ΗΕ περιφέρειαν εὑρεῖν, καὶ ὑποκείσθω πρῶτον τὸ ΗΛ, τὸ τοῦ κριοῦ δωδεκατημόριον. Καὶ διὰ τὴν κατὰ διαίρεσιν σφαιρικὴν ἀπόδειξιν τῆς ἀφαιρέσεως καὶ κα-ταλήψεως τοῦ λόγου, τῆς ΚΔ οὔσης ἐξάρ-ματος, καὶ τῆς ΛΜ λοξώσεως τῆς τριακον-ταμοιρίας τοῦ κριοῦ, συνάγεται ἡ ΕΜ περι-φέρεια ἐκ μεταφορᾶς τοῦ λόγου μοιρῶν η̄ λ´. Καὶ ἐπεὶ ὅλη ἡ ΜΗ ἐπ' ὀρθῆς τῆς σφαίρας τῇ ΛΗ περιφερείᾳ τοῦ τοῦ κριοῦ δωδεκατη-μορίου συναναφέρεται, διὰ τὸ τὸν ΚΛΜ διὰ τῶν πόλων ὄντα τοῦ ἰσημερινου ἰσοδυναμεῖν τῷ ἐπ' ὀρθῆς τῆς σφαίρας ὁρίζοντι, ἔϛαι καὶ ὅλη ἡ ΜΗ τῶν ἀποδεδειγμένων ἐπὶ τῆς ὀρθῆς σφαίρας τῶν τῷ κριῷ συναναφερομένων χρόνων κϛ ν´. Ἡ δὲ ΗΕ, ἥτις συνανηνέχθη τῇ ΗΛ τριακονταμοιρίᾳ τοῦ κριου ἐπὶ τῆς ὑποκειμένης διὰ Ῥόδου ἐγκλίσεως, χρόνων ιθ ιβ´. Καὶ συναποδέδεικται, ὡς ἔφαμεν, διὰ τὰ προεκ-τεθέντα δύο λημμάτια, ὅτι καὶ τὸ μὲν τῶν ἰχθύων δωδεκατημόριον τοῖς αὐτοῖς χρόνοις

συναναφέρεται ιθ ιβ'. Ἑκάτερόν δὲ τὸ τῆς
παρθένου καὶ τὸ τῶν λίτρων, ταῖς λείπουσιν
εἰς τὴν διπλῆν τῶν ἐπ' ὀρθῆς τῆς σφαίρας
συναναφορῶν χρόνοις λς κη'. Ἐπειδήπερ ἐν
τῷ πρώτῳ ἀπεδείκνυμεν, ὅτι αἱ ἴσον ἀπέχου-
σαι τοῦ αὐτοῦ ἰσημερινοῦ σημείου περιφέρειαι
τοῦ διὰ μέσων τῶν ζωδίων, ταῖς ἴσαις ἀεὶ
περιφερείαις τοῦ ἰσημερινοῦ συναναφέρονται.
Ἴσον δὲ ἀπέχουσι τοῦ ἑαυτοῦ ἰσημερινοῦ ση-
μείου, τουτέστι τοῦ ἐαρινοῦ, ὅ, τε κριὸς καὶ
οἱ ἰχθύες. Ἐδείξαμεν δὲ τὸ τοῦ κριοῦ δωδε-
κατημόριον ἀναφερόμενον χρόνοις ιθ ιβ',
ἐσόμεθα ἄρα δεδειχότες ὅτι καὶ τὸ τῶν ἰχθύων
δωδεκατημόριον ἀνενεχθήσεται τοῖς αὐτοῖς
χρόνοις ιθ ιβ'. Πάλιν ἐπεὶ ἐδείξαμεν ἐν τῷ
δευτέρῳ λημματίῳ, ὅτι αἱ συναναφερόμεναι
τοῦ ἰσημερινοῦ περιφέρειαι, ταῖς ἴσαις καὶ
ἴσον ἀπεχούσαις τοῦ αὐτοῦ τροπικοῦ σημείου
τοῦ διὰ μέσων τῶν ζωδίων κύκλου, συναμ-
φότεραι αὐτῶν ταῖς ἐπ' ὀρθῆς τῆς σφαίρας
ἀναφοραῖς συναμφοτέραις ἴσαί εἰσιν, ἐδείχθη
δὲ ἑκάτερον, τό, τε τοῦ κριοῦ καὶ τὸ τῆς
λίτρας, ἴσον ἀπέχον τοῦ θερινοῦ τροπικοῦ,
ἐπὶ τῆς ὀρθῆς σφαίρας συναναφερόμενον χρό-
νοις κζ ν', συναμφότερα δὲ δηλονότι νε μ'·
τοσούτοις ἄρα συνανενεχθήσονται καὶ ἐπὶ τῆς
ἐγκεκλιμένης σφαίρας, τό, τε τοῦ κριοῦ καὶ
τὸ τῆς παρθένου δωδεκατημόριον· ὧν τὸ τοῦ
κριου ἐδείξαμεν συναναφερόμενον ἐπὶ τῆς διὰ
Ῥόδου ἐγκλίσεως χρόνοις ιθ ιβ'· καὶ λοιπὴ
ἄρα τὸ τῆς παρθένου δωδεκατημόριον ἀν-
ενεχθήσεται ἐπὶ τῆς αὐτῆς ἐγκλίσεως τοῖς λεί-
πουσιν εἰς τοὺς διπλασίονας τῶν ἐπ' ὀρθῆς
τῆς σφαίρας, ἀναφορῶν του κριου, τουτέστι
χρόνων νε μ', χρόνοις λς κη'. Παραλαμ-
βάνομεν δὲ τοὺς διπλασίονας τῶν ἐπ' ὀρθῆς
τῆς σφαίρας ἀναφορῶν του κριου, τουτέστι

sons monte avec lui dans les mêmes 19ᵗ 12'.
Mais chacun des deux signes de la vierge
et de la balance, monte avec les 36ᵗ 28'
qui restent pour le double des coascensions
dans la sphère droite; car nous avons prou-
vé dans le premier livre, que les arcs du
cercle oblique également éloignés du même
point équinoxial, montent toujours avec des
arcs égaux de l'équateur. Or, le bélier et les
poissons sont également éloignés du même
équinoxe vernal, et nous avons montré que
la dodécatémorie du bélier se lèvera dans les
mêmes temps 19ᵗ 12; nous aurons donc par là
même démontré que les poissons montent
aussi avec 19ᵈ 12'. En outre, puisque nous
avons démontré dans le second lemme, que
les arcs de l'équateur qui montent avec les
arcs du cercle oblique égaux et également
distants du même point tropique, sont deux
à deux égaux aux ascensions prises deux à
deux dans la sphère droite, et qu'il a été
prouvé que chacune des dodécatémories du
bélier et de la balance également distante
du tropique d'été, monte dans la sphère
droite avec 27ᵗ 50', faisant ensemble 55ᵗ
40', la dodécatémorie du bélier et celle
de la vierge monteront donc en autant
de temps dans la sphère oblique. Or, nous
avons montré que celle du bélier monte
avec 19ᵗ 12', dans la latitude de Rhodes;
donc l'autre qui est celle de la vierge, se
lèvera dans le reste du temps du double
des ascensions du bélier dans la sphère
droite, c'est-à-dire en 36ᵗ 28' Nous prenons
les doubles des ascensions du bélier dans
la sphère droite, c'est-à-dire 55ᵗ 40', parce

qu'il est démontré que chacune des dodé-
catémories du bélier et de la vierge, étant
également distante du même tropique,
montent ensemble dans les temps égaux
27ᵗ 5o', dans la sphère droite. Et par le
premier lemme, puisque la dodécatémorie
de la vierge et celle de la balance, sont à
égale distances de l'équinoxe d'automne,
celle-ci se lèvera dans les mêmes 36ᵗ 28'.
Et encore, la dodécatémorie des poissons
et celle de la balance montent dans la
sphère droite, en 55ᵗ 4o'. Or elles sont
également distantes du tropique d'hiver,
et nous avons montré que celle des pois-
sons monte avec 19ᵗ 12', dans la latitude
de Rhodes, donc l'autre, qui est celle de
la balance, montera aussi en 36ᵗ 28'. En
raisonnant pour les autres parallèles,
comme pour celui de Rhodes, nous trou-
verons les ascensions pour chaque horizon.
Tout le reste est clair jusqu'à : « Il est cer-
tain que l'on prend de la même manière
les coascensions de l'équateur et des arcs
du cercle oblique qui sont d'un moindre
nombre de degrés; mais nous allons les cal-
culer de la manière suivante, plus expédi-
tive et plus méthodique. »

Ptolemée en donne donc encore une autre
démonstration pour laquelle il employe un
lemme facile et commode en ces termes :
« Si, lorsque le point équinoxal de prin-
temps ou d'automne, du cercle oblique, se
lève, nous prenons depuis cet équinoxe sur
ce cercle, un segment quelconque, au point
extrême duquel nous menerons un cercle

χρόνους νε̄ μ', διὰ τὸ δεδεῖχθαι ἑκάτερον,
τό, τε του κριου καὶ τὸ τῆς παρθένου δωδε-
κατημόριον ἴσον ἀπέχοντα του αὐτου τροπικου
ἐπὶ τῆς ὀρθῆς σφαίρας τοῖς ἴσοις κζ̄ ν' χρόνοις
συναναφερόμενον. Καὶ διὰ τὸ πρῶτον πάλιν
λημμάτιον, ἐπεὶ ἴσον ἀπέχουσι του μετοπωρινου
ἰσημερινου σημείου, τό, τε τῆς παρθένου δω-
δεκατημόριον καὶ τὸ τῶν λίτρων, καὶ τουτο
ἄρα συνανενεχθήσεται τοῖς ἴσοις χρόνοις λε̄
κη'. Ἢ καὶ πάλιν ὅτι ἐπεὶ ἐδείχθη τό, τε τῶν
ἰχθύων καὶ τὸ τῶν λίτρων δωδεκατημόριον,
ἐπὶ τῆς ὀρθῆς σφαίρας συναναφερόμενα χρό-
νοις νε̄ μ'. Ταυτα δὲ ἴσον ἀπέχουσι του χει-
μερινου τροπικου, ὧν τὸ τῶν ἰχθύων ἐδείχθη
ἐπὶ τῆς διὰ Ῥόδου ἐγκλίσεως ἀναφερόμενον
χρόνοις ιθ̄ ιϛ', καὶ λοιπὴ ἄρα, διὰ τὰ εἰρη-
μένα τὸ τῶν λίτρων δωδεκατημόριον ἀνενε-
χθήσεται τοῖς λοιποῖς πάλιν χρόνοις λϛ̄ κη'.
Ἀκολούθως δὲ τοῖς ἐπὶ ταύτης τῆς ἐγκλίσεως
ληφθεῖσι, καὶ ἐπὶ τῶν ἄλλων λαμβάνοντες,
εὑρήσομεν τὰς οἰκείας καθ' ἕκαστον ὁρίζοντα
συναναφοράς. Ἔσται δὲ ἡμῖν τὰ ἑξῆς σαφῆ
ἕως του, καὶ φανερὸν ὅτι τὸν αὐτὸν ἂν τού-
τοις τρόπον λαμβάνομεν καὶ τὰς τῶν ἐλατ-
τόνων τμημάτων του διὰ μέσων τῶν ζω-
δίων κύκλου καὶ του ἰσημερινου συναναφοράς.
Ἔτι δ' ἂν εὐχρηστότερον καὶ μεθοδικώτερον
ἐπιλογιζοίμεθα ταύτας καὶ οὕτως.

Ἑξῆς δὲ πάλιν ἐκτίθεται καὶ ἕτερον τρόπον
τῆς τοιαύτης ἀποδείξεως, εὐμεταχείριστον
μᾶλλον καὶ σαφέστερον, καὶ προλαμβάνει καὶ
πρὸς τὴν τοιαύτην δεῖξιν λημμάτιον, οὗ ἡ
πρότασις δύναται εἶναι τοιαύτη. Ἐὰν του
ἐαρινου ἢ μετοπωρινου σημείου του διὰ μέσων
τῶν ζωδίων κύκλου ἀνατέλλοντος, ἀπολά-
βωμεν ἀπ' αὐτου ἑξῆς τὴν διὰ μέσων τῶν
ζωδίων τυχουσαν περιφέρειαν, καὶ διὰ του

ληφθέντος σημείου, παράλληλον κύκλον τῷ
ἰσημερινῷ γράψωμεν, καὶ ἔτι διὰ τοῦ πόλου
τῆς σφαίρας καὶ τοῦ γινομένου σημείου πρὸς
τῷ ὁρίζοντι ὑπὸ τοῦ παραλλήλου γράψωμεν
μεγίστου κύκλου περιφέρειαν, ἡ ἀπολαμβα-
νομένη περιφέρεια τοῦ ἰσημερινοῦ, ὑπό τε
τοῦ ὁρίζοντος τῆς ἐγκλίσεως, καὶ τοῦ οὕτω
γραφέντος μεγίστου κύκλου, περιέξει τὴν δια-
φορὰν, ἣ διαφέρει ἡ ἐπὶ τῆς ὀρθῆς σφαίρας
συναναφορὰ τοῦ ἀπειλημμένου τμήματος τοῦ
διὰ μέσων τῶν ζῳδίων πρὸς τὴν ἐπὶ τῆς
ἐγκεκλιμένης σφαίρας συναναφορὰν τοῦ αὐτοῦ
τμήματος.

Ἔσω γὰρ μεσημβρινὸς κύκλος ὁ ΑΒΓΔ,
καὶ ὁρίζοντος μὲν ἀνατολικὸν ἡμικύκλιον τὸ
ΒΕΔ, ἰσημερινοῦ δὲ τὸ ΑΕΓ, τοῦ δὲ διὰ
μέσων τῶν ζῳδίων τὸ ΖΕΗ, τῆς Ε τομῆς
κατὰ τὸ ἐαρινὸν σημεῖον ὑποκειμένης, καὶ
ἀποληφθείσης αὐτοῦ εἰς τὰ προηγούμενα, τῆς
ΕΘ περιφερείας τυχούσης, γεγράφθω τμῆμα
τοῦ διὰ τοῦ Θ παραλλήλου τῷ ἰσημερινῷ τὸ
ΘΚ· καὶ ληφθέντος τοῦ Λ νοτίου πόλου τοῦ
ἰσημερινοῦ, γεγράφθω δι' αὐτοῦ καὶ τοῦ Κ
τεταρτημορίου μεγίστου κύκλου τὸ ΛΚΝ.
Λέγω ὅτι τὸ ΝΕ τμῆμα περιέχει τὴν διαφορὰν
τῆς τε ἐπὶ τῆς ὀρθῆς σφαίρας καὶ ἐπὶ τῆς ἐγ-
κλίσεως ἀναφορᾶς τοῦ ΕΘ τμήματος. Γε-
γράφθω γὰρ τὸ ΛΘΜ τεταρτημόριον· φανε-
ρὸν μὲν οὖν αὐτόθέν ἐστιν ὅτι τὸ μὲν ΕΘ
τμῆμα τοῦ διὰ μέσων τῶν ζῳδίων, ἐπὶ μὲν
ὀρθῆς τῆς σφαίρας τῷ ΕΜ τοῦ ἰσημερινοῦ
συναναφέρεται, διὰ τὸ πάλιν τὸν ΛΘΜ μέ-
γιστον διὰ τῶν πόλων ἰσοδυναμεῖν τῷ ἐπ'
ὀρθῆς τῆς σφαίρας ὁρίζοντι, ἐπὶ τῆς ἐγκλίσεως
τῇ ἴσῃ τῇ ΜΝ. Τοῦ γὰρ ΒΕΔ, ὁρίζοντος
ὄντος ἐπὶ τῆς ἐγκλίσεως, δῆλον ὅτι ἡ ΕΘ τῇ
ΘΚ τοῦ παραλλήλου συναναφέρεται· ἀλλὰ

parallèle à l'équateur, et si nous décrivons
par le pole de la sphère et ce point jusqu'à
l'horizon, un arc de grand cercle, l'arc de
l'équateur intercepté entre l'horizon de la
latitude dont il s'agit, et l'arc de grand cercle
ainsi décrit, comprendra la différence de la
coascension de ce segment du cercle oblique
dans la sphère droite, d'avec la coascen-
sion de ce même segment dans la sphère
oblique.

Soit (Fig. 25) ABGD le méridien, BED
le demi-cercle oriental de l'horizon, AEG
celui de l'équateur, ZEH celui du cercle mi-
toyen du zodiaque, le point E étant supposé
celui de l'équinoxe vernal, et l'arc ET quel-
conque, pris depuis ce point en allant vers
l'occident, décrivons l'arc TK du parallèle
à l'équateur, qui passe par T, et prenant L
pour le pole méridional de l'équateur, décri-
vons par ce pole et par K le quart de grand
cercle LKN. Je dis que le segment NE com-
prend la différence de l'ascension du seg-
ment ET dans la sphère droite, d'avec son
ascension dans la sphère oblique. En effet,
soit mené le quart de cercle LTM, il est de
toute évidence que le segment ET du cercle
oblique, monte avec le segment EM de
l'équateur dans la sphère droite, parce que
le grand cercle LTM est le même que l'ho-
rizon dans la sphère droite, et il monte
avec l'arc égal à MN dans la sphère oblique.
Car BED étant l'horizon de la latitude en
question, il est clair que l'arc ET se lève
ou monte avec l'arc TK. Mais cet arc TK

monte en même temps que l'arc MN, car ces deux arcs sont semblables, puisqu'ils appartiennent à des cercles parallèles coupés par des cercles LTM, LKN qui passent par les poles de ces parallèles. Donc l'arc TE monte avec l'arc égal MN de l'équateur. Et puisque l'arc EM de l'équateur monte avec le segment ET du cercle oblique dans la sphère droite, et que l'arc égal à MN monte avec le même segment ET du cercle oblique, il s'ensuit clairement que le segment NE est la différence des co-ascensions du même segment du cercle oblique dans la sphère droite et dans la sphère oblique.

Ptolemée a dit que l'arc ET se lève non avec MN, mais avec un arc égal à MN, parce que l'arc qui monte avec ET, est semblable à MN, et quoique se levant dans le même temps, ce n'est pas MN, mais l'arc pris depuis le point E dans l'horizon, lequel est semblable à KT et égal à MN, parce que les points E, K arrivent en même temps à l'horizon. Cette démonstration s'applique généralement à tout arc quelconque du cercle oblique, de quelque grandeur qu'il soit, ou donné comme ET, ou non donné. Si donc on décrit ainsi des arcs de grands cercles, tels que LKN, LE, LTM, le segment NE comprendra la différence qu'il y a entre les temps de l'équateur qui se lèvent dans la sphère droite avec les arcs du cercle oblique, pris depuis l'équinoxe jusqu'au point T du parallèle qui passe par K, et les temps de l'équateur qui dans la sphère oblique montent avec ces mêmes arcs du cercle oblique.

L'utilité de ce lemme étant ainsi démontrée pour l'intelligence du tableau qu'il fait des ascensions, Ptolemée calcule ensuite

καὶ ἡ ΘΚ τῇ ΜΝ ἐν ἴσῳ χρόνῳ συναναφέρεται. Ὅμοιαι γάρ εἰσι παραλλήλων οὖσαι περιφέρειαι μεταξὺ τῶν μεγίστων κύκλων, καὶ διὰ τῶν πόλων αὐτῶν, τῶν ΛΘΜ, ΑΚΝ. Καὶ ἡ ΘΕ ἄρα τῇ ἴσῃ τῇ ΜΝ περιφερείᾳ τοῦ ἰσημερινοῦ συναναφέρεται. Καὶ ἐπεὶ ἡ μὲν ΕΜ τοῦ ἰσημερινοῦ τῷ ΕΘ τμήματι τοῦ ζωδιακοῦ ἐπὶ τῆς ὀρθῆς σφαίρας συναναφέρεται, τῇ δὲ αὐτῇ τῇ ΕΘ τοῦ ζωδιακοῦ ἐπὶ τῆς ἐγκλίσεως ἡ ἴση τῇ ΜΝ, δῆλον ὅτι τὸ ΝΕ τμῆμα ὑπεροχή ἐστι τῶν τε ἐπὶ τῆς ὀρθῆς σφαίρας, καὶ τῆς ἐγκεκλιμένης συναναφορῶν τοῦ αὐτοῦ τμήματος τοῦ ζωδιακοῦ.

Ἔφησε δὲ τὴν ΕΘ οὐχὶ τῇ ΜΝ, ἀλλὰ τῇ ἴσῃ τῇ ΜΝ συναναφέρεσθαι, διὰ τὸ τὴν συναναφερομένην τῇ ΕΘ ὁμοίαν εἶναι τῇ ΜΝ, καὶ ἰσοχρονίως αὐτῇ συναναφερομένην, μὴ μὴν αὐτὴν εἶναι τὴν ΜΝ, ἀλλὰ τὴν ἀπὸ τοῦ Ε πρὸς τῷ ὁρίζοντι σημείου, ὁμοίαν μὲν πάλιν τῇ ΚΘ, ἴσην δὲ δηλονότι τῇ ΜΝ, διὰ τὸ καὶ τὰ Ε, Κ σημεῖα ἅμα πρὸς τῷ ὁρίζοντι τυγχάνειν. Καὶ φανερὸν ὅτι τῆς τοιαύτης ἀποδείξεως ἐπὶ τῆς τυχούσης περιφερείας τῷ μεγέθει τοῦ ζωδιακοῦ γεγενημένης, ὡς τῆς ΕΘ, καὶ μὴ δεδομένης, καθόλου ἔσται ἡ ἀπόδειξις. Ὥστε φανερὸν ὅτι καὶ καθόλου ἐὰν γράφωσι τινὲς περιφέρειαι οὕτω μεγίστων κύκλων, ὡς ἡ ΛΚΝ, τὸ ΝΕ τμῆμα περιέξει τὴν ὑπεροχὴν τῶν ἐπί τε τῆς ὀρθῆς καὶ τῆς ἐγκεκλιμένης σφαίρας ἀναφορῶν, τῶν ἀπολαμβανομένων τοῦ διὰ μέσων τῶν ζωδίων κύκλου περιφερειῶν, ὑπὸ τοῦ Ε, κατὰ τὸν ἰσημερινὸν, καὶ τοῦ διὰ τοῦ Κ παραλλήλου γενομένου σημείου, ὡς τοῦ Θ.

Ἀποδείξας οὖν τὸ τοιοῦτον λημμάτιον συντελοῦν αὐτῷ, πρὸς προχειροτέραν τῶν ἀναφορῶν ἔκθεσιν, ἑξῆς καὶ τὰς τῶν κατὰ μέρος δεκαμοιριῶν ἀναφορᾶς τοῦ ζωδιακοῦ ἐπιλογίζεται, διὰ τὸ τὰς ἔτι τούτων, ὡς ἔφαμεν, μικρομερεστέρας μηδενὶ ἀξιολόγῳ διαφέρειν παρὰ τὰ γραμμικὰ τῶν καθ᾽ ὁμαλὴν παραύξησιν λαμβανομένων ἀναφορῶν, καὶ φησί· Τούτου προθεωρηθέντος, ἐκκείσθω ἡ καταγραφὴ μόνων, τοῦ τε μεσημβρινοῦ, καὶ τῶν τοῦ ὁρίζοντος καὶ τοῦ ἰσημερινοῦ ἡμικυκλίων. Ὥστε πάλιν, μεσημβρινὸν μὲν κύκλον εἶναι τὸν ΑΒΓΔ, τῶν δὲ ἡμικυκλίων, τὸ μὲν ΒΕΔ τοῦ ὁρίζοντος, τὸ δὲ ΑΕΓ τοῦ ἰσημερινοῦ. Ἔστω δὲ καὶ νότιος πόλος τὸ Ζ σημεῖον, καὶ διὰ τοῦ Ζ γεγράφθω δύο τεταρτημόρια μεγίστων κύκλων, τό τε ΖΗΘ καὶ τὸ ΖΚΛ. Ὑποκείσθω δὲ τὸ μὲν Η σημεῖον, καθ᾽ ὃ τέμνει ὁ χειμερινὸς τροπικὸς τὸν ὁρίζοντα, τουτέστι καθ᾽ ὃ ἀνατέλλει ἡ ἀρχὴ τοῦ αἰγόκερω, τὸ δὲ Κ πάλιν καθ᾽ ὃ τέμνει τὸν ὁρίζοντα, ὁ διὰ τῆς ἀρχῆς τῶν ἰχθύων γραφόμενος παράλληλος, ἢ καὶ ἄλλου τινὸς τῶν τοῦ τεταρτημορίου τμημάτων δεδομένων. Δῆλον γὰρ ὅτι μεταξὺ τῶν Η, Ε σημείων τοῦ ὁρίζοντος τὸ νοτιώτερον ὅλον ἡμικυκλίου τοῦ ζωδιακοῦ ἀνατέλλει. Καὶ ἐπεὶ πάλιν διὰ τὴν καταγραφὴν εἰς δύο μεγίστων κύκλων περιφερείας, τάς τε ΖΘ, καὶ ΕΘ γεγραμμέναί εἰσιν, ἥ τε ΖΚΛ, καὶ ἡ ΕΚΗ, τέμνουσαι ἀλλήλας κατὰ τὸ Κ, ὁ τῆς ὑπὸ τὴν διπλῆν τῆς ΘΗ, πρὸς τὴν ὑπὸ τὴν διπλῆν τῆς ΗΖ λόγος συνῆπται, ἔκ τε τοῦ τῆς ὑπὸ τὴν διπλῆν τῆς ΘΕ, πρὸς τὴν ὑπὸ τὴν διπλῆν τῆς ΕΛ, καὶ τοῦ τῆς ὑπὸ τὴν διπλῆν τῆς ΛΚ, πρὸς τὴν διπλῆν τῆς ΚΖ. Σύγκειται δὲ ὁ τῆς ὑπὸ τὴν διπλῆν τῆς ΘΗ, πρὸς τὴν ὑπὸ τὴν διπλῆν τῆς ΗΖ λόγος, ἐκ τῶν εἰρημένων λόγων. Ἐπειδήπερ ἐκ τοῦ κατὰ διαίρεσιν σφαιρικοῦ θεωρήματος μεμαθήκαμεν ὅτι, ὁ τῆς

THÉON. II.

celles des arcs de moins de dix degrés, la géométrie, je le répète, ne donnant pas de différence sensible entre ces arcs et les ascensions qui croîtroient proportionnellement, il dit après ce préambule : construisons une figure qui ne représente que le méridien ABGD, et les demi-cercles de l'horizon BED et de l'équateur AEG. Et par le pole austral Z, menons les deux quarts de grands cercles ZHT et ZKL. Supposons H le point où le tropique d'hiver coupe l'horizon, c'est-à-dire, où se lève le premier point du capricorne, et K celui où l'horizon est coupé par le parallèle qui passe par le premier point des poissons ou par tout autre point donné du quart de cercle. Car il est clair, qu'entre les points H,E de l'horizon, monte le demi-cercle austral entier du cercle oblique, et puisque dans cette figure à deux arcs de grands cercles ZT, ET, sont menés les arcs ZKL, EKH qui s'entrecoupent en K ; la raison de la corde du double de l'arc TH à celle du double de l'arc HZ, est composée de la corde du double de l'arc TE à la corde du double de l'arc EL, et de la raison de la corde du double de l'arc LK à la corde du double de l'arc KZ. Or, la raison de la corde du double de l'arc TH à la corde du double de l'arc HZ, est composée de ces raisons, parce que le théoréme sphérique par diérèse nous enseigne que la

raison de la corde du double de l'arc ZH
à la corde du double de l'arc TH, est com-
posée de la raison de la corde du double
de l'arc ZK à la corde du double de l'arc
KL, et de la raison de la corde du double
de l'arc EL à la corde du double de l'arc
TE. Mais prenant, conformément à ce que
nous avons dit plus haut, cette suite de
termes dans un ordre inverse, il dit que
la raison de la corde du double de TH à
là corde du double de HZ, est composée
de la raison de la corde du double de TE
à celle du double de EL, et de la raison
de la corde du double de LK à celle du
double de KZ. Il a converti ainsi la raison,
afin qu'en ôtant de la raison de la corde du
double de HZ, la raison de la corde du
double de LK à la corde du double de
KZ, il pût avoir par ce moyen, la raison
de la corde du double de TE à la corde du
double de EL. Car c'est cette raison qu'il
veut laisser, parce que dans les commuta-
tions de raisons, suivant les divers climats,
tout est donné, le double de l'arc TE,
qui est la différence du plus court jour au
jour équinoxial, et la corde du double de
cet arc. Or, celle-ci étant donnée, il trouve
plutôt celle du double de l'arc EL ; car il
cherche l'arc EL, et non la raison de la
corde du double de l'arc LE à la corde
du double de l'arc ET, comme on l'auroit
en prenant la raison directement. Mais le
double de l'arc TH est de 47ᵈ 42' 40", car
l'arc TH pris sur le quart de cercle mené
de l'équateur au point tropique d'hiver H,
est, suivant ce qui a été démontré, de 23ᵈ
51' 20" de déclinaison. Donc, la corde du

ὑπὸ τὴν διπλῆν τῆς ΖΗ, πρὸς τὴν ὑπὸ τὴν
διπλῆν τῆς ΗΘ λόγος συνῆπται, ἔκ τε τοῦ
τῆς ὑπὸ τὴν διπλῆν τῆς ΖΚ πρὸς τὴν ὑπὸ
τὴν διπλῆν τῆς ΚΛ, καὶ τοῦ τῆς ὑπὸ τὴν
διπλῆν τῆς ΛΕ, πρὸς τὴν ὑπὸ τὴν διπλῆν
τῆς ΕΘ. Διὰ ταύτην τὴν τάξιν, ἀκολούθως
τοῖς ἔμπροσθεν ἡμῖν εἰρημένοις, ἀνάπαλιν
λαμβάνων, φησὶν, ὅτι ὁ τῆς ὑπὸ τὴν διπλῆν
τῆς ΘΗ, πρὸς τὴν ὑπὸ τὴν διπλῆν τῆς ΗΖ
λόγος συνῆπται, ἔκ τε τοῦ τῆς ὑπὸ τὴν δι-
πλῆν τῆς ΘΕ, πρὸς τὴν ὑπὸ τὴν διπλῆν τῆς
ΕΛ, καὶ τοῦ τῆς ὑπὸ τὴν διπλῆν τῆς ΛΚ,
πρὸς τὴν ὑπὸ τὴν διπλῆν τῆς ΚΖ. Πεποίηται
δὲ τὴν τοιαύτην ἀνάπαλιν τοῦ λόγου λῆψιν,
ἵνα, ἀφελὼν ἀπὸ τοῦ τῆς ὑπὸ τὴν διπλῆν
τῆς ΘΗ, πρὸς τὴν ὑπὸ τὴν διπλῆν τῆς ΗΖ,
τὸν τῆς ὑπὸ τὴν διπλῆν τῆς ΛΚ, πρὸς τὴν
ὑπὸ τὴν διπλῆν τῆς ΚΖ λόγον αὐτόθεν ἔχῃ,
καὶ τὸν τῆς ὑπὸ τὴν διπλῆν τῆς ΘΕ, πρὸς
τὴν ὑπὸ τὴν διπλῆν τῆς ΕΛ. Τοῦτον γὰρ
βούλεται τὸν λόγον αὐτῷ καταλείπεσθαι, διὰ
τὸ ἐν ταῖς κατὰ κλίμα μεταφοραῖς τῶν λό-
γων δίδοσθαι τὴν διπλῆν τῆς ΘΕ περιφερείας,
διαφορὰν οὖσαν τῆς ἐλαχίστης ἡμέρας παρὰ
τὴν ἰσημερινὴν, καὶ τὴν ὑπ' αὐτὴν εὐθεῖαν.
Καὶ ταύτης διδομένης, προχειρότερον δίδοσθαι
τὴν ὑπὸ τὴν διπλῆν τῆς ΕΛ περιφερείας·
αὐτὴν γὰρ τὴν ΕΛ ἐπιζητεῖ περιφέρειαν, καὶ
οὐχὶ τὸν τῆς ὑπὸ τὴν διπλῆν τῆς ΛΕ, πρὸς
τὴν ὑπὸ τὴν διπλῆν τῆς ΕΘ, ὥσπερ ἔμελλε
καταλείπεσθαι ἐν τῇ ἐπ' εὐθείας τοῦ λόγου
λήψει. Καὶ ἔστιν ἡ μὲν τῆς ΘΗ περιφερείας
διπλῆ μοιρῶν μζ μβ μ". αὕτη γὰρ ἡ ΘΗ
ἐστὶν ἀπὸ τοῦ Θ ἰσημερινοῦ ἐπὶ τὸ χειμερινὸν
τροπικὸν τὸ Η, τοῦ διὰ τῶν πόλων περιφέ-
ρεια τῶν ἀποδεδειγμένων τῆς λοξώσεως μοι-
ρῶν κγ να κ". Καὶ ἡ ὑπὸ τὴν διπλῆν ἄρα

τῆς ΘΗ περιφερείας εὐθεῖα τμημάτων ἐστὶν μη̄ λα΄ νε΄΄. Ἡ δὲ τῆς ΗΖ περιφερείας διπλῆ τῶν λειπουσῶν εἰς τὰς ρπ̄ τῆς διπλασίονος τῆς ΕΖ μοιρῶν ρλδ ιζ΄ κ΄΄, καὶ ἡ ὑπ' αὐτὴν εὐθεῖα τμημάτων ρθ μζ΄ νγ΄΄. Ὡσαύτως δὲ καὶ ἐπὶ μὲν τῆς δεκαμοιρίαν ἀπεχούσης τοῦ Ε ἐαρινοῦ σημείου εἰς τὰ προηγούμενα, τουτέστιν ὡς πρὸς τὸ χειμερινὸν τροπικὸν περιφερείας, δηλαδὴ τῆς πρώτης τῶν ἰχθύων δεκαμοιρίας, ἡ μὲν τῆς ΚΛ διπλῆ μοιρῶν ἐστιν η̄ γ΄ ιϛ΄΄. Ἡ γὰρ ἀπὸ τοῦ ἐαρινοῦ ἰσημερινοῦ δεκαμοιρία, λελόξωται τὴν ἴσην τῇ ΑΚ μοίρᾳ, οὖσαν δ΄ α΄ λη΄΄· ἡ ἄρα διπλῆ αὐτῆς ἔσται η̄ γ΄ ιϛ΄΄, ἡ δὲ ὑπ' αὐτὴν εὐθεῖα τμημάτων η̄ κε΄ λθ΄΄, ἡ δὲ τῆς ΚΖ διπλῆ τῶν λειπουσῶν εἰς τὴν διπλῆν τῆς ΛΖ μοιρῶν ρπ̄, ἔσται ρπᾱ νϛ΄ μδ΄΄, ἡ δὲ ὑπ' αὐτὴν εὐθεῖα τμημάτων ριθ μδ΄ ιδ΄΄. Καὶ ἐὰν ἄρα ἀπὸ τοῦ λόγου τοῦ τῆς ὑπὸ τὴν διπλῆν τῆς ΘΚ, πρὸς τὴν ὑπὸ τὴν διπλῆν τῆς ΗΖ, τουτέστι τῶν μη̄ λα΄ νε΄΄, πρὸς τὰ ρθ μζ΄ νγ΄΄, ἀφέλωμεν ὡς ἐπὶ τῆς πρώτης δεκαμοιρίας τὴν τῆς ὑπὸ τὴν διπλῆν τῆς ΑΚ, πρὸς τὴν ὑπὸ τὴν διπλῆν τῆς ΚΖ λόγου, τουτέστι τὸν τῶν η̄ κε΄ λθ΄΄, πρὸς τὰ ριθ μδ΄ ιδ΄΄, καταλειφθήσεται ἡμῖν ὁ τῆς ὑπὸ τὴν διπλῆν τῆς ΘΕ, πρὸς τὴν ὑπὸ τὴν διπλῆν τῆς ΕΛ λόγος, ὁ τῶν νβ νϛ΄ ε΄΄, πρὸς τὰ η̄ κε΄ λθ΄΄.

Εἶτα, τοῦ προχείρου καὶ σαφοῦς ἕνεκεν, μεταλαμβάνει τὸν καταλειφθέντα λόγον εἰς τὸν ξ̄, πολλαπλασιάσας τὰ ξ̄ ἐπὶ τὰ η̄ κε΄ λθ΄΄, καὶ τὰ γενόμενα μερίσας περὶ τὰ νβ νϛ΄ ε΄΄, καὶ ποιεῖ ὡς νβ νϛ΄ ε΄΄ πρὸς η̄ κε΄ λθ΄΄, οὕτως ξ̄ πρὸς θ λϛ΄. Καὶ ἐπὶ τῶν λοιπῶν δεκαμοιριῶν ἀκολούθως τοῖς εἰρημένοις ἐπιλογισάμενος τὸν καταλειπόμενον τῆς ὑπὸ τὴν διπλῆν τῆς ΘΕ, πρὸς τὴν ὑπὸ τὴν διπλῆν

double de l'arc TH est de $48^p\ 31'\ 55''$. Mais le double de l'arc HZ vaut les $132^p\ 17'\ 20''$ qui manquent à TH pour faire 180^d avec le double de l'arc ZH, et la corde de cet arc est de $109^p\ 47'\ 53''$. De même, l'arc qui s'étend de 10^d contre l'ordre des signes, (à l'occident) de l'équinoxe vernal vers le tropique d'hiver, c'est-à-dire l'arc KL des 10 premiers degrés des poissons, est de $8^d\ 3'\ 16''$. Ces dix degrés depuis cet équinoxe, déclinent de $4^d\ 1'\ 38''$, dont le double est $8^d\ 3'\ 16''$, et la corde de cet arc est de $8^d\ 25'\ 39''$; le double de l'arc KZ vaut le complément $171^d\ 56'\ 44''$ du double de KL à 180^d, la corde en est de $119^p\ 42'\ 14''$. Si donc de la raison de la corde du double de TH à la corde du double de HZ, c'est-à-dire de $48^p\ 31'\ 55''$ à $109^p\ 47'\ 53''$, nous ôtons pour la première décamorie, la raison de la corde du double de LK à la corde du double de KZ, c'est-à-dire de $8^p\ 25'\ 39''$ à $119^p\ 42'\ 14''$, restera la raison de la corde du double de TE à la corde du double de EL, laquelle est de $52^p\ 56'\ 5''$, à $8^p\ 25'\ 39''$.

Ensuite, pour raison de briéveté et de clarté, il transforme cette analogie au moyen du nombre 60, par lequel il multiplie $8^p\ 25'\ 39''$. Puis il en divise le produit par $52^p\ 56'\ 5''$, en faisant: comme $62^p\ 56'\ 5''$, sont à $8^p\ 25'\ 69''$, ainsi 50 sont à $9^p\ 33'$. La même méthode suivie pour les autres décamories ou dixaines de degrés, lui a donné pour résultat la raison de la corde du double de l'arc TE à la corde du double de l'arc EL. Par exemple, en faisant TE de 6o, il a obtenu les grandeurs des arcs de 10 degrés du cercle oblique, l'arc EL étant la différence ascensionelle dans la sphère droite et dans la sphère oblique. Ainsi, décrivant le segment KM depuis le point M de l'équateur, nous disons : puisque avec l'arc KM montent l'arc LM dans la sphère droite, et l'arc ME dans la sphère oblique, la différence de ces ascensions d'avec KM, est donc l'arc EL. Et puisque dans le climat de Rhodes, la différence du plus long et du plus court jour au jour équinoxial, est de 2 ½ heures ou 37 temps 3o', que nous avons prouvé être le double de ET, le double de l'arc ET sera donc de 37t 3o'. Or, sa corde est de 38p 34', et puisque nous avons trouvé le rapport de la corde du double de TE à la corde du double de EL, pour la première décamorie depuis le point équinoxial, de 6o à 9p 33', il s'ensuit que la corde de TE étant de 38 parties 34', la corde de EL se trouvera avoir 6p 8', en multipliant 38p 34' par 9p 33', et en divisant le produit par 6o. Or, l'arc soutendu par cette corde, c'est-à-dire le double de LE, est de 5d 52', dont la moitié EL vaut 2d 56'. Je dis donc que EL, que j'ai prouvé être la différence des ascensions dans la sphère droite et dans la sphère oblique, est bien ici de 2d 56' pour la première dixaine ou décamorie des poissons; mais dans la commutation ou transformation des ascensions par dixaines de degrés, il n'a pas dit, comme pour la première décamorie, comme 6o sont à 9d 33'; ainsi, 38p 34' sont à un certain terme,

τῆς ΕΛ λόγον μεταλαμβάνων. Οἷον ἐπεὶ τὴν διπλῆν τῆς ΘΕ ἐξέθετο ξ, ͵τὰ μεγέθη τῶν κατὰ δεκαμοιρίαν τοῦ ζωδιακοῦ, τουτέϛι τῆς ΕΛ περιφερείας, διαφορᾶς οὔσης τῶν εἰρημένων ἀναφορῶν, ἐπί τε τῆς ὀρθῆς σφαίρας καὶ τῆς ἐγκεκλιμένης, καθάπερ ἐὰν τὸ ΚΜ τμῆμα γράψαντες ἀπὸ τοῦ Μ ἰσημερινοῦ, φήσωμεν, ἐπεὶ τῇ ΚΜ περιφερείᾳ ἐπὶ μὲν τῆς ὀρθῆς σφαίρας συναναφέρηται ἡ ΜΛ, ἐπὶ δὲ τῆς ἐγκεκλιμένης ἡ ΜΕ· διαφορὰ ἄρα τῶν εἰρημένων ἀναφορῶν τοῦ ΚΜ τμήματος ἔϛαι ἡ ΕΛ. Καὶ ἐπειδὴ ἐπὶ τῆς διὰ Ῥόδου οἰκήσεως ἡ διαφορὰ τῆς μεγίϛης ἢ ἐλαχίϛης ἡμέρας παρὰ τὴν ἰσημερινὴν ὡρῶν ἐϛιν ἰσημερινῶν β ϛ΄, χρόνων δὲ δηλονότι λζ λ΄· Ἐδείχθη δὲ αὐτὴ διπλασίων οὖσα τῆς ΕΘ, ἔϛαι ἄρα καὶ ἡ διπλῆ τῆς ΕΘ περιφερείας, λζ λ΄, ἡ δὲ ὑπ' αὐτὴν εὐθεῖα τμημάτων λη λδ΄. Καὶ ἐπεὶ εὑρήκαμεν τὸν λόγον τῆς ὑπὸ τὴν διπλῆν τῆς ΘΕ, πρὸς τὴν ὑπὸ τὴν διπλῆν τῆς ΕΛ, ἐπὶ τῆς πρώτης ἀπὸ τοῦ ἰσημερινοῦ δεκαμοιρίας, τὸν τῶν ξ πρὸς τὰ θ λγ΄. Καὶ οἵων ἄρα ἡ ὑπὸ τὴν διπλῆν τῆς ΘΕ λη λδ΄, τοιούτων καὶ ἡ ὑπὸ τὴν διπλῆν τῆς ΕΛ εὑρεθήσεται ϛ΄ η΄, πολλαπλασιαζόντων ἡμῶν τὰ λη λδ΄, ἐπὶ τὰ θ λγ΄, καὶ μεριζόντων παρὰ τὸν ξ. Τὴν δὲ ἐπ' αὐτῆς περίφερειαν, τουτέϛι τὴν διπλῆν τῆς ΛΕ, ε νϛ΄, τὴν ϛ΄ αὐτῆς. Λέγω δὲ αὐτὴν τὴν ΛΕ ὑπεροχὴν οὖσαν, ὡς ἐπάνω ἀπεδείχθη, τῶν ἐπ' ὀρθῆς τῆς σφαίρας παρὰ τὴν ἐγκεκλιμένην ἀναφορῶν, ὡς νῦν ἐπὶ τῆς πρώτης δεκαμοιρίας τῶν ἰχθύων χρόνων β νϛ΄ Οὐ πεποίηκε δὲ ἐν τῇ μεταφορᾷ τῶν κατὰ δεκαμοιρίαν ἀναφορῶν. Οἷον ὡς ἐπὶ τῆς πρώτης δεκαμοιρίας, ὡς ξ πρὸς θ λγ΄, οὕτω λη λδ΄, πρὸς ἄλλον τινά, ἀλλὰ ἐναλλάξ.

Ὡς ξ πρὸς λη λδ΄, οὕτως θ λγ΄ πρὸς ἄλ-
λον τινὰ, διὰ τὸ πρόχειρον πάλιν, ἵνα
ἀποσιωπῶν τὸν τῶν ξ πρὸς τὰ λη λδ΄ λό-
γον, καὶ προσυπακούων τῷ ξ τὸν κατὰ δε-
καμοιρίαν μεταγόμενον τὰς διαφορὰς κατ-
ονομάζῃ.

Ἐπεὶ οὖν, ὡς ἐν τῷ πρώτῳ βιβλίῳ ἀπ-
εδείξαμεν, ἐπὶ τῆς ὀρθῆς σφαίρας τῇ ἀπὸ
τοῦ ἰσημερινοῦ δεκαμοιρίᾳ τῶν ἰχθύων συν-
αναφέρονται τοῦ ἰσημερινοῦ χρόνοι θ ι΄.
Ἐδείχθη δὲ ἡ ΛΕ β νϛ΄, οἷς ὑπερέχουσιν
οἱ θ ι΄ χρόνοι ἐπὶ τῆς ὀρθῆς σφαίρας τῶν
ἐπὶ τῆς διὰ Ῥόδου ἐγκεκλιμένης. Ἐὰν ἄρα
ἀπὸ τῶν θ ι΄ χρόνων ἀφέλωμεν τοὺς β νϛ΄,
καταλειφθήσονται ϛ ιδ΄, οἵ τινες συναν-
ενεχθήσονται τὸν ὁρίζοντα τῇ τρίτῃ δεκα-
μοιρίᾳ τῶν ἰχθύων, ἐπὶ τῆς ὑποκειμένης
διὰ Ῥόδου οἰκήσεως. Καὶ διὰ τὸ ἴσον ἀπ-
έχειν τοῦ αὐτοῦ ἐαρινοῦ σημείου, τὴν πρώ-
την δεκαμοιρίαν τοῦ κριοῦ τῇ τρίτῃ τῶν
ἰχθύων, καὶ αὐτὴ συνανενεχθήσεται τοῖς
ἴσοις χρόνοις, ϛ ιδ΄. Ἑκατέρα δὲ, ἥ τε
τρίτη δεκαμοιρία τῆς παρθένου, καὶ ἡ πρώτη
τῶν λίτρων, διὰ τὸ ἴσον αὐτὰς ἀπέχειν τοῦ
αὐτοῦ τροπικοῦ ταῖς λειπούσαις. εἰς τὴν δι-
πλῆν τῶν ἐπ᾽ ὀρθῆς τῆς σφαίρας ἀναφορικῶν
χρόνων ιη κ΄, χρόνοις ιβ ϛ΄. Ἐπὶ δὲ τῆς
κ μοίρας ἀπεχούσης περιφερείας τοῦ ἰση-
μερινοῦ, τὴν μὲν τῆς ΚΛ περιφερείας δι-
πλασίονα μοιρῶν ιε νδ΄ ϛ΄΄ (αὐτὴ γὰρ ἡ
ΗΛ λόξωσις οὖσα τῆς κ μοίρας ἔστιν ζ νζ΄
γ΄΄), τὴν δὲ ὑπ᾽ αὐτὴν εὐθεῖαν ιϛ λε΄ νϛ΄΄·
τὴν δὲ τῆς ΚΖ διπλῆν, τῶν λειπουσῶν εἰς
τὴν διπλῆν τῶν ρπ μοιρῶν ρξδ ε΄ νδ΄΄·
τὴν δὲ ὑπ᾽ αὐτὴν εὐθεῖαν, ρη ν΄ μζ΄΄. Πάλιν
οὖν ὁμοίως ἀφελόντες ἀπὸ τοῦ τῆς ὑπὸ τὴν

il a dit par commutation, comme 6o sont
à 38ᵖ 34′, ainsi 9ᵖ 33′ sont à un quatrième
terme, et cela pour plus de facilité, de
sorte que sans faire mention du rapport
de 6o à 38ᵖ 34′, et en sousentendant les
dixaines soumises à la transformation par
6o, il a nommément les différences pour
chacune.

Nous avons démontré dans le premier
livre, que dans la sphère droite 9ᵗ 10′
de l'équateur montent avec la première
dixaine des poissons, comptée depuis l'é-
quateur, et nous avons prouvé que LE
est de 2ᵖ 56′, dont les 9ᵗ 10′ dans la
sphère droite surpassent les ascensions
dans la sphère oblique pour la latitude de
Rhodes. Si de 9ᵗ 10′, nous retranchons ces
2ᵗ 56′ rerteront 6ᵗ 14′ qui monteront sur
l'horizon avec la troisième dixaine des
poissons, dans cette même latitude de
Rhodes; et comme la première dixaine du
bélier est à égale distance du même point
équinoxial de printemps; que la troisième
des poissons, elle montera dans les mêmes
temps 6ᵗ 14′. La troisième de la vierge et la
première de la balance, étant chacune éga-
lement éloignée du même point tropique,
monteront dans les temps 12ᵗ 6′ qui man-
quent pour faire le double 18ᵈ 20′ des temps
d'ascension dans la sphère droite. A la dis-
tance de 20ᵈ loin de l'équinoxe, le double
de l'arc KL étant de 15ᵈ 54′ 6″ (car l'arc
KL qui est la déclinaison du vingtième
degré, est de 7ᵈ 57′ 3″), sa corde est de
16ᵖ 35′ 56″. Mais le double de KZ vaut les
164ᵖ 5′ 54″ restantes, et sa corde 108ᵖ 5o′
47″. Otant donc pareillement de la raison

 ΘΕΩΝΟΣ ΥΠΟΜΝΗΜΑ.

de la corde du double de TH à la corde du double de HZ, c'est-à-dire de la raison de 48ᵖ 31′ 55″ à 109ᵖ 44′ 53′, la raison de 16ᵖ 35′ 56″ à 108ᵖ 50′ 47″, restera la raison de la corde du double de TE à la corde du double de EL, la même que celle de 60 à 18ᵖ 57′.

Pour les mêmes raisons encore, sous le parallèle de Rhodes, la corde du double de TE étant de 38 parties 34′, on aura la corde du double de EL, de 12ᵖ 11′, son arc est de 11ᵈ 39′, et EL de 5ᵈ 50′ à peu près, différence de l'ascension des temps qui se lèvent avec 20 degrés dans la sphère droite, d'avec ceux qui montent dans la sphère oblique. Or, nous avons montré que, dans la sphère droite, il se lève 18ᵗ 25′ avec 20 degrés, dont la différence d'avec l'ascension dans la sphère oblique, est 5ᵗ 50′. Donc avec le reste, 12ᵗ 35, monteront les mêmes vingt degrés. Pour la latitude de Rhodes, ces nombres sont en effet couchés dans la table des ascensions, au quatrième climat qui est celui de Rhodes, à côté du vingtième degré des poissons et du bélier, ce vingtième degré étant compté sur le bélier depuis son premier point, et sur les poissons depuis leur dernier point en allant contre l'ordre des signes. Comme à la troisième décamorie des poissons, répondent dans la table 6ᵗ 14′, et à la seconde 6ᵗ 21′, dont la somme est 12ᵗ 35′. Ainsi, la première décamorie prise depuis l'équinoxe vernal, montant en 6ᵗ 21′ qui sont aussi couchés à côté de la seconde dixaine du bélier, dans la même

διπλῆν τῆς ΘΗ, πρὸς τὴν ὑπὸ τὴν διπλῆν τῆς ΗΖ λόγου, τουτέστιν ἀπὸ τοῦ τῶν μη λα′ νε″, πρὸς τὰ ρθ μδ′ νγ″, τὸν τῶν ις λε′ νς″, πρὸς τὰ ρη ν′ μς″ λόγου, καταλείψομεν τὸν τῆς ὑπὸ τὴν διπλῆν τῆς ΘΕ, πρὸς τὴν ὑπὸ τὴν διπλῆν τῆς ΕΛ λόγου, τὸν αὐτὸν τῷ τὸν ξ πρὸς τὰ ιη νς′.

Καὶ διὰ ταῦτα πάλιν, ἐπὶ τῆς διὰ Ῥόδου οἰκήσεως, τῆς ὑπὸ τὴν διπλῆν τῆς ΘΕ εὐθείας οὔσης λη λδ′, ἔσται καὶ οἵων ἡ ὑπὸ τὴν διπλῆν τῆς ΘΕ λη λδ′, τοιούτων ἡ ὑπὸ τὴν διπλῆν τῆς ΕΛ ε ιβ′ ια″, ἡ δὲ ἐπὶ ταύτης περιφέρεια, τουτέστιν ἡ διπλῆ τῆς ΕΛ, μοιρῶν ια λθ′· αὐτὴ δὲ ἡ ΕΛ, ε ν, ἔγγιστα, διαφορὰ πάλιν οὖσα τῆς ἀναφορᾶς τῆς εἰκοστῆς μοίρας, τῆς ἐπὶ τῆς ὀρθῆς σφαίρας πρὸς τὴν ἐγκεκλιμένην. Καὶ ἐπεὶ ἐπ' ὀρθῆς τῆς σφαίρας ἐδείξαμεν τὴν εἰκοστὴν μοῖραν ἀναφερομένην χρόνοις ιη κε′, ὧν ἡ διαφορὰ πρὸς τὰς ἐπὶ τῆς ὑποκειμένης ἐγκλίσεως ἐστὶ χρόνων ε ν′. Καὶ λοιπὴ ἄρα ἡ εἰκοστὴ μοῖρα ἐπὶ τῆς διὰ Ῥόδου ἐγκλίσεως ἀνενεχθήσεται τοῖς λοιποῖς χρόνοις ιβ λε′, οἵ τινες πάλιν καὶ παράκεινται εἰς τὸν κανόνα τῶν ἀναφορῶν, ἐπὶ τοῦ διὰ Ῥόδου τετάρτου κλίματος, τῇ τε τῶν ἰχθύων καὶ τῇ τοῦ κριοῦ εἰκοστῇ μοίρᾳ, οὔσῃ ἐπὶ μὲν κριοῦ, ἀπὸ τῆς ἀρχῆς, ἐπὶ δὲ ἰχθύων, ἀπὸ τοῦ τέλους ἐπὶ τὰ προηγούμενα. Ἐπεὶ καὶ τῇ μὲν τρίτῃ δεκαμοιρίᾳ τῶν ἰχθύων παράκεινται χρόνοις ς ιδ′, τῇ δὲ δευτέρᾳ, ς κα′, οἳ συνάγουσι τοὺς εἰρημένους χρόνους ιβ λε′. Καὶ ἐπεὶ ἡ πρώτη δεκαμοιρία ἀπὸ τοῦ ἐαρινοῦ ἰσημερινοῦ ἀναφέρηται χρόνοις ς ιδ′, καὶ λοιπὴ ἄρα ἡ δευτέρα ἀνενεχθήσεται χρόνοις ς κα′, οἵ τινες πάλιν παράκεινται εἰς τὸν αὐτὸν κανόνα τῇ δευτέρᾳ δεκαμοιρίᾳ τοῦ κριοῦ. Καὶ ἐπὶ τῶν λοιπῶν δεκαμοριῶν, τοῖς αὐτοῖς ἐπιλογισμοῖς προσχρησάμενος μέχρι μοιρῶν ϟ, παρέθηκε τοὺς οἰκείους ἐπιβάλλοντας ἑκάστῃ δεκαμοιρίᾳ τῶν συναναφορῶν χρόνους, ἐπὶ τοῦ εἰρημένου κλίματος, ἀφ' ὧν καὶ τὰς τῶν λοιπῶν τριῶν τεταρτημορίων διὰ τῶν ἐκτεθειμένων λημματίων παρέθηκε. Δῆλον δὲ ὅτι ἐπὶ τῆς ἐννενηκονταμοιρίας τοῦ διὰ μέσων, ὅλη ἔσται ἡ ΘΕ διαφορὰ τῆς ὀρθῆς σφαίρας πρὸς τὴν ἐγκεκλιμένην, τοῦ χειμερινοῦ τροπικοῦ τότε ἀνατέλλοντος, καὶ τῆς ΖΚΑ τῆς αὐτῆς οὔσης τῇ ΖΗΘ, καὶ λοιποὺς καταλείπεσθαι τοὺς τῆς ΘΕ χρόνους, ὡς ἐπὶ τῆς ὑποκειμένης οἰκήσεως οα ιε, διὰ τὸ τοὺς τῆς ΘΕ εἶναι τῶν ἡμίσεων τῆς διαφορᾶς τῆς ἐλαχίστης ἡμέρας, ἢ μεγίστης παρὰ τὴν ἰσημερινήν, ὡρῶν β ς, ἤτοι ὥρας ᾱ δ, χρόνων δὲ δηλονότι ιη με. Ὁμοίως δὲ καὶ ἐπὶ τῶν λοιπῶν ἐγκλίσεων μεταφέροντες τὸν δεδειγμένον καθ' ἑκάστην δεκαμοιρίαν, μεταφέροντες τὸν δεύτερον λόγον, ἤτοι τὸν τῆς ὑπὸ τὴν διπλῆν τῆς ΘΕ, ς οὔσης τῆς διαφορᾶς τῆς μεγίστης, ἢ ἐλαχίστης ἡμέρας παρὰ τὴν ἰσημερινήν, πρὸς τὴν ὑπὸ τὴν διπλῆν τῆς ΕΛ, εὑρήσομεν τὴν ΕΛ περιφέρειαν, καθ' ἑκάστην δεκαμοιρίαν ἐπὶ τοῦ διδομένου κλίματος, ἣν ἀφελόντες ἀπὸ τῶν ἐπ' ὀρθῆς τῆς σφαίρας συναναφορῶν, εὑρήσομεν τὴν λοιπὴν τὴν συναναφερομένην τοῦ ἰσημερινοῦ περιφέρειαν, ἑκάστῃ τοῦ ζωδιακοῦ δεκαμοιρίᾳ.

Ἵνα δὲ καὶ ἐπὶ ἑτέρας ἐγκλίσεως τὸ αὐτὸ τοῦτο δείξωμεν, ὑποκείσθω ἡ ἡμετέρα δι' Ἀλεξανδρείας οἴκησις, ἔνθα ἡ μεγίστη ἡμέρα ὡρῶν ἐστι ιδ, ἡ δὲ ἐλαχίστη ῑ· ἡ δὲ τῆς ΕΘ διπλῆ, δηλονότι ὡρῶν ἰσημερινῶν

table, en faisant les mêmes raisonnemens pour les autres décamories jusqu'à 90 degrés, Ptolemée a placé dans sa table les temps qui montent avec chaque dixaine pour le climat déjà nommé, et par le moyen des lemmes précédens, il a composé sa table, où il a fait entrer les trois autres quarts du cercle. Il est évident que, sur les 90^d du cercle oblique, toute la différence de la sphère droite à la sphère oblique, lorsque le tropique d'hiver monte, étant l'arc TE, et l'arc ZKL étant égal à l'arc ZHT, restent les autres temps en sus de TE, qui sont $71^t 15'$ pour cette même latitude, parce que ceux de TE sont la moitié de la différence $2\frac{1}{2}$ heures du plus long ou du plus court jour au jour équinoxial, ou 1 heure $\frac{1}{4}$, qui font $18^t 45'$. En adaptant de même aux autres latitudes, pour chaque dixaine de degrés, cette méthode et le second rapport, savoir celui de la corde du double de TE qui est la moitié de la différence du plus long jour au jour équinoxial, à la corde du double de EL, nous trouverons l'autre arc, celui de l'équateur, qui se lève avec chaque dixaine de degrés du cercle oblique.

Pour appliquer cette théorie à une autre latitude, prenons le parallèle d'Alexandrie, où nous habitons, et où le plus long jour est de 14 heures, et le plus court de 10. Le double de l'arc ET est donc de 2 heures équinoxiales ou de 30 temps, et sa corde est de 31ᵖ 3′ 3o″. Puisque pour la première dixaine de degrés comptée depuis l'équinoxe vernal, on a la raison de la corde du double de TE à la corde du double de EL, égale à celle de 6o à 9ᵈ 33′, il s'ensuit que la corde du double de TE, pour la latitude d'Alexandrie, étant de 31ᵖ 3′ 3o″, la corde du double de EL sera de 4ᵖ 56′ 36″. Or, l'arc soutendu par celle-ci, c'est-à-dire le double de EL est de 4ᵈ 44′, EL simple est donc de 2° 22′ dont les temps qui montent dans la sphère droite avec la première dixaine prise depuis l'équinoxe vernal, surpassent ceux qui montent avec elle dans la latitude donnée d'Alexandrie. Mais puisque dans la sphère droite les temps qui se lèvent avec cette première dixaine, sont 9ᵗ 10′, si nous retranchons de ceux-ci les 2ᵗ 22′, nous trouverons 6ᵗ 48′ qui montent avec cette première dixaine comptée de l'équinoxe vernal. Ils sont couchés dans la table, pour le troisième climat qui est celui d'Alexandrie, à côté de la première dixaine du bélier, et de la troisième des poissons. En calculant de même pour les autres dixaines du quart de cercle, nous trouverons les ascensions telles qu'elles sont dans la table pour ce climat; et il n'est pas douteux, suivant les lemmes démontrés précédemment, que nous n'ayons ainsi tout à la fois les co-ascensions pour les trois autres quarts du cercle.

Cette table a été construite de manière qu'on puisse y prendre commodément les arcs de l'équateur qui montent avec ceux du cercle oblique, pour toutes les parties habitées de la terre, autant qu'il a été pos-

β, χρόνων δὲ λ, ἡ δὲ ὑπ' αὐτὴν εὐθεῖα λᾱ γ′ λ″. Καὶ ἐπειδὴ ἐπὶ τῆς πρώτης ἀπὸ τοῦ ἐαρινοῦ σημείου δεκαμοιρίας δέδεικται καταλειφθεὶς ὁ λόγος πανταχοῦ, ὁ τῆς ὑπὸ τὴν διπλῆν τῆς ΘΕ, πρὸς τὴν ὑπὸ τὴν διπλῆν τῆς ΕΛ, ὁ τῶν ξ πρὸς τὰ θ λγ′· καὶ οἵων ἄρα ἡ ὑπὸ τὴν διπλῆν τῆς ΘΕ, ἐπὶ τῆς δι' Ἀλεξανδρείας οἰκήσεως λᾱ γ′ λ″, τοιούτων καὶ ἡ ὑπὸ τὴν διπλῆν τῆς ΕΛ ἔςαι δ νϛ′ λϛ″, ἡ δὲ ἐπ' αὐτῆς περιφέρεια, τουτέςιν ἡ διπλῆ τῆς ΕΛ δ μδ′· αὐτὴ δὲ ἡ ΕΛ, β κϐ′, οἷς ὑπερέχουσιν οἱ ἐπὶ τῆς ὀρθῆς σφαίρας συναναφερόμενοι χρόνοι τῇ πρώτῃ δεκαμοιρίᾳ ἀπὸ τοῦ ἐαρινοῦ τῶν ἐπὶ τῆς ὑποκειμένης δι' Ἀλεξανδρείας οἰκήσεως. Καὶ ἐπεὶ οἱ ἐπὶ τῆς ὀρθῆς σφαίρας συναναφερόμενοι τῇ ἀπὸ τοῦ ἰσημερινοῦ πρώτῃ δεκαμοιρίᾳ χρόνοι εἰσὶν θ ι′, ἐὰν ἄρα πάλιν ἀπὸ τούτων ἀφέλωμεν τοὺς τῆς ΛΕ εὑρεθέντας β κϐ′, ἕξομεν τοὺς ἐν τῷ ὑποκειμένῳ συναναφερομένους τῇ πρώτῃ δεκατμοιρίᾳ ἀπὸ τοῦ ἐαρινοῦ σημείου, χρόνους ϛ μη′, οἵ τινες καὶ ἐν τῷ κανόνι παράκεινται, ἐπὶ τοῦ δι' Ἀλεξανδρείας τρίτου κλίματος, τῇ τοῦ κριοῦ πρώτῃ δεκαμοιρίᾳ, ἢ καὶ τῇ τῶν ἰχθύων τρίτῃ. Ὁμοίως δὲ καὶ ἐπὶ τῶν λοιπῶν δεκαμορίων τοῦ τεταρτημορίου ἐπιλογισάμενοι, εὑρήσομεν τὰς ἐκτεθειμένας ἀναφορὰς καὶ ἐπὶ τούτου τοῦ κλίματος. Δῆλον δὲ πάλιν ὅτι καὶ ἐκ τῶν προαποδεδειγμένων λημματίων, συναποδεδειγμέναι ἔσονται καὶ ἐπὶ τῶν λοιπῶν τριῶν τεταρτημορίων συναναφοραί.

Πεποίηται δὲ τὴν ἔκθεσιν τῆς τοιαύτης κανονογραφίας, ἐφ' ὅσον τὴν καθ' ἡμᾶς οἰκουμένην ἐνδέχεται φθάνειν, πρὸς τὸ ἐκ προχείρου λαμβάνεσθαι καὶ τὰ τοῖς ἀναφορικοῖς

χρόνοις παρακολουθοῦντα, ἅ τινα ἑξῆς δη-
λώσομεν, ἀρχόμενος μὲν ἀπὸ τοῦ ὑπὸ τὸν
ἰσημερινὸν παραλλήλου, ἔνθα ἡ μεγίστη ἡμέρα
ὡρῶν ἐστιν ἰσημερινῶν ιϛ, φθάνων δὲ μέχρι
τοῦ ποιοῦντος τὴν μεγίστην ἡμέραν ὡρῶν
ιζ, τὴν παραύξησιν αὐτῷ ἡμιωρίῳ ποιού-
μενος, διὰ τὸ μηδενὶ ἀξιολόγῳ διαφέρειν
παρὰ τὰ γραμμικὰ, τὰς κατὰ τὸ ἔλασσον
τοῦ ἡμιωρίου γινομένας διαφορὰς, τῶν καθ'
ὁμαλὴν παραύξησιν λαμβανομένων, οἷον ὡς
ἐπὶ τῆς ὀρθῆς σφαίρας. Ἐπεὶ τῆς μεγίστης
ἡμέρας ὡρῶν οὔσης ἰσημερινῶν ιϛ, τῇ πρώ-
τῃ δεκαμοιρίᾳ συναναφέρονται χρόνοι θ ι·
ἐπὶ τοῦ διὰ Βαλίτου κόλπου, ἔνθα ἡ μεγίστη
ἡμέρα ὡρῶν ἐστιν ἰσημερινῶν ιϛ ϛ", παρά-
κεινται τῇ αὐτῇ δεκαμοιρίᾳ τοῦ κριοῦ συν-
αναφορῶν χρόνοι η λε'. Ἐὰν τοὺς συνανα-
φερομένους χρόνους τῇ αὐτῇ δεκαμοιρίᾳ,
ἐπὶ τῆς διὰ Ταπροβάνης οἰκήσεως, ἔνθα ἡ
μεγίστη ἡμέρα ὡρῶν ἐστιν ἰσημερινῶν ιϛ δ",
βουληθείημεν λαμβάνειν διὰ τῶν γραμμικῶν
δείξεων, εὑρήσομεν διὰ τῶν ἐπιλογισμῶν
συναναφερομένους τῇ εἰρημένῃ δεκαμοιρίᾳ
τοῦ κριοῦ χρόνους η νϛ ἔγγιστα, ὅσοι καὶ
ἐκ τῆς καθ' ὁμαλὴν παραύξησιν ἀναλογίας
καταλαμβάνονται. Ἔστι γὰρ ὡς ιϛ πρὸς ιϛ δ',
καὶ ιϛ δ' πρὸς ιϛ ϛ", οὕτως θ ι χρόνοι
πρὸς η νϛ, καὶ η νϛ πρὸς η λε'. Προτάξας
οὖν τὰς ὅλου τοῦ ζῳδιακοῦ κύκλου λϛ δε-
καμοιρίας κατὰ τὸ πρῶτον σελίδιον, παρ-
έθηκεν ἐν μὲν τοῖς ἑξῆς δύο σελιδίοις, τοὺς
ἑκάστῃ δεκαμοιρίᾳ ἐπιβάλλοντας ἀναφορικοὺς
χρόνους, καθ' ἑκάστην ἔγκλισιν, ἐν δὲ τοῖς
τρισὶ, τὰς ἐπισυναγωγὰς αὐτῶν· καὶ ἔστιν ἡ
ἔκθεσις τοῦ κανόνος τοιαύτη.

sible de les y comprendre, en commençant
au parallèle qui est sous l'équateur, où le
plus long jour est de 12 heures équinoxiales,
et en allant jusqu'au parallèle où le plus
long jour est de 17 heures, par accroisse-
ment de demi-heure pour chacun, la géo-
métric ne donnant pour les climats de
moins de demi-heure d'augmentation dans
la durée du plus long jour, aucune diffé-
rence sensible d'avec un accroissement
proportionnel et uniforme, tel qu'il est
dans la sphère droite. Car le plus long
jour étant dans celle-ci de 12 heures équi-
noxiales, 9t 10' y montent avec la première
dixaine. Or, sur le parallèle du Golfe au-
alite où le plus long jour est de 12 ¼ heures
équinoxiales, à la même dixaine du bélier
répondent dans la table 8t 35' d'ascension
simultanée. Si nous voulions prendre géo-
métriquement les temps qui se lèvent avec
cette même dixaine sous la latitude de la
taprobane où le plus long jour est de 12 ¼
heures équinoxiales, nous trouverions par
le calcul 8 temps 52' qui montent avec
cette même dixaine du bélier, et qui sont
à peu près ce que l'analogie donne propor-
tionnellement pour un quart d'heure de
plus avec les 12 heures. Car, comme 12
sont à 12 ¼, et 12 ¼ à 12 ½, ainsi 9 temps
10' sont à 8t 52', et 8t 52' à 8t 35'. Ptolemée
a rangé dans la première colonne les 36
dixaines de degrés de tout le zodiaque ; il
a placé dans les deux colonnes suivantes,
les temps des co-ascensions qui répondent
respectivement à chacune pour toutes les
inclinaisons de la sphère oblique, et il en a
mis les sommes dans la troisième partie ;
telle est la disposition de la table.

CHAPITRE VIII.

DÉTAILS ET CONSÉQUENCES DES ASCENSIONS.

Les temps des ascensions ainsi exposés, leurs conséquences s'en dérivent aisément sans figures géométriques pour leur démonstration, et sans autre table que la précédente, comme on le verra dans ce que nous allons dire. Ptolemée procède, comme s'il eût déjà donné les mouvements du soleil tout calculés, puisqu'il prend son lieu vrai comme donné, et il procède d'après cela. Car, d'abord, le jour étant donné, ou la nuit, on en prend la grandeur en heures équinoxiales, savoir pour le jour, les temps de l'équateur qui se lèvent avec le demi-cercle du zodiaque dans le climat où nous cherchons cette grandeur du jour proposé, je veux dire le demi-cercle compris entre le lieu vrai du soleil, et le point diamétralement opposé à ce lieu où cet astre est alors, en allant selon l'ordre des signes; pour la nuit, au contraire, le demi-cercle compté depuis le point opposé au lieu vrai du soleil. La quinzième partie de ces temps nous donnera en heures équinoxiales, la grandeur de l'intervalle en question, c'est-à-dire, ou du jour ou de la nuit; et si nous n'en prenons que la douzième partie, elle nous donnera en temps la grandeur de l'heure temporaire du jour ou de la nuit.

Pour faire entendre cela par une figure, soit (Fig. 27) ABGD, le cercle qui ceint le zodiaque par le milieu de sa largeur, BED le demi-cercle de l'horizon, B le point où

ΚΕΦΑΛΑΙΟΝ Η'.

ΠΕΡΙ ΤΩΝ ΚΑΤΑ ΜΕΡΟΣ ΤΑΙΣ ΑΝΑΦΟΡΑΙΣ ΠΑΡΑΚΟΛΟΥΘΟΥΝΤΩΝ.

Τῶν οὖν ἀναφορικῶν χρόνων τὸν εἰρημένον τρόπον ἐκτεθειμένων, εὐμεταχείριςος ἡμῖν ἔςαι ἡ τῶν τούτοις παρακολουθούντων κατάληψις. Καὶ οὔτε γραμμικῶν δείξεων πρὸς τὰς τούτων ἐφόδους προσδεικθησόμεθα, οὔτε ἑτέρας τινὸς κανονογραφίας, ὡς ἐξ αὐτῶν τῶν ἐπενεχθησομένων ἔςαι φανερόν. Ποιεῖται δὲ τὰς ἐφόδους, ὡς προδειχθείσης αὐτῷ τῆς τοῦ ἡλίου ψηφοφορίας, ἐπεὶ καὶ τὴν τούτου ἐποχὴν ὡς δεδομένην παραλαμβάνει· διὸ καὶ μετὰ ταύτην προσχρήσεται αὐταῖς. Πρῶτον μὲν γὰρ τῆς δοθείσης ἡμέρας ἡ νὺξ λαμβάνεται τὸ μέγεθος πόσων ἐςὶν ὡρῶν ἰσημερινῶν, ἐπὶ μὲν τῆς ἡμέρας συναγόντων ἡμῶν τοὺς περιεχομένους χρόνους τῷ τοῦ ζωδιακοῦ ἡμικυκλίῳ ἐπ' ἐκείνου τοῦ κλίματος, ἐφ' οὗ τὸ μέγεθος τῆς ἡμέρας βουλόμεθα πορίσασθαι τῷ ἀπὸ τῆς ἡλιακῆς μοίρας μέχρι τῆς κατὰ διάμετρον, ὡς ἐπὶ τὰ ἑπόμενα τῶν ζωδίων, ἐπὶ δὲ τῆς νυκτὸς, τῷ ἀπὸ τῆς κατὰ διάμετρον ἐπ' αὐτὴν τὴν ἡλιακὴν μοῖραν. Τῶν γὰρ συναγομένων χρόνων τὸ μὲν δέκατον πέμπτον λαβόντες, ἕξομεν ὅσων ὡρῶν ἐςιν ἰσημερινῶν τὸ μέγεθος τοῦ ὑποκειμένου διαςήματος, τουτέςιν ἤτοι τῆς ἡμέρας ἢ τῆς νυκτὸς, τὸ δὲ δωδέκατον, ὅσων χρόνων ἐςὶν ἡ καιρικὴ ὥρα τῆς αὐτῆς ἡμέρας ἢ νυκτός.

Ἵνα δὲ καὶ διὰ καταγραφῆς παραςήσωμεν τὸ εἰρημένον, ἔςω ὁ μὲν διὰ μέσων τῶν ζωδίων κύκλος ὁ ΑΒΓΔ, ὁρίζοντος δὲ ἡμικύκλιον τὸ ΒΕΔ, ὁ δὲ ἥλιος ἀνατέλλων ἐπ'

τοῦ Β. Καὶ δῆλον ὡς ὅτι ἑπόμενα μέν ἐςι
τοῦ ζωδιακοῦ, τὸ ὡς ἀπὸ τοῦ Β ἐπὶ τὸ Γ
καὶ Δ. Καὶ ἐὰν, τῆς σφαίρας περιφερομένης,
τὸ Β ἀνατολικὸν σημεῖον ἐπὶ τὸ Δ δυτικὸν
παραγένηται, ἔςαι γεγενημένος ὁ τῆς ἡμέρας
χρόνος, ὡς μὴ συνεπιλογιζομένων ἡμῶν,
διὰ τὸ ἀδιάφορον, τοὺς τῇ ἡλιακῇ ἐπικι-
νήσει συναναφερομένους χρόνους. Ἀλλ᾽ ἐν ᾧ
τὸ Β ἐπὶ τὸ Δ, ἐν τοσούτῳ καὶ τὸ Δ δυ-
τικὸν ἐπὶ τὸ Β ἀνατολικὸν παραγενήσεται·
καὶ ἔςαι τὸ μὲν ΒΑΔ ἡμικύκλιον ὑπὸ γῆν
γεγενημένον, τὸ δὲ ΔΓΒ ὑπὲρ γῆν. Καὶ ἐπεὶ
ἐν ὅσῳ ὁ ἥλιος ἀπ᾽ ἀνατολῆς ἐπὶ δύσιν πα-
ραγενόμενος, τὸν τῆς ἡμέρας χρόνον πε-
ποίηκεν, ἐν τοσούτῳ καὶ τὸ ΒΓΔ τοῦ ζωδι-
ακοῦ ἑπόμενον ἡμικύκλιον ἀνενεχθὲν, ὑπὲρ
γῆν γέγονεν. Ἔχομεν δὲ τὸ ΒΓΔ κατὰ ποίων
ἐςὶ δωδεκατημορίων, ἐπεὶ τὸ Β σημεῖον τῆς
ἐποχῆς τοῦ ἡλίου ἐςίν. Ἔχομεν ἄρα καὶ
τοὺς συνανενεχθέντας τοῦ ἰσημερινοῦ χρό-
νους ἐκ τῶν ἐκτεθειμένων ἡμῖν κανονίων·
οὓς μερίσαντες παρὰ τὸν ιε, ἕξομεν τὸ
πλῆθος τῶν ἰσημερινῶν ὡρῶν τῆς ἡμέρας
ἐκείνης, διὰ τὸ τὴν ἰσημερινὴν ὥραν χρόνων
εἶναι, ὡς ἔφαμεν, ιε. Τὸ δὲ ιβ λαβόντες,
ὁμοίως ἕξομεν πόσων χρόνων ἐςὶν ἡ τῆς
ἡμέρας ἐκείνης καιρικὴ ὥρα. Πάλιν, ἐπεὶ
ἐν ὅσῳ ὁ ἥλιος ἐπὶ τοῦ Β δυτικοῦ τυγχάνων,
περιενεχθὲν τὸ ὑπὸ γῆν ἡμικύκλιον, καὶ
πρὸς τὰς ἀνατολὰς παραγενόμενος, τὸν τῆς
νυκτὸς χρόνον ποιεῖται, ἐν τοσούτῳ καὶ τὸ
ΔΑΒ τοῦ ζωδιακοῦ ἡμικύκλιον, ὑπὸ τὴν γῆν
τυγχάνον, ἀναφέρεται. Ἔχομεν δὲ τὸ ΒΑΔ
ἡμικύκλιον, κατὰ ποίων ἐςὶ τμημάτων τοῦ
ζωδιακοῦ, ἐπεὶ καὶ τὸ Δ κατὰ διάμετρόν
ἐςι τῆς τοῦ ἡλίου ἐποχῆς. Ἔχομεν ἄρα πά-
λιν ἐκ τῆς ἐκθέσεως τῆς κανονογραφίας, τοὺς

le soleil se lève. Il est clair que l'ordre des
signes du zodiaque est ici de B en G et D,
et que quand par la révolution de la sphère,
le point B du lever aura été porté à l'occi-
dent D, le temps de ce transport sera la
durée du jour, en ne tenant pas compte ici
des temps qui se sont levés tout ensemble
par le mouvement propre du soleil, à cause
du peu de différence qu'ils font dans le
calcul. Mais dans le temps que B met à
aller en D, D passera à l'orient B, et le
demi-cercle BAD se sera tourné sous
terre, et DGB au-dessus. Puisque dans le
même temps que le soleil transporté d'o-
rient en occident, a fait la durée d'un
jour, le demi-cercle BGD du zodiaque
s'est en conséquence, par son mouve-
ment, placé au-dessus de la terre, ayant le
nombre des dodécatémories de BGD, et B
étant le point du lieu du soleil, nous avons
donc aussi les temps levés simultanément
de l'équateur par les tables que nous avons
exposées. En divisant ces temps par 15,
nous aurons la quantité des heures équi-
noxiales de ce jour, parce que, avons nous
dit déjà, l'heure équinoxiale est de 15
temps, et si nous en prenons le douzième,
nous saurons pareillement de combien de
temps est l'heure temporaire de ce même
jour. En outre, puisque pendant le temps
que le soleil à l'occident en B, a parcouru
le demi-cercle inférieur à la terre, et par-
venu à l'orient, a fait la durée de la nuit,
le demi-cercle DAB du zodiaque, inférieur
à la terre, monte au-dessus. Or, nous sa-
vons de combien est le demi-cercle
BAD, car D est le point diamétralement
opposé au lieu du soleil. Nous avons donc
encore par la table, les temps de l'équa-

11 *

teur qui montent avec ce demi-cercle du zodiaque. Nous en prendrons encore le quinzième, et nous aurons le nombre d'heures équinoxiales qui font la longueur de cette nuit, comme le douzième nous donnera le nombre des temps contenus dans l'heure temporaire de cette même nuit.

On trouve plus aisément la grandeur de l'heure en prenant la différence des temps compris dans la colonne des sommes, par le lieu du soleil pour le jour, ou par le point diamétralement opposé pour la nuit, dans la table de la sphère droite, et dans celle du climat en question. Car, prenant la moitié de la différence trouvée, et si le lieu du soleil, ou le point diamétralement opposé, est sur le demi-cercle boréal du zodiaque, nous ajouterons cette moitié aux 15 temps de l'heure équinoxiale, ou nous l'en retrancherons, si le soleil parcourt le demi-cercle austral, nous trouverons de combien de temps est l'heure temporaire du jour donné ou de la nuit, dans le climat donné.

Pour éclaircir cela par des exemples, soit (Fig. 28.) le méridien ABGD, le demi-cercle oriental BED de l'horizon pour une inclinaison de la sphère, et AEG le demi-cercle de l'équateur, ZH un segment du cercle oblique, de sorte que H se levant, Z soit supposé le point équinoxial du printemps. Prenant K pour le pole boréal, décrivons par K et par H le quart de grand cercle KHT. Puisqu'avec le segment HZ du cercle oblique dans la sphère droite, se lève l'arc TZ de l'équateur, et dans la sphère supposée oblique l'arc EZ, la différence de la somme des temps qui se lèvent avec ZH

τούτῳ τῷ ἡμικυκλίῳ τοῦ ζωδιακοῦ συναναφερομένους χρόνους τοῦ ἰσημερινοῦ. Ὧν πάλιν τὸ μὲν ιε̄ λαβόντες, ἕξομεν πόσων ὡρῶν ἐςιν ἰσημερινῶν τὸ τῆς νυκτὸς μέγεθος, τὸ δὲ ιϛ̄, πόσων χρόνων ἐςὶν ἡ καιρικὴ ὥρα τῆς νυκτὸς ἐκείνης.

Εὑρίσκεται δὲ προχειρότερον τὸ ὡριαῖον μέγεθος, λαμβανομένης τῆς ὑπεροχῆς τῶν περιεχομένων χρόνων ἐν τῷ τῆς ἐπισυναγωγῆς σελιδίῳ· ἡμέρας μὲν τῇ ἡλιακῇ μοίρᾳ, νυκτὸς δὲ, τῇ κατὰ διάμετρον, ἔν τε τῷ ἐπ' ὀρθῆς τῆς σφαίρας κανονίῳ, καὶ ἐν τῷ τοῦ ἐπιζητουμένου κλίματος. Τῆς γὰρ εὑρισκομένης ὑπεροχῆς τὸ ἥμισυ λαβόντες, καὶ ἐπὶ μὲν τοῦ βορείου ἡμικυκλίου τοῦ ζωδιακοῦ εἰσενηνεγμένης ἡλιακῆς μοίρας οὔσης, ἢ τῆς ταύτην διαμετρούσης, προςτιθέντες αὐτὸ τοῖς τῆς ἰσημερινῆς ὥρας χρόνοις ιε̄, ἐπὶ δὲ τοῦ νοτίου ἀφαιροῦντες ἀπ' αὐτῶν, εὑρήσομεν πόσων χρόνων ἐςὶν ἡ καιρικὴ ὥρα τῆς δοθείσης ἡμέρας ἢ νυκτός, ἐπὶ τοῦ δεδομένου κλίματος.

Ἵνα δὲ καὶ ἐπὶ τῆς τοιαύτης ἐφόδου ὁ κατ' αἰτίαν λόγος φανερὸς γένηται, ἐκκείσθω μεσημβρινὸς μὲν κύκλος ὁ ΑΒΓΔ, τοῦ δὲ ἐπί τινος ἐγκλίσεως ὁρίζοντος ἀνατολικὸν ἡμικύκλιον τὸ ΒΕΔ, καὶ ἰσημερινοῦ τὸ ΑΕΓ, καὶ τοῦ διὰ μέσων τμῆμα τὸ ΖΗ· ὥςε τοῦ Η ἀνατέλλοντος, τὸ Ζ ὑποκεῖσθαι ἐαρινόν. Καὶ ληφθέντος τοῦ βορείου πόλου τοῦ Κ, γεγράφθω δι' αὐτοῦ καὶ τοῦ Η μεγίςου κύκλου τεταρτημόριαν τὸ ΚΗΘ. Ἐπεὶ οὖν τῷ ΗΖ τμήματι τοῦ διὰ μέσων, ἐπὶ μὲν ὀρθῆς τῆς σφαίρας, τὸ ΘΖ τοῦ ἰσημερινοῦ συναναφέρεται, ἐπὶ δὲ τῆς ὑποκειμένης ἐγκλίσεως, τὸ ΕΖ, διαφορὰ ἄρα τῶν περιεχομένων τῆς ἐπισυναγωγῆς ἀναφορικῶν χρόνων

ἐπὶ τῆς ὀρθῆς σφαίρας, πρὸς τὰς ἐπὶ τῆς
ἐγκλίσεως τοῦ ΖΗ τμήματος, τοῦ διὰ μέσων
εἰσὶν οἱ τῆς ΘΕ περιφερείας χρόνοι, λέγω
ὅτι οὗτοι ϛ ὡρῶν ἰσημερινῶν εἰσι, πρὸς
ϛ καιρικὰς διαφοράς. Ἐὰν γὰρ, ὡς ἔμπρο-
σθεν ἐλέγομεν, γράψωμεν διὰ τοῦ Η ση-
μείου παραλλήλου τμῆμα τῷ ἰσημερινῷ, ὡς
τὸ ΗΛ, δῆλον ὡς ἐν ᾧ τὸ Η ἐπὶ τὸ Λ,
ἐν τοσούτῳ καὶ τὸ Θ ἐπὶ τὸ Α γίνεται.
Ἀλλ' ἐν ᾧ τὸ Α ἐπὶ τὸ Θ γίνεται, ὁ ἀπὸ
ἀνατολῶν ἐπὶ μεσημβρίαν χρόνος ἐστιν, ϛ
ὡρῶν καιρικῶν χρόνους περιέχων. Ἀλλὰ καὶ
ἡ ΕΑ ϛ ὡρῶν ἰσημερινῶν, τουτέστι τῶν
ἐπὶ τῆς ὀρθῆς σφαίρας περιεχομένων· ἡ ἄρα
ΕΘ, διαφορὰ οὖσα τῶν περιεχομένων τῆς
ἐπισυναγωγῆς χρόνων, ἐπί τε τῆς ὀρθῆς
σφαίρας καὶ ἐπὶ τῆς ἐγκεκλιμένης τῷ ΖΗ
τμήματι τοῦ διὰ μέσων, ϛ ὡρῶν καιρικῶν,
πρὸς ϛ ἰσημερινὰς διαφορὰν χρόνων περι-
έχει. Καὶ ἐπεὶ ἐζήτει διαφορὰν μιᾶς ὥρας
πρὸς μίαν, φησὶν, ὅτι τῆς τῶν οὕτω λαμ-
βανομένων χρόνων ὑπεροχῆς τὸ ϛ'' λαμβά-
νοντες, εἰ μὲν ἡ ἡλιακὴ μοῖρα, ἢ ἡ ταύτην
διαμετροῦσα ἐπὶ τοῦ Η βορείου τμήματος,
τοῦ διὰ μέσων εἴη, προστίθεμεν αὐτὸ τοῖς
τῆς ἰσημερινῆς ὥρας χρόνοις ιε· δῆλον γὰρ
ὅτι τότε καὶ οἱ νυκτερινοὶ καὶ οἱ ἡμερινοί,
πλείους εἰσὶ τῶν ἰσημερινῶν. Ἐπειδήπερ τῆς
μὲν ἡλιακῆς μοίρας οὔσης πρὸς τῷ Η, οἱ
τῆς ΗΛ, τουτέστι τῆς ΘΑ χρόνοι, ϛ ὡρῶν
εἰσι καιρικῶν, μειζόνων περὶ τὰς ἰσημερινάς.
Τῆς δὲ διαμετρούσης τὸν ἥλιον πάλιν μοιρῶν,
ἐπὶ τοῦ Η τυγχανούσης, ὁμοίως ἡ ΘΑ ϛ
ἐστιν ὡρῶν καιρικῶν νυκτερινῶν, πλείους
ὄντες τῶν ἐπὶ τῆς ΕΑ, ϛ ὡρῶν ἰσημερινῶν.
Εἰ δὲ ἡ ἀνατέλλουσα μοῖρα τοῦ διὰ μέσων,
νοτιωτέρα εἴη, ὡς κατὰ τὸ Μ, καὶ γρά-

dans la sphère droite et dans la sphère
oblique, est l'arc TE, et je dis que c'est la
différence de 6 heures équinoxiales d'avec
6 heures temporaires. Car si, comme nous
avons déjà dit, nous décrivons par le point
H, l'arc HL d'un parallèle à l'équateur, il
est évident que dans le temps où H va en L,
T va en A. Or, dans le temps que H met
à parvenir en L, le temps depuis le lever
jusqu'à midi, renferme 6 heures tempo-
raires. Mais EA renferme six heures équi-
noxiales dans la sphère droite, donc ET,
qui est la différence des temps contenus
dans la somme, pour la sphère droite, et
des temps contenus dans la sphère incli-
née, de l'arc ZH, renferme la différence
de 6 heures temporaires d'avec 6 heures
équinoxiales. Et ayant trouvé la diffé-
rence d'une seule heure à une autre,
Ptolemée dit que la sixième partie des
temps prise ainsi, si le lieu du soleil, ou
son point opposé, est sur la portion bo-
réale du cercle oblique, s'ajoute aux 15
temps de l'heure équinoxiale. Car il est
clair qu'alors les temps, soit de la nuit,
soit du jour, sont plus nombreux que les
temps équinoxiaux, parce que le lieu du
soleil étant en H, les 6 temps de HL, c'est-
à-dire de TA, sont des heures temporaires
plus grandes que les équinoxiales. Et dans
le point opposé à celui du soleil, comme
en H, pareillement TA est en heures noc-
turnes temporaires, plus fortes que les six
heures équinoxiales.

Mais si le point orient du cercle oblique
est austral, comme en M, décrivons encore

par le pôle austral, et par le point M d'intersection du cercle oblique et de l'horizon, le quart de cercle MNX, et par le point M l'arc MO du parallèle à l'équateur, alors la différence EX sera celle de 6 heures temporaires à 6 équinoxiales. Et comme aussi les temporaires sont moindres que les équinoxiales, Ptolemée dit avec raison qu'il faudra retrancher la différence d'une heure, des quinze temps d'une heure équinoxiale, pour avoir la grandeur de l'heure temporaire cherchée. Et de même, si le lieu du soleil étoit de jour en M, le point diamétralement opposé seroit une heure de nuit. Voilà pourquoi Ptolemée dit : le lieu du soleil étant dans un cercle du côté du pole arctique, savoir, comme nous l'avons dit, ou sur un des arcs diurnes, ou diamétralement opposé sur un des arcs nocturnes, ajoutons la sixième partie, c'est-à-dire la différence d'une heure à une autre, aux 15 temps d'une heure équinoxiale; et retranchons-la de ces temps, dans le cas où le soleil seroit du côté du pole austral.

D'après cela, nous convertirons ces heures temporaires en heures équinoxiales, en prenant, comme nous l'avons enseigné, les temps propres des heures du jour donné ou de la nuit, dans le climat dont il s'agit, puis en multipliant par ceux des heures de jour, les heures temporaires de jour données, et par ceux de nuit les heures temporaires nocturnes données. Car, prenant le quinzième du produit de ces temps, nous aurons le nombre des heures équinoxiales équivalentes aux heures temporaires données. Réciproquement, nous convertirons les heures équinoxiales données, en heures temporaires, en prenant,

ψωμεν πάλιν διὰ τοῦ νοτίου πόλου καὶ τῆς κατὰ τὸ M κοινῆς τομῆς, τοῦ τε διὰ μέσων καὶ τοῦ ὁρίζοντος τὸ ΜΝΞ τεταρτημόριον, καὶ ἔτι διὰ τοῦ M παραλλήλου τμῆμα τῷ ἰσημερινῷ, τὸ MO, ἔσται πάλιν ἡ ΕΞ διαφορὰ, ϛ ὡρῶν καιρικῶν, πρὸς ϛ ἰσημερινάς. Καὶ ἐπεὶ ὁμοίως ἐλάσσονές εἰσιν αἱ καιρικαὶ τῶν ἰσημερινῶν, δεόντως πάλιν ἔφησε δεῖν ἀφαιρεῖν τὸ τῆς μιᾶς ὥρας διάφορον, ἀπὸ τῶν τῆς μιᾶς ὥρας ἰσημερινῶν χρόνων ιε, ἵν' ἔχωμεν τὸ μέγεθος τῆς ἐπιζητουμένης καιρικῆς ὥρας. Ὁμοίως πάλιν, εἰ μὲν ἡ ἡλιακὴ μοῖρα ἐπὶ τοῦ M εἴη ἡμερινὴ, ἡ δὲ διαμετροῦσα, νυκτερινή. Διὸ, φησὶ, καὶ ἐπὶ μὲν τοῦ βορείου πόλου κύκλου τῆς εἰσενηνεγμένης μοίρας οὔσης, τουτέστιν εἴτε τῆς ἡλιακῆς, ὡς ἔφαμεν, ὡς ἐπὶ τῶν ἡμερινῶν, ἢ τῆς κατὰ διάμετρον, ὡς ἐπὶ τῶν νυκτερινῶν, προςτιθέντες τὸ ἕκτον, τουτέστι τὸ διάφορον τῆς μιᾶς ὥρας, πρὸς τὴν πρώτην τοῖς τῆς μιᾶς ὥρας ἰσημερινῆς χρόνοις ιε· ἐπὶ δὲ τοῦ νοτίου ἀφελόντες ἀπ' αὐτῶν, ἕξομεν τὸ πλῆθος τῶν χρόνων τῆς ἐπιζητουμένης καιρικῆς ὥρας, ἤτοι ἡμερινῆς ἢ νυκτερινῆς.

Ἐφεξῆς δὲ τὰς εἰρημένας καιρικὰς ὥρας ἀναλύσομεν εἰς ἰσημερινὰς, λαμβάνοντες, ὡς ἐμάθομεν, τοὺς οἰκείους ὡριαίους χρόνους ἐκείνου τοῦ κλίματος τῆς δοθείσης ἡμέρας, ἢ νυκτός· καὶ πολλαπλασιάζοντες, τοὺς μὲν ἡμερινοὺς, ἐπὶ τὰς δοθείσας ἡμερινὰς καιρικὰς ὥρας, τοὺς δὲ νυκτερινοὺς, ἐπὶ τὰς δοθείσας νυκτερινάς. Τῶν γὰρ συναγομένων χρόνων τὸ δέκατον-πέμπτον λαβόντες, ἕξομεν πλῆθος ὡρῶν ἰσημερινῶν τῶν δοθεισῶν καιρικῶν. Ἀνάπαλιν δὲ τὰς διδομένας ἰσημερινὰς ὥρας ἀναλύσομεν εἰς καιρικὰς ὥρας, λαμβάνοντες πάλιν, ὡς ἐδιδάχθημεν, τοὺς οἰκείους ὡριαίους καιρικοὺς χρόνους τῆς δοθείσης ἡμέρας ἢ νυκτός, κατὰ τὸ προτεθὲν κλίμα, καὶ πολλαπλασιάζοντες τὰς δοθείσας ἰσημερινὰς ὥρας, ἐπὶ τοὺς ιε̄ ὡριαίους χρόνους, καὶ τοὺς συναγομένους, μερίζοντες παρὰ τοὺς ληφθέντας ὡριαίους χρόνους τῆς καιρικῆς ὥρας, ἕξομεν ὅσαί εἰσι καιρικαὶ αἱ δοθεῖσαι ἰσημεριναί.

Πάλιν, δοθέντος ἡμῖν χρόνου καὶ ὥρας ὁποιασδήποτε καιρικῆς, ἤτοι ἡμερινῆς, ἢ νυκτερινῆς, ἐν οἱῳδήποτε κλίματι, πρῶτον μὲν τὴν ἀνατέλλουσαν τότε μοῖραν τοῦ διὰ μέσων τῶν ζωδίων ληψόμεθα, πολλαπλασιάσαντες τὸ πλῆθος τῶν ὡρῶν, ἡμέρας μὲν, τῶν ἀπ' ἀνατολῶν ἡλίου, νυκτὸς δὲ, τῶν ἀπὸ δύσεως, ἐπὶ τοὺς οἰκείους ὡριαίους χρόνους (τὸν γὰρ συναχθέντα ἀριθμὸν διεκβαλοῦμεν), ἡμέρας μὲν, ἀπὸ τῆς ἡλιακῆς μοίρας, νυκτὸς δὲ, ἀπὸ τῆς διαμετρούσης, τουτέστιν ἡμέρας μὲν, ἀπὸ τῶν παρακειμένων τῇ ἡλιακῇ μοιρῶν, κατὰ τῆς ἐπισυναγωγῆς σελίδιον, νυκτὸς δὲ, ὁμοίως ἀπὸ τῶν παρακειμένων τῇ διαμετρούσῃ τοῦ ἡλίου, ὡς εἰς τὰ ἑπόμενα τῶν δωδεκατημορίων, κατὰ τὰς τοῦ ὑποκειμένου κλίματος ἀναφοράς. Εἰς ἣν δ' ἂν καταντήσῃ τοῦ ζωδιακοῦ μοῖραν ὁ ἀριθμὸς, ἐκείνην τότε φήσομεν ἀνατέλλειν.

Ἵνα δὲ καὶ διὰ τῶν γραμμικῶν δείξεων φανερὰ ἡμῖν γένηται ἡ τοιαύτη κατάληψις, ἔστω μεσημβρινὸς μὲν κύκλος ὁ ΑΒΓΔ, ὁρίζοντος δὲ ἀνατολικὸν ἡμικύκλιον τὸ ΒΕΔ, ἰσημερινοῦ δὲ τὸ ΑΕΓ, ζωδιακοῦ δὲ τὸ ΖΗΘ, ὥστε τὸ Η σημεῖον εἶναι κατὰ τὴν ἐαρινὴν ἰσημερίαν, καὶ τὸν ἥλιον ἐπ' αὐτοῦ ἀνενεχθέντα χρόνους καιρικῶν ὡρῶν τριῶν. Ἐὰν

comme nous l'avons dit, les temps propres des heures pour le jour ou la nuit donnés, dans le climat proposé. Et multipliant les heures équinoxiales données par les 15 temps de l'heure, puis divisant le produit par les temps horaires de l'heure temporaire, nous aurons les heures temporaires équivalentes aux heures équinoxiales données.

En outre, étant donné un temps et une heure quelconque temporaire de jour ou de nuit, en quelque climat que ce soit, nous prendrons d'abord celui des points de l'oblique, qui se lève en ce moment, en multipliant le nombre des heures si c'est de jour, depuis le lever du soleil; si c'est de nuit, depuis son coucher, par la somme des temps horaires propres pour le jour, depuis le lieu du soleil; et pour la nuit, depuis le point diamétralement opposé à cet astre, c'est-à-dire, pour le jour depuis les degrés et parties de degré où est le lieu du soleil, pris dans la colonne des sommes; et pour la nuit aussi depuis les degrés et parties diamétralement opposés à ceux où est le soleil, dans l'ordre des signes, suivant les ascensions, pour le climat proposé. Le point du cercle oblique où aboutira ce nombre, sera celui que nous dirons être le point oriental (de l'écliptique).

Pour expliquer tout cela par une figure géométrique, soit (Fig. 29.) ABGD le méridien, BED le demi-cercle oriental de l'horizon, AEG celui de l'équateur, ZHT celui du cercle oblique, H l'équinoxe vernal, où le soleil soit de trois heures temporaires au-dessus de l'horizon. Si prenant les temps horaires temporaires qui ce jour là sont les mêmes que les équinoxiaux, parce que le soleil est supposé alors dans l'équateur, nous les multiplions par les temps de l'arc EH, et que nous portions le produit dans la table des ascensions, à la troisième colonne qui est celle des sommes pour le climat proposé, nous aurons par les degrés de l'oblique qui lui correspondront dans la première colonne, le point du cercle oblique, qui se lèvera alors, et qui est ici le point T. Et puisque le point H du lieu du soleil est donné, le point orient T sera aussi donné. Mais si le soleil est en K élevé de deux heures de distance à l'horizon, multipliant de même les temps horaires propres par deux heures, nous aurons encore les temps qui sont montés avec le segment TK du zodiaques, moindres que ceux qui sont montés avec TH entier. Supposons, par exemple, que les temps de l'arc EN se soient levés avec l'arc TE, nous savons par la table, combien de temps montent avec l'arc HK de l'équateur, c'est-à-dire ceux de l'arc HN. Ajoutant ceux-ci à ceux de l'arc EN, nous aurons tous les temps de l'arc EH, nous les porterons dans la colonne des sommes au climat où il conviendra de les porter, et nous aurons dans la première colonne le point T orient du cercle oblique.

Si nous voulons prendre le point du cercle oblique qui culmine au-dessus de la terre, multiplions les heures temporaires

οὖν, λαβόντες τοὺς καιρικοὺς ὡριαίους χρόνους ἐκείνης τῆς ἡμέρας, οἵ τινες οἱ αὐτοί εἰσι τοῖς ἰσημερινοῖς, διὰ τὸ τὸν ἥλιον ἐπὶ τοῦ ἰσημερινοῦ ὑποκεῖσθαι, πολλαπλασιάσωμεν ἐπὶ τοὺς τῆς ΕΗ περιφερείας χρόνους, καὶ τοὺς συναχθέντας εἰσαγαγόντες εἰς τὸν κανόνα τῶν ἀναφορῶν, ἐπὶ τοῦ τρίτου σελιδίου τῶν συναγωγῶν, κατὰ τὸ οἰκεῖον κλίμα, τὰς περιεχομένας αὐτοῖς κατὰ τὸ πρῶτον σελίδιον τοῦ ζωδιακοῦ μοίρας, ἕξομεν τὴν ἀνατέλλουσαν τοῦ ζωδιακοῦ μοῖραν, ἥ τίς ἐςι κατὰ τὸ Θ. Καὶ ἐπεὶ δέδοται τὸ Η τῆς ἐποχῆς τοῦ ἡλίου, δέδοται ἄρα καὶ τὸ Θ ἀνατέλλον. Ἐὰν δὲ ὁ ἥλιος κατὰ τοῦ Κ τυγχάνῃ, δύο ὥρας ἀπέχων τοῦ ὁρίζοντος ὑπὲρ γῆς, πολλαπλασιάσαντες ὁμοίως τοὺς οἰκείους ὡριαίους χρόνους ἐπὶ τὰς δύο ὥρας, ἕξομεν πάλιν τοὺς συνανενεχθέντας χρόνους τῷ ΘΚ τμήματι τοῦ ζωδιακοῦ, ἐλάττονας δηλονότι τυγχάνοντας τῶν τῇ ΕΗ περιφερείᾳ ἀπὸ τοῦ ἐαρινοῦ σημείου συνανενεχθεισῶν, διὰ τὸ ὅλῃ τῇ ΘΗ, ὅλην τὴν ΕΗ συνανηνέχθαι. Ἔςωσαν οὖν, λόγου ἕνεκεν, τῇ ΘΚ συνανενεχθέντες οἱ τῆς ΕΝ περιφερείας χρόνοι. Ἔχομεν δὲ ἐν τῇ ἐκθέσει τοῦ κανόνος, ὁπόσοί εἰσι καὶ οἱ τῷ ΗΚ τμήματι τοῦ ἰσημερινοῦ συνανενεχθέντες, τουτέςιν οἱ τῆς ΗΝ περιφερείας· οὓς καὶ προσθέντες τοῖς τῆς ΕΝ περιφερείας χρόνοις, ἕξομεν καὶ τοὺς ὅλους τῆς ΕΗ περιφερείας χρόνους, οὓς εἰσαγαγόντες εἰς τὸ τῶν ἐπισυναγωγῶν τῶν χρόνων σελίδιον τοῦ οἰκείου κλίματος, εὑρήσομεν τὸ πρῶτον σελίδιον, τὸ κατὰ τὸ Θ τμῆμα ἀνατέλλον τοῦ ζωδιακοῦ.

Ἐὰν δὲ τὴν μεσουρανοῦσαν ὑπὲρ γῆς θέλωμεν λαβεῖν, τὰς καιρικὰς ὥρας πάν-

τοτε τὰς ἀπὸ τῆς μεσημβρίας, τῆς παρ-
ελθούσης μέχρι τῆς δοθείσης, πολλαπλασι-
άσαντες ἐπὶ τοὺς οἰκείους ὡριαίους χρόνους,
τὸν γενόμενον ἀριθμὸν διεκβαλοῦμεν ἀπὸ
τῆς ἡλιακῆς μοίρας εἰς τὰ ἑπόμενα κατὰ
τὰς ἐπ' ὀρθῆς τῆς σφαίρας ἀναφορὰς, καὶ
εἰς ἣν δ' ἂν ἐκπέσῃ μοῖραν ὁ ἀριθμὸς, ἐκείνη
ἡ μοῖρα τότε ὑπὲρ γῆς μεσουρανεῖ. Ἵνα
δὲ πάλιν καὶ διὰ τῶν γραμμικῶν ἐφόδων
φανερὸν ἡμῖν γένηται τὸ λεγόμενον, ἔστω
ὁρίζων ὁ ΑΒΓΔ, καὶ ἀνατολικὰ μὲν τὰ
πρὸς τῷ Β, δυτικὰ δὲ τὰ πρὸς τῷ Δ· καὶ
μεσημβρινὸς μὲν ὁ ΑΖΓ, ἰσημερινὸς δὲ ὁ
ΕΛΚΘ, καὶ ζωδιακὸς ὁ ΖΔΒΕ. Ὑποκείσθω
δὲ ὁ ἥλιος κατὰ τὸ Ε ἐαρινὸν, ἀπέχων τοῦ
ἀνατολικοῦ ὁρίζοντος ὥρας τρεῖς, ὥστε τὰς
ἀπὸ τῆς πρὸς τῷ Ζ παρελθούσης μεσημ-
βρίας ὥρας εἶναι κα̅. Ἐὰν οὖν πάλιν ἐπι-
λογισάμενοι τοὺς οἰκείους ὡριαίους χρόνους,
οἳ καὶ αὐτόθέν εἰσιν ἰσημερινοὶ, πολλαπλα-
σιάσαντες τοὺς μὲν ἡμερινοὺς, ἐπὶ τὰς ἡμε-
ρινὰς ὥρας, ἕξομεν τοὺς ἀπὸ μεσημβρίας
ἐπὶ δύσιν, καὶ τοὺς ἀπὸ ἀνατολῶν τῶν τριῶν
ὡρῶν, τοὺς δὲ τῆς νυκτὸς, ἐπὶ τὰς τῆς
νυκτὸς ὥρας ιϛ, ἕξομεν καὶ τοὺς τῆς νυ-
κτὸς, καὶ τοὺς συναγομένους χρόνους τῆς
ΛΚΘ, οἳ συνεξῆλθον τὸν μεσημβρινὸν ἀπὸ
τῆς παρελθούσης μεσημβρίας, μετὰ τῆς
ΖΔΒΕ περιφερείας τοῦ ζωδιακοῦ, εἰσενεγκόντες
εἰς τὸ ἐπ' ὀρθῆς τῆς σφαίρας κανόνιον, κα-
τὰ τὸ τῶν ἐπισυναγωγῶν σελίδιον, διὰ τὸ
τὸν ἐπ' ὀρθῆς τῆς σφαίρας ὁρίζοντα τὸν
αὐτὸν εἶναι τῷ καθ' ἑκάστην οἴκησιν μεσ-
ημβρινῷ τὰς τῆς ΖΔΒΕ τοῦ διὰ μέσων πε-
ριφερείας μοίρας. Ἔχοντες δὲ καὶ τὴν κατὰ
τὸ Ε σημεῖον ἐποχὴν, εὑρήσομεν καὶ τὴν
κατὰ τὸ Ζ μεσουρανοῦν εἰς τὰ ἑπόμενα

ΘΕΩΝ ΙΙ.

prises toujours depuis le dernier midi jus-
qu'à l'heure donnée, par les temps ho-
raires propres du jour. Comptons le produit
depuis le lieu du soleil suivant l'ordre des
signes dans les ascensions de la sphère
droite, et le point où ce nombre se ter-
minera, sera celui de l'oblique qui occu-
pera le point médiant du ciel. Pour dé-
montrer cela géométriquement, soit (Fig.
3o.) ABGD l'horizon, B le côté de l'orient,
D celui de l'occident, AZG le méridien,
ELKT l'équateur, ZDBE le cercle oblique.
Supposons le soleil dans l'équinoxe vernal
E, à 3 heures de distance de l'horizon
oriental, de sorte qu'il y ait 21 heures
depuis le dernier midi Z. Si, prenant les
temps horaires propres à ce jour, lesquels
sont ici équinoxiaux, nous les multiplions
par les heures de jour, nous aurons les
temps depuis midi jusqu'au coucher, et
ceux de trois heures depuis le lever, et la
somme des temps de l'arc LKT qui ont
traversé le méridien depuis le dernier midi
avec l'arc ZDBE du zodiaque. Portant ce
nombre dans la colonne des sommes de la
sphère droite, parce que l'horizon dans la
sphère droite est le méridien même des
lieux, nous aurons les degrés de l'arc
ZDBE du cercle oblique. Or, ayant le lieu
du soleil en E, nous trouverons aussi le
point de cet oblique qui est culminant
en Z, en comptant ces degrés selon l'ordre

12

des signes. Car l'ordre des signes est de E en B qui est à l'orient. Si le soleil n'est pas dans l'équinoxe vernal E, mais dans les points conséquens ou antécédens, d'abord dans les conséquens (à l'orient), comme en H, nous prendrons les temps depuis midi jusqu'au point H, c'est-à-dire ceux qui passent avec le segment ZDBH du cercle oblique, c'est-à-dire encore, ceux de l'équateur depuis R, et leur ajoutant les temps qui ont passé avec l'arc EH, c'est-à-dire les temps de l'arc ER, nous aurons les sommes des temps qui auront traversé le méridien avec l'arc du cercle oblique, pris depuis l'équinoxe vernal E, c'est-à-dire ceux de EBDZ, et les portant dans la colonne des sommes des ascensions de la sphère droite, nous aurons pour point médian dans le ciel en Z, le nombre de degrés marqué à côté. Mais si le soleil est dans les points antécédens (à l'occident) de E, comme en N, en prenant de même les temps horaires depuis le dernier midi jusqu'en N, lesquels auront traversé le méridien, par exemple, depuis S avec l'arc EBDZ du cercle oblique, et en ôtant les temps qui passent avec NE dans la table des ascensions de la sphère droite, c'est-à-dire ceux qui répondent à ES, nous trouverons ainsi le point médian Z.

ἐκβαλόντες αὐτάς. Τὰ γὰρ ἐπὶ τὸ Β, καὶ Ζ, καὶ Δ μέρη, ἑπόμενά ἐςι, διὰ τὸ πρὸς ἀνατολὰς τυγχάνειν τὸ Β, ταῦτα δὲ εἶναι τὰ ἑπόμενα. Ὅταν δὲ μὴ κατὰ τοῦ Ε ἐαρινοῦ τυγχάνῃ ὁ ἥλιος, ἀλλ' ἤτοι ἐπὶ τὰ ἑπόμενα αὐτοῦ, ἢ προηγούμενα. Καὶ πρότερον εἰς τὰ ἑπόμενα κατὰ τὸ Η, λαβόντες τοὺς ἀπὸ τῆς παρελθύσης μεσημβρίας, μέχρι τοῦ Η χρόνους, τουτέςι τοὺς συνεξελθόντας τῷ ΖΔΒΗ τμήματι τοῦ διὰ μέσων, τουτέςι τοὺς ἀπὸ τοῦ Ρ, καὶ προσθέντες αὐτοῖς τοὺς συνεξελθόντας τῷ ΕΗ τμήματι, τουτέςι τοὺς Ε Ρ, τοὺς συναχθέντας ἕξομεν, οἳ συνεξῆλθον τὸν μεσημβρινὸν, τῷ ἀπὸ τοῦ Ε ἐαρινοῦ σημείου τμήματι τοῦ διὰ μέσων, τουτέςι τῷ ΕΒΔΖ, οὓς εἰσενεγκόντες κατὰ τοῦ τῆς ἐπισυναγωγῆς τοῦ ἐπ' ὀρθῆς τῆς σφαίρας σελιδίου, τὴν περιεχομένην αὐτοῦ μοῖραν, οἷον τὴν κατὰ τὸ Ζ ἕξομεν πάλιν τότε μεσουρανοῦσαν. Ὅταν δὲ εἰς τὰ προηγούμενα τοῦ Ε, ὡς κατὰ τὸ Ν τυγχάνῃ ὁ ἥλιος, λαβόντες πάλιν τοὺς ἀπὸ τῆς παρελθούσης μεσημβρίας, μέχρι τοῦ Ν ὡριαίους χρόνους, οἳ συνεξῆλθον τὸν μεσημβρινὸν, ὡς ἀπὸ τοῦ Σ, λόγου ἕνεκεν, τῷ ΕΒΔΖ τμήματι τοῦ διὰ μέσων, καὶ ἀπὸ τούτων ἀφελόντες τοὺς περιεχομένους τῷ ΝΕ, ἐν τῷ ἐπ' ὀρθῆς τῆς σφαίρας κανονίῳ, τουτέςι τοὺς τῇ ΕΣ, τοὺς λοιποὺς, οἳ συνεξῆλθον τὸν μεσημβρινὸν, τῷ ἀπὸ τοῦ Ε ἐαρινοῦ σημείου τμήματι τοῦ διὰ μέσων, εἰσενεγκόντες ὁμοίως κατὰ τοῦ τῆς ἐπισυναγωγῆς τοῦ ἐπ' ὀρθῆς τῆς σφαίρας σελιδίου, τὴν περιεχομένην αὐτοῖς κατὰ τὸ πρῶτον σελίδιον τοῦ διὰ μέσων μοῖραν, οἷον τὴν κατὰ τὸ Ζ τότε μεσουρανοῦσαν εὑρήσομεν.

Οἷον ἔϛω πάλιν, ὑποδείγματος ἕνεκεν,
ἐπὶ τοῦ δι' Ἀλεξανδρείας τρίτου κλίματος,
ὁ ἥλιος κατὰ τῆς δεκαμοιρίας τοῦ ταύρου,
ἀπέχων τοῦ μεσημβρινοῦ ὥρας κᾱ, ὡς κα-
τὰ τὸ Η τυγχάνων, καὶ δέον ἔϛω εὑρεῖν
τὸ κατὰ τὸ Ζ μεσουρανοῦν σημεῖον τοῦ
ζωδιακοῦ, λαμβάνομεν πρῶτον πρὸς τὴν
τοιαύτην κατάληψιν, τούς τε ἡμερινοὺς,
καὶ τοὺς νυκτερινοὺς ὡριαίους χρόνους,
συναγαγόντες τοὺς ἀπὸ τῆς ἡλιακῆς μοίρας,
μέχρι τῆς διαμετρούσης τὸν ἥλιον χρόνους,
τὸν δὲ τὸν τρόπον· ἐπεὶ γὰρ τῇ δεκαμοιρίᾳ
τοῦ ταύρου, ἐν τῷ δι' Ἀλεξανδρείας τρίτῳ
κλίματι, παράκεινται ἐπισυναγόμενοι χρόνοι
κ̄η κϛ', τῇ δὲ κατὰ διάμετρον αὐτοῦ
μοίρᾳ, τουτέϛι τῇ δεκαμοιρίᾳ τοῦ σκορπίου,
παράκεινται σκϛ̄ λδ', ἀπὸ τούτων ἀφελόντες
τοὺς ἀπὸ τῆς ἀρχῆς τοῦ κριοῦ ἕως τῆς δε-
καμοιρίας τοῦ ταύρου, χρόνους κ̄η κϛ̄,
ἕξομεν τοὺς λοιποὺς χρόνους ρ̄ϟη η', οἵ-
τινες συνανενεχθήσονται τοῖς ἀπὸ τῆς δεκα-
μοιρίας τοῦ ταύρου, μέχρι τῆς δεκαμοιρίας
τοῦ σκορπίου, ἐν ἐκείνῃ τῇ ἡμέρᾳ, ἐν ᾗ
ὁ ἥλιος ἐπὶ τῆς δεκαμοιρίας τοῦ ταύρου
ἐϛιν, τοὺς δὲ λοιποὺς εἰς τοὺς τ̄ξ χρόνους
ρ̄ξα νβ' τῆς νυκτός. Καὶ τοὺς μὲν ρ̄ϟη τῆς
ἡμέρας παρὰ τὸν ῑβ μερίσαντες, εὑρήσομεν
ἐκείνης τῆς ἡμέρας τοὺς καιρικοὺς ὡριαί-
ους χρόνους ῑϛ λα' ἔγγιϛα. Ὁμοίως δὲ καὶ
τοὺς ρ̄ξα νβ' χρόνους νυκτερινοὺς μερίσαντες
παρὰ τὴν ῑβ, εὑρήσομεν τοὺς νυκτερινοὺς
ὡριαίους χρόνους ῑγ κθ' ἔγγιϛα. Ἢ καὶ ἐκ
προχείρου λαμβάνοντες τοὺς λοιποὺς εἰς τοὺς
λ̄ χρόνους τῶν δύο ἰσημερινῶν ὡρῶν, ἕξο-
μεν τοὺς νυκτερινοὺς ὡριαίους χρόνους.
Ἔπειτα πολλαπλασιάσαντες τὰς μὲν ἡμερινὰς
θ̄ ὥρας, ἐπὶ τοὺς ἰσημερινοὺς χρόνους ῑϛ

Prenons encore pour exemple, le troi-
sième climat qui est celui d'Alexandrie.
Supposons-y le soleil au dixième degré du
taureau en H, à 21 heures de distance du
méridien, et qu'il faille trouver le point
Z du cercle oblique, médiant au ciel. Nous
prendrons d'abord pour l'avoir, les temps
horaires du jour et ceux de la nuit, en
sommant les temps depuis le lieu du so-
leil jusqu'au point diamétralement opposé,
de cette manière : puisqu'au dixième degré
du taureau, répond pour le troisième cli-
mat à Alexandrie, la somme des temps
28t 26'; et au degré diamétralement opposé,
c'est-à-dire au dixième degré du scorpion,
226t 34', nous en retranchons les 28t 26'
depuis le premier point du bélier jusqu'au
dixième degré du taureau, restant 198t 8',
qui monteront avec les temps qui sont
depuis les dix degrés du taureau jusqu'aux
dix du scorpion, le jour où le soleil est
dans le dixième du taureau. Les 161t 52',
temps de la nuit restants jusqu'à 360, et
les 198 8' du jour, étant divisés par 12,
nous trouverons pour ce jour là environ
16t 31' temps horaires; et pour la nuit, 13
29' à peu près. Ou plus expéditivement,
retranchant les temps des heures de jour,
des 30t de deux heures équinoxiales, le
reste offre les temps horaires de la nuit.
Ensuite, multipliant les 9 heures de jour
par les 16 31' temps équinoxiaux, nous

avons le nombre des temps 148ᵗ 35′, auxquels ajoutant les 161ᵗ 52′ de la nuit, puis comptant la somme 310ᵗ 27′ pour 21 heures, depuis le dixième degré du taureau suivant l'ordre des signes, dans les temps sommés pour la sphère droite, nous tomberons sur le 17ᵉ degré des poissons à peu près, et nous dirons que c'est le point médiant.

Nous comptons ainsi ces 310ᵗ 27′, depuis le dixième degré du taureau, parce que dans la sphère droite, au dixième degré du taureau, répond la somme des temps 37ᵗ 30′ depuis et compris le bélier. Nous y ajoutons la somme 310ᵗ 27′ des temps de 21 heures, ce qui donne presque 348ᵗ qui répondent dans la première colonne à un point qui est celui qui culmine alors. Or, à ces 348 temps ainsi comptés, répondent à peu près 16ᵈ 57′ des poissons, comme nous l'avons enseigné dans le premier livre, en calculant de la manière suivante : Puisqu'à l'arc de moins de 348ᵗ, c'est-à-dire, à 341ᵗ 35′ 9″, répondent dans la première colonne, 10 degrés des poissons, et qu'à l'arc plus grand que 348ᵗ, c'est-à-dire à celui de 350ᵗ 50′, répondent 20 degrés, calculons d'après cela, combien de degrés répondent à 348ᵗ, en disposant ces nombres comme les voici :

10		341	35′	9	15′		10
16	57′ 10″	348		6	25′		6	57′
20		350	50′			66	10′

prenons la différence de 341ᵗ 35′ à 350ᵗ 50′, laquelle est 9ᵗ 15′; et celle de 341ᵗ 35′ à 348ᵗ, laquelle est 6ᵗ 25′; et celle des 10 et

Γέγονε δὲ ἡμῖν ἡ ἄφεσις τῶν τῑ κϛ′ χρόνων ἀπὸ τῆς δεκαμοιρίας τοῦ ταύρου, τὸν τρόπον τοῦτον· ἐπεὶ γὰρ τῇ δεκαμοιρίᾳ τοῦ ταύρου παράκεινται ἐπ' ὀρθῆς τῆς σφαίρας χρόνοι ἐπισυναγόμενοι ἀπὸ κριοῦ λζ λ′, τούτοις προσθέντες τοὺς τῑ κϛ′ τῆς κᾱ ὥρας, τὴν περιεχομένην τοῖς συναχθεῖσιν ἀπὸ τῆς ἀρχῆς τοῦ κριοῦ χρόνοις τμη̄ ἔγγιϛα κατὰ τὸ πρῶτον σελίδιον ἕξομεν τότε μεσουρανοῦσαν. Ἐπιβάλλουσι δὲ τοῖς τμη̄ χρόνοις παρακεῖσθαι τῶν ἰχθύων μοῖρας ιϛ̄ νζ′ ἔγγιϛα, ὡς ἐν τῷ πρώτῳ βιβλίῳ διὰ τῶν ὑπεροχῶν ἐδηλώσαμεν, τόν δὲ τὸν τρόπον· ἐπεὶ γὰρ τῷ ἐλάσσονι τῶν τμη̄, τουτέϛι τῷ τῶν τμᾱ λέ παράκεινται τοῦ ζωδιακοῦ, ἐν τῷ ἐπ' ὀρθῆς τῆς σφαίρας πρώτῳ σελιδίῳ τῶν ἰχθύων μοῖραι ῑ, τῷ δὲ μείζονι τῶν τμη̄, τουτέϛι τῷ τῶν τν ν′ παράκεινται μοῖραι κ̄, ἐπιλογιζόμεθα πόσαι τοῖς τμη̄ ἐπιβάλλουσιν, οὕτως· ἐκθέμενοι αὐτοὺς, ὡς ὑπογέγραπται,

ῑ		τμᾱ	λέ	θ	ιέ		ῑ
ιϛ̄	νζ′ ι″	τμη̄		ϛ̄	κέ		ϛ̄	νζ
κ̄		τν̄	ν′			ξϛ̄	ί

καὶ λαμβάνοντες τὴν διαφορὰν τῶν τμᾱ λέ θ″, πρὸς τὰ τν̄ ν′, ἥτίς ἐϛιν θ ιέ, καὶ τῶν τμᾱ λέ πρὸς τὰ τμη̄, ἥ τίς ἐϛιν ὁμοίως ϛ̄ κέ, καὶ τῶν περιεχομένων τοῦ ζωδιακοῦ

μοιρῶν ῑ καὶ κ̄, ἥ τίς ἐϛι ῑ, καὶ ποι-
οῦντες, ὡς ἡ διαφορὰ τῶν τμᾱ λέ πρὸς
τὰ τν̄, πρὸς τὴν διαφορὰν τῶν ῑ, πρὸς
τὰ κ̄, οὕτως ἡ διαφορὰ τῶν τμᾱ λέ πρὸς
τὰ τμη̄, πρὸς ἄλλον τινὰ, τουτέϛιν ὡς
θ̄ ιε΄ πρὸς ῑ, οὕτως ϛ̄ κέ πρὸς ἄλλον
τινὰ, εὑρίσκομεν τὸν τέταρτον ἀνάλογον ϛ̄
νζ΄, πολλαπλασιάζοντες τὸν ῑ ἐπὶ τὸν ϛ̄ κέ,
καὶ τὰ γενόμενα ξϛ̄ ι΄ μερίζοντες παρὰ
τὸν θ̄ ιε΄, ἃς προσθέντες τῇ δεκαμοιρίᾳ τοῦ
ζωδιακοῦ τῶν ἰχθύων, ἕξομεν τὰς ἐπιβαλ-
λούσας τοῖς τμη̄ χρόνοις τοῦ ζωδιακοῦ τῶν
ἰχθύων μοιρῶν ιϛ̄ νζ΄.

Ὁμοίως δὲ τῆς ἀνατελλούσης μοίρας δο-
θείσης, τὴν μεσουρανοῦσαν ὑπὲρ γῆν λη-
ψόμεθα, σκεψάμενοι τὸν τῇ ἀνατελλούσῃ
περιεχόμενον τῆς ἐπισυναγωγῆς ἀριθμὸν, ἐν
τῷ τοῦ οἰκείου κλίματος κανονίῳ. Ἀφελόντες
γὰρ ἀπ' αὐτοῦ πάντοτε τοὺς τοῦ τεταρ-
τημορίου χρόνους ϛ̄, καὶ τοὺς λοιποὺς εἰσ-
αγαγόντες εἰς τοὺς τῆς ἐπισυναγωγῆς τοὺς
τῆς ὀρθῆς σφαίρας σελιδίου, τὴν περιεχο-
μένην τῷ ἀριθμῷ μοῖραν κατὰ τὸ πρῶτον
σελίδιον τότε ὑπὲρ γῆς μεσουρανοῦσαν εὑ-
ρήσομεν. Ἐπὶ γὰρ τῆς ἐπάνω καταγραφῆς
ἡ κατὰ τὸ Ε τομὴ ἐπὶ τοῦ ἐαρινοῦ ση-
μείου. Λαβόντες οὖν πάλιν ἐκ τοῦ κανόνος
τοῦ οἰκείου κλίματος τοὺς τῆς ΕΘ τῆς
ἐπισυναγωγῆς χρόνους, οἵτινες ἀνηνέχθησαν
τῇ ΕΒ τοῦ ζωδιακοῦ περιφερείᾳ, καὶ προσ-
θέντες αὐτοῖς τοὺς τοῦ ἰσημερινοῦ χρόνους
τξ̄, ἕξομεν τοὺς χρόνους ὅλου τοῦ ἰση-
μερινοῦ καὶ τοῦ ΘΕ τμήματος, οἵτινες συν-
ανηνέχθησαν ὅλῳ τῷ ζωδιακῷ, καὶ τῇ ΒΕ
αὐτοῦ περιφερείᾳ, ἀφ' ὧν ἀφελόντες τοὺς
ἀπὸ τοῦ ὁρίζοντος, ἤτοι τοῦ λ̄ ἐπὶ τὸν μεσ-
ημβρινὸν τοῦ ἰσημερινοῦ χρόνους γινομένους
πάντοτε ϛ̄, ἕξομεν λοιπὸν τοὺς τοῦ ΕΘ κλί-

20 degrés correspondans du cercle oblique,
laquelle est 10^d. Puis, disons: comme $9^t 15'$
sont à 10^d, ainsi $6^t 25'$ sont à un quatrième
terme $6^t 57'$, en multipliant 10 par $6^t 25'$,
et en divisant le produit $66^t 10'$ par $9' 15$.
Nous le portons au dixième degré des pois-
sons dans le zodiaque, et nous trouvons
qu'à 348^t répondent $16^d 57'$ du zodiaque.

Pareillement, étant donné le point orient,
nous prendrons le point médiant au-dessus
de la terre, en regardant quel est le nombre
qui, dans la colonne des sommes, répond
au point orient, pour le climat proposé.
Car, retranchant toujours de ce nombre
les 90 temps du quart de cercle, et portant
le reste dans la colonne des sommes de la
table dans la sphère droite, nous trouve-
rons dans la première colonne le degré
correspondant qui sera celui qui alors mé-
diera dans le ciel au-dessus de la terre.
Car, dans la figure précédente, le point E
étant l'équinoxe du printemps, prenons
dans la table pour le climat dont il s'agit,
la somme des temps de ET, qui sont mon-
tés avec l'arc EB du zodiaque, et leur ajou-
tant les 360 temps de l'équateur, nous au-
rons les temps de l'équateur entier et de
son segment TE, lesquels sont montés avec
le zodiaque entier et avec son arc BE. De
ces temps retranchant les 90^t depuis l'hori-
zon, ou depuis le point L jusqu'au méri-
dien, nous aurons pour reste les temps de

l'équateur, pour le climat ET, qui ont tra-
versé le méridien avec le segment EKBDZ
du zodiaque. Et entrant avec ces temps
dans la table des ascensions pour la sphère
droite, nous trouverons le point médiant
Z du cercle oblique.

Réciproquement, étant donné le point
médiant Z, nous trouverons le point orient
B, en prenant dans la table pour la sphère
droite le nombre des temps sommés pour
le point Z, qui sont ceux du segment ETKL
de l'équateur, qui traverse le méridien
avec l'arc EBDZ du cercle oblique. Et y
ajoutant toujours les 90 temps du quart de
cercle LT, puis retranchant de la somme,
pour le cas dont il est question, les 360
temps de l'équateur depuis l'équinoxe ver-
nal E, nous porterons le reste ET, pour le
climat désigné, dans la colonne des sommes,
et nous trouverons dans la première, le
nombre correspondant qui sera le point
orient du zodiaque (de l'écliptique).

Il est évident que pour les habitations
qui sont sous le même méridien, la dis-
tance du soleil au méridien, est la même en
heures équinoxiales; mais que pour celles
qui sont sous différens méridiens, la diffé-
rence entre les temps équinoxiaux de cha-
cune, est égale à la différence entre les
degrés de leurs méridiens respectifs. Car
(Fig. 31.) soient les méridiens AZB, AKB,
avec leurs habitations à chacun, le zodiaque
MNX, le soleil en X, l'équateur XOP;
l'arc OX de 3 heures équinoxiales, savoir,
de 45 temps; et l'arc OP de 30 temps. Il
est clair que le soleil est pour toutes les ha-

ματος τοῦ ἰσημερινοῦ χρόνους, οἵ τινες συν-
εξῆλθον τὸν μεσημβρινὸν τῷ ΕΚΒΔΖ τμήματι του ζωδιακοῦ. Οὓς πάλιν εἰσαγαγόντες
εἰς τὰς ἐπ᾽ ὀρθῆς τῆς σφαίρας ἀναφοράς,
εὑρήσομεν τὸ μεσουρανοῦν τοῦ διὰ μέσων
τμῆμα τουτέςι τὸ ζ.

Ἀνάπαλιν δὲ, δοθέντος του Ζ μεσουρανοῦντος, τὸ Β ἀνατέλλον εὑρήσομεν, λαβόντες ἐκ τοῦ ἐπ᾽ ὀρθῆς τῆς σφαίρας κανονίου, τὸν τῷ Ζ περιεχόμενον τῆς ἐπισυναγωγῆς τῶν χρόνων ἀριθμὸν, οἵ εἰσι τοῦ
ΕΘΚΛ τμήματος τοῦ ἰσημερινοῦ, συνεξελ.
θόντες τὸν μεσημβρινὸν τῷ ΕΒΔΖ τμήματι
τοῦ διὰ μέσων. Καὶ προσθέντες αὐτοῖς πάντοτε τοὺς τοῦ ΛΘ τεταρτημορίου χρόνους
ζ, καὶ ἀφελόντες ἀπὸ τῶν συναχθέντων,
ὡς ἐπὶ τῆς προκειμένης θέσεως τοὺς ἀπὸ
τοῦ Ε ἐαρινοῦ τοῦ ὅλου ἰσημερινοῦ χρόνους
τξ, τοὺς λοιποὺς τῆς ΕΘ εἰσαγαγόντες εἰς
τὸ ἐπιζητούμενον κλίμα, κατὰ τὸ τῆς ἐπισυναγωγῆς σελίδιον, τὴν περιεχομένην αὐτοῖς
κατὰ τὸ πρῶτον σελίδιον τοῦ ζωδιακοῦ μοῖραν
εὑρήσομεν τότε ἀνατέλλουσαν.

Φανερὸν δὲ ὅτι καὶ τοῖς μὲν ὑπὸ τὸν
αὐτὸν μεσημβρινὸν οἰκοῦσιν, ὁ ἥλιος τὰς
ἴσας ἰσημερίας ὥρας ἀπέχει τοῦ μεσημβρινοῦ·
τοῖς δὲ μὴ ὑπὸ τὸν αὐτὸν μεσημβρινὸν
οἰκοῦσι, τοσούτοις ἰσημερινοῖς χρόνοις διοίσει
ἡ οἴκησις τῆς οἰκήσεως, ὅσαις μοίραις καὶ
ὁ μεσημβρινὸς τοῦ μεσημβρινοῦ παρ᾽ ἑκατέροις διαφέρει. Ἔςωσαν γὰρ μεσημβρινοὶ
μὲν ὁ ΑΖΒ, ΑΚΒ, καὶ νοείσθωσάν οἰκήσεις
ὑπ᾽ αὐτοὺς, καὶ ἔςω ζωδιακὸς ὁ ΜΝΞ, ὁ
ἥλιος δὲ κατὰ τὸ Ξ, ἰσημερινὸς δὲ ὁ ΞΟΠ.
Ἔςω δὲ ἡ μὲν ΟΞ ὡρῶν ἰσημερινῶν τριῶν,
χρόνων δὲ δηλονότι μ̅ε̅, ἡ δὲ ΟΠ χρόνων
τριάκοντα. Δῆλον οὖν ὅτι ὅλαις ταῖς ὑπὸ

τὸν ΑΚΒ μεσημβρινὸν οἰκήσεσι, τὰς αὐτὰς ὥρας τρεῖς καὶ ὁ ἥλιος ἀπέχει τῆς μεσημβρίας· ἅμα γὰρ αὐτοῖς ἐπὶ τοῦ μεσημβρινοῦ γινόμενος τὰς ϛ̅ ὥρας ποιεῖται. Ὁμοίως δὲ καὶ ταῖς ὑπὸ τὸν ΑΖΒ μεσημβρινὸν, τὰς αὐτὰς ἀπέχει ὥρας πέντε, διὰ τὴν ΟΠ τοῦ ἰσημερινοῦ περιφέρειαν, χρόνων μὲν ὑποκεῖσθαι τριάκοντα, ὡρῶν δὲ ἰσημερινῶν δύο. Καὶ φανερὸν ὅτι τὰς αὐτὰς διοίσει ὥρας ἡ τοῦ ἡλίου ἀπόϛασις τῆς μεσημβρίας, ἤτοι τῆς ἕκτης ὥρας ἐπὶ τῶν ὑπὸ τὸν ΑΖΒ μεσημβρινὸν οἰκήσεων πρὸς τὰς ὑπὸ τὸν ΑΚΒ, ὅσαις διαφέρει ὁ ΑΖΒ μεσημβρινὸς τοῦ ΑΚΒ μεσημβρινοῦ, τουτέϛιν ὥραις ἰσημεριναῖς δύο.

ΚΕΦΑΛΑΙΟΝ Θ.

ΠΕΡΙ ΤΩΝ ΥΠΟ ΤΟΥ ΔΙΑ ΜΕΣΩΝ ΤΩΝ ΖΩΔΙΩΝ ΚΥΚΛΟΥ, ΚΑΙ ΤΟΥ ΜΕΣΗΜΒΡΙΝΟΥ ΓΙΝΟΜΕΝΩΝ ΓΩΝΙΩΝ.

ΚΑΤΑΛΕΙΠΟΜΕΝΟΥ δὲ ἀπὸ τῶν ἐν τῇ ἀρχῇ τοῦ δευτέρου βιβλίου ἀριθμηθέντων αὐτῷ κεφαλαίων, τοῦ περὶ τῶν γωνιῶν ποιήσασθαι τὸν λόγον. Λέγω δὲ τῶν πρὸς τὸν διὰ μέσων τῶν ζωδίων γινομένων, ὑπὸ τῶν ἑξῆς δηλουμένων αὐτῷ κυριωτέρων κύκλων προδιδάσκει ἡμᾶς, τί φησιν, ὀρθὴν γωνίαν ὑπὸ μεγίϛων κύκλων περιέχεσθαι, καὶ φησίν· Ὀρθὴν γωνίαν ὑπὸ μεγίϛων κύκλων λέγομεν περιέχεσθαι, ὅταν πόλῳ τῇ κοινῇ τομῇ τῶν κύκλων, καὶ διαϛήματι τῷ τυχόντι γραφέντος κύκλου, ἡ ἀπολαμβανομένη αὐτοῦ περιφέρεια ὑπὸ τῶν τὴν γωνίαν περιεχόντων τμημάτων, τεταρτημόριον τοῦ γραφέντος κύκλου ποιεῖ.

---

bitations situées sous le méridien AKB, à 3 heures de distance de midi, car il a achevé 6 heures pour elles toutes, quand il est dans ce méridien. Pareillement, il est à une distance de 6 heures, des habitations situées sous le méridien AZB, l'arc OP de l'équateur étant supposé de 3o temps ou 2 heures équinoxiales. Il est donc certain que la distance du soleil à midi, c'est-à-dire à la sixième heure, pour les habitations AZB, relativement à sa distance de midi, pour les habitations AKB, est égale à la différence des longitudes de ces deux méridiens, c'est-à-dire à 2 heures équinoxiales.

CHAPITRE IX.

DES ANGLES FORMÉS PAR LE CERCLE OBLIQUE ET PAR LE MÉRIDIEN.

IL reste, pour achever la théorie commencée dans le premier livre, à parler des angles que font avec le cercle oblique les cercles principaux dont nous parlerons dans la suite. Ptolemée donne d'abord la définition de l'angle droit formé par de grands cercles en ces termes : « Nous disons qu'il y a un angle droit compris entre des grands cercles, là où un cercle étant décrit à une certaine distance de la commune section des cercles prise pour pole, l'arc intercepté sur ce cercle par les segmens qui embrassent l'angle, est un quart de ce même cercle.

Par exemple (Fig. 32.), soient les grands cercles AZB, EZK qui s'entre-coupent en Z; du pole Z et à une distance telle que ZA, décrivons le cercle AHBE qui ferme l'angle droit AZE. Il appelle droit, cet angle, si l'arc AE est un quart de cercle. Et puisque les arcs AZB, EZH étant à angles droits l'un sur l'autre , chacun des arcs AH, HB, BE, est un quart de cercle, parce que le cercle AZB passant par les poles de AHBE, le coupe en deux également, et que le cercle EZH passant par les poles de AZB et de AHBE, coupe en deux également leurs portions intercep-tées, savoir chacun des demi-cercles AHB, BEA, il s'ensuit que chacun des arcs AH, HB, BE, EA, est un quart de cercle. Pto-lemée a bien nommé cet angle, droit, parce que si AH est l'arc du quart de cercle, l'angle embrassé par l'inclinaison des plans AZB, EZH, devient droit. Car, si nous joignons les droites AB, EH, la section commune ZD des cercles AZB, EZH, sera un angle droit sur le cercle AHBE, parce que les cercles AZB, EZH, passent par les poles de ce cercle, ou parce que le pole de ce cercle est Z, et que son centre est le point D, et l'inclinaison ADH des cercles AZB, EZH, est droite, parce que AH est supposé être un quart de cercle. Il est donc généralement évident, que, quelque soit le rapport d'un arc AH au cercle entier, l'angle ADH formé au centre du cercle AHBE par l'inclinaison des plans,

Οἶον ἔϛωσαν δύο μέγιϛοι κύκλοι, οἱ AZB, EZK, τέμνοντες ἀλλήλους κατὰ τὸ Z σημεῖον, καὶ πόλῳ τῷ Z, καὶ διαϛήματι τῷ τυχόντι, ὡς τῷ ZA κύκλος γεγράφθω ὁ AHBE, ὀρθὴν συνάγων γωνίαν τὴν ὑπὸ AZE. Ὀρθὴν δὲ ταύτην καλεῖ, ὅταν ἡ AE περιφέρεια τεταρτημόριον τυγχάνῃ, ἐπεὶ καὶ τῶν AZB, EZH περιφερειῶν πρὸς ὀρθὰς ἀλ-λήλαις τυγχανουσῶν, ἑκάϛη τῶν AH, HB, BE περιφερειῶν τεταρτημόριον γίνεται, διὰ τὸ τὸν μὲν AZB διὰ τῶν πόλων τυγχάνοντα τοῦ AHBE δίχα αὐτὸν τέμνειν, καὶ ἔτι τὸν EZH διὰ τῶν πόλων τυγχάνοντα τοῦ AZB, καὶ τοῦ AHBE, δίχα αὐτῶν τὰ ἀπειλημ-μένα τμήματα τέμνειν, δηλαδὴ ἑκάτερα τῶν AHB, BEA ἡμικυκλίων, καὶ τεταρ-τημορίου γίνεσθαι ἑκάϛην τῶν AH, HB, BE, EA. Ἀναγκαίως οὖν τὴν τοιαύτην γω-νίαν ὀρθὴν ὡρίσατο· ἢ καὶ ὅτι ὅταν τε-ταρτημορίου τυγχάνῃ ἡ AH περιφέρεια, ὀρθὴ γίνεται ἡ περιεχομένη γωνία ὑπὸ τῆς κλίσεως τῶν διὰ τῶν AZB, EZH ἐπιπέδων. Ἐπειδήπερ ἐὰν ἐπιζεύξωμεν τὰς AB, EH εὐθείας, καὶ ἔτι τὴν ZΔ κοινὴν τομὴν τῶν AZB, EZH κύκλων, ὀρθὴν γινομένην πρὸς τὸν AHBE κύκλον, ἤτοι διὰ τὸ διὰ τῶν πόλων εἶναι αὐτοῦ τοὺς AZB, EZH, ἢ καὶ διὰ τὸ τὸ μὲν Z πόλον εἶναι αὐτοῦ, τὸ δὲ Δ κέντρον, ἡ ὑπὸ AΔH κλίσίς ἐϛι τῶν AZB, EZH κύκλων. Καὶ ὀρθὴ δηλονότι, διὰ τὸ τεταρτημορίου ὑποκεῖσθαι τὴν AH. Καὶ φανερὸν καθόλου ὅτι ἐὰν ᾖ τυγχά-νουσα ἡ AH περιφέρεια, ὃν ἂν ἔχοι λόγον πρὸς τὸν ὅλον κύκλον, τοῦτον ἔχει τὸν λό-γον ἡ περιεχομένη γωνία ὑπὸ τῆς κλίσεως τῶν ἐπιπέδων, τουτέϛιν ἡ ὑπὸ AΔH πρὸς τῷ κέντρῳ οὖσα τοῦ AHBE κύκλου πρὸς

τέσσαρας ὀρθὰς, ἐπειδήπερ αἱ πρὸς τῷ κέν-
τρῳ γωνίαι τὸν αὐτὸν λόγον ἔχουσι ταῖς
περιφερείαις, ἐφ' ὧν βεβήκασι. Καὶ βέβηκεν
ἡ μὲν ὑπὸ ΑΔΗ γωνία ἐπὶ τῆς ΑΗ, αἱ δὲ
πρὸς τῷ Δ κέντρῳ τέσσαρες ὀρθαὶ, ἐπὶ τοῦ
ὅλου κύκλου. Καὶ διὰ τὰ αὐτὰ, ἐὰν ἄλλην
τινὰ περιφέρειαν μεγίστου κύκλου διὰ τοῦ
Ζ γράψωμεν ὡς τὴν ΖΘ, καὶ ἐπιζεύξωμεν
τὴν ΔΘ, ἔσται καὶ ἡ ὑπὸ ΗΔΘ γωνία ἡ
κλίσις, ἣν κέκλιται τὸ τοῦ ΕΖΗ κύκλου
ἐπίπεδον πρὸς τὸ τοῦ ΖΘ· καὶ ἔσται ὡς ἡ
ΑΗ πρὸς τὴν ΗΘ, οὕτως ἡ ὑπὸ ΑΔΗ πρὸς
τὴν ὑπὸ ΗΔΘ· τουτέστιν ἡ κλίσις τῶν διὰ
τῶν ΑΖΒ, ΕΖΗ ἐπιπέδων, πρὸς τὴν κλίσιν
τῶν διὰ τῶν ΕΖΗ, ΖΘ ἐπιπέδων.

Τῶν δὲ πρὸς τὸν λοξὸν κύκλον γινομένων
γωνιῶν αἱ μάλιστα χρήσιμοι πρὸς τὴν ὑπο-
κειμένην θεωρίαν, τοῖαί εἰσίν. Εἶτα ἐρεῖ
περὶ τῶν ὑπὸ τῶν λοιπῶν κύκλων γινομέ-
νων πρὸς τὸν ζωδιακὸν γωνιῶν, περὶ ὧν
χρήσιμον εἶναι, φησί, διαλαβεῖν πρὸς τὴν
ὑποκειμένην θεωρίαν, καὶ φησὶν ὅτι, τῶν
τε ὑπὸ τῆς τομῆς τοῦ ζωδιακοῦ, καὶ τοῦ
μεσημβρινοῦ περιεχομένων, καὶ τῶν ὑπὸ τῆς
κοινῆς τομῆς αὐτοῦ καὶ τοῦ ὁρίζοντος, καθ'
ἑκάστην ἔγκλισιν καὶ θέσιν τοῦ ζωδιακοῦ,
καὶ ἔτι τῶν ὑπὸ τῆς τομῆς αὐτοῦ καὶ τοῦ
διὰ τῶν πόλων τοῦ ὁρίζοντος, τουτέστι τοῦ
κατὰ κορυφὴν ἑκάστης οἰκήσεως γραφομένου
μεγίστου κύκλου. Καθόλου συναποδεικνυμένων
ταῖς τοιαύταις γωνίαις, ταῖς κατὰ τὰς ἀρ-
χὰς δηλαδὴ τῶν δωδεκατημορίων συνιστα-
μέναις, καὶ τῶν ἀπολαμβανομένων τούτου
τοῦ κύκλου περιφερειῶν, τουτέστι τοῦ διὰ
τοῦ κατὰ κορυφὴν σημείου γραφομένου,
ὑπό τε τῆς τομῆς καὶ τοῦ πόλου τοῦ ὁρί-
ζοντος τοῦ κατὰ κορυφὴν σημείου. Ἕκαστα

THÉON. II.

est le même rapport à quatre angles droits.
En effet, les angles au centre sont entr'eux
en même rapport que les arcs sur lesquels ils
sont appuyés. Or, l'angle ADH est appuyé
sur AH, et les quatre angles droits sur
tout le cercle. C'est pourquoi, si nous
décrivons tout autre arc de grand cercle,
tel que TZ, par le pole Z, et que nous
joignions DT, l'angle HDT sera l'incli-
naison du plan du cercle EZH sur le plan
du cercle ZT, et on aura : comme AH
est à HT, ainsi l'angle ADH est à l'angle
HDT, c'est-à-dire l'inclinaison des plans
AZB, EZH, à l'inclinaison des plans EZH,
ZT.

Tels sont, pour cette théorie, les plus
utiles des angles formés sur le cercle oblique.
Ensuite il parle de ceux qui sont formés
par l'intersection du cercle oblique et du
méridien, et ceux que forme son inter-
section avec l'horizon, en suivant chacune
des inclinaisons et des positions du zo-
diaque, et pareillement ceux qui sont for-
més par son intersection avec le grand cercle
qui passe par les poles de l'horizon, c'est-
à-dire du grand cercle qui passe par le
point vertical de chaque habitation; en
ajoutant à ces angles qui sont aux premiers
points des dodécatémories, les arcs de ce
cercle, c'est-à-dire de celui qui passe par
le point vertical, qui sont compris entre
cette intersection et le pole de l'horizon,
c'est-à-dire le point vertical. Car chacun

de ces objets bien démontré, nous servira infiniment pour l'intelligence de toute la théorie. Leur démonstration est surtout avantageuse pour ce qui concerne les in-inclinaisons des éclipses, les phases des planètes, et particulièrement la parallaxe de la lune, dont il seroit impossible de rien concevoir, si l'on n'avoit auparavant bien saisi les démonstrations de ces angles et de ces arcs. Ensuite il enseigne quels sont, parmi les sections des cercles, les arcs qu'il juge plus utiles pour cette théo-rie, en disant : « Quatre angles étant for-més autour de l'intersection de deux cercles, c'est-à-dire du cerle oblique, et d'un de ceux qui le coupent, nous ne parlerons jamais que d'un seul qui sera toujours dans une même position. Convenons donc d'a-bord, qu'en général de deux angles dont l'arc est conséquent de l'autre, il faut tou-jours comprendre que par l'angle appuyé sur l'arc qui suit le point d'intersection, nous entendrons celui qui aura son ouver-ture vers le pole boréal, lequel il dit être semblable quant à la position.

Pour faire mieux connoître par une fi-gure (Fig. 33.), l'angle cherché, soit le méridien AHBE, les segmens ou arcs AZ, BG du cercle oblique, de sorte que AZ soit conséquent, ou selon l'ordre des signes sur le cercle oblique, et soit E le côté boréal. Il faut savoir que nous voulons parler de l'angle EAZ, formé par le cercle oblique et le méridien, parce qu'il est le seul des deux angles formés sur le cercle oblique, suivant l'ordre des signes, qui soit vers les ourses, car des deux angles qui sont formés par l'arc conséquent AZ du cercle oblique et par le méridien, c'est-à-dire des angles EAZ et ZAH, l'angle EAZ

γὰρ τῶν ἐκκειμένων ἀποδειχθέντα, πρός τε τὴν ὅλην θεωρίαν, ἱκανωτάτην ἔχει χώραν· χρησιμεύει γὰρ ἡ τούτων πραγματεία, πρός τε τὰς προσνεύσεις τῶν ἐκλείψεων, καὶ τὰς φάσεις τῶν πλανήτων, ἔτι δὲ τὰ πλεῖςα καὶ πρὸς τὰς τῆς σελήνης παραλλάξεις, μη-δαμῶς τούτων καταληφθῆναι δυναμένων, ἄνευ τῆς τῶν εἰρημένων γωνιῶν τε καὶ περιφερειῶν καταλήψεως. Εἶτα διδάσκει καὶ ποῖα τῶν ὑπὸ τῆς τομῆς κύκλων γινομένων γωνιῶν χρησιμεύει αὐτῷ εἰς τὴν εἰρημένην θεωρίαν, καὶ φησίν. Ἐπεὶ δὲ καὶ τεσσάρων οὐσῶν γωνιῶν τῶν περιεχομένων ὑπὸ τῆς τῶν δύο κύκλων τομῆς, τουτέςι τοῦ τε ζω-διακοῦ, καὶ ἑνὸς τῶν εἰρημένων κύκλων, περὶ μιᾶς καὶ ὁμοίας κατ' αὐτὴν θέσιν τὸν λόγον ποιεῖσθαι μέλλομεν, προδιοριςέον ὅτι τῶν δύο γωνιῶν, τῶν ὑπὸ τοῦ ἑπομένου τμήματος τοῦ ζωδιακοῦ, καὶ ἑνὸς τῶν συμ-πλεκομένων αὐτῷ, περὶ τῆς βορειοτέρας ἀεὶ τὸν λόγον ποιεῖσθαι μέλλομεν, ἣν καὶ φησιν ὁμοίαν εἶναι κατὰ τὴν θέσιν.

Ἵνα δὲ καὶ ἐπὶ καταγραφῆς φανερὰ γέ-νηται ἡ ἐπιζητουμένη γωνία, ἔςω μεσημ-βρινὸς μὲν κύκλος ὁ ΑΗΒΕ, τοῦ δὲ διὰ μέ-σων τῶν ζωδίων τμήματα, τὰ ΑΖ, ΒΓ, ὥςε τὸ ΑΖ ἑπόμενον εἶναι τοῦ ζωδιακοῦ, καὶ βορειότερα τὰ πρὸς τῷ Ε μέρη. Ἰςέον οὖν ὅτι περὶ τῆς ὑπὸ ΕΑΖ πρὸς τὸν μεσημ-βρινὸν γινομένης τοῦ ζωδιακοῦ γωνίας τὸν λόγον ποιεῖσθαι μέλλομεν, οὔσης τῶν πρὸς τῷ ἑπομένῳ τμήματι τοῦ διὰ μέσων γινο-μένων δύο γωνιῶν βορειοτέρας. Τῶν γὰρ δύο τούτων γωνιῶν, τῶν ὑπό τε τῆς ΑΖ ἑπομένης τοῦ ζωδιακοῦ περιφερείας, καὶ τοῦ μεσημβρινοῦ περιεχομένων γωνιῶν, τουτέςι τῆς τε ὑπὸ ΑΕΖ, καὶ τῆς ὑπὸ ΖΑΗ, ἡ

ὑπὸ ΕΑΖ ἐςὶν ἡ ζητουμένη, διὰ τὸ βο-
ρειότερα ὑποκεῖσθαι τὰ πρὸς τῷ Ε μέρη.

Ὁμοίως, καὶ ἐὰν νοήσωμεν τὸν ΑΗΒΕ
ὁρίζοντα, καὶ τὰ ΑΖ, ΒΓ πάλιν τμήματα
τοῦ ζωδιακοῦ· καὶ ἀνατολικὰ μὲν τὰ πρὸς
τῷ Β, δυτικὰ δὲ τὰ πρὸς τῷ Α. Καὶ ὁμοίως
ἑπόμενον τὸ ΒΓ τμῆμα τοῦ ζωδιακοῦ, περὶ
τῆς ὑπὸ ΕΒΓ ἀνατολικῆς γωνίας ἑπομένης
πάλιν καὶ βορειοτέρας ποιεῖσθαι μέλλομεν,
καὶ ἔτι τῆς ὑπὸ ΖΑΕ δυτικῆς καὶ ἑπομένης
ὁμοίως καὶ βορειοτέρας.

Ὅτι δὲ πάλιν ἐὰν νοήσωμεν μεσημβρινὸν
μὲν τὸν ΑΗΒΕ, τὸ δὲ κατὰ κορυφὴν ση-
μεῖον τὸ Ε, καὶ διὰ τοῦ Ε καὶ ἀρχῆς τι-
νος ζωδίου, ὡς τῆς Θ, γράψωμεν μεγίςου
κύκλου περιφέρειαν, ᾗ δὲ πάλιν τὰ πρὸς τὰ
Α, Ε βόρεια, καὶ τὸ ΑΘ ἑπόμενον τμῆμα
τοῦ ζωδιακοῦ, περὶ τῆς ὑπὸ ΕΘΑ περιεχο-
μένης γωνίας, ὑπὸ τοῦ διὰ τοῦ κατὰ κο-
ρυφὴν καὶ τοῦ ζωδιακοῦ ποιεῖσθαι τὸν λό-
γον μέλλομεν πάλιν ἑπομένης καὶ βορειο-
τέρας, καὶ ἔτι περὶ τῆς πηλικότητος τῆς
ΕΘ περιφερείας. Καὶ ὅταν μὲν ἡ τοιαύτη
τομὴ πρὸς μεσημβρίαν ᾖ, ἀνατολικὴν λέγο-
μεν εἶναι καὶ τὴν περιφέρειαν, ὅταν δὲ με-
τὰ μεσημβρίαν, δυτικήν.

Εἶτα μέλλων ἄρχεσθαι τῆς δείξεως τῶν
εἰρημένων γωνιῶν, φησίν. Ἁπλουςέρας δὲ
τῆς δείξεως οὔσης τῶν ὑπὸ τοῦ ζωδιακοῦ
πρὸς τὸν μεσημβρινὸν γινομένων γωνιῶν,
ἀπὸ τούτων ἀρξόμεθα. Καὶ ἀρχόμενος πά-
λιν τῶν τοιούτων· γωνιῶν τὴν ἀπόδειξιν
ποιεῖσθαι, προεκτίθεται λημμάτια δύο εὔ-
χρηςα, συντελοῦντα αὐτῷ πρὸς τὸ χειρότερον
τῶν προκειμένων ἀπόδειξιν· καὶ πρῶτον φη-
σὶν ὅτι, τὰ ἴσον ἀπέχοντα τοῦ αὐτοῦ ἰση-
μερινοῦ σημείου τοῦ διὰ μέσων τῶν ζωδίων

est celui que nous cherchons, parce que
les parties boréales sont supposées en E.

Pareillement, si nous commençons l'ho-
rizon AHBE, et encore les segmens ou
arcs AZ, BG du cercle oblique, et l'orient
en B, l'occident en A, et l'arc BG du cercle
oblique, suivant l'ordre des signes, nous
voulons encore parler de l'angle de suite
oriental et boréal EBG, et de l'angle ZAE
occidental et boréal, pareillement selon la
suite des signes.

Mais si nous imaginons encore le méri-
dien AHBE, et le point vertical E, et que
par E et par le premier point T d'un signe,
nous décrivions un arc de grand cercle, et
que les points A, E soient boréaux et l'arc
conséquent AT du cercle oblique, nous
voulons parler de l'angle ETA formé par
le cercle mené du point vertical et par le
cercle oblique, parce qu'il est encore con-
séquent selon l'ordre des signes et le plus
boréal, ainsi que de la grandeur de
l'arc ET. Et si cette section est vers le
midi, nous disons que l'angle ainsi que
l'arc, est oriental; et s'il est après le midi,
nous l'appelons occidental.

Ensuite, pour commencer la démonstra-
tion de ces angles, Ptolemée dit : celle des
angles formés par le cercle oblique et par
le méridien, étant la plus simple, nous
commencerons par eux; pour cela, il avance
deux lemmes qui lui sont très-utiles dans
cette occasion, et il ajoute que le premier
a pour objet de faire voir que les points
du cercle oblique également distants d'un

même point équinoxial, font ces angles bo-
réaux, formés dans l'ordre des signes par le
cercle oblique et le méridien, égaux entre
eux. En effet, soient (Fig. 34.) ABG l'arc
de l'équateur, DBE celui du cercle oblique,
Z le pole de l'équateur, et les arcs égaux
BH, BT du cercle oblique, et décrivons
par le pole Z et par les points H, T, les
arcs de grands cercles ZKH, ZTL, je dis
que l'angle KHB, le plus boréal sur le
segment dans l'ordre des signes (car Z est
le pole boréal, et la suite ou l'ordre des
signes est de D en B et E), est égal à
l'angle ZTE aussi le plus boréal. Cela est
clair, en ce que la trilatère BHT est équi-
angle au trilatère BTL. Car le côté HB
est égal au côté BT. Mais KH est égal à
TL, parce qu'étant des arcs de cercles dé-
crits des poles de l'équateur, ils sont les
déclinaisons de points également distants
de l'équateur, et ces déclinaisons ont été
démontrées égales dans le premier livre.
En outre, KB est égal à BL, parce que
ZKH et ZTL sont l'horizon dans la sphère
droite, et que l'arc BK monte avec BT,
dans les co-ascensions de la sphère droite,
attendu qu'ils montent ensemble en temps
égaux, et qu'ils sont égaux eux-mêmes
aux arcs égaux et également éloignés de part
et d'autre de l'équateur, c'est pourquoi les
arcs HB, BT du cercle oblique, étant de
part et d'autre de l'équateur avec eux,
montent simultanément avec les arcs KB et
BL de l'équateur, qui sont eux-mêmes égaux
ent'eux. Le trilatère BHK ainsi prouvé

κύκλου σημεῖα, τὰς ἐκκειμένας πρὸς τὸν
μεσημβρινὸν ἑπομένας, καὶ βορειοτέρας γω-
νίας ἴσας ἀλλήλαις ποιεῖ. Ἔςω γὰρ ἰςη-
μερινοῦ μὲν περιφέρεια ἡ ΑΒΓ, τοῦ δὲ διὰ
μέσων τῶν ζωδίων, ἡ ΔΒΕ, πόλος δὲ τοῦ
ἰσημερινοῦ, τὸ Ζ· καὶ ἀπειλήφθωσαν ἐφ'
ἑκάτερα τοῦ ἰσημερινοῦ σημείου τὸ Β, ἴσαι
δύο περιφέρειαι τοῦ ζωδιακοῦ, ἥ τε ΒΗ,
καὶ ἡ ΒΘ, καὶ γεγράφθωσαν διὰ τοῦ Ζ πό-
λου καὶ τῶν Η, Θ σημείων μεγίςων κύ-
κλων περιφέρειαι, ΖΚΗ, ΖΘΛ, λέγω ὅτι
ἴση ἐςὶν ἡ ὑπὸ ΚΗΒ γωνία πρὸς τῷ ἑπο-
μένῳ τμήματι βορειοτέρα (διὰ τὸ τὸ Ζ
βόρειον εἶναι πόλον· καὶ ἑπόμενα ὡς ἀπὸ
τοῦ Δ ἐπὶ τὸ Β καὶ Ε), τῇ ὑπὸ ΖΘΕ,
ἑπομένῃ πάλιν ὁμοίως καὶ βορειοτέρα, καὶ
ἔςιν αὐτόθεν φανερόν· ἰσογώνιον γὰρ γίνεται
τὸ ΒΗΚ, τῷ ΒΘΛ. Ἴση γάρ ἐςιν ἡ μὲν
ΗΒ τῇ ΒΘ· ἔςι δὲ καὶ ἡ ΚΗ τῇ ΘΛ ἴση,
ἐπειδήπερ διὰ τῶν πόλων οὖσαι τοῦ ἰσημε-
ρινοῦ λοξώσεις εἰσὶ τῶν ἴσον ἀπεχόντων ση-
μείων τοῦ ἰσημερινου, αἵ τινες ἐν τῷ πρώτῳ
βιβλίῳ ἐδείκνυντο ἴσαι. Ἔτι δὲ καὶ ἡ ΚΒ
τῇ ΒΛ ἴση ἐςὶν, διὰ τὸ τὸν ΖΚΗ, καὶ
τὸν ΖΘΛ ἰσοδυναμεῖν τῷ ἐπ' ὀρθῆς τῆς
σφαίρας ὁρίζοντι· καὶ τὴν μὲν ΒΚ τῇ ΒΗ
συναναφέρεσθαι, τὴν δὲ ΒΛ τῇ ΒΘ, καὶ
δεδεῖχθαι ἡμῖν ἐν ταῖς περὶ τῆς ὀρθῆς σφαί-
ρας συναναφοραῖς, ὅτι ταῖς ἴσαις καὶ ἴσον
ἀπεχούταις ἐφ' ἑκάτερα τοῦ ἰσημερινου τοῦ
ζωδιακου περιφερείαις, ἐν ἴσοις χρόνοις συν-
αναφέρονται, καὶ ἴσαί εἰσι. Διὰ τουτο καὶ
τῶν ΗΒ, ΒΘ του ζωδιακου περιφερειῶν ἐφ'
ἑκάτερα του ἰσημερινου ἴσων οὐσῶν. Καὶ
συναναφέρονται αὐταῖς αἱ του ἰσημερινου·
ἥ τε ΚΒ, καὶ ἡ ΒΛ, ἴσαι καὶ αὗται ἀλ-
λήλαίς εἰσι. Δειχθέντος οὖν ἰσοπλεύρου του

ΒΗΚ τριπλεύρου τῷ ΒΘΛ, ἔϛαι καὶ γωνία ἡ ὑπὸ ΒΗΚ τῇ ὑπὸ ΒΘΛ ἴση, ἀλλὰ ἡ ὑπὸ ΒΘΛ τῇ ὑπὸ ΖΘΕ ἴση ἐϛί· καὶ ἡ ὑπὸ ΒΗΚ ἄρα τῇ ὑπὸ ΖΘΕ ἔϛιν ἴση.

Δείκνυνται δὲ καὶ αἱ κατὰ κορυφὴν γωνίαι, καὶ ἐπὶ περιφερειῶν ἴσαι, οἷον αἱ πρὸς τῷ Θ, τόν δε τὸν τρόπον. Ἐκκείσθωσαν γὰρ τὰ ΒΘΕ, ΖΘΛ τμήματα, τῶν κύκλων τέμνοντα ἄλληλα κατὰ τὸ Θ, καὶ πόλῳ τῷ Θ γεγράφθω ὁ ΒΖΕΛ κύκλος, καὶ ἐπεζεύχθωσαν αἱ ΒΕ, ΖΛ κοιναὶ τομαὶ, διάμετραι γινόμεναι του ΒΖΕΛ κύκλου. Τὸ ἄρα Μ σημεῖον κέντρόν ἐϛι τοῦ αὐτου κύκλου· ἴσαι ἄρα αἱ πρὸς τῷ Μ κατὰ κορυφὴν γωνίαι, ὥϛε καὶ ἡ ΖΕ περιφέρεια, τῇ ΒΛ περιφερείᾳ. Καὶ ὃν ἔχει λόγον ἑκατέρα αὐτῶν, πρὸς τὸν ΒΖΕΛ κύκλον, τουτον ἔχει καὶ ἑκατέρα τῶν ὑπὸ ΕΘΖ, ΒΘΛ γωνιῶν πρὸς τὰς τέσσαρας ὀρθάς. Διὰ δὴ τουτο, ἴσαι ἔσονται αἱ πρὸς τῷ Θ κατὰ κορυφὴν γωνίαι. Ἢ καὶ ὅτι δύο περιφέρειαι αἱ ΖΘ, ΘΕ, δυϲὶ ταῖς ΒΘ, ΘΛ ἴσαί εἰσι, καὶ βάσις ἡ ΖΕ βάσει τῇ ΒΛ ἴση, καὶ πάντα πᾶϲιν ἴσα.

Ἑξῆς δὲ καὶ ἕτερον λημμάτιον ἐκτίθεται, συντελουν καὶ αὐτὸ πρὸς προχειροτέραν τῶν εἰρημένων γωνιῶν ἀπόδειξιν, οὗ ἡ πρέταϲίς ἐϛι τοιαύτη· τῶν ἴσον ἀπεχόντων σημείων ἐπὶ του διὰ μέσων τῶν ζωδίων κύκλου του αὐτου τροπικου σημείου, αἱ πρὸς τὸν μεσημβρινὸν γινόμεναι γωνίαι συναμφότεραι, δυϲὶν ὀρθαῖς ἴσαί εἰσιν. Ἔϛω γὰρ του διὰ μέσων τῶν ζωδίων κύκλου περιφέρεια ἡ ΑΒΓ, του Β ὑποκειμένου τροπικου σημείου, καὶ ἔϛω ἑπόμενα μὲν ὡς ἀπὸ του Γ ἐπὶ τὸ Β καὶ Α, καὶ ἀποληφθεισῶν ἐφ᾽ ἑκάτερα του Β τροπικου ἴσων περιφερειῶν

égal au trilatère BTL, l'angle BHK sera égal à l'angle BTL. Mais l'angle BTL est égal à l'angle ZTE, donc, l'angle BHK est égal à l'angle ZTE. D'ailleurs, on prouve que les angles au sommet ainsi que leurs arcs, tels que les angles en T, sont égaux ent'eux. Car (Fig. 36.) soient les segmens BTE, ZTL qui s'entrecoupent en T, du pole T décrivons le cercle BZEL, et joignons BE, ZL, sections diamétrales communes du cercle BZEL. Le point M sera le centre de ce cercle, et les angles au sommet en M seront égaux, comme aussi l'arc ZE et l'arc BL; et le rapport de chacun de ces arcs au cercle entier, est le même que celui de chacun des angles ETZ, BTL, à quatre angles droits, et pour cette raison ces angles qui sont au sommet l'un de l'autre, seront égaux. Et comme les deux arcs ZT, TE, sont égaux aux deux BT, TL, et que la base ZE est égale à la base BL, il s'ensuit que tout est égal.

Ptolémée expose après le premier lemme, le second qui lui sert également pour les démonstrations des angles exprimés cidessus, et voici comment il l'énonce : des points du cercle oblique, étant également distants d'un même point tropique, les angles qui y sont formés par le méridien, sont ensemble égaux à deux angles droits. Car, soit l'arc ABG (Fig. 36.) du cercle oblique, B le point tropique supposé, la série des signes de G en B et en A, étant pris de chaque côté du point tropique B, les arcs égaux B et BE, décrivons du pole boréal Z de l'équateur, et par les points D, E, les arcs de grands cercles DZ et ZE. Je dis que les angles ZDB, ZEG sont égaux à deux angles droits. En effet, ces angles sont boréaux sur la portion conséquente du cercle oblique, parce que Z est supposé le pole boréal de l'équateur. Et cela est évident, car puisque les points E, D sont également distants du même point tropique, les arcs ZD, ZE décrits du pole du parallèle DE à l'équateur, seront égaux entre eux, comme nous l'avons enseigné plus haut dans le septième théorème du premier livre. Donc l'angle ZDB est égal à l'angle ZEB. Car, si nous décrivons par les points Z et B, un arc de grand cercle, cet arc sera perpendiculaire sur le zodiaque, puisqu'il passe par le pole du tropique qui est parallèle à l'équateur, et par le contact B, ainsi les trilatères conviennent entr'eux, si bien que l'angle ZBD se superposant exactement sur l'angle ZBE, ces angles seront égaux, et l'angle commun ZEG étant ajouté à ZDB et à ZEB, les angles ZDB, ZEG seront égaux aux angles ZEB, ZEG; mais les angles ZEB, ZEG sont égaux à deux angles droits, donc les angles ZDB, ZEG sont égaux à deux droits. Or ZEB, ZEG, sont égaux à deux droits, parce que, si du pole E, et d'un intervalle quelconque, nous décrivons un cercle tel que BHGD, BHG sera un demi-cercle, parce que BEG passe par ses poles; et le rapport du demi-cercle BHG au cercle entier, est le même que celui des deux angles BEZ, ZEG à quatre angles droits; c'est pourquoi ces deux angles sont égaux ensemble à deux droits.

τῶν ΒΔ, ΒΕ, εἰλήφθω ὁ βόρειος πόλος τοῦ ἰσημερινοῦ, τὸ Ζ, καὶ γεγράφθωσαν δι᾽ αὐτοῦ καὶ τῶν Δ, Ε μεγίςων κύκλων περιφέρειαι αἱ ΔΖ, ΖΕ, λέγω ὅτι αἱ ὑπὸ ΖΔΒ, ΖΕΓ γωνίαι, δυσὶν ὀρθαῖς ἴσαί εἰσιν. Αὗται γάρ εἰσι πάλιν αἱ πρὸς τῷ ἑπομένῳ τμήματι τοῦ ζωδιακοῦ βορειότεραι, διὰ τὸ τὸ Ζ σημεῖον βόρειον ὑποκεῖσθαι πόλον τοῦ ἰσημερινοῦ. Ἔςι δὲ καὶ τοῦτο δῆλον αὐτόθεν. Ἐπεὶ γὰρ τὰ Ε, Δ σημεῖα ἴσον ἀπέχει τοῦ αὐτοῦ τροπικοῦ, ἴσαι ἀλλήλαις ἔσονται καὶ αἱ ΖΔ, ΖΕ περιφέρειαι, ἐκ τοῦ πόλου οὖσαι τοῦ ΔΕ παραλλήλου τῷ ἰσηρινῷ, ὡς ἔμπροσθεν ἐπὶ τοῦ Ζ θεωρήματος τοῦ δὲ τοῦ βιβλίου ἐδείξαμεν· καὶ γωνία ἄρα ἡ ὑπὸ ΖΔΒ τῇ ὑπὸ ΖΕΒ ἴση ἐςίν. Ἐὰν γὰρ γράψωμεν διὰ τῶν Ζ καὶ Β σημείων μεγίςου κύκλου περιφέρειαν, πρὸς ὀρθὰς ἔςαι τῷ ζωδιακῷ, ἐπείπερ διὰ τοῦ πόλου ἐςὶ τοῦ τροπικοῦ, παραλλήλου ὄντος τῷ ἰσημερινῷ, καὶ τῆς κατὰ τὸ Β ἀφῆς, καὶ ἐφαρμόσουσι τὰ τρίπλευρα· ὥςε καὶ ἡ ὑπὸ ΖΒΔ γωνία τῇ ὑπὸ ΖΒΕ ἐφαρμόσει, καὶ ἴση αὐτῇ ἔςαι. Καὶ κοινῆς προςεθείσης τῆς ὑπὸ ΖΕΓ, αἱ ὑπὸ ΖΔΒ, ΖΕΓ, ἴσαι ἔσονται ταῖς ὑπὸ ΖΕΓ, ΖΕΒ· ἀλλ᾽ αἱ ὑπὸ ΖΕΓ, ΖΕΒ, δυσὶν ὀρθαῖς ἴσαί εἰσι· καὶ αἱ ὑπὸ ΖΔΒ, ΖΕΓ ἄρα δυσὶν ὀρθαῖς ἴσαί εἰσιν. Εἰσὶ δὲ αἱ ὑπὸ ΖΕΒ, ΖΕΓ δυσὶν ὀρθαῖς ἴσαι. Ἐπειδήπερ ἐὰν πόλῳ τῷ Ε, καὶ διαςήματι τυχόντι γράψωμεν κύκλον, ὡς τὸν ΒΗΓΘ, ἡμικύκλιον ἔςαι ἡ ΒΗΓ, διὰ τὸ διὰ τῶν πόλων αὐτου εἶναι τὸν ΒΕΓ. Καὶ ὃν ἔχει λόγον τὸ ΒΗΓ ἡμικύκλιον πρὸς τὸν ὅλον κύκλον, τουτον ἔχουσι καὶ αἱ ὑπὸ ΒΕΖ, ΖΕΓ πρὸς τέσσαρας ὀρθάς· διὰ τουτο καὶ ἔσονται δυσὶν ὀρθαῖς ἴσαι.

Τούτων οὖν τῶν δύο λημματίων προλη-
φθέντων, ἐφεξῆς περὶ του χρησίμου αὐτῶν
διαληψόμεθα· τουτέςιν ὅτι ἐὰν τὰς ἐπὶ τῆς
ἀρχῆς του Θερινου τροπικου καὶ του μετ-
οπωρινου, καὶ ἔτι τῆς τε παρθένου καὶ του
λέοντος ἐπιλογισόμεθα, συναποδεδειγμένας
ἕξομεν καὶ τὰς ἐπὶ τῶν λοιπῶν.

Ἐκκείσθω γὰρ ὁ ΑΒΓΔ ζωδιακὸς, δι-
ηρημένος εἰς τὰ ζώδια, καὶ ἔξω ἰσημερινὰ
μὲν τὰ πρὸς τοῖς Α, Γ, τροπικὰ δὲ τὰ
πρὸς τοῖς Β, Δ. Ἐπεὶ οὖν ἐδείχθη ἐν τῷ
πρώτῳ λημματίῳ, ὅτι τὰ ἴσον ἀπέχοντα
του αὐτου ἰσημερινου, του διὰ μέσων τῶν
ζωδίων κύκλου τὰς ἐκκειμένας πρὸς τὸν
μεσημβρινὸν γωνίας, ἴσας ἀλλήλαις ποιεῖ.
Ἐὰν ἄρα δείξωμεν τὴν ἐπὶ του Θερινου
τροπικου γινομένην, δεδειχότες ἐσόμεθα καὶ
τὴν ἐπὶ του χειμερινου, ἴσον γὰρ ἀπέχουσι
του αὐτου ἰσημερινου σημείου. Πάλιν ἐπεὶ
ἐδείχθη ἐν τῷ δευτέρῳ λημματίῳ, ὅτι τῶν
ἴσον ἀπεχόντων σημείων του διὰ μέσων τῶν
ζωδίων του αὐτου τροπικου, αἱ πρὸς τὸν
μεσημβρινὸν γινόμεναι γωνίαι συναμφότεραι
δυσὶν ὀρθαῖς ἴσαί εἰσιν. Ἐὰν τὴν ἐπὶ του
μετοπωρινου σημείου γινομένην πρὸς τὸν
μεσημβρινὸν γωνίαν δείξωμεν, δεδειχότες
πάλιν ἐσόμεθα καὶ τὴν ἐπὶ του ἐαρινου τῶν
λειπουσῶν εἰς τὰς δύο ὀρθὰς, καὶ γὰρ αὐτὰ
τὰ σημεῖα ἴσον ἀπέχουσι του αὐτου τρο-
πικου σημείου. Πάλιν δὲ ἐὰν δείξωμεν τὴν
ἐπὶ τῆς ἀρχῆς τῆς παρθένου, δεδειχότες ἐσό-
μεθα τῶν ἴσων, καὶ τὴν ἐπὶ τῆς ἀρχῆς του
σκορπίου· ἴσον γὰρ ἀπέχουσι του αὐτου ἰση-
μερινου σημείου. Καὶ ἔτι τήν τε ἐπὶ τῆς
ἀρχῆς του ταύρου, καὶ τῆς ἀρχῆς τῶν
ἰχθύων, τῶν λειπουσῶν τῆς τε ἐπὶ τῆς ἀρ-

Après ces deux lemmes démontrés préa-
lablement, nous en ferons l'application ;
de sorte que, si nous calculons les angles
aux points du solstice d'été et de l'équi-
noxe d'automne, et aussi les angles des
premiers points du lion et de la vierge, les
autres angles du reste des signes nous
seront par là même tout calculés.

Car (Fig. 37.), soit le zodiaque ABGD
divisé en ses signes, et soient les équinoxes
en A et G, les points tropiques en B et D.
Puisqu'il a été démontré dans le premier
lemme, que les points du cercle oblique,
également éloignés d'un même équinoxe,
font avec le méridien des angles égaux
entr'eux, si nous donnons la valeur de
l'angle fait dans le solstice ou le point tro-
pique d'été, nous aurons par là celle de
l'angle qui est dans le solstice d'hiver ; car
ils sont également éloignés du même équi-
noxe. Puisqu'il est prouvé par le second
lemme, que les angles formés par le méri-
dien en des points du cercle oblique éga-
lement distants d'un même point tropique,
sont ensemble égaux à deux angles droits,
si nous avons la valeur de l'angle formé
par le méridien au point de l'équinoxe
d'automne, nous en conclurons que celui
qui est dans l'équinoxe vernal, a pour va-
leur le supplément à deux angles droits ;
car ces deux angles sont également distants
du même point tropique. Si donc nous
avons la valeur de l'angle qui est au pre-
mier point de la vierge, nous aurons aussi
celle de l'angle qui est au premier point
du scorpion, parce qu'ils sont également
éloignés du même équinoxe. En outre, nous
conclurons que les angles qui sont aux
premiers points du taureau et des poissons,
sont les supplémens de ceux des premiers

points de la vierge et du scorpion à deux angles droits, puisqu'ils sont également éloignés du même tropique. Enfin, si nous démontrons l'angle fait au premier point du lion par le méridien, nous aurons démontré l'angle qu'il fait au premier point du sagittaire, ainsi que ceux qui sont aux premiers points des gémeaux et du verseau.

Appliquons maintenant ces lemmes dont nous avons montré l'utilité, à la recherche de ces angles et de ces arcs. Soit (Fig. 38.) le méridien ABGD, le demi-cercle AEG de suite, (ou conséquent, ou selon l'ordre ou la série des signes), du cercle oblique ou qui ceint le zodiaque, A étant le solstice d'hiver, décrivons de ce point A comme pole, et d'un intervalle égal au côté du carré inscrit, le demi-cercle BED, de sorte que D soit le point boréal. Puisque le méridien ABGD est décrit par les poles du zodiaque AEG, attendu qu'il passe par le point tropique, comme nous l'avons déjà dit si souvent, et par les poles du cercle BED, il s'ensuit que l'arc DE est un quart de cercle, puisque si nous complétons AEG et BEDZ, ces deux cercles s'entrecouperont. Et puisque par leurs poles est décrit le grand cercle ABGD, celui-ci coupera en deux portions égales les segmens interceptés de ces cercles; or, il intercepte les demi-cercles EAZ et EDZ; donc l'arc ED est un quart de cercle. Puisque d'ailleurs, de la section commune des cercles AEG, ADG, comme pole, et d'un intervalle quelconque, on a décrit le cercle BED, et que le quart de cercle ED est intercepté entr'eux, l'angle EAD qui est dans le point tropique d'hiver, c'est-à-dire formé par le méridien au commencement

χῆς τῆς παρθένου, καὶ τῆς ἀρχῆς του σκορπίου εἰς τὰς δύο ὀρθὰς, ἐπειδήπερ ἴσον ἀπέχουσι του αὐτου τροπικου. Καὶ πάλιν ἐὰν τὴν ἐπὶ τῆς ἀρχῆς του λέοντος γινομένην γωνίαν πρὸς τῷ μεσημβρινῷ δείξωμεν, δεδειχότες ἐσόμεθα καὶ τήν τε ἐπὶ τῆς ἀρχῆς του τοξότου, καὶ ἔτι τῶν διδύμων καὶ του ὑδροχόου.

Διαλαβόντες οὖν περὶ του χρησίμου τῶν προεκτεθειμένων αὐτῷ δύο λημματίων, ἑξῆς ἐπὶ τὴν προκειμένην ἀπόδειξιν τῶν ἐκκειμένων γωνιῶν καὶ περιφερειῶν χωρήσομεν. Ἔστω γὰρ μεσημβρινὸς μὲν κύκλος ὁ ΑΒΓΔ, του δὲ διὰ μέσων τῶν ζωδίων ἑπόμενον ἡμικύκλιον τὸ ΑΕΓ, του Α ὑποκειμένου χειμερινου τροπικου, καὶ πόλῳ τῷ Α, διαστήματι δὲ τῇ του τετραγώνου πλευρᾷ, γεγράφθω τὸ ΒΕΔ ἡμικύκλιον, ὥστε βόρεια γίνεσθαι τὰ πρὸς τῷ Δ. Ἐπεὶ τοίνυν ὁ ΑΒΓΔ μεσημβρινὸς διὰ τῶν του ΑΕΓ ζωδιακου πόλων γέγραπται, ἐπειδήπερ διὰ του τροπικου ἐστιν, ὡς πολλάκις ἐν τοῖς ἐπάνω δέδεικται, ἀλλὰ καὶ διὰ τῶν του ΒΕΔ, τεταρτημορίου γίνεται ἡ ΔΕ περιφέρεια. Ἐπειδήπερ ἐὰν ἀναπληρώσωμεν τόν τε ΑΕΓ, καὶ ΒΕΔΖ, δύο κύκλοι τελουσιν ἀλλήλους. Καὶ ἐπεὶ διὰ τῶν πόλων αὐτῶν μέγιστος κύκλος γέγραπται ὁ ΑΒΓΔ, δίχα τέμνει τὰ ἀπειλημμένα τμήματα τῶν κύκλων, καὶ ἀπειλήφασιν ἑαυτῶν τά τε ΕΑΖ, καὶ τὰ ΕΔΖ ἡμικύκλια, ὥστε τεταρτημορίου ἐστὶν ἡ ΕΔ περιφέρεια. Καὶ ἐπεὶ πόλῳ τῇ κοινῇ τομῇ τῶν ΑΕΓ, ΑΔΓ κύκλων, καὶ διαστήματι τυχόντι γέγραπται ὁ ΒΕΔ κύκλος, καὶ ἀπείληπται μεταξὺ αὐτῶν ἡ ΕΔ τεταρτημόριον· ὀρθὴ ἄρα ἐστὶν ἡ ὑπὸ ΕΑΔ, ἥ τίς ἐστι πρὸς τῷ χειμερινῷ τροπικῷ, τουτέστι τῇ ἀρχῇ του τράγου, ὑπὸ

του μεσημβρινου γινομένη. Καὶ διὰ τὰ προ-
ειλημμένα ἐν τοῖς λημματίοις, ὀρθὴ ἔꜱαι
καὶ ἡ πρὸς τῷ θερινῷ τροπικῷ, τουτέꜱι
τῇ ἀρχῇ του καρκίνου, τουτέꜱιν ἡ ὑπὸ ΔΓΗ,
ἴσον γὰρ ἀπέχουσι τοῦ αὐτοῦ ἰσημερινοῦ
σημείου· διὸ καὶ ἐπὶ τῶν δύο τούτων δω-
δεκατημορίων ἐπὶ τοῦ τῶν γωνιῶν κανόνος,
τὰς ϛ μοίρας παρέθηκε τῇ μεσημβρινῇ, κα-
τὰ τὸ τρίτον σελίδιον. Δῆλον δὲ πάλιν ἡμῖν
ἔꜱαι ὅτι καὶ αὗται αἱ γωνίαι, καθὼς ἐδη-
λοῦμεν, πρὸς τῷ ἑπομένῳ τμήματι τοῦ
διὰ μέσων εἰσί, καὶ βορειότεραι.

Πάλιν ἔꜱω μεσημβρινὸς μὲν κύκλος ὁ
ΑΒΓΔ, ἰσημερινοῦ δὲ ἡμικύκλιον τὸ ΑΕΓ,
καὶ γεγράφθω τοῦ διὰ μέσων τῶν ζωδίων
ἡμικύκλιον τὸ ΑΖΓ, οὕτως, ὡς τὸ Α ση-
μεῖον εἶναι τὸ μετοπωρινὸν ἰσημερινὸν, καὶ
πόλῳ τῷ Α, διαςꜱ́ματι δὲ τῇ τοῦ τετρα-
γώνου πλευρᾷ γεγράφθω τὸ ΒΕΔ ἡμικύ-
κλιον. Διὰ τὰ αὐτὰ οὖν, ἐπεὶ ὁ ΑΒΓΔ μεσ-
ημβρινὸς διὰ τῶν πόλων ἐꜱὶ τοῦ ΑΕΓ ἰση-
μερινοῦ, καὶ τῶν τοῦ ΒΕΔΖ, δίχα πάλιν
τεμεῖ τὰ ἀπειλημμένα αὐτῶν ἡμικύκλια,
ὥꜱε πάλιν τεταρτημόριόν ἐꜱιν ἡ ΕΔ, καὶ
ἔτι ἡ ΑΕ καὶ ΑΖ, διὰ τὸ ἐκ πόλου αὐτὰς
εἶναι τοῦ ΒΕΔ, τουτέꜱι τοῦ Α. Καὶ ἐπεὶ
τεταρτημόριόν ἐꜱιν ἡ ΑΖ, καὶ ἔꜱι τὸ Α
μετοπωρινὸν, ἔꜱαι καὶ τὸ Ζ εἰς τὰ ἑπόμενα
αὐτοῦ τυγχάνον, χειμερινὸν τροπικόν. Ἐπεὶ
οὖν τὸ Ζ ἐꜱὶ χειμερινὸν τροπικὸν, καὶ ἔꜱιν
ὁ ΒΖΕΔ κύκλος διὰ τῶν πόλων τοῦ ἰση-
μερινοῦ. Ἐπειδήπερ καὶ τὰ Β, Δ πόλοί εἰσι
τοῦ ἰσημερινοῦ, διὰ τὸ τεταρτημόριον τυγ-
χάνειν τὰς ΒΑ, ΒΓ, ΔΑ, ΔΓ, καὶ ἔꜱαι ἡ
ΖΕ τῆς λοξώσεως τοῦ χειμερινοῦ τροπικοῦ,
τῶν ἀποδεδειγμένων μοιρῶν κγ να′. Ἔꜱι
δὲ καὶ ἡ ΕΔ τεταρτημορίου τυγχάνουσα,

THÉON. II.

du capricorne, sera droit. Or, suivant ce
qui précède dans les lemmes, l'angle formé
au point tropique d'été ou premier du can-
cer, c'est-à-dire DGH, sera droit aussi ;
car ils sont également éloignés du même
point tropique, c'est pourquoi Ptolemée
dans la troisième colonne de la table des
angles, a donné 90 degrés aux angles de
ces deux dodécatémorics à midi. Et il est
certain que ces angles sont, suivant l'ordre
des signes du côté du pole, boréaux.

Soient (Fig. 39.) le méridien ABGD, le
demi-cercle AEG de l'équateur, et décri-
vons le demi-cercle AZG du cercle
oblique. Le point A étant l'équinoxe d'au-
tomne, décrivons de ce point et d'un in-
tervalle égal au côté du carré inscrit, le
demi-cercle BED. Le méridien ABGD pas-
sant par les poles de l'équateur AEG, et
par ceux du cercle BEDZ, coupera en deux
portions égales leurs segmens interceptés,
de sorte que ED sera un quart de cercle,
ainsi que AE et AZ, puisque ces arcs sont
décrits du pole A de BED. Et puisque AZ
est un quart de cercle, et que A est l'équi-
noxe d'automne, Z ou le tropique d'hiver
sera selon l'ordre des signes. Ainsi, Z étant
le solstice d'hiver, le cercle BZED passe par
les poles de l'équateur. Les points B, D, étant
les poles de l'équateur, attendu que BA, BG,
DA, DG, sont des quarts de cercle, l'arc
ZE de déclinaison du point tropique d'hi-
ver, est de 23ᵈ 51′. Mais le quart de cercle

14

ED est de 90 degrés. Donc l'arc entier ZED sera de 113ᵈ 51'. D'ailleurs, l'arc ED est un quart de cercle, puisque D est le pôle de l'équateur AEG. Or, il a démontré auparavant, que généralement, l'arc intercepté est au cercle entier, dans le même rapport que l'angle d'inclinaison des plans à quatre angles droits. Or, l'angle ZED a été démontré valoir 113ᵈ 51', et Ptolemée a porté dans la troisième colonne de sa table des angles, à côté de la dodécatémorie de la balance, pour midi, ce nombre de degrés de ceux dont 360 font le cercle entier. L'angle ZAD à l'équinoxe d'automne A, sera donc de 113ᵈ 51' des degrés dont 360 font quatre angles droits. Et d'après les deux lemmes précédens, puisque le premier point de l'équinoxe d'automne, c'est-à-dire de la balance, et celui de l'équinoxe du printemps, c'est-à-dire du bélier, sont également distants du même point tropique, l'angle formé par le méridien au premier point de l'équinoxe vernal, vaudra le supplément 66ᵈ 9' de 113ᵈ 351', à deux angles droits, et Ptolemée les a placés à la dodécatémorie du bélier pour midi.

Soit encore le méridien ABGD, le demi-cercle AEG de l'équateur, BZTD celui du cercle oblique, Z l'équinoxe d'automne, et BZ le signe d'une dodécatémorie, savoir de la vierge; la suite des signes va comme de B en Z et en T, et B est le premier point de la vierge, dont Z est le dernier, et le premier de la balance. Du pôle B et de l'intervalle égal au côté du carré inscrit, décrivons le demi-cercle HTEK, et proposons-nous de

μοιρῶν ϛ· ὅλη ἄρα ἡ ΖΕΔ περιφέρεια, μοιρῶν ἔϛαι ριγ̄ να'. Καὶ ἄλλως δὲ ἡ ΕΔ τεταρτημόριόν ἐϛι, διὰ τὸ τὸ Δ πόλον εἶναι τοῦ ΑΕΓ ἰσημερινοῦ. Καὶ ἐπεὶ πρὸ τούτου ἐδίδασκε λέγων, ὅτι καὶ καθόλου ὃν ἂν ἔχῃ λόγον ἡ οὕτως ἀπολαμβανομένη περιφέρεια πρὸς τὸν ὅλον κύκλον, τοῦτον ἔχει τὸν λόγον καὶ ἡ περιεχομένη γωνία ὑπὸ τῆς κλίσεως τῶν ἐπιπέδων τῶν κύκλων, πρὸς τὰς τέσσαρας ὀρθὰς, καὶ ἐδείχθη ἡ ΖΕΔ περιφέρεια μοιρῶν ριγ̄ να', παρέθηκε ταύτας ἐν τῷ κανόνι τῶν γωνιῶν ἐπὶ τοῦ τῶν λίτρων δωδεκατημορίου τῇ μεσημβρινῇ, κατὰ τὸ τρίτον σελίδιον, οἷον ὅλος ὁ κύκλος τξ. Εϛαι ἄρα καὶ ἡ ὑπὸ ΖΑΔ γωνία, πρὸς τῷ Α μετοπωρινῷ ριγ̄ να', οἵων αἱ δ' τξ. Καὶ διὰ τὰ προδεδειγμένα ἐπὶ τῶν λημματίων, ἐπεὶ ἡ ἀρχὴ τοῦ μετοπωρινοῦ, τουτέϛι τῶν λίτρων, καὶ ἡ τοῦ ἐαρινοῦ, τουτέϛι τοῦ κριοῦ, ἴσον ἀπέχει τοῦ αὐτοῦ τροπικοῦ ἔϛαι καὶ ἡ ἐπὶ τῆς ἀρχῆς τοῦ ἐαρινοῦ πρὸς τῷ μεσημβρινῷ γινομένη γωνία τῶν λειπουσῶν ταῖς ριγ̄ να', εἰς τὰς δύο ὀρθὰς ξϛ̄ θ', ἃς καὶ παρέθηκε τῇ μεσημβρινῇ, τῷ τοῦ κριοῦ δωδεκατημορίῳ.

Πάλιν ἔϛω μεσημβρινὸς μὲν κύκλος ὁ ΑΒΓΔ, καὶ ἰσημερινοῦ ἡμικύκλιον τὸ ΑΕΓ, τοῦ δὲ διὰ μέσων τῶν ζῳδίων τὸ ΒΖΘΔ· ὥϛε τὸ μὲν Ζ σημεῖον ὑποκεῖσθαι μετοπωρινὸν, τὴν δὲ ΒΖ σημεῖον ἑνὸς δωδεκατημορίου τοῦ τῆς παρθένου. Καὶ ἑπόμενα πάλιν ὡς ἀπὸ τοῦ Β ἐπὶ τὸ Ζ καὶ τὸ Θ· καὶ τὸ μὲν Β σημεῖον, ἀρχὴν τῆς παρθένου, διὰ τὸ τὸ Ζ, τέλος μὲν εἶναι τῆς παρθένου, ἀρχὴν δὲ τῶν λίτρων. Καὶ πόλῳ μὲν τῷ Β, διαϛήματι δὲ τῇ τοῦ τετραγώνου πλευρᾷ, γεγράφθω τὸ ΗΘΕΚ ἡμικύκλιον, καὶ προ-

κείσθω εὑρεῖν τὴν ὑπὸ ΗΒΘ, γωνίαν γινο-
μένην ἐπὶ τῆς ἀρχῆς τῆς παρθένου, πρὸς
τῷ μεσημβρινῷ καὶ τῷ ἑπομένῳ τμήματι
βορειοτέραν. Ἐπεὶ τοίνυν ὁ ΑΒΓ μεσημβρινὸς,
διά τε τῶν τοῦ ΑΕΓ, καὶ διὰ τῶν τοῦ
ΗΕΚ πόλων γέγραπται, τεταρτημορίου γί-
νεται ἑκάστη τῶν ΒΗ, καὶ ΒΘ, καὶ ΕΗ
περιφερειῶν. Καὶ ἡ μὲν ΒΗ, ΒΘ τεταρτη-
μορίου, διὰ τὸ ἐκ πόλου αὐτὰς εἶναι τοῦ Β,
ἡ δὲ ΕΗ πάλιν τεταρτημορίου, διὰ τὸ τοὺς
ΑΕΓ, καὶ ΗΕΚ τέμνειν ἀλλήλους. Καὶ διὰ
τῶν πόλων αὐτῶν γεγράφθαι τὸν ΑΒΓΔ
μεσημβρινὸν, καὶ δίχα τέμνειν αὐτὸν τὰ
ἀπειλημμένα ἡμικύκλια. Καὶ διὰ τὴν κα-
ταγραφὴν, ὡς ἐπὶ τοῦ κατὰ διαίρεσιν σφαι-
ρικοῦ θεωρήματος, ἐπεὶ εἰς δύο περιφερείας,
τὰς ΒΗ, καὶ ΗΕ, δύο διηγμέναί εἰσιν ἀπὸ
τῶν περάτων, ἥ τε ΒΘ, καὶ ἡ ΕΑ, τέμνου-
σαι ἀλλήλας κατὰ τὸ Ζ, ὁ τῆς ὑπὸ τὴν
διπλῆν τῆς ΒΑ πρὸς τὴν ὑπὸ τὴν διπλῆν
τῆς ΑΗ λόγος συνῆπται, ἔκ τε τοῦ τῆς
ὑπὸ τὴν διπλῆν τῆς ΒΖ, πρὸς τὴν ὑπὸ τὴν
διπλῆν τῆς ΖΘ λόγου, καὶ τοῦ τῆς ὑπὸ τὴν
διπλῆν τῆς ΘΕ πρὸς τὴν ὑπὸ τὴν διπλῆν
τῆς ΕΗ. Ἀλλ' ἡ μὲν ΒΑ, λόξωσις οὖσα
τῆς ἀρχῆς τῆς παρθένου, τουτέστι τῶν
ἀπὸ τοῦ ἰσημερινοῦ μοιρῶν λ, μοιρῶν ἐστιν
ιᾱ μ'. Τοσαῦται γὰρ παράκεινται τῇ τρια-
κονταμοιρίᾳ, ἐν τῷ τῆς λοξώσεως κανονίῳ,
ὥστε καὶ ἡ μὲν διπλῆ τῆς ΒΑ μοιρῶν ἐστιν
κγ κ', καὶ ἡ ὑπ' αὐτὴν εὐθεῖα, τμημάτων
κδ ιϛ'· ἡ δὲ διπλῆ τῆς ΑΗ τῶν λειπουσῶν,
τῇ διπλῇ τῆς ΒΑ εἰς τὰς ρπ μοίρας ἐστιν
ρνϛ μ', καὶ ἡ ὑπ' αὐτὴν εὐθεῖα τμημάτων
ριζ λα'. Καὶ πάλιν ἡ μὲν διπλῆ τῆς ΒΖ
μοιρῶν ξ, αὐτὴ γὰρ ἡ ΒΖ ὑπόκειται ἑνὸς
δωδεκατημορίου, τουτέστι λ, καὶ ἡ ὑπ' αὐ-

trouver l'angle HBT formé par le méridien
au premier point de la vierge, le plus bo-
réal et suivant l'ordre des signes. Puisque
le méridien ABG est décrit passant par les
poles du cercle AEG, et du cercle HEK,
chacun des arcs BH, BT, EA est un quart
de cercle, BH et BT, parce qu'ils passent
par le pole B, et EH, parce que AEG et
HEK s'entrecoupent, et que le méridien
ABGD passe par leurs poles, et qu'il coupe
en deux portions égales les demi-cercles
interceptés. Or, dans cette figure, selon le
théorème sphérique par diérèse, puisque
aux deux arcs BH et HE, sont menés de
leurs extrémités les arcs BT et EA qui s'en-
trecoupent en Z, la raison de la corde du
double de BA, à la corde du double de
AH, est composée de la raison de la corde
du double de BZ à la corde du double de
ZT, et de la raison de la corde du double
de TE à la corde du double de EH. Mais
la déclinaison de BA au premier point de
la vierge, c'est-à-dire du trentième degré
compté du point équinoxial, est de 11^d 40';
car c'est le nombre qui se trouve dans la
table des déclinaisons pour ce trentième
degré; le double de BA est donc 23^d 20',
et sa corde est de 24e 16'. Le double de
AH contient le double de 156^d 40' qui
manque au double de BA pour faire 180^d,
et sa corde est de 117^d 31'. En outre, le
double de BZ est de 60^d, car BZ est supposé
l'arc d'une dodécatémorie, c'est-à-dire 30^d,

et sa corde est de 60ᵖ. Le double de ZT contient le double 120ᵈ de ce qui manque au double de BZ pour faire 180ᵈ, et sa corde est de 103ᵖ 55′. Si donc de la raison de 24 16′ à 117 31′, nous ôtons celle de 60 à 113ᵖ 55′, restera celle du double de la corde de TE à la corde du double de EH, laquelle est à peu près celle de 42ᵖ 58′ à 120ᵖ. Or, la corde du double de EH est de 120ᵖ, donc la corde du double de TE est de 42ᵖ 58′. Ainsi, l'arc double de TE sera de 42ᵈ environ, et TE de 21ᵈ. Mais d'après ce qui a été dit, EK a pour valeur les 90ᵈ du quart de cercle, donc TEK vaudra en total 111ᵈ. Par conséquent, l'angle HBT formé par le méridien au commencement de la vierge, sera de 111 des degrés, dont 90 font un angle droit. Et suivant ce qui a été démontré, l'angle formé au premier point des poissons, vaudra aussi 111ᵈ, parce que ces deux dodécatémories sont également éloignées du point équinoxial. Or, chacun des angles du commencement du taureau, et de celui des poissons, vaut les 69 degrés restants de 180ᵈ, parce que ces dodécatémories sont à égales distances du même point tropique, savoir : le premier point du taureau, que le premier de la vierge, et celui des poissons, que celui du scorpion. Ptolémée les a placés au méridien dans la troisième colonne de sa table. La multiplication et la division des raisons se fait comme il a été dit précédemment, ainsi que la transformation de la raison résultante, par l'introduction de 120.

τὴν εὐθεῖα τμημάτων ξ, ἡ δὲ διπλῆ τῆς ΖΘ τῶν λειπουσῶν πάλιν τῇ διπλῇ τῆς ΒΖ εἰς τὰς ρπ̄, μοίρας ρκ̄, καὶ ἡ ὑπ' αὐτὴν εὐθεῖα τμημάτων ργ̄ νε′. Καὶ ἐὰν ἄρα πάλιν ἀπὸ τοῦ τῶν κδ̄ ις′, πρὸς τὰ ριζ λα′, λόγον ἀφέλωμεν τὸν τῶν ξ πρὸς τὰ ργ̄ νε′, καταλειφθήσεται ἡμῖν ὁ τῆς ὑπὸ τὴν διπλῆν τῆς ΘΕ, πρὸς τὴν ὑπὸ τὴν διπλῆν τῆς ΕΗ λόγος ὁ τῶν μβ̄ νη′ ἔγγιστα, πρὸς τὰ ρκ̄. Καὶ ἔστιν ἡ ὑπὸ τὴν διπλῆν τῆς ΕΘ, τμημάτων ρκ̄· καὶ ἡ ὑπὸ τὴν διπλῆν ἄρα τῆς ΘΕ, τῶν αὐτῶν ἔσται μβ̄ νη′· ὥστε καὶ ἡ μὲν διπλῆ τῆς ΘΕ περιφερείας μοιρῶν ἐστι μβ̄ ἔγγιστα, αὐτὴ δὲ ἡ ΘΕ τῶν αὐτῶν κα′. Ἔστι δὲ, διὰ τὰ εἰρημένα, καὶ ἡ ἐκ τῶν τοῦ τεταρτημορίου μοιρῶν ζ· καὶ ὅλη ἄρα ἡ ΘΕΚ συναχθήσεται μοιρῶν ιᾱ, ὥστε καὶ ἡ ὑπὸ ΚΒΘ γωνία, ὑπὸ τοῦ μεσημβρινοῦ γινομένη πρὸς τῇ ἀρχῇ τῆς παρθένου, ἔσται ριᾱ, οἵων ἡ πρώτη ὀρθὴ ζ. Καὶ διὰ τὰ προαποδεδειγμένα, καὶ ἡ μὲν ἐπὶ τῆς ἀρχῆς τοῦ σκορπίου γινομένη γωνία τῶν ἴσων ἔσται ριᾱ, διὰ τὸ ἴσον αὐτὰς ἀπέχειν τοῦ ἰσημερινοῦ σημείου. Ἑκατέρα δὲ ἥ τε ἐπὶ τῆς ἀρχῆς τοῦ ταύρου, καὶ τῆς ἀρχῆς τῶν ἰχθύων, τῶν λειπουσῶν εἰς τὰς δύο ὀρθὰς μοιρῶν ξθ̄, διὰ τὸ καὶ ταῦτα τὰ δωδεκατημόρια ἴσον ἀπέχειν τοῦ αὐτοῦ τροπικοῦ, τὴν μὲν ἀρχὴν τοῦ ταύρου, τῇ ἀρχῇ τῆς παρθένου, τὴν δὲ τῶν ἰχθύων, τῇ τοῦ σκορπίου· ὡς καὶ παρέθηκεν οἰκείως τῇ ἐν τῷ κανόνι μεσημβρινῷ ἐπὶ τοῦ τρίτου σελιδίου. Γίνεται δὲ ἡ ἀφαίρεσις καὶ ἡ κατάληψις τῶν λόγων, ὁμοίως τοῖς ἐπάνω λεχθεῖσι τοῦ καταλειπομένου λόγου, εἰς τὸν ρκ̄ μεταλαμβανομένου.

Ἑξῆς δὲ πάλιν ὁμοίως ὑποθέμενος τὸ Β κατὰ τῆς ἀρχῆς τοῦ λέοντος, δείκνυσι τὴν πρὸς αὐτῷ τῷ μεσημβρινῷ γινομένην γωνίαν ρϐ λ´. Καὶ διὰ τὰ αὐτὰ καὶ τὴν ἐπὶ τῆς ἀρχῆς τοῦ τοξότου τῶν ἴσων ρϐ λ´. Ἑκατέραν δὲ, τήν τε ἐπὶ τῆς ἀρχῆς τῶν διδύμων, τῆς ἀρχῆς τοῦ ὑδροχόου τῶν λειπουσῶν εἰς τὰς δύο ὀρθὰς οζ λ´· ἃς καὶ παρέθηκε πάλιν ἐν τῷ κανόνι οἰκείως, τὸν εἰρημένον τρόπον. Καὶ δέδεικται ἡμῖν τὰ προκείμενα, τῆς μὲν αὐτῆς ἐσομένης ἀγωγῆς καὶ ἐπὶ τῶν ἔτι μικρομερεςέρων τοῦ ζωδιακοῦ τμημάτων. Ἀπαρκούσης δὲ ἡμῖν πρὸς χρῆσιν τῆς εἰρημένης πραγματείας τῶν τε παραλλάξεων, καὶ τῶν προσνεύσεων, τῶν τε ἐκλείψεων καὶ φάσεων τῶν ἀπλανῶν, καὶ τῆς κατὰ τὰς ἀρχὰς τῶν δωδεκατημορίων γενομένης ἐκθέσεως.

ΚΕΦΑΛΑΙΟΝ I.

ΠΕΡΙ ΤΩΝ ΥΠΟ ΤΟΥ ΑΥΤΟΥ ΛΟΞΟΥ ΚΥΚΛΟΥ, ΚΑΙ ΤΟΥ ΟΡΙΖΟΝΤΟΣ ΓΙΝΟΜΕΝΩΝ ΓΩΝΙΩΝ.

Ἀποδείξας τὰς ὑπὸ τοῦ ζωδιακοῦ πρὸς τὸν μεσημβρινὸν γινομένας γωνίας, ἑξῆς καὶ τὰς ὑπὸ τοῦ αὐτοῦ πρὸς τὸν ὁρίζοντα καθ᾽ ἑκάςην ἔγκλισιν καὶ δωδεκατημόριον μέλλων δεικνύναι, διὰ τὸ καὶ τὰς τούτων δείξεις ἀπλουςέραν ἔχειν τὴν ἔφοδον τῶν λοιπῶν, καὶ πρὸς τὸν διὰ τοῦ κατὰ κορυφὴν γινομένων, φησίν· ὅτι μὲν οὖν αἱ πρὸς τὸν μεσημβρινὸν δεδειγμέναι, αἱ αὐταί εἰσι ταῖς πρὸς τὸν ἐπ᾽ ὀρθῆς τῆς σφαίρας ὁρίζοντα, φανερὸν, διὰ τὸ καὶ τὸν τοιοῦτον ὁρίζοντα διὰ τῶν πόλων εἶναι τῆς σφαίρας, καθάπερ

Supposant ensuite le point B au commencement du lion, Ptolemée démontre que l'angle qui y est formé par le méridien, est de 102ᵈ 3o′, et qu'ainsi, l'angle au premier point du sagittaire est aussi de 102ᵈ 3o′; et que chacun des angles du commencement des gémeaux et du verseau, vaut les 77ᵈ 3o′ restants des deux angles droits. Il a également placé ces nombres dans sa table à ces points. Nous avons donc démontré ce que nous nous proposions. Nous ajoutons qu'il faudra suivre la même marche pour de moindres portions du cercle oblique, et cette théorie des angles au commencement des dodécatémories, nous suffira pour l'explication des parallaxes et des inclinaisons, ainsi que pour les occultations et les apparitions des fixes.

CHAPITRE X.

DES ANGLES FORMÉS PAR LE CERCLE OBLIQUE ET PAR L'HORIZON (*hauteur du Nonagésime*).

Après avoir enseigné à prendre les valeurs des angles formés par le méridien et par le cercle oblique, pour en venir à celles des angles qui sont formés par le même cercle oblique et par l'horizon dans toutes les obliquités de la sphère, et en chaque dodécatémorie, leur démonstration étant plus simple que celle des autres, et contribuant à celle de l'angle vertical, Ptolemée dit : qu'il est évident que les angles formés par le cercle oblique et le méridien, sont les mêmes que ceux du cercle oblique avec l'horizon dans la sphère droite, parce que cet horizon passe, ainsi que le méridien,

1 10

par les poles de la sphère. Ainsi, avec les angles formés par le concours du cercle oblique et du méridien, desquels il a démontré les valeurs, nous avons dans la sphère droite les valeurs des angles formés par le cercle oblique et l'horizon, puisqu'elles sont les mêmes. Mais nous donnerons le moyen de prendre celles des angles faits sur l'horizon dans la sphère oblique ; il propose d'abord des lemmes qui faciliteront cette méthode, et il dit : « Nous montrerons premièrement, que les points du cercle oblique également distants d'un même équinoxe, font les angles sur un même horizon dans la sphère oblique, égaux entr'eux. »

Car, soient (Fig. 41.) ABGD, le méridien AEG le demi-cercle de l'équateur, BED le demi-cercle oriental de l'horizon, et décrivons les deux segments ZHT, KLM du cercle oblique posé, comme les points Z et K, l'un relativement à l'autre, tellement que K soit le point équinoxial d'automne, c'est-à-dire le premier de la balance, qui par la révolution de la sphère, se trouve sous la terre, et Z au-dessus, et que le segment conséquent ZHT du cercle oblique au midi, contienne les dodécatémories de la balance, du scorpion et les suivantes ; et que le segment boréal ZH, contienne les dodécatémories de la vierge et du lion ; soit l'arc ZH égal à l'arc KL, je dis que l'angle EHT formé par l'horizon et par le segment conséquent HT du cercle oblique, étant le plus boréal sur le segment conséquent, est égal à l'angle ELK aussi plus boréal sur le segment conséquent, l'angle EHT a une position qui est la plus

καὶ τὸν μεσημβρινόν. Δειχθεισῶν οὖν αὐτῷ τῶν ὑπὸ τοῦ ζωδιακοῦ πρὸς τὸν μεσημβρινὸν γωνιῶν, αὐτόθεν ἔχομεν καὶ τὰς πρὸς τὸν ἐπ' ὀρθῆς τῆς σφαίρας ὀρίζοντα ὑπὸ τοῦ ζωδιακοῦ γινομένας, τὰς αὐτὰς δηλονότι τυγχανούσας. Ἵνα δὲ καὶ τὰς ἐπὶ τῆς ἐγκεκλιμένης σφαίρας πρὸς τὸν ὁρίζοντα γινομένας γωνίας μεθοδεύσωμεν, προεκτίθεται λημμάτια ὁμοίως, δι' ὧν προχειροτέραν πάλιν τὴν ἐπιβολὴν ποιήσεται, καὶ φησί· Δείξομεν δὴ πρῶτον ὅτι τὰ ἴσον ἀπέχοντα σημεῖα τοῦ διὰ μέσων τῶν ζωδίων κύκλου, τοῦ αὐτοῦ ἰσημερινοῦ σημείων τὰς ἐπὶ τῆς ἐγκλίσεως πρὸς τὸν αὐτὸν ὁρίζοντα γινομένας γωνίας, ἴσας ἀλλήλαις ποιεῖ.

Ἔστω γὰρ μεσημβρινὸς κύκλος ὁ ΑΒΓΔ, καὶ ἰσημερινοῦ ἡμικύκλιον τὸ ΑΕΓ, ὁρίζοντος δὲ ἀνατολικὸν, τὸ ΒΕΔ· καὶ γεγράφθω τοῦ λοξοῦ δύο τμήματα, τό, τε ΖΗΘ, καὶ τὸ ΚΛΜ, οὕτως ἔχοντα, ὥστε ἑκάτερα τῶν Ζ καὶ Κ σημείων ὑποκεῖσθαι τὸ μετοπωρινὸν ἰσημερινὸν, τουτέστι τὴν ἀρχὴν τῶν λίτρων. Δηλαδὴ πάλιν ὡς μετακινουμένης τῆς σφαίρας, καὶ πῆ μὲν ὑπὸ γῆν ὄντος τοῦ μετοπωρινοῦ, ὡς κατὰ τὸ Κ, πῆ δὲ ὑπὲρ γῆς, ὡς κατὰ τὸ Ζ· καὶ εἶναι, ἐπὶ μὲν τὰ νότια τοῦ ἰσημερινοῦ τὸ ΖΗΘ ἑπόμενον τμῆμα, περιέχον τὰς λίτρας, καὶ τὸν σκορπίον καὶ ἑξῆς, τὸ δὲ ΚΛΜ περιέχον ἐπὶ τὰ βόρεια, τό, τε τῆς παρθένου δωδεκατημόριον, καὶ τὸ τοῦ λέοντος. Καὶ ἔξω τῇ ΖΗ περιφερείᾳ, ἴση ἡ ΚΛ· λέγω ὅτι καὶ ἡ ὑπὸ ΕΗΘ γωνία, ἡ περιεχομένη ὑπὸ τοῦ ὁρίζοντος, καὶ τοῦ ΗΘ ἑπομένου τμήματος τοῦ ζωδιακοῦ, βορειοτέρα τυγχάνουσα (τῶν γὰρ ὑπὸ ΒΗΘ, ΕΗΘ πρὸς τῷ ἑπομένῳ τμήματι οὐσῶν,) ἡ ὑπὸ ΕΗΘ βορειοτέραν ἔχει τὴν θέσιν), διὰ τὸ τὰ πρὸς τῷ Δ μέρη βορειότερα ὑποκεῖσθαι, ἴση ἐςὶ τῇ ὑπὸ ΔΛΚ γωνίᾳ, καὶ αὐτὴ ὁμοίως πρὸς τῷ ἑπομένῳ τμήματι βορειοτέρα τυγχάνουσα. Καὶ ἔςι πάλιν αὐτόθεν καὶ τὸ τοιοῦτον δῆλον. Ἰσογώνιον γὰρ γίνεται τὸ ΕΖΗ τρί-πλευρον, τῷ ΕΚΛ τριπλεύρῳ, διὰ τὸ καὶ τὰς τρεῖς πλευρὰς, ταῖς τρισὶν ἴσας ἔχειν ἑκάςην ἑκάςῃ· τὴν μὲν ΖΗ τῇ ΗΛ, ὑπό-κεινται γὰρ, τὴν δὲ ΕΗ τοῦ ὁρίζοντος τῇ ΕΛ. Καὶ ἐπεὶ ὁ διὰ του Η παράλληλος ἴσός ἐςι τῷ διὰ του Λ, τῶν ΖΗ, ΚΛ πε-ριφερειῶν ἴσων ὑποκειμένων· οἱ γὰρ ἴσας ἀφαιροῦντες παράλληλοι κύκλοι μεγίςου τι-νὸς κύκλου πρὸς τὸν μέγιςον τῶν παραλ-λήλων, ἴσοί εἰσιν. Οἱ δὲ ἴσοι παράλληλοι, ἴσας ἀφαιροῦσι μεγίςου τινὸς πρὸς τὸν μέ-γιςον τῶν παραλλήλων, τὰς μεταξὺ αὐτῶν. Ὥςε καὶ ἐντεῦθεν ἴση ἐςὶν ἡ ΗΕ τῇ ΕΛ· ἔςι δὲ καὶ ἡ ΕΖ του ἰσημερινου τῇ ΕΚ ἴση, διὰ τὸ τὰς ἴσον ἀπεχούσας του αὐτου ἰσημερινου του ζωδιακου περιφερείας ἀπο-δεδεῖχθαι ἴσοις χρόνοις συναναφέρεσθαι. Ἴση ἄρα ἐςὶ καὶ ἡ ὑπὸ ΕΗΖ γωνία τῇ ὑπὸ ΕΛΚ, διὰ τὴν ἐφαρμογὴν τῶν τριπλεύρων· ὥςε καὶ ἡ ἐφεξῆς ἡ ὑπὸ ΕΗΘ, τῇ ἐφεξῆς τῇ ὑπὸ ΔΚΛ ἴση ἐςί. Δῆλον δὲ ὅτι δυ-τικοῦ ὑποτιθεμένου τοῦ ΒΕΔ ἡμικυκλίου, καὶ ἑπομένων γινομένων τῶν ἀπὸ τοῦ Η ἐπὶ τὸ Ζ καὶ τὸ Ν, καὶ ἀπὸ τοῦ Κ ἐπὶ τὸ Λ καὶ τὸ Μ, αἱ πρὸς τῷ ἑπομένῳ βο-ρειότεραι πάλιν γωνίαι, τουτέςιν αἱ ὑπὸ ΖΗΕ, ΜΛΔ ἴσαι ἔσονται, διὰ τὸ καὶ τὴν ὑπὸ ΕΛΚ ἴσην εἶναι τῇ ὑπὸ ΜΛΔ, κατὰ κορυφὴν γάρ.

Ἐπεὶ οὖν τὴν τοιαύτην ἀπόδειξιν ὡς με-τακινουμένης τᾶς σφαίρας ὁ Πτολεμαῖος

boréale (les parties boréales étant suppo-sées en D). Or, cela est évident, parce que le trilatère EZH est égal au trilatère EKL, les trois côtés égaux aux trois côtés chacun à chacun, ZH à HL par la supposition, et EH à EL, tous deux dans l'horizon, et ZH à KL, parce que le parallèle qui passe par H, est égal au parallèle qui passe par L. Car les parallèles qui coupent des portions égales d'un grand cercle, de part et d'autre du plus grand des parallèles sont égaux. Or, ici des parallèles égaux coupent des portions égales d'un grand cercle, de part et d'autre du plus grand des parallèles, savoir celles qui sont entr'eux, donc HE est égale à EL. Mais l'arc EZ de l'équateur est égal à l'arc EK; car il a été démontré que des arcs du cercle oblique à égales distances du même point équinoxial , montent ou se lèvent ensemble dans les mêmes temps de l'équateur. L'angle EHZ est donc égal à l'angle ELK , par la super-position des trilatères, et par conséquent aussi l'angle de suite EHZ à l'angle de suite DLK. Maintenant, il est évident que le demi-cercle BED étant supposé occiden-tal, et la suite ou l'ordre des signes étant de H en Z et en N, et de K en L et en M, les angles les plus boréaux dans la suite des signes, c'est-à-dire les angles ZHE, MLD seront égaux, parce que l'angle ELK est égal à l'angle MLD, puisqu'ils sont opposés au sommet.

Ptolémée ayant établi cette démonstra-tion d'après le mouvement de la sphère qui porte le point équinoxial du printemps ou de l'automne tantôt au-dessus, tantôt au-dessous de la terre, nous allons démontrer la même chose dans la supposition de la sphère immobile, et d'abord dans cette même figure, en prenant le même point sous terre, et KL égal à KX, soit N le pole boréal de l'équateur, et décrivons autour le plus grand des cercles toujours visibles, et par X le grand cercle XPO tangent au cercle DO en O, et rendant le demi-cercle qui va de O en P, X, asymptote (non coïncident) au demi-cercle qui va de D en D, L, E. L'arc DO est donc semblable à l'arc EP, et par conséquent pendant que l'arc OPX se superposera sur l'horizon, l'arc XKL montera avec PKE, et PK sera égal à KE. Et puisque les points également distants du point équinoxial se lèvent ensemble en temps égaux de l'équateur, ces trilatères sont équilatéraux, de sorte que l'angle ELK sera égal à l'angle KXP, et les angles de suite, savoir DLK. Ainsi l'angle cherché RXP, sont égaux, parce que, quand X est parvenu à l'horizon, OPX coïncide avec l'horizon.

De même, si nous supposons l'équinoxe de printemps en Z au-dessus de la terre, prenons ZH égal à ZS, et décrivons le grand cercle UST tangent en T au cercle DO, et rendant le demi-cercle qui va de T en SU, asymptote au demi-cercle qui va de D en E, H. Ainsi, pendant le temps que D met à parvenir en T, E parvient en U, et HS montera avec EU. HZ sera encore égal à ZS, et l'on aura les trilatères, équi-

πεποίηται, ὑπὸ γῆν τε καὶ ὑπὲρ γῆν τὸ ἐαρινὸν, ἢ τὸ μετοπωρινὸν σημεῖον παραλαμβάνων, δείξομεν αὐτοὶ, ὡς μενούσης τῆς σφαίρας ὑπὸ γῆν αὐτοῦ πρότερον παραλαμβάνοντες. Καὶ ἀπειλήφθω ἐπὶ τῆς αὐτῆς καταγραφῆς τῇ ΗΛ ἴση ἡ ΚΞ, καὶ εἰλήφθω ὁ βόρειος πόλος τοῦ ἰσημερινοῦ, καὶ ἔξω τὸ Ν, καὶ γεγράφθω ὁ μέγιςος τῶν ἀεὶ φανερῶν ὁ ΔΟ, καὶ διὰ τοῦ Ξ γεγράφθω μέγιςος κύκλος ὁ ΞΠΟ ἐφαπτόμενος τοῦ ΔΟ κατὰ τὸ Ο, ἀσύμπτωτον ποιῶν τὸ ἀπὸ τοῦ Ο ἡμικύκλιον, ὡς ἐπὶ τὰ Π, Ξ μέρη τῷ ἀπὸ τοῦ Δ ἡμικυκλίου, ὡς ἐπὶ τὰ Δ, Λ, Ε μέρη. Ὁμοία ἄρα ἐςὶν ἡ ΔΟ τῇ ΕΠ. Καὶ ἐν ᾧ ἄρα, ἐφαρμόσει ὁ ΟΠΞ ἐπὶ τὸν ὁρίζοντα, καὶ ἡ ΞΚΛ, τῇ ΠΚΕ συνανενεχθήσεται, καὶ ἴση ἔςαι ἡ ΠΚ τῇ ΚΕ. Καὶ ἐπεὶ τὰ ἴσον ἀπέχοντα τοῦ ἰσημερινοῦ, ἴσοις χρόνοις συναναφέρεται, καὶ ἰσόπλευρα πάλιν γίνονται τὰ τρίπλευρα. Ὧςε καὶ γωνία ἡ ὑπὸ ΕΛΚ τῇ ὑπὸ ΚΞΠ ἴση ἔςαι· καὶ αἱ ἐφεξῆς αὐταῖς ἄρα γωνίαι, ἥ τε ὑπὸ ΔΛΚ ἐπιζητουμένη γωνία, καὶ ἡ ὑπὸ ΡΞΠ, ἴσαί εἰσι, διὰ τὸ καὶ τοῦ Ξ ἐπὶ τὸν ὁρίζοντα γινομένου ἐφαρμόζειν τὸν ΟΠΞ τῷ ὁρίζοντι.

Ὡσαύτως δὲ κἂν ὑπὲρ γῆς τὸ ἐαρινὸν ὑποθέμενοι κατὰ τὸ Ζ, ἀπολάβωμεν τὴν ΖΗ ἴσην τῇ ΖΣ, καὶ γράψωμεν μέγιςον κύκλον ἐφαπτόμενον τοῦ ΔΟ κατὰ τὸ τὸν ΥΣΤ, ἀσύμπτωτον ποιοῦντα τὸ ἀπὸ τοῦ Τ ἡμικύκλιον, ὡς ἐπὶ τὰ Σ, Υ μέρη τῷ τοῦ Δ ἡμικυκλίῳ, ὡς ἐπὶ τὰ Ε, Η, ὥςε ἐν ᾧ τὸ Δ ἐπὶ τὸ Τ, ἐν τοσούτῳ καὶ τὸ μὲν Ε ἐπὶ τὸ Υ, ἡ δὲ ΗΣ τῇ ΕΥ συνανενεχθήσεται, καὶ ἴση ἔςαι πάλιν ἡ ΗΖ τῇ ΖΣ. Καὶ συςαθήσονται πάλιν ἰσόπλευρα τὰ τρίπλευρα, καὶ ἴση ἡ ὑπὸ ΖΗΕ τῇ ὑπὸ ΖΣΥ, ὥστε καὶ αἱ ἐφεξῆς αὐταῖς, ἥ τε ὑπὸ ΕΗΘ, καὶ ἡ ὑπὸ ΤΣΖ ἐπιζητούμεναι γωνίαι ἴσαι ἔσονται.

Εἶτα ἐφεξῆς πάλιν καὶ ἕτερον λημμάτιον ἐκτίθεται, συντελοῦν ὁμοίως καὶ τοῦτο πρὸς τὴν προχειροτέραν ἀπόδειξιν. Ἐν ᾧ ἀποδεί-κνυσιν ὅτι τῶν διαμετρούντων σημείων τοῦ διὰ μέσων τῶν ζωδίων κύκλου, ἡ τοῦ ἑτέ-ρου ἀνατολικὴ μετὰ τῆς τοῦ ἑτέρου δυτικῆς, δυσὶν ὀρθαῖς ἴσαί εἰσι· καὶ ἡ μὲν ἀνατολικὴ καὶ πρὸς τῷ ἑπομένῳ τμήματι τοῦ ζωδι-ακοῦ ὑπὸ τοῦ ὁρίζοντος γινομένη γωνία ὑπὸ τὸν ὁρίζοντά ἐστι, διὰ τὸ τὰ ἑπόμενα εἰς τὸ ὑπολειπόμενα εἶναι πρὸς ἀνατολάς, ἡ δὲ δυτικὴ ὑπὲρ τὸν ὁρίζοντα, διὰ τὸ τὰ ἑπόμενα ὡς πρὸς ἀνατολὰς εἶναι.

Ἔστω οὖν πάλιν ὁρίζων μὲν κύκλος ὁ ΑΒΓΔ, ὁ δὲ διὰ μέσων τῶν ζωδίων, ὁ ΑΕΓΖ, τέμνων τὸν ὁρίζοντα κατὰ τὰ Α, Γ σημεῖα, ὥστε βόρεια τυγχάνειν τὰ πρὸς τῷ Δ μέρη, καὶ ἔτι ἑπόμενον ὑπὲρ γῆς τοῦ ζωδιακοῦ, ὡς ἀπὸ τοῦ Α ἐπὶ τὸ Ε καὶ Γ· καὶ ἀνατολικὸν μὲν γίνεσθαι τὸ Γ, καὶ ὑπὸ τὸν ὁρίζοντα τὴν ὑπὸ ΔΓΖ γωνίαν, πρὸς τῷ ἑπομένῳ τμήματι ἀνατολικὴν, καὶ βο-ρειοτέραν τυγχάνουσαν, τὸ δὲ Α, δυτικὸν, καὶ τὴν ὑπὸ ΔΗΕ ὑπὲρ γῆν βορειοτέραν πάλιν οὖσαν πρὸς τῷ ἑπομένῳ τμήματι δυτικήν. Λέγω ὅτι αἱ ὑπὸ ΔΓΖ, ΔΑΕ συν-αμφότεραι, δυσὶν ὀρθαῖς ἴσαί εἰσιν. Ἐπεὶ γὰρ συναμφότεραι, ἥ τε ὑπὸ ΖΑΔ, καὶ ὑπὸ ΔΑΕ, δυσὶν ὀρθαῖς ἴσαί εἰσιν· ἴση δὲ ἡ ὑπὸ ΔΑΖ τῇ ὑπὸ ΔΓΖ. Ἐπειδήπερ ἐὰν πόλῳ τῷ Α, καὶ διαστήματι τῇ τοῦ τετραγώνου πλευρᾷ, γράψωμεν μεγίστου κύκλου τμῆμα τὸ ΔΖ, ἔσται τὸ αὐτὸ γεγραμμένον, καὶ

THÉON. II.

lateres avec l'angle ZHE égal à l'angle ZSU , par conséquent, leurs angles de suite cherchés seront égaux, savoir EHT à ZST.

Il expose ensuite l'autre lemme pour la même démonstration, prouvant que les angles faits sur deux points du cercle oblique diamétralement opposés , l'un oriental, et l'autre occidental, sont égaux à deux angles droits ; l'angle oriental formé par l'horizon sur un segment conséquent du cercle oblique, est sous l'horizon, parce que la suite ou l'ordre des signes est dans le sens des points comptés vers l'orient. Mais l'angle occidental est sur l'horizon, parce que les points suivans ou conséquens sont vers l'orient.

Soit (Fig. 43.) l'horizon ABGD, le cercle oblique AEGZ, qui coupe l'horizon aux points A, G, tellement que les parties bo-réales étant vers D, et l'ordre des signes au-dessus de la terre comme de A en E et G, et le point orient G au-dessous de l'horizon, l'angle DGZ sur le segment conséquent, soit oriental et boréal, le point A étant à l'occident, et l'angle DHE au-dessus de la terre, ou de l'horizon, est boréal sur le seg-ment suivant ou conséquent. Je dis que les deux angles DGZ, DAE, sont égaux à deux droits. En effet, les deux angles ZAD, DAE sont égaux à deux droits, et DAZ est égal à DGZ, parce que si du pole A et d'un intervalle égal au côté du carré inscrit, nous décrivons le segment ou l'arc DZ de grand cercle, DZ sera le même que

15

s'il étoit décrit du pole G et du même intervalle égal au côté du carré inscrit; et alors le rapport de l'arc DZ au cercle entier, sera le même que celui de chacun des angles ZAD, DGZ, à quatre angles droits. Ou bien encore, si du pole A, et d'un intervalle quelconque on décrit l'arc DZ, le point G étant diamétralement opposé à A, sera l'autre pole de DZ, de sorte que DZ pourra être décrit de G. Et pour les mêmes raisons, le rapport de l'arc DZ au cercle entier, sera le même que celui de chacun des angles ZAD, DGZ à quatre angles droits, donc les deux angles DGZ, DAE, sont égaux à deux angles droits.

Ptolemée après avoir démontré ces deux lemmes, c'est-à-dire, que des angles également éloignés d'un même point équinoxial, ceux qui sont vus dans le même horizon sont égaux, car c'est ce que Ptolemée a démontré dans le premier lemme; et que des points diamétralement opposés, l'angle oriental de l'un, avec l'angle occidental de l'autre, sont ensemble égaux à deux angles droits, il en conclut que des points également distants d'un même point tropique, l'angle oriental de l'un, et l'angle occidental de l'autre, sont égaux aussi à deux angles droits. Il s'agit donc de démontrer que ceci se conclut effectivement des deux lemmes susdits. Or (Fig. 44), soit le zodiaque ABGD, soient A, G, les points équinoxiaux; et B, D, les points tropiques ou solsticiaux; et prenons les points E, Z, également distants du même point équinoxial A, et soit le point H diamétralement opposé au point Z. Il est évident par le premier lemme, que si l'angle oriental E formé par l'horizon et le cercle oblique, est donné, l'angle qu'ils

πόλῳ τῷ Γ, διαϛήματι δὲ τῇ τοῦ τετραγώνου πλευρᾷ· καὶ ὃν ἔχει λόγον ἡ ΔΖ περιφέρεια πρὸς ὅλον κύκλον, τοῦτον ἔχει τὸν λόγον καὶ ἑκατέρα τῶν ὑπὸ ΖΑΔ, ΔΓΖ γωνιῶν πρὸς τέσσαρας ὀρθάς. Ἢ καὶ ἐὰν πόλῳ τῷ Α, διαϛήματι δὲ τυχόντι, γραφῇ ἡ ΔΖ περιφέρεια, καὶ τὸ Γ κατὰ διάμετρον ὂν τῷ Α, ὁ ἕτερος πόλος ἔϛαι τοῦ ΔΖ, ὥϛε ὁ ΔΖ καὶ πόλῳ τῷ Γ γραφήσεται. Καὶ διὰ ταῦτα πάλιν, ὃν ἂν ἔχοι λόγον ἡ ΔΖ περιφέρεια πρὸς τὸν ὅλον κύκλον, τοῦτον ἕξει τὸν λόγον καὶ ἑκατέρα τῶν ὑπὸ ΖΑΔ, ΔΓΖ γωνιῶν πρὸς τέσσαρας ὀρθὰς, ὥϛε καὶ συναμφότεραι αἱ ὑπὸ ΔΓΖ, ΔΑΕ, δυσὶν ὀρθαῖς ἴσαί εἰσιν.

Εἶτα διδάξας τὰ τοιαῦτα δύο λημμάτια, τουτέϛιν ὅτι τῶν ἴσον ἀπεχόντων τοῦ αὐτοῦ ἰσημερινοῦ σημείου, αἱ πρὸς τὸν αὐτὸν ὁρίζοντα θεωρούμεναι γωνίαι ἴσαί εἰσι, τοῦτο γὰρ ἐν τῷ πρώτῳ λημματίῳ ἐδείκνυε, καὶ τῶν διαμετρούντων σημείων, ἡ τοῦ ἑτέρου ἀνατολικὴ, μετὰ τῆς τοῦ ἑτέρου δυτικῆς, δυσὶν ὀρθαῖς ἴσαί εἰσι, τὸ ἐκ τούτων συναγόμενον παραλαμβάνει, ὅτι καὶ τῶν ἴσον ἀπεχόντων τοῦ αὐτοῦ τροπικοῦ σημείου, ἡ τοῦ ἑτέρου ἀνατολικὴ, μετὰ τῆς τοῦ ἑτέρου δυτικῆς, δυσὶν ὀρθαῖς ἴσαί εἰσι. Δεικτέον οὖν ὅτι ἐκ τῶν εἰρημένων δύο λημματίων συνάγεται καὶ τοῦτο. Ἔϛω γὰρ ζωδιακὸς κύκλος ὁ ΑΒΓΔ, καὶ ἰσημερινὰ μὲν ἔϛω τὰ Α, Γ, τροπικὰ δὲ τὰ Β, Δ; καὶ εἰλήφθωσαν τὰ Ε, Ζ σημεῖα; ἴσον ἀπέχοντα τοῦ αὐτοῦ ἰσημερινοῦ σημείου τοῦ Α, καὶ ἔϛω τοῦ Ζ κατὰ διάμετρον τὸ Η. Φανερὸν ἄρα ἐκ τοῦ πρώτου λημματίου, ὅτι ἐὰν δοθῇ ἡ πρὸς τῷ Ε γινομένη τοῦ ὁρίζοντος τοῦ πρὸς τὸν ζωδιακὸν ἀνατολικὴ γωνία, δεδομένη

ἔςαι καὶ ἡ πρὸς τῷ Z τῶν αὐτῶν, διὰ τὸ
ἴσον ἀπέχειν τοῦ Α ἰσημερινοῦ τὰ Ε, Z
σημεῖα. Καὶ ἐπεὶ δέδοται ἡ πρὸς τῷ Z ἀνα-
τολικὴ, δέδοται ἄρα καὶ ἡ πρὸς τῷ Η δυ-
τικὴ, διὰ τὸ δεύτερον λημμάτιον τῶν λει-
πουσῶν εἰς τὰς δύο ὀρθάς. Ἴση δὲ ἡ πρὸς
τῷ Z τῇ πρὸς τῷ Ε, ὥςε καὶ αἱ ἐπὶ
τῶν Ε, Η σημείων, ἴσον ἀπεχόντων τοῦ
αὐτοῦ τροπικοῦ τοῦ Β πρὸς τῷ ὁρίζοντι γι-
νόμεναι γωνίαι, τοῦ μὲν Ε, ἡ ἀνατολικὴ,
τοῦ δὲ Η, ἡ δυτικὴ, δυσὶν ὀρθαῖς ἴσαί εἰσι.
Καὶ ἐὰν τοίνυν ἀπολάβωμεν τῇ ΓΗ ἴσην
τὴν ΓΘ, τοῦ Θ κατὰ διάμετρον γινομένου
τῷ Ε, δοθήσεται καὶ ἡ πρὸς τῷ Θ δυ-
τικὴ γωνία τῶν λειπουσῶν εἰς τὰς δύο ὀρθὰς
τῇ πρὸς τῷ Ε ἀνατολικῇ, διὰ τὸ τὰ Η,
Θ σημεῖα ἴσον ἀπέχειν τοῦ Γ ἰσημερινοῦ,
καὶ δεδεῖχθαι ἡμῖν ἐν τῷ πρώτῳ λημματίῳ,
τὴν μὲν ἀνατολικὴν τῇ ἀνατολικῇ ἴσην, τὴν
δὲ δυτικὴν, τῇ δυτικῇ. Ὥςε πάλιν δέδονται
καὶ αἱ πρὸς τοῖς Z, Θ σημείοις, ἴσον ἀπ-
έχουσαι τοῦ Δ τροπικοῦ ἀνατολικὴ καὶ δυ-
τική. Καὶ ἐὰν ἄρα τὰς τοῦ ΑΒΓ ἡμικυ-
κλίου μόνου, ὅπέρ ἐςιν ἀπὸ κριοῦ μέχρι χη-
λῶν τὰς ἀνατολικὰς γωνίας εὕρωμεν, συν-
αποδεδειγμέναι ἔσονται καὶ αἱ τοῦ ἑτέρου
ἡμικυκλίου ἀνατολικαί, καὶ ἔτι αἱ τῶν δύο
ἡμικυκλίων δυτικαί. Ἔςι δὲ καὶ τοῦτο αὐ-
τόθεν φανερόν. Ἐὰν γὰρ λάβωμεν ἀπὸ τοῦ
ΑΒΓ ἡμικυκλίου τὰς ἀνατολικὰς γωνίας,
ἕξομεν καὶ τὰς τοῦ ΑΔΓ ἀνατολικὰς, τῶν
αὐτῶν, ὡς ἴσον ἀπεχόντων τοῦ αὐτοῦ ἰση-
μερινοῦ, ὥςε καὶ ἑκατέρου τῶν ΒΑΔ, ΒΓΔ
ἡμικυκλίων, ἕξομεν τὰς ἀνατολικάς. Καὶ
ἐπεὶ ἔχομεν τοῦ ΒΑΔ τὰς ἀνατολικὰς, ἕξο-
μεν καὶ τοῦ ΒΓΔ τὰς δυτικὰς τῶν λειπουσῶν
εἰς τὰς δύο ὀρθὰς, ἐπὶ τῶν ἴσον ἀπεχόντων

font en Z sera aussi donné, parce que
les points E, Z sont également distants
de l'équinoxe A. Et puisque l'angle orien-
tal Z est donné, l'angle occidental H est
par conséquent donné, par le second
lemme, puisqu'il est le supplément à
deux angles droits. Mais l'angle Z est
égal à l'angle E, donc les angles formés
par l'horizon en E et en H, également éloi-
gnés du même point tropique B, savoir
l'oriental E et l'occidental H, sont égaux
à deux angles droits. Maintenant, si nous
prenons GT égal à GH, le point T étant dia-
métralement opposé à E, l'angle en T occi-
dental sera donné, parce qu'il est le supplé-
ment à deux angles droits, de l'angle orien-
tal en E, les points H, T, étant également
éloignés de l'équinoxe G ; et par le premier
lemme, l'angle oriental étant égal à l'o-
riental, et l'occidental à l'occidental ; c'est
pourquoi, les angles en Z et en T, oriental et
occidental, également éloignés du point tro-
pique D, sont donnés. Donc, si nous trou-
vons les angles orientaux du demi-cercle seul
ABG qui s'étend depuis le bélier jusqu'aux
serres, les angles orientaux de l'autre demi-
cercle, seront par là même démontrés, et
tout à la fois aussi les angles occidentaux des
deux demi-cercles. Et cela est évident, car
si nous prenons sur le demi-cercle ABG les
angles orientaux, nous aurons sur le demi-
cercle ADG, les angles orientaux qui se-
ront les mêmes, comme également éloignés
du même équinoxe, de sorte que sur cha-
cun des demi-cercles BAD, BGD, nous
aurons les angles orientaux. Et puisque
nous avons les angles orientaux du demi-
cercle BAD, nous aurons par leurs supplé-
mens à deux angles droits, les angles occi-
dentaux du demi-cercle BGD, comme

étant également éloignés du même tropique. Pour les mêmes raisons, puisque nous avons les angles orientaux du demi-cercle BGD, ou par le moyen des angles occidentaux du demi-cercle ABG, en prenant les grandeurs des supplémens à deux angles droits, sur les segmens diamétralement opposés. Et pareillement, ayant trouvé les angles orientaux, on aura tout démontrés en même temps les angles orientaux de l'autre demi-cercle, et aussi les angles occidentaux des deux demi-cercles.

Nous allons montrer tout cela de la même manière, mais plus brièvement sur le parallèle de Rhodes où la hauteur du pole est de 36ᵈ, et comment on peut prendre sans aucune difficulté, les angles formés par l'horizon aux points équinoxiaux. Si (Fig. 45.) nous décrivons le méridien ABGD, le demi-cerle AED oriental de l'horizon supposé, et le quart de cercle EZ de l'équateur au-dessous de l'horizon, puis les quarts de cercle EB, EG du cercle oblique, de sorte que E relativement au quart de cercle austral EB, soit l'équinoxe d'automne, et relativement au quart de cercle boréal EG, l'équinoxe de printemps ; et que les points de E en B, G, soient conséquents, de sorte que B soit le point tropique d'hiver, et G le point tropique d'été. L'arc TGD est de 30ᵈ 9', parce qu'en comptant 90 degrés du pole boréal à l'équateur, et ce pole étant élevé de 36ᵈ au-dessus de l'horizon, l'arc restant DZ sera de 54ᵈ. Or, chacun des arcs BZ, ZG, de la plus grande déclinaison, vaut 23ᵈ 51' à très-peu près, donc il reste 30ᵈ 9' pour l'arc GD, et l'arc en-

τοῦ αὐτοῦ τροπικοῦ. Διὰ τὰ αὐτὰ δὴ, ἐπεὶ ἔχομεν καὶ τοῦ ΒΓΔ τὰς ἀνατολικὰς, ἕξομεν καὶ τοῦ ΒΑΔ τὰς δυτικὰς, ἢ καὶ διὰ τὸ ἔχειν τοῦ ΑΒΓ τὰς δυτικὰς, λαμβάνοντες τὰ μεγέθη τῶν λειπουσῶν εἰς τὰς δύο ὀρθὰς, ἐπὶ τῶν κατὰ διάμετρον τμημάτων. Καὶ ὁμοίως διὰ τὸ εὑρηκέναι τὰς ἀνατολικὰς γωνίας, συναποδεδειγμέναι ἔσονται καὶ αἱ τοῦ ἑτέρου ἡμικυκλίου ἀνατολικαὶ, καὶ ἔτι αἱ τῶν δύο ἡμικυκλίων δυτικαί.

Ὃν δὲ τρόπον δείκνυται, διὰ βραχέων ἐφοδεύσομεν, χρησάμενοι πάλιν τῷ διὰ Ῥόδου παραλλήλῳ, ἔνθα τὸ ἔξαρμα τοῦ πόλου ἐςὶ μοιρῶν λϛ. Αἱ μὲν οὖν τῶν τοῦ ἰσημερινοῦ σημείων πρὸς τὸν ὁρίζοντα γινόμεναι γωνίαι προχειρότερον ἐφοδεύονται, τὸν τρόπον τοῦτον· ἐὰν γὰρ γράψωμεν μεσημβρινὸν μὲν κύκλον τὸν ΑΒΓΔ, τοῦ δὲ ὑποκειμένου ὁρίζοντος ἀνατολικὸν ἡμικύκλιον τὸ ΑΕΔ, καὶ τοῦ μὲν ἰσημερινοῦ ἀπὸ τοῦ ὁρίζοντος ἐπὶ τὸ ὑπὸ γῆν τμῆμα τοῦ μεσημβρινοῦ τεταρτημόριον τὸ ΕΖ, τοῦ δὲ διὰ μέσων τῶν ζωδίων δύο τεταρτημόρια, τό, τε ΕΒ, καὶ τὸ ΕΓ, ὥςε τὸ Ε πρὸς μὲν τὸ ΕΒ νοτιώτερον τεταρτημόριον νοεῖσθαι τὸ μετοπωρινὸν, πρὸς δὲ τὸ ΕΓ βορειότερον, ἐαρινόν. Καὶ τὰ ἀπὸ τοῦ Ε ἐπὶ τὸ ΒΓ εἰς τὰ ἑπόμενα, ὥςε τὸ μὲν Β χειμερινὸν τροπικὸν γίνεσθαι, τὸ δὲ Γ θερινὸν, συνάγεται ἡ μὲν ΓΔ μοιρῶν λ θ', διὰ τὸ τὴν μὲν ἀπὸ τοῦ βορείου πόλου ἐπὶ τὸ Ζ σημεῖον εἶναι μοιρῶν ϟ, τὴν δὲ τοῦ ἐξάρματος μοιρῶν λϛ, καὶ λοιπὴν τὴν ΔΖ μοιρῶν νδ· ἑκατέραν δὲ τῶν ΒΖ, ΖΓ τῆς μεγίςης λοξώσεως μοιρῶν κγ να' ἔγγιςα, καὶ καταλείπεσθαι τῶν εἰρημένων μοιρῶν λ θ', ἔλην δὲ

τὴν ΔΖ μετὰ τῆς ΖΒ συνάγεσθαι μοιρῶν
οζ να'. Καὶ ἐπεὶ τὸ Ε πόλός ἐςι τοῦ ΑΒΓΔ
μεσημβρινοῦ, καὶ γέγραπται ὁ ΑΒΓΔ πόλος
τῇ κοινῇ τομῇ τῶν κύκλων τοῦ τε ζωδιακοῦ
καὶ τοῦ ὁρίζοντος, ἔςαι ἡ μὲν ὑπὸ ΔΕΓ
γωνία γινομένη ἐπὶ τῆς ἀρχῆς τοῦ κριοῦ
πρὸς τῷ ὁρίζοντι ἀνατολικὴ γωνία βορειο-
τέρα τῶν τοιούτων λ θ', οἵων ἡ Α ὀρθὴ
ϟ, ἡ δὲ ὑπὸ ΔΕΒ γινομένη ὁμοίως ἐπὶ τῆς
ἀρχῆς τῶν λίτρων οζ να'.

Καὶ ἐπεὶ τὰς ὑπὸ τοῦ διὰ τοῦ κατὰ
κορυφὴν πρὸς τῷ Ε σημείῳ τοῦ ζωδιακοῦ
γινομένας γωνίας βούλεται ἐκθέσθαι ἐν τῷ
κανόνι, λαμβάνων τὸν πόλον τοῦ ὁρίζοντος
τὸ Κ σημεῖον, καὶ γράφων δι' αὐταῖς καὶ
τοῦ Ε μεγίςου κύκλου περιφέρειαν, καὶ προσ-
τιθεὶς ταῖς ὑπὸ ΔΕΓ καὶ ΔΕΒ, τὴν ὑπὸ
ΚΕΔ, ὀρθὴν πάντοτε γινομένην, τουτέςι
μοιρῶν ϟ, ἐξέθετο ἐπὶ τοῦ διὰ Ρόδου κλί-
ματος, τὴν μὲν ὑπὸ ΚΕΓ ἐπὶ τῆς τοῦ κριοῦ
ἀρχῆς πρὸς τῷ ὁρίζοντι ἀνατολικὴν γωνίαν
μοιρῶν ρκ θ', τὴν δὲ ὑπὸ ΚΕΒ ἐπὶ τῆς
ἀρχῆς τῶν λίτρων, μοιρῶν ρξζ να'. Γίνεται
δὲ τὸ Ε πόλος τοῦ μεσημβρινοῦ, καὶ ἑκα-
τέρα τῶν ΕΒ καὶ ΕΓ τοῦ ζωδιακοῦ τεταρ-
τημόριον οὕτως· ἐπεὶ γὰρ ὁ ΑΒΓΔ μεσημ-
βρινὸς διὰ τῶν πόλων τοῦ τε ΕΖ ἰσημερινοῦ,
καὶ τοῦ ΑΕΔ ὁρίζοντός ἐςιν, ὀρθός ἐςι πρὸς
αὐτοὺς, ὥςε καὶ ἑκάτερος τῶν ΕΖ, ΕΒ
ὀρθός ἐςι πρὸς τὸν ΑΒΓΔ μεσημβρινὸν,
καὶ διὰ τῶν πόλων αὐτοῦ δηλαδή. Συμ-
βάλλουσι δὲ αὐτοὶ κατὰ τὸ Ε· τὸ Ε ἄρα
πόλός ἐςι τοῦ ΑΒΓΔ, καὶ τεταρτημόριον
δηλονότι ἑκάτερον τῶν ΕΒ, ΕΓ.

Ἵνα δὲ καὶ ἐπὶ τῶν λοιπῶν δωδεκατημο-
ρίων ἡ ἔφοδος φανερὰ γένηται, προκείσθω,
ὑποδείγματος ἕνεκεν, εὑρεῖν τὴν γινομένην

tier ZB est de $77^d\,51'$. Et puisque le point
E est le pole du méridien ABGD, et que
de ce pole qui est la section commune du
cercle oblique et de l'horizon, le cercle
ABGD a été décrit, l'angle boréal DEG
formé par l'horizon au premier point du
bélier, sera de $39^d\,9'$ des degrés dont l'angle
droit A en a 90; et l'angle formé de même
au premier point des bassins (de la balance)
sera de $77^d\,51'$.

Ptolemée voulant insérer dans sa table
les angles formés au point E du cercle
oblique par le cercle qui passe par le point
vertical, prend le point K pour pole de
l'horizon, et décrivant par ce point et par
E un arc de grand cercle, et ajoutant aux
angles DEG, DEB, l'angle KED toujours
droit, c'est-à-dire 90^d, il a mis sur le cli-
mat de Rhodes l'angle oriental KEG,
formé au premier point du bélier par l'ho-
rizon, de $120^d\,9'$, et l'angle KEB fait au
commencement de la balance, de $167^d\,51'$.
Or, le point E est le pole du méridien, et
chacun des arcs EB, EG, du cercle oblique,
est un quart de cercle. Car, puisque le méri-
dien ABGD passe par les poles de l'équa-
teur EZ, et de l'horizon AED, il est per-
pendiculaire sur ces cercles. Ainsi, EZ,
EB, sont chacun perpendiculaires sur le
méridien ABGD, ils passent donc par ses
poles, mais ils s'entrecoupent en E, donc
le point E est le pole du méridien ABGD,
et chacun des arcs EB, EG, est un quart
de cercle.

Pour appliquer cette méthode aux autres
dodécatémories, proposons-nous de trou-

ver l'angle oriental formé par l'horizon au premier point du taureau. Soit (Fig. 46.) le méridien ABGD, le demi-cercle oriental BED de l'horizon, AEG celui du cercle oblique, de sorte que E étant le premier point du taureau, nous voulions avoir l'angle GED oriental, tel que nous l'avons défini, puisque quand ce premier point du taureau se lève pour ce climat, les 17ᵈ 41′ du cancer médient dans le ciel sous terre, comme nous le montrerons après ce théorême. Or l'arc EG est plus petit qu'un quart de cercle, car de E, commencement du taureau, à 17ᵈ 41′ du cancer, il y a 77ᵈ 41′, décrivant donc du pole E et de l'intervalle égal au côté du carré inscrit, l'arc de grand cercle ZHT, le quart de cercle EGH sera complet, parce que l'horizon BED passe par les poles du méridien ABGD et du grand cercle ZHT, car les deux cercles ZHT, ZGD s'entrecoupant, l'horizon qui passe par les poles, coupe en deux portions égales les arcs interceptés, et par conséquent ZD et ZT sont chacun un quart de cercle, et le point Z est le pole de l'horizon, c'est-à-dire le point vertical au-dessus de la terre. Or, le point G étant en 17ᵈ 41′ du cancer, il est vers les ourses sur ZD, à une déclinaison de l'équateur égale à 22ᵈ 40′ du méridien qui passe par ses poles; mais l'équateur est à une distance du point vertical, égale à la hauteur du pole, laquelle est ici de 36ᵈ, donc l'arc GZ est de 58ᵈ 40′. Cela posé, Ptolemée dit : par la

ἀνατολικὴν γωνίαν, ὑπό τε τῆς ἀρχῆς τοῦ ταύρου καὶ τοῦ ὁρίζοντος, καὶ ἔςω μεσημβρινὸς μὲν κύκλος ὁ ΑΒΓΔ, τοῦ δὲ ὑποκειμένου ὁρίζοντος, ἀνατολικὸν ἡμικύκλιον τὸ ΒΕΔ, καὶ γεγράφθω τοῦ διὰ μέσων τῶν ζωδίων τὸ ΑΕΓ ἡμικύκλιον, ὥςε τὸ Ε σημεῖον τὴν ἀρχὴν εἶναι τοῦ ταύρου. Καὶ προκείσθω δηλαδὴ εὑρεῖν τὴν ὑπὸ ΓΕΔ γινομένην γωνίαν ἀνατολικὴν, καθὼς ἐδηλοῦμεν. Ἐπεὶ οὖν τούτῳ τῷ κλίματι τῆς ἀρχῆς τοῦ ταύρου ἀνατελλούσης, μεσουρανοῦσιν ὑπὸ γῆν τοῦ καρκίνου μοῖραι ιζ μζ, ὡς δείξομεν ἑξῆς τοῦ θεωρήματος, ἐλάττω γίνεται ἡ ΕΓ περιφέρεια τεταρτημορίου, ἐπειδήπερ ἀπὸ τῆς κατὰ τὸ Ε ἀρχῆς τοῦ ταύρου, μέχρι τῶν ιζ μα′ μοιρῶν, συνάγονται μοῖραι οζ μα′. Γεγράφθω δὴ πόλῳ τῷ Ε, καὶ διαςήματι τῇ τοῦ τετραγώνου πλευρᾷ, μεγίςου κύκλου τμῆμα τὸ ΖΗΘ, καὶ ἀναπληρώσθω τὸ ΕΓΗ τεταρτημόριον, διὰ τὸ τὸν ΒΕΔ ὁρίζοντα διὰ τῶν πόλων εἶναι τοῦ τε ΑΒΓΔ μεσημβρινοῦ, καὶ τοῦ ΖΗΘ μεγίςου κύκλου. Πάλιν γὰρ δύο κύκλων τεμνόντων ἀλλήλους τῶν ΖΗΘ καὶ ΖΓΔ, διὰ τῶν πόλων γραφεὶς ὁ ΒΕΔ ὁρίζων, δίχα τέμνει τὰ ἀπειλημμένα τμήματα, καὶ διὰ τοῦτο ἑκατέρου τῶν ΖΔ καὶ ΖΘ, τεταρτημορίου τυγχάνει· καὶ τὸ Ζ δηλονότι πόλος γίνεται τοῦ ὁρίζοντος, τουτέςι τὸ ὑπὸ γῆν κατὰ κορυφὴν σημεῖον. Πάλιν, ἐπεὶ τὸ Γ σημεῖον ἐπέχον τοῦ καρκίνου ιζ μα′, ἀπέχει τοῦ ἰσημερινοῦ πρὸς ἄρκτους ἐπὶ τοῦ Ζ διὰ τῶν πόλων αὐτοῦ, τουτέςι τοῦ μεσημβρινοῦ μοίρας κβ μ′, ὁ δὲ ἰσημερινὸς ἀπέχει τοῦ κατὰ κορυφὴν, ὅσόν ἐςι τὸ ἔξαρμα, τουτέςι μοίρας λς, συνάγεται ἡ ΓΖ περιφέρεια μοιρῶν νη μ′. Ἑξῆς τούτων οὖν οὕτως ἐχόντων, φησί· Γίνεται λοιπὸν διὰ τὴν καταγραφὴν, ὁ τῆς ὑπὸ τὴν διπλῆν τῆς ΓΔ πρὸς τὴν ὑπὸ τὴν διπλῆν τῆς ΔΖ λόγος, σύγκειται ἔκ τε τοῦ τῆς ὑπὸ τὴν διπλῆν τῆς ΓΕ πρὸς τὴν ὑπὸ τὴν διπλῆν τῆς ΕΗ, καὶ τοῦ τῆς ὑπὸ τὴν διπλῆν τῆς ΗΘ, πρὸς τὴν ὑπὸ τὴν διπλῆν τῆς ΘΖ. Ἀλλὰ, διὰ τὰ προειρημένα ἡμῖν, ἡ μὲν δι- πλῆ τῆς ΓΔ μοιρῶν ἐστιν ξϛ μ΄, διὰ τὸ τὴν μὲν διπλῆν τῆς ΖΔ μοιρῶν εἶναι ρπ, δεδεῖχθαι δὲ τὴν ΓΖ νη μ΄, καὶ γίνεσθαι τὴν διπλῆν αὐτῆς ριζ κ΄, καὶ λοιπὴν δη- λονότι καταλείπεσθαι τὴν διπλῆν τῆς ΓΔ μοιρῶν ξϛ μ΄. Καὶ διὰ τοῦτον καὶ ἡ ὑπ᾽ αὐτὴν εὐθεῖα ἔσται τμημάτων ξϛ κδ΄, ἡ δὲ διπλῆ τῆς ΖΔ μοιρῶν ρπ, καὶ ἡ ὑπ᾽ αὐτὴν εὐθεῖα τμημάτων ρκ. Καὶ πάλιν ἡ μὲν διπλῆ τῆς ΓΕ, μοιρῶν ρνε κδ΄· διὰ τὸ δεδεῖχθαι τὴν ΕΓ οζ μα΄, καὶ ἡ ὑπ᾽ αὐτὴν εὐθεῖα τμημάτων ριζ ιδ΄, ἡ δὲ δι- πλῆ τῆς ΕΗ μοιρῶν ρπ, καὶ ἡ ὑπ᾽ αὐτὴν εὐθεῖα τμημάτων ρκ. Ἐὰν ἄρα ἀπὸ τοῦ λόγου τοῦ τῶν ξϛ κδ΄ πρὸς τὰ ρκ, ἀφ- έλωμεν τὸν λόγον τῶν ριζ ιδ΄ πρὸς τὰ ρκ, καταλειφθήσεται ὁ τῆς ὑπὸ τὴν διπλῆν τῆς ΗΘ πρὸς τὴν ὑπὸ τὴν διπλῆν τῆς ΘΖ λό- γος, ὁ τῶν ξγ νδ΄ πρὸς τὰ ρκ. Καὶ ἔστιν ἡ ὑπὸ τὴν διπλῆν τῆς ΖΘ τμημάτων ρκ· καὶ ἡ ὑπὸ τὴν διπλῆν ἄρα τῆς ΘΗ, τῶν αὐτῶν ἔσται ξγ νδ΄, ὥστε καὶ ἡ μὲν διπλῆ τῆς ΘΗ περιφερείας μοιρῶν ἐστιν ξδ κ΄, αὕτη δὲ ἡ ΕΘ περιφέρεια, καὶ ἡ ὑπὸ ΚΕΘ γωνία, τῶν αὐτῶν λϛ ι΄. Πάλιν δὲ καὶ ταύτῃ προσθεὶς, διὰ τὰ ἐπάνω εἰρημένα, τὴν εἰρημένην ὀρθὴν γωνίαν, τὴν γινομένην ὑπό τε τοῦ διὰ τοῦ κατὰ κορυφὴν τοῦ ὁρί- ζοντος, τουτέστι τὴν ὑπὸ ΡΕΔ, ἐξέθετο τὴν

construction, la raison de la corde du double de GD à celle du double de DZ, est composée de la raison de la corde du double de GE à celle du double de EH, et de la raison de la corde du double de HT à celle du double de TZ. Mais par ce qui précède, le double de l'arc GD est de 62^d 40′, parce que le double de ZD est de 180^d, et que nous avons GZ de 58^d 40′, dont le double est 117^d 20′, reste donc 62^d 40′ pour le double de GD; ainsi sa corde sera de 62^d 24′. Or, le double de ZD est de 180^d, et sa corde est de 120^p; en outre, le double de GE est de 155^d 22′, car nous avons EG de 77^d 41′, et sa corde est de 117^p 14′; le double de EH est de 180^d, et sa corde est de 120^p. Si donc de la raison de 62 24′ à 120, nous ôtons celle de 117 14′ à 120, restera celle de la corde du double de HT à la corde du double de TZ, laquelle raison est celle de 63 52′ à 120. Mais la corde du double de TZ vaut 120^p, donc la corde du double de HT est de 63^p 52′. Le double de l'arc TH, est par conséquent, de 64^d 20′; or, l'arc ET, et l'angle KET qu'il soutient, est de 32^d 10′, et en lui ajoutant, suivant ce qui a été dit, l'angle droit susdit formé au point verti- cal ou pôle de l'horizon, c'est-à-dire l'angle RED, Ptolemée a eu l'angle formé dans l'horizon par le cercle oblique au premier point du taureau, et par le cercle qui passe par le point vertical ; savoir, l'angle REG de 122ᵈ 10′. Ajoutant toujours aux autres angles faits de même dans l'horizon, les 90ᵈ de l'angle droit, il a exposé les angles dans lesquels le point vertical est plus boréal que le point médian du cercle oblique. Car, dans ceux où le point vertical est plus austral, ôtant au contraire les 90ᵈ de l'angle droit formé par l'horizon et le cercle qui passe par le point vertical de l'angle qu'on a trouvé, formé par le cercle oblique et par l'horizon, le reste lui a donné l'angle que le cercle mené par le point vertical fait avec le cercle oblique dans l'horizon.

Par exemple, si dans cette figure 46, nous prenons REZ pour la moitié du cercle oblique, AEG celle du cercle vertical, de sorte que A étant le point vertical, soit plus austral que le point médian R, l'angle cherché du cercle oblique et de l'horizon est l'angle DEZ, duquel il faut retrancher l'angle droit DEG formé par le cercle vertical et l'horizon, et donner l'angle restant GEZ boréal, formé par le cercle vertical sur l'arc EZ conséquent du cercle oblique. Mais parce que ces raisons n'ont pas été exposées ici, comme nous les avons enseignées dans le premier livre, en parlant de ce théorème sphérique, nous allons faire voir qu'il a été appliqué ici d'une manière aussi exacte quoiqu'inverse. Car nous y avons montré que la raison de la corde du double de HT à la corde du double de TZ, est

ὑπὸ τοῦ διὰ τοῦ κατὰ κορυφὴν, καὶ τοῦ ζωδιακοῦ ἐπὶ τῆς ἀρχῆς τοῦ ταύρου πρὸς τῷ ὁρίζοντι γινομένην γωνίαν, ὡς τὴν ὑπὸ ΡΕΓ μοιρῶν ρκβ ι′. Καὶ ἐπὶ τῶν λοιπῶν δὲ πρὸς τὸν ὁρίζοντα γωνιῶν προστιθεὶς τὰς τῆς ὀρθῆς γωνίας μοιρῶν ϟ τὴν ἔκθεσιν πεποίηται, ἐφ' ὧν δηλονότι τὸ κατὰ κορυφὴν βορειότερον τυγχάνει τοῦ μεσουρανοῦντος. Ἐφ' ὧν γὰρ νοτιότερόν ἐςι τὸ κατὰ κορυφὴν, ἀνάπαλιν ἀφαιρῶν τὰς τῆς ὑπὸ τοῦ διὰ τοῦ κατὰ κορυφὴν καὶ τοῦ ὁρίζοντος γινομένης ὀρθῆς γωνίας μοίρας ϟ, ἀπὸ τῆς εὑρισκομένης ὑπὸ τοῦ διὰ μέσων, καὶ τοῦ ὁρίζοντος, τῶν λοιπῶν ἐκτίθεται τὴν πρὸς τῷ ὁρίζοντι, ὑπὸ τοῦ διὰ τοῦ κατὰ κορυφὴν καὶ τοῦ διὰ μέσων συνιςαμένην γωνίαν.

Ὑποδείγματος ἕνεκεν, ἐὰν νοήσωμεν ἐπὶ τῆς αὐτῆς καταγραφῆς τοῦ μὲν διὰ μέσων ἡμικύκλιον τὸ ΡΕΖ, τὸ δὲ διὰ τοῦ κατὰ κορυφὴν τὸ ΑΕΓ, ὥςε τὸ Α κατὰ κορυφὴν νοτιώτερον εἶναι τοῦ Ρ μεσουρανοῦντος, ἡ μὲν ὑπὸ τοῦ διὰ μέσων καὶ τοῦ ὁρίζοντος ἐπιζητουμένη γωνία ἡ ὑπὸ ΔΕΖ ἐςίν· ἀφ' ἧς χρὴ ἀφελεῖν τὴν ὑπὸ ΔΕΓ ὀρθὴν γωνίαν περιεχομένην ὑπὸ τοῦ διὰ τοῦ κατὰ κορυφὴν καὶ τοῦ ὁρίζοντος, καὶ λοιπὴν ἐκτίθεσθαι τὴν ὑπὸ ΓΕΖ, πρὸς τῷ ΕΖ ἑπομένῳ τοῦ διὰ μέσων τμήματι βορειοτέραν γωνίαν. Ἐπεὶ οὖν ἡ παρειλημμένη λῆψις τῶν λόγων, οὐχ' ὁμοίως τοῖς διδαχθεῖσιν ἡμῖν ἐπὶ τοῦ εἰς τὸ πρῶτον βιβλίον σφαιρικοῦ θεωρήματος εἴληπται, δείξομεν ὅτι καὶ αὐτὴ ὑγιῶς παρείληπται, κατὰ τὴν ἀνάπαλιν τῆς ἐκεῖσε ἀποδειχθείσης λήψεως. Ἐκεῖ μὲν γὰρ ἐδείκνυμεν ὅτι ὁ τῆς ὑπὸ τὴν διπλῆν τῆς ΗΘ, πρὸς τὴν ὑπὸ τὴν διπλῆν τῆς ΘΖ λόγος

συνῆπται, ἔκ τε τοῦ τῆς ὑπὸ τὴν διπλῆν
τῆς ΗΕ, πρὸς τὴν ὑπὸ τὴν διπλῆν τῆς
ΕΓ, καὶ τοῦ τῆς ὑπὸ τὴν διπλῆν τῆς ΓΔ,
πρὸς τὴν διπλῆν τῆς ΔΖ. Ἐνταῦθα δέ φησιν,
ὁ τῆς ὑπὸ τὴν διπλῆν τῆς ΓΔ, πρὸς τὴν
ὑπὸ τὴν διπλῆν τῆς ΔΖ λόγος (ὅς τις εἷς
ἐστι τῶν συντιθέντων τὸν τῆς ὑπὸ τὴν δι-
πλῆν τῆς ΗΘ, πρὸς τὴν ὑπὸ τὴν διπλῆν
τῆς ΘΖ λόγον) σύγκειται, ἔκ τε τοῦ τῆς
ὑπὸ τὴν διπλῆν τῆς ΓΕ, πρὸς τὴν ὑπὸ
τὴν διπλῆν τῆς ΕΗ, ὅς περ πάλιν ἐστὶν ὁ
λοιπὸς τῶν συντιθέντων τὸν εἰρημένον λόγον,
ἀνάπαλιν ληφθείς. Ἐλαμβάνετο γὰρ ἐκεῖσε
ὁ τῆς ὑπὸ τὴν διπλῆν τῆς ΗΕ, πρὸς τὴν
ὑπὸ τὴν διπλῆν τῆς ΕΓ, καὶ ἔτι τοῦ τῆς
ὑπὸ τὴν διπλῆν τῆς ΗΘ, πρὸς τὴν ὑπὸ
τὴν διπλῆν τῆς ΘΖ, ὅς περ ἦν ὁ συντι-
θέμενος κατὰ τὸ ἀκόλουθον τῇ ἀνάπαλιν
δείξει τοῦ θεωρήματος. Δείξομεν οὖν ὅτι
ἐὰν λόγος ᾖ συγκείμενος ἐκ δύο λόγων, καὶ
ὁ εἷς τῶν συντιθέντων συγκείσεται ἔκ τε
τοῦ λοιποῦ τῶν συντιθέντων ἀνάπαλιν, καὶ
τοῦ συντιθεμένου. Συγκείσθω γὰρ ὁ τοῦ Α
πρὸς τὸν Γ λόγος, τοῦ Β μέσου λαμβανο-
μένου, ἐκ τοῦ Α πρὸς τὸν Β λόγον, καὶ
τοῦ Β πρὸς τὸν Γ, λέγω ὅτι καὶ ὁ τοῦ
Α πρὸς τὸν Β λόγος συγκείσεται ἔκ τε
τοῦ τοῦ Α πρὸς τὸν Γ, καὶ τοῦ τοῦ Γ
πρὸς τὸν Β. Καὶ ἔστιν αὐτόθεν φανερὸν ἐὰν
τὸν Β ὑποθώμεθα μετὰ τὸν Γ, ὁ τοῦ Α
πρὸς τὸν Β λόγος, τοῦ Γ μέσου λαμβανο-
μένου, ἔσται συγκείμενος, ἔκ τε τοῦ τοῦ Α
πρὸς τὸν Γ, καὶ τοῦ τοῦ Γ πρὸς τὸν Β.

Ἵνα δὲ καὶ ἐπὶ τῆς σφαιρικῆς δείξεως
φανερὸν γένηται τὸ λεγόμενον, ἐκκείσθω
πρότερον ἐπὶ τῆς ἐπιπέδου τῆς ἐν τῷ πρώτῳ
ΤΗΕΟΝ ΙΙ.

composée de la raison de la corde du double
de HE à la corde du double de EG, et de
la raison de la corde du double de GD à
la corde du double de DZ. Mais Ptolemée
dit : « la raison de la corde du double de
GD à celle du double de DZ (laquelle rai-
son est une des deux composantes de la
raison de la corde du double de HT à la
corde du double de TZ), est composée
de la raison de la corde du double de GE
à la corde du double de EH (laquelle est
l'autre raison composante de la même rai-
son, mais prise inversement, car il a pris
au contraire la raison de la corde du double
de HE à la corde du double de EG), et de
la raison de la corde du double de HT à
celle du double de TZ, cette dernière rai-
son-ci étant la raison que nous avons com-
posée inversement à sa démonstration du
théorême. Nous allons, de notre côté, dé-
montrer que, quand une raison est compo-
sée de deux raisons, l'une des raisons com-
posantes sera elle-même composée de
l'autre raison composante prise inversc-
ment, et de la raison composée directe.
composons la raison de A à G, en prenant
B pour moyen, de la raison de A à B, et
de celle B à G, je dis que la raison de A à
B, sera composée de la raison de A à G,
et de celle de G à B, et il est clair par
soi-même, si nous mettons B après G, que
la raison de A à B, B étant pris pour moyen,
sera composée de celle de A à G et de celle
de G à B.

Pour le prouver par une démonstration,
prenons d'abord la figure des droites tra-
cées sur un plan, telle qu'elle est dans le

16

premier livre, et où aux droites MX, MZ, sont menées les droites ZH, ZN qui s'entrecoupent en G. Je dis que la raison de GN à NZ, est composée de la raison de GX à XH, et de la raison de HM à MZ. Menons par H la droite HK parallèle à MX. Puisque NK étant prise pour intermédiaire de GN et de NZ, la raison de GN à NZ est composée de celle de GN à NK, et de celle de KN à NZ ; et la raison de GX à XH étant la même que celle de GN à NK, et celle de HM à MZ, la même que celle de KN à NZ, il s'ensuit que la raison de GN à NZ, est composée de celle de GX à XH, et de celle HM à MZ.

Cela posé (Fig. 48.), imaginons sur la surface d'une sphère deux arcs de cercles TE, TZ, auxquels sont menés les arcs EH, ZD, qui s'entrecoupent en G, et prenons L pour le centre de cette sphère, et de ce centre menons aux points E, D, T, les lignes LE, LD, LT, qui rencontrent les lignes HG, ZG, ZH, prolongées elles-mêmes jusqu'aux points M, N, X. Les points M, N, X seront sur une seule ligne droite, parce qu'ils sont dans deux plans, l'un du triangle ZHG, et l'autre du cercle EDT, comme nous l'avons fait voir dans le premier livre. Et cette droite fait que les deux droites XH, ZN menées aux deux MX, MZ, s'entrecoupent en G. Or, par la démonstration précédente, la raison de la droite GN à la droite NZ, est composée de la raison de la droite GX à la droite XH, et de celle de HM à MZ. Mais à la

βιβλίῳ καταγραφῆς τῶν εὐθειῶν· εἰς δύο γὰρ εὐθείας, τὰς ΜΞ, ΜΖ, δύο εὐθεῖαι διαχθεῖσαι αἱ ΖΗ, ΖΝ, τεμνέτωσαν ἀλλήλας κατὰ τὸ Γ σημεῖον, λέγω ὅτι ὁ τῆς ΓΝ πρὸς ΝΖ λόγος σύγκειται, ἔκ τε τοῦ τῆς ΓΞ πρὸς ΞΗ, καὶ τοῦ τῆς ΗΜ πρὸς ΜΖ. Ἤχθω γὰρ διὰ τοῦ Η τῇ ΜΞ παράλληλος ἡ ΗΚ· καὶ ἐπεὶ τῶν ΓΝ, ΝΖ, τῆς ΝΚ μέσης λαμβανομένης, ὁ τῆς ΓΝ πρὸς ΝΖ λόγος σύγκειται, ἔκ τε τοῦ τῆς ΓΝ πρὸς ΝΚ, καὶ τοῦ τῆς ΚΝ πρὸς ΝΖ, ἀλλὰ τῷ μὲν τῆς ΓΝ πρὸς ΝΚ λόγῳ, ὁ αὐτός ἐστιν ὁ τῆς ΓΞ πρὸς ΞΗ, τῷ δὲ τῆς ΚΝ πρὸς ΝΖ, ὁ αὐτός ἐστιν ὁ τῆς ΗΜ πρὸς ΜΖ. Καὶ ὁ τῆς ΓΝ πρὸς ΝΖ ἄρα λόγος σύγκειται, ἔκ τε τοῦ τῆς ΓΞ πρὸς ΞΗ, καὶ τοῦ τῆς ΗΜ πρὸς ΜΖ.

Τούτου δεδειγμένου, νοείσθωσαν ἐπὶ σφαιρικῆς ἐπιφανείας εἰς δύο κύκλων περιφερείας τὰς ΘΕ, ΘΖ, δύο διαχθεῖσαι αἱ ΕΗ, ΖΔ, τέμνουσαι ἀλλήλας κατὰ τὸ Γ, καὶ εἰλήφθω τὸ κέντρον τῆς σφαίρας τὸ Λ, καὶ ἀπ' αὐτοῦ ἐπὶ τὰ Ε, Δ, Θ σημεῖα, ἐπιζευχθεῖσαι αἱ ΛΕ, ΛΔ, ΛΘ, διήχθωσαν καὶ συμπιπτέτωσαν ταῖς ΗΓ, ΖΓ, ΖΗ ἐπιζευχθείσαις καὶ αὐταῖς, καὶ ἐκβληθείσαις κατὰ τὰ Μ, Ν, Ξ σημεῖα· ἐπὶ μιᾶς δὴ εὐθείας ἔσονται τὰ Μ, Ν, Ξ σημεῖα, διὰ τὸ ἐν δυσὶν εἶναι ἐπιπέδοις, ἔν τε τῷ τοῦ ΖΗΓ τριγώνου, καὶ ἐν τῷ τοῦ ΕΔΘ κύκλου, ὡς ἐδείξαμεν ἐν τοῖς εἰς τὸ πρῶτον βιβλίον, ἥ τις ἐπιζευχθεῖσα, ποιεῖ εἰς δύο, τὰς ΜΞ, ΜΖ, δύο διηγμένας, τὰς ΞΗ, ΖΝ, τέμνειν ἀλλήλας κατὰ τὸ Γ. Καὶ, διὰ τὴν ἐπάνω δεῖξιν, ὁ τῆς ΓΝ εὐθείας πρὸς τὴν ΝΖ λόγος σύγκειται, ἔκ τε τοῦ τῆς ΓΞ πρὸς ΞΗ, καὶ τοῦ τῆς ΗΜ πρὸς ΜΖ. Ἀλλὰ τῷ τῆς

ΓΝ πρὸς ΝΖ λόγῳ, ὁ αὐτός ἐ͜ϛιν ὁ τῆς ὑπὸ τὴν διπλῆν τῆς ΓΔ περιφερείας, πρὸς τὴν ὑπὸ τὴν διπλῆν τῆς ΔΖ· τῷ δὲ τῆς ΓΞ πρὸς ΞΗ, ὁ τῆς ὑπὸ τὴν διπλῆν τῆς ΓΕ, πρὸς τὴν ὑπὸ τὴν διπλῆν τῆς ΕΗ, τῷ δὲ τῆς ΗΜ πρὸς ΜΖ, ὁ τῆς ὑπὸ τὴν διπλῆν τῆς ΗΘ, πρὸς τὴν ὑπὸ τὴν διπλῆν τῆς ΘΖ· ὥϛε καὶ ἀκολούθως τοῖς ἐπὶ τοῦ ΡΚ τοῦ εἰρημένου, ὁ τῆς ὑπὸ τὴν διπλῆν τῆς ΓΔ, πρὸς τὴν διπλῆν τῆς ΔΖ λόγος σύγκειται, ἔκ τε τοῦ τῆς ὑπὸ τὴν διπλῆν τῆς ΓΕ, πρὸς τὴν ὑπὸ τὴν διπλῆν τῆς ΕΗ, καὶ τοῦ τῆς ὑπὸ τὴν διπλῆν τῆς ΗΘ, πρὸς τὴν ὑπὸ τὴν διπλῆν τῆς ΘΖ. Ἑξῆς δὲ καὶ περὶ τῶν παραλελειμμένων ἡμῖν εἰς τὸ προκείμενον θεώρημα λημματίων δια‑ ληψόμεθα· καὶ πρῶτον ἔτι, τῆς ἀρχῆς τοῦ ταύρου ἀνατελλούσης, μεσουρανοῦσιν ὑπὸ γῆν αἱ τοῦ καρκίνου μοῖραι ιζ μα΄, συν‑ άγεται γὰρ τὸ τοιοῦτον οὕτω. Λαμβάνομεν ἐκ τοῦ τῶν ἀναφορῶν κανονίου τοῦ διὰ Ῥόδου κλίματος, τοὺς περιεχομένους τῇ ἀρχῇ τοῦ ταύρου χρόνους ιθ ιϛ΄, οἵ εἰσι τῶν ἀπὸ τῆς ἀρχῆς τοῦ κριοῦ. Καὶ ἐπεὶ, ὡς ἔμπροσθεν ἐλέγομεν, δεῖ ἀπὸ τούτων ἀφαιρεῖν ϙ, οὐχ' οἷον τε δὲ, προϛίθεμεν αὐτοῖς ἑνὸς κύκλου μοίρας τξ· καὶ ἀπὸ τῶν συναγομένων τοθ ιϛ΄, ἀφελόντες τοὺς ϙ, καὶ τοὺς λοιποὺς σπθ ιϛ΄ εἰσάγοντες εἰς τὰς ἐπ' ὀρθῆς τῆς σφαίρας ἀναφορὰς, διὰ τὸ τὰς μεσουρανήσεις ἡμᾶς ἐπιζητεῖν, ἐπισκο‑ ποῦμεν κατὰ ποίου ζωδίου καὶ μοιρῶν πί‑ πτει ὁ ἀριθμὸς κατὰ τοῦ πρώτου σελιδίου τῶν τοῦ ζωδιακοῦ μοιρῶν, καὶ εὑρίσκομεν ἐξ ἀναλογίας τὰς τοῦ αἰγοκέρου μοίρας ιζ μα΄, αἵ τινες ὑπὲρ γῆν μεσουρανοῦσιν. Ἐπεὶ οὖν τὰς ὑπὸ γῆν μεσουρανούσας ἐπιζητοῦμεν,

raison de GN à NZ, est égale celle de la corde du double de l'arc GD à la corde du double de l'arc DZ ; et à la raison de GX à XH est égale celle de la corde du double de GE à celle de la corde du double de EH; et à la raison de HM à MZ est égale celle de la corde du double de HT à celle du double de TZ. Donc ici, comme nous l'avons annoncé, la raison de la corde du double de l'arc GD à la corde du double de l'arc DZ, est composée de la raison de la corde du double de GE à la corde du double de EH, et de la raison de la corde du double de HT à la corde du double de ZT. Nous reprendrons donc ici les lemmes que nous avons omis plus haut. D'abord, nous prouverons que quand le premier point du taureau se lève, les $17^d 41'$ du cancer médient au-dessous de la terre. Prenons dans la table des ascensions du climat de Rhodes, les $19^t 12'$ comptés depuis le premier point du bélier. Puisque, comme nous l'avons dit, il faut en retrancher 90^d, ce qui n'est pas possible ici, nous ajoutons les 360^d de la circonférence, et de la somme $379^d 12'$, nous retranchons 90^d. Puis, portant le reste $289^d 12'$ dans la table des ascensions de la sphère droite, pour trouver les points qui sont au méridien, nous cherchons à quel signe et à quel degré tombe le nombre de la première colonne des degrés du cercle oblique, et nous voyons que c'est aux $17^d 41'$ du capricorne, qui par conséquent passent alors au méridien au-dessus de la terre. Puisque nous cherchons le point médiant

16 *

au-dessous de la terre, nous prenons le point qui lui est diamétralement opposé, nous trouvons que c'est celui de 17ᵈ 41′ du cancer, et nous disons que c'est le point qui passe au méridien au-dessus de la terre, quand le premier point du taureau se lève pour le climat de Rhodes. L'autre lemme que nous avons omis, est que l'arc ED est moindre qu'un quart de cercle.

En effet, supposons BED le demi-cercle oriental de l'horizon, il est évident que l'ordre des signes est de A en E et G. Or, E étant le premier point du taureau, est plus boréal que l'équateur, et le point où commence le bélier, est sur l'arc EA. Mettons-le en X, alors l'arc XEG est plus boréal que l'équateur. Décrivons le demi-cercle PXO de l'équateur, O est donc le pole du méridien ABGD, comme il a été démontré auparavant; O D est ainsi un quart de cercle, et par conséquent ED est moindre qu'un quart de cercle. Ainsi, il est évident que pour les portions boréales du zodiaque, comme dans le présent théorême, les lignes décrites tombent toujours à l'occident du méridien. Or, comme nous voulons aussi démontrer les angles orientaux dans le demi-cercle boréal, depuis le bélier jusqu'à la balance, et que nous avons fait voir, que si nous démontrons les angles orientaux de ce demi-cercle, nous aurons par là démontré aussi les angles orientaux de l'autre demi-cercle, ainsi que les angles occidentaux des deux demi-cercles, et puisque nous avons trouvé au commencement du bélier et de la balance, comme nous l'avons dit dans le dernier des théorêmes précédens, que l'arc compris depuis le point orient jusqu'au méridien, est un

λαμβάνοντες τὰς κατὰ διάμετρον, εὑρίσκομεν τοῦ καρκίνου μοίρας ιζ μα΄, ἃς καὶ λέγομεν μεσουρανεῖν ὑπὸ γῆν ἐπὶ τοῦ διὰ Ῥόδου κλίματος τῆς ἀρχῆς τοῦ ταύρου ἀνατελλούσης. Ἑξῆς δὲ καὶ τὸ Β τῶν παραλελειμμένων λημματίων δείξομεν, τουτέςιν ὅτι ἡ ΕΔ ἐλάσσων ἐςὶ τεταρτημορίου.

Ἐπεὶ γὰρ τὸ ΒΕΔ τοῦ ὁρίζοντος ἡμικύκλιον ὑπόκειται ἀνατολικὸν, δῆλον ὡς ὅτι τὰ ἑπόμενα ἀπὸ τοῦ Α ἐςὶν, ὡς ἐπὶ τὸ Ε καὶ τὸ Γ, καὶ ἔςι τὸ Ε κατὰ τοῦ ταύρου, βορειοτέρου τυγχάνοντος τοῦ ἰσημερινοῦ, καὶ ἡ ἀρχὴ τοῦ κριοῦ ἐπὶ τῆς ΕΑ ἐςὶ περιφερείας, ἔςω κατὰ τὸ Ξ· τὸ ἄρα ΞΕΓ τμῆμα βορειότερόν ἐςι τοῦ ἰσημερινοῦ. Γεγράφθω δὴ τὸ τοῦ ἰσημερινοῦ ἡμικύκλιον, καὶ ἔςω τὸ ΠΞΟ· τὸ Ο ἄρα πόλός ἐςι τοῦ ΑΒΓΔ μεσημβρινοῦ, ὡς ἐν τοῖς πρὸ αὐτοῦ ἐδείχθη, τεταρτημορίον ἄρά ἐςιν ἡ ΟΔ· ἐλάσσων ἄρα τεταρτημορίου ἐςὶν ἡ ΕΔ. Καὶ φανερὸν ὅτι ἐπὶ τῶν βορειοτέρων τοῦ ζωδιακοῦ τμημάτων, καθάπερ ἐπὶ τοῦ ὑποκειμένου θεωρήματος, ἡ καταγραφὴ ἐκτὸς πάντοτε πίπτει ὡς ἐπὶ τὰς πρὸς δυσμὰς τοῦ μεσημβρινοῦ μέρη. Ἐπεὶ οὖν πρόκειται ἡμῖν ἀποδεῖξαι τοῦ ἀπὸ κριοῦ μέχρι λίτραν βορειότερα ἡμικύκλια τὰς ἀνατολικὰς γωνίας, ἐδείκνυμεν δὲ ὅτι, ἐὰν τούτου τοῦ ἡμικυκλίου τὰς ἀνατολικὰς γωνίας δείξωμεν, δεδειχότες ἐσόμεθα καὶ τὰς τοῦ ἑτέρου ἡμικυκλίου ἀνατολικὰς, καὶ ἔτι τῶν δύο ἡμικυκλίων τὰς δυτικάς. Εὑρίσκομεν δὲ, ἐπὶ μὲν τῆς ἀρχῆς τοῦ κριοῦ καὶ τῶν λίτρων, ὡς ἐν τῷ πρὸ τούτου θεωρήματι ἐδείξαμεν, τὴν ἀπὸ τοῦ ἀνατέλλοντος σημείου ἐπὶ τὸν μεσημβρινὸν περιφέρειαν, τεταρτημορίου γ—

νομένην. Ἐπὶ δὲ τῶν λοιπῶν, ὥσπερ ἐπὶ τοῦ προκειμένου, τῆς ἐπὶ του ταύρου καταγραφῆς θεωρήματος τὴν ΕΓ ἀπὸ του ἀνατέλλοντος ἐπὶ τὸν μεσημβρινὸν πάντοτε ἐλάττονα γινομένην τεταρτημορίου, καθάπερ καὶ τὴν ΕΔ. Ὥςτε ἐπὶ τὰ πρὸς δυσμὰς μέρη του μεσημβρινου πίπτειν τὴν του τεταρτημοιρίου περιφέρειαν, ὡς τὴν ΕΓΗ, καὶ ΕΘΔ, καὶ ἔτι τὴν ΖΗΘ, ὡς ἐκ τῆς τοιαύτης καταγραφῆς ἐφοδεύεσθαι ἡμῖν τὴν ἔκθεσιν τῶν πρὸς τὸν ὁρίζοντα του ζωδιακου ἀνατολικῶν καὶ δυτικῶν γωνιῶν. Καὶ δῆλον ὡς ὅτι κατὰ τὸ ἀκόλουθον ταῖς τοιαύταις δείξεσι, καὶ ἐπὶ τῶν λοιπῶν δωδεκατημορίων ἐκθησόμεθα πάσας τὰς πρὸς τὸν ὁρίζοντα ὑπὸ του ζωδιακου, καὶ του κατὰ κορυφὴν γινομένας γωνίας, ἀνατολικάς τε καὶ δυτικάς, καθ᾽ ἕκαςον κλίμα τῆς καθ᾽ ἡμᾶς οἰκουμένης, προςιθέντες ἢ ἀφαιρουντες, ὡς ἔφαμεν ἐν τοῖς ἐπάνω, τὴν ὑπὸ του διὰ του κατὰ κορυφὴν καὶ του ὁρίζοντος γινομένην ὀρθὴν γωνίαν τῇ ὑπὸ του ὁρίζοντος καὶ του ζωδιακου γινομένη.

ΚΕΦΑΛΑΙΟΝ ΙΑ.

ΠΕΡΙ ΤΩΝ ΠΡΟΣ ΤΟΝ ΛΟΞΟΝ ΚΥΚΛΟΝ ΤΟΥ ΔΙΑ ΤΩΝ ΠΟΛΩΝ ΤΟΥ ΟΡΙΖΟΝΤΟΣ ΓΙΝΟΜΕΝΩΝ ΓΩΝΙΩΝ ΚΑΙ ΠΕΡΙΦΕΡΕΙΩΝ.

ΔΕΔΕΙΓΜΕΝΩΝ δὴ καὶ ἐπὶ τῆς τῶν γωνιῶν πραγματείας, τῶν τε ὑπὸ τοῦ μεσημβρινοῦ καὶ τοῦ ὁρίζοντος, πρὸς τὸν διὰ μέσων γωνιῶν, καὶ καταλειπομένου εἰς τὴν προκειμένην πραγματείαν, τοῦ καὶ τὰς ὑπὸ τῶν διὰ τῶν πόλων τοῦ ὁρίζοντος καθ᾽ ἑκάςην θέσιν τοῦ ζωδιακοῦ γινομένας, καθ᾽

quart de cercle, mais que dans les autres signes, comme on vient de le dire pour le commencement du taureau, l'arc EG depuis le point orient jusqu'au méridien, est toujours plus petit qu'un quart de cercle, comme l'est ED, il s'ensuit que l'arc du quart de cercle tel que EGH, ETD, ZHT se terminent à l'occident du méridien. La construction de ces lignes nous fournit un moyen de chercher et d'assigner les valeurs des angles tant orientaux qu'occidentaux du cercle oblique avec l'horizon. Et il est clair que par la même méthode, nous évaluerons aussi les angles orientaux et occidentaux formés dans l'horizon sur les autres signes du zodiaque, par le concours aux cercle oblique et du cercle qui passe par le point vertical, pour quelque climat que ce soit de notre partie habitée de la terre ; ajoutant ou retranchant, comme nous l'avons déjà dit, l'angle droit de l'horizon avec le cercle vertical, selon que l'exige l'angle formé par l'horizon et le cercle oblique.

CHAPITRE XI.

DES ANGLES ET DES ARCS FORMÉS SUR LE CERCLE OBLIQUE PAR CELUI QUI PASSE PAR LES POLES DE L'HORIZON.

A la recherche des angles formés par le méridien et le cercle oblique dans l'horizon, doit succéder, pour compléter cette doctrine, celle des angles qui forme le cercle qui passe par les poles de l'horizon, en toute position du cercle oblique, toujours par la méthode que nous avons jusqu'à présent suivie. Ptolemée donne aussi les arcs de ce cercle vertical interceptés entre le point vertical et la section de ce cercle par le cercle oblique, et pour les démontrer, il les fait précéder de deux lemmes, dont le premier est que, si la distance d'un point du cercle oblique au parallèle qui passe par ce cercle de part et d'autre du méridien, est mesurée par des arcs égaux, les culminations se feront en différens points du méridien.

Car, soit (Fig. 5o.) ABGD un segment du méridien; AEZ et DHT les arcs orientaux du cercle oblique; prenons sur ces arcs des points à volonté E, H, tels que sur l'arc oriental AE, le point médiant soit A, et sur l'arc DH, le point D. Concevons le point E transporté vers l'occident sur le parallèle EK qui intercepte l'arc égal à l'arc KE. L'arc AEZ prendra la position de MLG, et G devient médiant sur l'arc occidental LG du cercle oblique. Par conséquent, la distance d'un point de l'oblique, des deux côtés du méridien, étant deux arcs égaux du parallèle qui passe par le cercle oblique, les points médiants sont en différens points du méridien. De même, si nous concevons le point H porté vers l'occident sur HNX, de sorte que l'arc intercepté NX soit égal à l'arc NH, l'arc DHT prendra également la position OXB, et le point B sera médiant dans l'arc occidental BX, en un

ὃν διεςειλάμεθα τρόπον ἀποδεικνῦναι, καὶ ἔτι τὰς ἀπολαμβανομένας περιφερείας τοῦ διὰ τῶν πόλων τοῦ ὁρίζοντος, μεταξὺ τοῦ κατὰ κορυφὴν καὶ τῆς πρὸς τὸν διὰ μέσων αὐτοῦ τομῆς, ἐκτίθεται καὶ πρὸς τὰς τοιαύτας δείξεις, τοῦ προχείρου πάλιν ἕνεκεν, τὰ ὀφείλοντα προληφθῆναι λημμάτια· ὧν λημματίων αὐτοὶ προληψόμεθα τό δε· λέγω ὅτι ἐὰν τὸ αὐτὸ σημεῖον τοῦ διὰ μέσων ἴσας περιφερείας ἀπέχῃ τοῦ δι' αὐτοῦ παραλλήλου ἐφ' ἑκάτερα τοῦ μεσημβρινοῦ, κατὰ διαφόρων τοῦ μεσημβρινοῦ σημείων συμβήσεται τὰ μεσουρανοῦντα τυγχάνειν.

Ἔςω γὰρ μεσημβρινοῦ μὲν κύκλου τμῆμα τὸ ΑΒΓΔ, τοῦ δὲ διὰ μέσων τό, τε ΑΕΖ καὶ τὸ ΔΗΘ, πρὸς ἀνατολὰς τυγχάνοντα, καὶ εἰλήφθω ἐπ' αὐτῶν τυχόντα σημεῖα τὰ Ε, Η, ὥςε τοῦ μὲν ΑΕ πρὸς ἀνατολὰς τμήματος μεσουρανοῦν εἶναι τὸ Α, τοῦ δὲ ΔΗ, τὸ Δ. Ἐὰν δὴ νοήσωμεν τὸ Ε σημεῖον, φερόμενον ἐπὶ τὰ πρὸς δυσμὰς ἐπὶ τοῦ ΕΚ παραλλήλου, ἴσην ἀπολαμβάνοντος τὴν ΚΛ τῇ ΚΕ, λήψεται τὸ ΑΕΖ τμῆμα τὴν τοῦ ΜΛΓ θέσιν, καὶ γίνεται τοῦ ΛΓ πρὸς δυσμὰς τμήματος τοῦ διὰ μέσου μεσουρανοῦν τὸ Γ. Ὥςε τοῦ αὐτοῦ σημείου πρὸς ἀνατολὰς καὶ δυσμὰς, ἴσας περιφερείας ἀπέχοντος τοῦ δι' αὐτοῦ παραλλήλου ἐφ' ἑκάτερα τοῦ μεσημβρινοῦ, κατὰ διαφόρων τοῦ μεσημβρινοῦ σημείων συμβαίνειν τὰ μεσουρανοῦντα τυγχάνειν. Ὡσαύτως δὲ, κᾂν τὸ Η σημεῖον νοήσωμεν φερόμενον ἐπὶ τὰ πρὸς δυσμὰς μέρη ἐπὶ τοῦ ΗΝΞ, ἴσην ἀπολαμβάνοντος τὴν ΝΖ τῇ ΝΗ, λήψεται πάλιν ἡ ΔΗΘ τὴν τῆς ΟΞΒ θέσιν, καὶ ἔςαι πάλιν τοῦ ΒΞ πρὸς δυσμὰς τμήματος, μεσουρανοῦν τὸ Β, καθ' ἑτέρου τόπου τυγχάνον τοῦ Δ. Καὶ ἐὰν νοήσωμεν κατὰ κορυφὴν σημεῖον τὸ Ρ, τοῦ μὲν πρὸς ἀνατολὰς τμήματος του ΑΕ, τὸ μεσουρανουν σημεῖον τὸ Α νοτιώτερον ἔσαι του Ρ κατὰ κορυφὴν, του δὲ πρὸς δυσμὰς τμήματος του ΛΓ τὸ μεσουρανουν τὸ Γ, βορειότερον του αὐτου Ρ, καὶ τὸ ἀνάπαλιν· του μὲν ΔΗ πρὸς ἀνατολὰς τὸ μεσουρανουν τὸ Δ βορειότερον του Ρ, του δὲ ΞΒ πρὸς δυσμὰς τὸ μεσουρανουν τὸ Β, νοτιώτερον του Ρ. Καὶ ἔτι ἐὰν τὸ ΜΛ μὴ ἐπὶ του Γ, ἀλλ᾽ ὡς ἐπὶ του Β μεσουρανουν πίπτῃ, τὸ δὲ ΟΞ ἐπὶ τὸ Γ, ἔσαι ἀμφότερα τὰ μεσουρανουντα, πῆ μὲν ἐπὶ τὰ βόρεια του κατὰ κορυφὴν, πῆ δὲ νοτιώτερα. Τότε δὲ τὰ βορειότερα του διὰ μέσων σημεῖα, νοτιώτερα γίνεται του κατὰ κορυφὴν, ὅταν ἔλαττον ἀπὸ του ἰσημερινου ἀπέχωσιν ὕπερ τὸ κατὰ κορυφὴν, ὅταν δὲ πλεῖον, βορειότερα.

Ἀρχόμενος οὖν τῶν εἰρημένων του διὰ του κατὰ κορυφὴν πρὸς τὸν διὰ μέσων γωνιῶν καὶ περιφερειῶν, φησί· δείξομεν δὴ πρῶτον ὅτι τῶν ἴσον ἀπεχόντων του αὐτου τροπικου σημείου του διὰ μέσων τῶν ζωδίων κύκλου σημείων, ἴσους χρόνους ἀπολαμβανόντων ἐφ᾽ ἑκάτερα του μεσημβρινου, του μὲν πρὸς ἀνατολὰς, του δὲ πρὸς δυσμὰς, αἵ τε ἀπὸ του κατὰ κορυφὴν ἐπ᾽ αὐτὰ τῶν μεγίσων κύκλων περιφέρειαι, ἴσαι ἀλλήλαίς εἰσι, καὶ αἱ πρὸς αὐτοῖς γινόμεναι πρὸς τῷ ἑπομένῳ τμήματι βορειότεραι γωνίαι, δυσὶν ὀρθαῖς ἴσαί εἰσιν.

Ἔσω γὰρ μεσημβρινου τμῆμα τὸ ΑΒΓ, καὶ ὑποκείσθω τὸ μὲν κατὰ κορυφὴν σημεῖον τὸ Β, ὁ δὲ του ἰσημερινου πόλος τὸ Γ· καὶ γεγράφθω του διὰ μέσων τῶν ζωδίων κύκλου δύο τμήματα, τό, τε ΑΔΕ, καὶ τὸ

autre lieu que D. Maintenant, si nous imaginons le point vertical R de l'arc oriental AE, le point médiant A sera plus méridional que le point vertical, et le point médiant G de l'arc occidental LG, sera plus boréal que R. Réciproquement, le point médiant D de l'arc oriental DH, sera plus boréal que R, et le point médiant B de l'arc occidental XB, sera plus austral que R. Et encore, si |ML médiant ne tombe pas sur G, mais comme sur B, et OX snr G, l'un et l'autre seront médiants, soit au nord du point vertical, soit au sud, et alors les portions boréales du cercle oblique, deviennent plus australes que le point vertical, si elles sont moins éloignées de l'équateur que le point vertical; et elles deviennent plus boréales, si elles en sont plus éloignées.

Pour commencer par les arcs et les angles formés par le cercle vertical et le cercle oblique, Ptolemée dit : « prouvons d'abord que si deux points du cercle oblique sont également distants du même point tropique, en soutendant des temps égaux tant à l'orient qu'à l'occident du méridien, les arcs de grands cercles qui sont compris entre chacun de ces points et le point vertical, sont égaux entr'eux; et que les angles qui sont formés sur l'arc conséquent sur ces points, sont égaux ensemble à deux angles droits. »

Soit (Fig. 51.) l'arc ABG du méridien, et supposons le point B vertical, G le pole de l'équateur; décrivons les deux segmens

ADE, AZH, du cercle oblique, tels que D et Z soient également éloignés du même tropique, et interceptent des arcs égaux du parallèle qui passe par ces points, de l'un et de l'autre côté du méridien ABG. Puisque ces points D et Z également éloignés du même tropique, sont à une distance du méridien ABG, marquée par des arcs égaux du parallèle qui passe par ces points, les arcs AD, AZ, qui médient avec des arcs égaux de ce parallèle, seront égaux. C'est pourquoi les points qui sont médiants dans le même parallèle, médient dans le même point du méridien, comme en A, puisque ce même parallèle le coupe dans le même point du méridien. Décrivons par Z et D les arcs de grands cercles GZ et GD, du pole G de l'équateur; et les arcs BD et BZ, du point vertical B. Je dis que l'arc BD est égal à l'arc BZ, et que l'angle BDE, avec l'angle BZA, est égal à deux droits. Car, puisque les points D et Z sont à des distances du méridien ABG marquées par des arcs égaux du parallèle qui passe par ces points, si nous décrivons le parallèle ZTD par ces points, les arcs ZT, TD seront égaux, puisque les arcs AD, AZ médieront avec eux. Mais GZ est égal à GD, car ces arcs sont menés du pole du parallèle, et GT est commun aux deux trilatères. Donc, l'angle ZGT est égal à l'angle DGT. Et parce que GZ est égal à GD, et que GB est commun, ces deux angles étant égaux, il s'ensuit que l'arc BZ mené du point vertical en Z, est égal à l'arc BD mené du même point vertical au point D également distant du point tropique; et

AZH, οὕτως ἔχοντα, ὥστε τὸ Δ καὶ Z σημεῖα ἴσον ἀπέχειν ἀπὸ τοῦ αὐτοῦ τροπικοῦ, καὶ ἴσας ἀπολαμβάνειν τοῦ δι' αὐτῶν παραλλήλου, ἐφ' ἑκάτερα τοῦ ΑΒΓ μεσημβρινοῦ. Ἐπεὶ οὖν τὰ Δ καὶ Z σημεῖα, ἴσον ἀπέχοντα τοῦ αὐτοῦ τροπικοῦ, ἴσας καὶ ἐπὶ τοῦ δι' αὐτῶν παραλλήλου ἀπέχουσι τοῦ ΑΒΓ μεσημβρινοῦ, ἴσαι ἔσονται καὶ αἱ ΑΔ, AZ, συμμεσουρανοῦσαι ταῖς ἴσαις τοῦ παραλλήλου. Καὶ διὰ τοῦτο ἐπὶ αὐτοῦ παραλλήλου τὰ μεσουρανοῦντα τυγχάνοντα, καὶ κατὰ τοῦ αὐτοῦ σημείου τοῦ μεσημβρινοῦ μεσουρανοῦσι, καθάπερ ἐπὶ τοῦ Α, ἐπεὶ καὶ αὐτὸς ὁ παράλληλος κατὰ τοῦ αὐτοῦ σημείου τοῦ μεσημβρινοῦ τέμνει αὐτόν. Γεγράφθωσαν δὴ μεγίστων κύκλων περιφέρειαι διὰ τῶν Z καὶ Δ σημείων, ἀπὸ μὲν τοῦ Γ πόλου τοῦ ἰσημερινοῦ, ἥ τε ΓZ καὶ ἡ ΓΔ, ἀπὸ δὲ τοῦ Β κατὰ κορυφὴν, ἥ τε ΒΔ καὶ ἡ BZ, λέγω ὅτι ἡ μὲν ΒΔ περιφέρεια τῇ BZ ἴση ἐστὶν, ἡ δὲ ὑπὸ ΒΔΕ γωνία μετὰ τῆς ὑπὸ ΒΖΑ, δυσὶν ὀρθαῖς ἴσαι. Ἐπεὶ γὰρ τὰ Δ καὶ Z σημεῖα, ἴσαις τοῦ δι' αὐτῶν παραλλήλου περιφερείας ἀπέχει τοῦ ΑΒΓ μεσημβρινοῦ, ἐὰν ἄρα γράψωμεν τὸν ΖΘΔ δι' αὐτῶν παράλληλον, ἴσαι ἔσονται αἱ ΖΘ, ΘΔ, ἐπεὶ καὶ αἱ ΑΔ, AZ αἱ συμμεσουρανοῦσαι αὐταῖς. Ἔστι δὲ καὶ ἡ ΓZ τῇ ΓΔ ἴση, ἐκ πόλου γὰρ τοῦ παραλλήλου, καὶ κοινὴ τῶν δύο τριπλεύρων ἡ ΓΘ, ὥστε καὶ γωνία ἡ ὑπὸ ΖΓΘ τῇ ὑπὸ ΔΓΘ ἴση ἐστί. Καὶ διὰ τὸ ἴσην εἶναι τὴν ΓZ τῇ ΓΔ, καὶ κοινὴν τὴν ΓΒ, καὶ τὴν γωνίαν τῇ γωνίᾳ ἴσην, ὥστε καὶ ἡ BZ περιφέρεια ἀπὸ τοῦ κατὰ κορυφὴν ἐπὶ τὸ Z, ἴση ἐστὶ τῇ ΒΔ, ἀπὸ τοῦ κατὰ κορυφὴν ἐπὶ τὸ ἴσον ἀπέχον ἀπὸ τοῦ τροπικοῦ σημείου τοῦ Δ· καὶ τὸ

ΒΖΓ τρίπλευρον τῷ ΒΔΓ, ὥςε καὶ γωνία ἡ ὑπὸ ΒΖΓ τῇ ὑπὸ ΒΔΓ ἴση ἔςαι. Ἀλλ' ἐπεὶ δὴ δέδεικται μικρῷ πρόσθεν ἐν ταῖς τοῦ ζωδιακοῦ πρὸς τὸν μεσημβρινὸν γωνίαις, ἔτι τῶν ἴσον ἀπεχόντων τοῦ αὐτοῦ τρο- πικοῦ σημείου αἱ πρὸς τὸν μεσημβρινὸν γι- νόμεναι γωνίαι, συναμφότεραι δυσὶν ὀρθαῖς ἴσαί εἰσι, καὶ αἱ πρὸς τὸν μεσημβρινὸν ἴσον ἀπέχοντα τοῦ τροπικοῦ σημείου γινόμεναι γωνίαι, ἥ τε ὑπὸ ΓΔΕ ἑπομένη καὶ βορει- οτέρα, καὶ ἡ ὑπὸ ΓΖΑ ὁμοίως ἑπομένη καὶ βορειοτέρα, διὰ τὸ ἑκάτερα τῶν ΓΖ, ΓΔ, διὰ τῶν αὐτῶν πόλων ὄντα, ἰσοδυναμεῖν τῷ μεσημβρινῷ, καὶ τὰ Δ, Ζ σημεῖα ἴσον ἀπέχειν ἀπὸ τοῦ τροπικοῦ· ὥςε καὶ αἱ ὑπὸ ΓΔΕ μετὰ τῆς ὑπὸ ΓΖΑ, δυσὶν ὀρθαῖς ἴσαί εἰσιν. Ἐδείχθη δὲ καὶ ἡ ὑπὸ ΒΔΓ τῇ ὑπὸ ΒΖΓ ἴση· καὶ συναμφότεραι ἄρα, ἥ τε ὑπὸ ΒΔΕ περιεχομένη ὑπό τε τῆς ΒΔ διὰ τοῦ κατὰ κορυφὴν περιφερείας, καὶ τοῦ ΔΕ ἑπομένου τμήματος τοῦ ζωδιακοῦ βορειοτέρα τυγχάνουσα, μετὰ τῆς ὑπὸ ΒΖΑ περιεχο- μένης ὑπό τε τῆς ΒΖ διὰ τοῦ κατὰ κορυ- φὴν περιφερείας, καὶ τοῦ ΑΖ ἑπομένου τμή- ματος ζωδιακοῦ, βορειοτέρας καὶ αὐτῆς, δυσὶν ὀρθαῖς ἴσαί εἰσιν.

Ἵνα δὲ ἔτι σαφές-ερον δείξωμεν ὃν τρόπον τῶν Δ καὶ Ζ σημείων, ἴσον ἀπεχόντων ἐφ' ἑκάτερα τοῦ ΑΒ μεσημβρινου, ἴση ἐς-ὶν ἡ ΑΔ του διὰ μέσων περιφέρεια τῇ ΑΖ· καὶ ἔτι τὰ μεσουρανουντα σημεῖα του μεσ- ημβρινου, ὡς του Α τυγχάνοντος, ἐκκείσθω μεσημβρινου μὲν τμῆμα τὸ ΑΒΓ, του δὲ διὰ μέσων τὸ ΛΜΚ, του Μ ὑποκειμένου τροπικου, καὶ ἀπειλήφθωσαν ἐφ' ἑκάτερα αὐτου δύο ἴσαι περιφέρειαι αἱ ΜΚ, ΜΛ, καὶ γεγράφθω ὅ, τε διὰ του Μ τροπικὸς,

le trilatère BZG égal au trilatère BDG, de sorte que l'angle BZG sera égal à l'angle BDG. Or il vient d'être prouvé, dans les angles faits par le concours du cercle oblique et du méridien, que des angles également éloignés d'un même point tropique, ceux qui sont sur le méridien, sont deux à deux égaux à deux angles droits; les angles formés ici dans le méridien à égales dis- tances du point tropique, sont l'angle GDE conséquent et boréal, et l'angle GZA aussi conséquent et boréal, parce que chacun des arcs GZ, GD, qui passent par les mêmes poles, équivaut au méridien, et que les points D, Z, sont également éloi- gnés du point tropique. Donc, l'angle GDE avec l'angle GZA est égal à deux droits. Mais on a démontré que l'angle BDG est égal à l'angle BZG. Donc, les deux angles BDE boréal formé par l'arc BD qui passe par le point vertical et par DE, segment conséquent du cercle oblique, et BZA formé par l'arc BZ du cercle vertical en- core, et par l'arc AZ conséquent du cercle oblique, et boréal aussi, sont égaux à deux angles droits.

Pour montrer encore plus clairement, comment les points D et Z étant à égale dis- tance du méridien AB, de part et d'autre, l'arc AD du cercle oblique est égal à l'arc AZ; et aussi les points médiants du ciel dans le méridien comme en A, soit (Fig. 52.) ABG une portion du méridien, LMK une autre du cercle oblique, M étant supposé le point tropique; prenons de part et d'autre de ce point les arcs égaux MK, ML, et décri-

vons par M le tropique, et par K, L, ZTD
qui lui est parallèle. Quand par la révolution
de la sphère, le point L sera éloigné du mé-
ridien sur ce parallèle, de l'arc TZ, le cercle
oblique aura la position HZMA. La sphère
tournant encore, soit K à une distance
du méridien égale à l'arc TD égal à TZ,
le cercle oblique aura alors la position de
EDMA, de sorte que le point médiant sera
encore A, parce que ZT et TD étant égaux,
les arcs ZM, MD qui passent au méridien
avec eux, sont aussi égaux. Mais par la sup-
position, l'arc MK est égal à l'arc ML, c'est-
à-dire MZ à MD. Donc, l'arc restant MA
de la portion occidentale du méridien est
égal à l'arc MA de la portion orientale.
Par conséquent, le point A qui est sur le
même parallèle, médie dans le même lieu.
Et ainsi se trouve démontré ce que nous
nous proposions. C'est pourquoi nous avons
raison de dire qu'il faut regarder dans la
figure précédente, ABG comme représen-
tant le méridien, et concevoir les segments
ZT, TD, du parallèle qui passe par le mi-
lieu des arcs ADE, AZM, les arcs DT, TZ,
étant égaux.

Il faut montrer actuellement que les
mêmes points du cercle étant à égales
distances de part et d'autre du méridien,
les arcs menés du point vertical à ces points,
sont égaux entr'eux, et que les angles en
ces points, pris deux à deux, savoir l'angle
oriental et l'angle occidental, sont égaux
aux deux angles formés dans le même point
par le méridien, quand dans l'une et l'autre
position, les deux points médiants sont

καὶ ὁ διὰ τῶν Κ, Λ, παράλληλος αὐτῷ
ὁ ΖΘΔ· καὶ, μετακινουμένης τῆς σφαίρας,
ἀφεςάτω τὸ Λ τοῦ μεσημβρινοῦ, ἐπὶ τοῦ
δι' αὐτοῦ δηλονότι παραλλήλου, ὡς τὴν
ΘΖ, ἕξει δὴ θέσιν ὁ διὰ μέσων, τὴν τοῦ
ΗΖΜΑ. Πάλιν δὴ μετακινείσθω ἡ σφαῖρα,
καὶ ἀφεςάτω τὸ Κ σημεῖον τοῦ μεσημ-
βρινοῦ τὴν ἴσην τῇ ΘΖ, ὡς τὴν ΘΔ, ἕξει
ἄρα θέσιν ὁ ζωδιακὸς τὴν τοῦ ΕΔΜΑ,
ὡς πάλιν τὸ μεσουρανοῦν κατὰ τοῦ Α τυγ-
χάνειν, ἐπειδήπερ ἴσων οὐσῶν τῶν ΖΘ, ΘΔ,
ἴσαί εἰσι καὶ αἱ ΖΜ, ΜΔ συνεξιουσαι αὐ-
ταῖς τὸν μεσημβρινόν. Ἀλλαμὴν ὑπέκειτο
καὶ ἡ ΜΚ τῇ ΜΛ ἴση, τουτέςιν ἡ ΜΖ
τῇ ΜΔ· ὥςε καὶ λοιπὴ ἡ ΜΑ τοῦ πρὸς
δυσμὰς τμήματος ἴση τῇ ΜΑ τοῦ πρὸς
ἀνατολὰς τμήματος. Καὶ διὰ τοῦτο τὸ Α
ἐπὶ τοῦ αὐτοῦ τυγχάνον παραλλήλου, καὶ
κατὰ τοῦ αὐτοῦ τόπου μεσουρανεῖ. Καὶ δέ-
δεικται ἡμῖν τὰ προκείμενα· ὥςε χρὴ τὴν
ἐπάνω, καὶ ἐπὶ τοῦ ῥητοῦ τυγχάνουσαν
καταγραφὴν οὕτως ἐκδέχεσθαι, ὡς μεσημ-
βρινοῦ μὲν ὄντος τοῦ ΑΒΓ, τοῦ δὲ διὰ
μέσων τμημάτων τῶν ΑΔΕ, ΑΖΗ τοῦ παρ-
αλλήλου νοεῖν τμήματα τὰ ΖΘ, ΘΔ, ἴσων
τυγχανουσῶν τῶν ΔΘ, ΘΖ.

Πάλιν δὲ δεικτέον ὅτι τῶν αὐτῶν ση-
μείων τοῦ διὰ μέσων τῶν ζωδίων κύκλου
ἴσους χρόνους ἀπεχόντων ἐφ' ἑκάτερα τοῦ
μεσημβρινοῦ, αἵ τε ἀπὸ τοῦ κατὰ κορυφὴν
ἐπ' αὐτὰ γραφόμεναι μεγίςων κύκλων περι-
φέρειαι ἴσαι ἀλλήλαις εἰσι, καὶ αἱ πρὸς αὐ-
τοῖς γινόμεναι γωνίαι συναμφότεραι, ἥ τε
πρὸς ἀνατολὰς καὶ ἡ πρὸς δυσμὰς, δυσὶ
ταῖς ὑπὸ τοῦ μεσημβρινοῦ, πρὸς τῷ αὐτῷ
σημείῳ τοῦ ζωδιακοῦ γινομέναις ἴσαί εἰσιν,
ὅταν ἐφ' ἑκατέρας θέσεως τὰ μεσουρανοῦντα

ἀμφότερα, ἤτοι βορειότερα, ἢ νοτιώτερα
του κατὰ κορυφὴν σημείου τυγχάνωσι. Καὶ
ὑποθέμενος πρότερον ἀμφότερα νοτιώτερα,
φησὶν, ὑποκείσθω τὰ μὲν πρὸς τῷ Ε ἀνα-
τολικά, τὰ δὲ πρὸς τῷ Η δυτικά. Ἀνατο-
λικὰς δὲ λέγει γωνίας καὶ περιφερείας, τὰς
πρὸ τῆς μεσημβρίας γινομένας, δυτικὰς δὲ
τὰς μετὰ μεσημβρίας. Καὶ ἔσω μεσημβρινοῦ
τμῆμα τὸ ΑΒΓΔ, ἐπ’ αὐτοῦ δὲ τὸ μὲν
κατὰ κορυφὴν σημεῖον τὸ Γ, πόλος δὲ τοῦ
ἰσημερινοῦ τὸ Δ, καὶ γεγράφθω δύο τμή-
ματα τοῦ διὰ μέσων τῶν ζωδίων κύκλου,
τό, τε ΑΕΖ, καὶ τὸ ΒΗΘ, οὕτως ἔχοντα,
ὥστε τὸ μὲν Ε σημεῖον καὶ τὸ Η, τὸ αὐτὸ
ὑποκεῖσθαι, καὶ ἴσην ἐφ’ ἑκάτερα ἐπὶ τοῦ
δι’ αὐτῶν παραλλήλου ἀπέχειν του ΑΒΓΔ
μεσημβρινου, δῆλον οὖν ὅτι καὶ ἐνταυθα
ὡς μετακινηθείσης τῆς σφαίρας, καὶ τοσ-
αύτην θέσιν του αὐτου σημείου του ζω-
διακου λαμβάνοντος. Καὶ γεγράφθωσαν πάλιν
μεγίστων κύκλων τμήματα, ἀπὸ μὲν του
Γ κατὰ κορυφὴν τό τε ΓΕ, καὶ τὸ ΗΓ,
ἀπὸ δὲ του Δ πόλου του ἰσημερινου τό τε
ΔΕ καὶ ΔΗ. Διὰ τὰ αὐτὰ δὴ τοῖς ἔμπρο-
σθεν, ἐπεὶ τὸ Ε, ἤτοι τὸ Η σημεῖον ἐπὶ
του αὐτου παραλλήλου τυγχάνει, καὶ ἴσον
ἀπέχει ἐφ’ ἑκάτερα του μεσημβρινου, ἰσό-
πλευρά τε καὶ ἰσογώνια γίνεται τὰ ΓΕΔ,
ΓΔΗ τρίπλευρα, ὥστε τὰς ΓΕ, ΓΗ ἀπὸ του
κατὰ κορυφὴν ἴσας εἶναι. Λέγω δὴ ὅτι καὶ
συναμφότεραι, ἥ τε ὑπὸ ΓΕΖ, ΔΗΒ ταῖς ὑπὸ
του μεσημβρινου πρὸς τῷ αὐτῷ σημείῳ
του ζωδιακου γινομέναις ἴσαί εἰσιν· ἐπεὶ
γὰρ ἡ μὲν ὑπὸ ΔΕΖ ἡ αὐτή ἐστι τῇ ὑπὸ
ΔΗΒ, διὰ τὸ ταυτὸν εἶναι τὸ Ε τῷ Η,
καὶ τὸν μεσημβρινὸν πρὸς τῷ αὐτῷ ση-
μείῳ, τὴν αὐτὴν γωνίαν ποιεῖν πρὸς τῷ

plus austraux ou plus boréaux que le point
vertical. Ptolemée supposant d’abord les
deux points plus austraux, dit : soit le côté
oriental en E, et le côté occidental en H
(Fig. 53.), (il appelle angles et arcs orien-
taux ceux qui sont tournés vers le midi, et
occidentaux ceux qui suivent après le midi.)
Soit ABGD une portion du méridien, G le
point vertical pris sur cet arc, D le pole de
l’équateur, et décrivons les deux segmens ou
arcs du cercle oblique, AEZ, BHT, tels que
H et E soient supposés être le même point, et
également éloignés de part et d’autre, du
méridien ABGD, sur le parallèle qui passe
par ces points, il est évident que par la
révolution de la sphère, un même point
du cercle oblique prenant cette position,
les arcs de grands cercles GE, HG seront
décrits du point vertical G, et du pole D
de l’équateur, les arcs DE et DH, puisque
les raisons ci-dessus détaillées, par le point
E et le point H se trouvent sur le même
parallèle, et sont également éloignés de
part et d’autre du méridien, les trilatères
GED, GDH sont équiangles et équilaté-
raux, de sorte que GE et GH menés du
point vertical, sont égaux. Je dis que les
deux angles GEZ, DHB, sont égaux aux
angles formés par le méridien au même point
du cercle oblique. En effet, puisque l’angle
DEZ est égal à l’angle DHB, parce que le
point E est le même que H, et que le mé-
ridien fait dans le même point le même

angle boréal sur l'arc conséquent, les angles DEZ, DHB, sont ensemble doubles de l'angle DEZ. Et puisque l'angle DHG est égal à l'angle DEG, ajoutons l'angle GHB commun, alors l'angle entier DHB est égal à la somme des angles DEG, EGB. Ajoutons encore l'angle DEZ commun, alors les angles DHB, DEZ, qui sont deux angles boréaux dans l'arc conséquent du méridien, sont égaux aux deux angles boréaux GEZ, GHB, formés dans le cercle oblique au même point et sur l'arc conséquent. Ou bien, puisque les angles DEZ, DHB, sont ensemble doubles de l'angle DEZ, et que l'angle GED est le même que l'angle GHD, l'angle GEZ qui est l'angle oriental formé par l'arc GE qui passe par le point vertical et par l'arc conséquent EZ du cercle oblique, vers les ourses, et l'angle occidental GHB formé par l'arc GH qui passe par le point vertical, et par l'arc conséquent BH du cercle oblique vers les ourses, sont égaux aux deux angles DEZ, DHG formés au même point par le méridien; ensorte que les angles boréaux GEZ, GHB formés par le cercle vertical et le zodiaque au même point, sont égaux aux deux DEZ, DHG formés au même point par le méridien.

Il est évident que quand E et H sur le tropique seront de part et d'autre à des distances marquées par des temps égaux, alors seulement les points médiants du ciel seront, sur ce point, dans un même point du méridien, parce qu'en des temps égaux, passent des arcs égaux de l'oblique, des deux côtés du point tropique. C'est pourquoi les

ἐπομένῳ τμήματι βορειοτέραν, αἱ ἄρα ὑπὸ ΔΕΖ, ΔΗΒ διπλασίους εἰσὶ τῆς ὑπὸ ΔΕΖ. Καὶ ἐπεὶ ἡ ὑπὸ ΔΗΓ γωνία ἴση ἐστὶ τῇ ὑπὸ ΔΕΓ, κοινὴ προσκείσθω ἡ ὑπὸ ΓΗΒ· ὅλη ἄρα ἡ ὑπὸ ΔΗΒ ἴση ἐστὶ δυσὶ ταῖς ὑπὸ ΔΕΓ, ΕΓΒ. Ἔτι κοινὴ προσκείσθω ἡ ὑπὸ ΔΕΖ, αἱ ἄρα ὑπὸ ΔΗΒ, ΔΕΖ· αἱ εἰσι δύο πρὸς τῷ ἑπομένῳ ὑπὸ τοῦ μεσημβρινοῦ βορειότεραι, ἴσαί εἰσι ταῖς ὑπὸ ΓΕΖ, ΓΗΒ, ὑπὸ τοῦ διὰ μέσων πρὸς τῷ αὐτῷ σημείῳ καὶ ἑπομένῳ τμήματι βορειοτέραις δυσίν. Ἢ καὶ οὕτως· ἐπεὶ αἱ ὑπὸ ΔΕΖ, ΔΗΒ διπλασίους εἰσὶ τῆς ὑπὸ ΔΕΖ, ἔστι δὲ καὶ ἡ ὑπὸ ΓΕΔ, ἀντὶ τῆς ὑπὸ ΓΗΔ· ἡ ὑπὸ ΓΕΖ ἄρα, ἥ τίς ἐστιν ἀνατολικὴ γωνία, περιεχομένη ὑπό τε τῆς ΓΕ διὰ τοῦ κατὰ κορυφὴν περιφερείας, καὶ τοῦ ΕΖ ἑπομένου τμήματός τοῦ ζωδιακοῦ βορειοτέρα, μετὰ τῆς ὑπὸ ΓΗΒ δυτικῆς, περιεχομένης πάλιν ὑπὸ τῆς ΓΗ διὰ τοῦ κατὰ κορυφὴν περιφερείας, καὶ τοῦ ΒΗ ἑπομένου τμήματος τῷ ζωδιακῷ βορειότερα, δυσὶ ταῖς ὑπὸ ΔΕΖ, ΔΗΓ ὑπὸ τοῦ μεσημβρινοῦ πρὸς τῷ αὐτῷ σημείῳ γινομέναις ἴσαί εἰσιν· ὥστε καὶ αἱ ὑπὸ ΓΕΖ, ΓΗΒ ὑπὸ τοῦ διὰ τοῦ κατὰ κορυφὴν καὶ τοῦ ζωδιακοῦ, πρὸς τῷ αὐτῷ ἑπομένῳ τμήματι βορειότεραι γινόμεναι, ἴσαί εἰσι δυσὶ ταῖς ὑπὸ ΔΕΖ, ΔΗΓ ὑπὸ τοῦ μεσημβρινοῦ πρὸς τῷ αὐτῷ σημείῳ γινομέναις.

Δῆλον δὲ καὶ ὡς ὅτι ἐὰν ἐν τῷ τροπικῷ ᾖ, τὸ Ε καὶ τὸ Η, ἴσους χρόνους ἀπέχοντα ἐφ' ἑκάτερα τοῦ μεσημβρινοῦ, τότε μόνον ἐπὶ τοῦ αὐτοῦ σημείου τοῦ μεσημβρινοῦ ἔσται τὰ μεσουρανήματα κατὰ τοῦ αὐτοῦ τυγχάνοντα, ἐπεὶ καὶ ἐν τοῖς ἴσοις χρόνοις ἴσαι συνάγονται αἱ ἐφ' ἑκάτερα τοῦ τροπικοῦ τοῦ διὰ μέσων περιφέρειαι. Καὶ διὰ

τοῦτο αἱ ὑπὸ τοῦ αὐτοῦ παραλλήλου ἀπολαμβανόμεναι, κατὰ του αὐτου σημείου του
μεσημβρινου, ὡς ἔφαμεν, ποιοῦσι τὰ μεσουρανοῦντα· ἐπεὶ καὶ ὁ παράλληλος κατὰ
του αὐτου σημείου φέρεται του μεσημβρινου.
Οὐκέτι δὲ καὶ ἐπὶ τῶν λοιπῶν, ὡς ἔμπροσθεν
ἐδείξαμεν, τμημάτων τὸ αὐτὸ συμβαίνει·
διὸ καὶ κεχώρισται τὰ Α, Β μεσουρανοῦντα.

Εἶτα ἑξῆς φησι· Καταγεγράφθω δὴ πάλιν
τὰ αὐτὰ τμήματα κατὰ τῶν ἐκκειμένων
κύκλων, ὥστε πάλιν τὸ μὲν Η καὶ τὸ Ε
σημεῖον, τὸ αὐτὸ τυγχάνον, ἴσον ἀπέχειν
ἐφ᾽ ἑκάτερα του μεσημβρινου, ἐπὶ του δι᾽
αὐτου παραλλήλου, τὰ δὲ Λ, Β μεσουρανοῦντα του ζωδιακου, βορειότερα γίνεσθαι
του Γ κατὰ κορυφήν. Λέγω ὅτι αἱ πρὸς
τῷ αὐτῷ σημείῳ γινόμεναι ἀνατολικαὶ καὶ
δυτικαὶ γωνίαι, καθ᾽ ὃν διεστειλάμεθα τρόπον, δυσὶ ταῖς ὑπὸ του μεσημβρινου πρὸς
τῷ αὐτῷ σημείῳ γινομέναις γωνίαις ἴσαί
εἰσι, τουτέστιν ὅτι συναμφότεραι, ἥ τε ὑπὸ
ΚΕΖ περιεχομένη ὑπό τε του διὰ του κατὰ
κορυφὴν του ΓΚ, καὶ του ΕΖ ἑπομένου
του διὰ μέσων βορειοτέρα, καὶ ἡ ὑπὸ ΛΗΒ
περιεχομένη ὑπό τε του διὰ του κατὰ κορυφὴν του ΓΗΛ, καὶ του ΒΗΘ ἑπομένου
τμήματος του ζωδιακου, δυσὶ ταῖς ὑπὸ ΔΕΖ
ὑπὸ του μεσημβρινου προς τῷ αὐτῷ σημείῳ του ζωδιακου γινομέναις ἴσαί εἰσιν.
Ἐπεὶ γὰρ πάλιν ἡ ὑπὸ ΔΕΖ ἡ αὐτή ἐστι τῇ
ὑπὸ ΔΗΒ πρὸς τῷ αὐτῷ σημείῳ του ζωδιακου γινομένη ὑπὸ τοῦ μεσημβρινου· αἱ
ἄρα ὑπὸ τοῦ μεσημβρινου γινόμεναι γωνίαι,
τουτεστιν αἱ ὑπὸ ΔΕΖ, ΔΗΒ, διπλασίονές
εἰσι τῆς μιᾶς, τῆς ὑπὸ ΔΕΖ. Ἔστι δὲ καὶ ἡ
ὑπὸ ΔΕΚ τῇ ὑπὸ ΛΗΔ ἴση, ὡς ἑξῆς δείξο

arcs interceptés par le même parallèle font,
comme nous l'avons dit, que les points
médiants du ciel sont sur le même point
du méridien, le parallèle se mouvant toujours dans le même point du méridien,
effet qni n'a pas lieu pour les autres arcs,
comme nous l'avons montré auparavant,
ce qui fait que les points médiants A, B,
sont séparés.

Ptolemée dit ensuite (Fig. 53.) : décrivons encore les mêmes segmens des mêmes
cercles, de manière que le point E et le
point H étant le même, soient également
distants de part et d'autre du méridien,
sur le parallèle qui le traverse, et que les
points A, B, médiants du zodiaque (de
l'écliptique, (cercle oblique) soient plus boréaux que le point vertical G. Je dis que
les angles oriental et occidental formés
dans le même point, de la manière que nous
venons de dire, sont égaux, c'est-à-dire que
les deux angles KEZ formé par le cercle
vertical GK, et par l'arc conséquent EZ
du cercle oblique vers les ourses, et LHB
formé par le cercle vertical GHL, et par
l'arc conséquent BHT du cercle oblique,
sont égaux aux deux angles DEZ formés
par le méridien au même point du cercle
oblique. Car, puisque l'angle DEZ est le
même que l'angle DHB formé par le méridien au même point du cercle oblique,
les angles formés dans le méridien, c'est-à-
dire DEZ, DHB, sont le double de l'angle
unique DEZ. Or, l'angle DEK est égal à
l'angle LHD, comme nous le montrerons,

ajoutons l'angle KEZ commun, alors l'angle entier DEZ est égal aux deux angles KEZ, LHB. Ajoutons encore l'angle commun DHB, les angles DEZ, DHB, sont égaux aux angles LHB, KEZ. Mais les angles DEZ, DHB, sont deux angles DEZ boréaux formés dans le méridien au même point, et sur le segment ou arc conséquent du cercle oblique; donc, les angles LHB, KEZ formés par le cercle vertical et par le cercle oblique au même point, sont (semblablement posés) semblables en position. Ou bien encore, puisque les angles DEZ, DHB sont le double de l'angle DEZ, et que l'angle DEK est égal à l'angle LHD, substituant LHD à DEK, l'angle entier LHB et l'angle KEZ sont égaux aux angles DEZ, DHB, c'est-à-dire aux deux angles DEZ formés par le méridien et le cercle oblique. Mais les angles LHB, KEZ, sont formés par le cercle vertical et par le cercle oblique dans la même section. Donc les angles, tant l'oriental que l'occidental, formés par le cercle vertical et par le cercle oblique, au même point du cercle oblique, sont égaux aux deux angles formés au même point par le méridien.

Que l'angle DEK soit égal à l'angle DHL, c'est ce qu'il est aisé de faire voir: (Fig. 54.) Car, décrivons encore par les points E, H, le parallèle HME à l'équateur. DE est égal à DH, puisque ces arcs descendent du pole, et DM est commun: donc, la base EM est égale à la base MH, et l'angle EDM est égal à l'angle DMH. En outre, l'arc ED est égal à l'arc DH, et DG est commun, et aussi l'angle ADE est égal à l'angle ADH, donc la base EG est égale à la base GH, et le trilatère

μεν. Κοινὴ προσκείσθω ἡ ὑπὸ ΚΕΖ, ὅλη ἄρα ἡ ὑπὸ ΔΕΖ ἴση ἐςὶ, δυσὶ ταῖς ὑπὸ ΚΕΖ, ΛΗΔ. Ἔτι κοινὴ προσκείσθω ἡ ὑπὸ ΔΗΒ, αἱ ἄρα ὑπὸ ΔΕΖ, ΔΗΒ ἴσαί εἰσι ταῖς ὑπὸ ΛΗΒ, ΚΕΖ. Ἀλλ' αἱ μὲν ὑπὸ ΔΕΖ, ΔΗΒ, δύο εἰσὶν αἱ ὑπὸ ΔΕΖ ὑπὸ τοῦ μεσημβρινοῦ πρὸς τῷ αὐτῷ σημείῳ γινόμεναι, καὶ τῷ ἑπομένῳ τμήματι τοῦ διὰ μέσων βορειότεραι, αἱ δὲ ὑπὸ ΛΗΒ, ΚΕΖ ὑπὸ τοῦ διὰ τοῦ κατὰ κορυφὴν, καὶ τοῦ διὰ μέσων, πρὸς τῷ αὐτῷ σημείῳ κατὰ τὴν θέσιν ὅμοιαι. Ἢ καὶ οὕτω πάλιν· ἐπεὶ αἱ ὑπὸ ΔΕΖ, ΔΗΒ διπλαί εἰσι τῆς ὑπὸ ΔΕΖ, καὶ ἔςιν ἡ ὑπὸ ΔΕΚ ἴση τῇ ὑπὸ ΛΗΔ, μεταλαμβανομένης τῆς ὑπὸ ΛΗΔ ἀντὶ τῆς ὑπὸ ΔΕΚ, ὅλη ἄρα ἡ ὑπὸ ΛΗΒ μετὰ τῆς ὑπὸ ΚΕΖ ἴσαί εἰσι ταῖς ὑπὸ ΔΕΖ, ΔΗΒ, τουτέςι δυσὶ ταῖς ὑπὸ ΔΕΖ ὑπὸ τοῦ μεσημβρινοῦ καὶ τοῦ ζωδιακοῦ γινομέναις. Ἀλλ' αἱ ὑπὸ ΛΗΒ, ΚΕΖ αἱ ὑπὸ τοῦ διὰ τοῦ κατὰ κορυφὴν καὶ τοῦ ζωδιακοῦ, πρὸς τῷ αὐτῷ τμήματι, γινόμεναί εἰσιν· ὥςε αἱ ὑπὸ τοῦ διὰ τοῦ κατὰ κορυφὴν καὶ τοῦ ζωδιακοῦ γινόμεναι γωνίαι, πρὸς τῷ αὐτῷ τμήματι τοῦ ζωδιακοῦ, ἀνατολική τε καὶ δυτικὴ, ἴσαί εἰσι δυσὶ ταῖς ὑπὸ τοῦ μεσημβρινοῦ γινομέναις πρὸς τῷ αὐτῷ σημείῳ.

Ὅτι δὲ ἡ ὑπὸ ΔΕΚ ἴση ἐςὶ τῇ ὑπὸ ΔΗΛ, δείξομεν οὕτω· γεγράφθω γὰρ πάλιν ὁ διὰ τῶν Ε, Η, παράλληλος τῷ ἰσημερινῷ ὁ ΗΜΕ. Ἴση ἄρά ἐςιν ἡ ΔΕ τῇ ΔΗ ἐκ πόλου, καὶ κοινὴ ἡ ΔΜ· καὶ βάσις ἄρα ἡ ΕΜ τῇ ΜΗ ἴση, καὶ γωνία ἡ ὑπὸ ΕΔΜ τῇ ὑπὸ τῇ ΔΜΗ ἴση. Πάλιν ἴση ἐςὶν ἡ ΕΔ τῇ ΔΗ, καὶ κοινὴ ἡ ΔΓ, καὶ γωνία ἡ ὑπὸ ΑΔΕ, γωνία τῇ ὑπὸ ΑΔΗ ἴση. Βάσις ἄρα ἡ ΕΓ, βάσει τῇ ΓΗ ἴση ἐςὶ, καὶ τὸ τρίπλευρον τῷ τριπλεύρῳ· ὥϛε καὶ γωνία ἡ ὑπὸ ΓΕΔ, γωνίᾳ τῇ ὑπὸ ΔΗΓ ἴση ἐϛί. Καὶ αἱ ἐφεξῆς ἄρα, τουτέϛιν ἡ ὑπὸ ΔΕΚ τῇ ὑπὸ ΔΗΛ ἴση ἐϛί. Δῆλον δὲ πάλιν ἐκ τῶν ἐπὶ τοῦ ἐπάνω Θεωρήματος, ὅτι ἐὰν τὸ Ε, ἤτοι τὸ Η, Θερινὸν τροπικὸν ὑποκέηται, τὰ μεσουρανοῦντα ἐπὶ ῖτοῦ αὐτοῦ σημείου τοῦ μεσημβρινοῦ ἔσονται. Ἐκκείσθω πάλιν ἡ ὁμοία καταγραφὴ, ὥϛε μέντοι τὸ μὲν τοῦ ἀνατολικοῦ τμήματος μεσουρανοῦν σημεῖον, τουτέϛι τὸ Α νοτιώτερον εἶναι τοῦ Γ κατὰ κορυφὴν, τὸ δὲ τοῦ πρὸς δυσμὰς τμήματος μεσουρανοῦν, τουτέϛι τὸ Β, βορειότερον τοῦ αὐτοῦ, λέγω ὅτι συναμφότεραι, ἥ τε ὑπὸ ΓΕΖ, καὶ ἡ ὑπὸ ΛΗΒ περιεχόμεναι πάλιν ὑπό τε τοῦ διὰ τοῦ κατὰ κορυφὴν καὶ τοῦ ζωδιακοῦ, πρὸς τῷ αὐτῷ σημείῳ, δύο τῶν ὑπὸ ΔΕΖ ὑπὸ τοῦ μεσημβρινοῦ καὶ τοῦ ζωδιακοῦ περιεχόμεται, μείζονές εἰσι δυσὶν ὀρθαῖς. Ἐπεὶ γὰρ ἡ μὲν ὑπὸ ΔΗΓ ἴση ἐϛὶ τῇ ὑπὸ ΔΕΓ, διὰ τὸ πάλιν ἴσον ἀπέχειν τὸ Ε, ἢ τὸ Η τοῦ μεσημβρινοῦ ἐπὶ τοῦ δι’ αὐτοῦ παραλλήλου, συναμφότεραι δὲ, ἥ τε ὑπὸ ΔΗΓ καὶ ὑπὸ ΔΕΛ δυσὶν ὀρθαῖς ἴσαί εἰσι, καὶ ἡ ὑπὸ ΔΕΓ ἄρα, μετὰ τῆς ὑπὸ ΔΗΛ, δυσὶν ὀρθαῖς ἴσαί εἰσιν· ἔϛι δὲ καὶ ἡ ὑπὸ ΔΗΒ ἴση. Πρὸς γὰρ τῷ αὐτῷ σημείῳ εἰσὶν ὑπὸ τοῦ μεσημβρινοῦ γινόμεναι· ὥϛε ὅλη ἡ ὑπὸ ΛΗΒ ὑπὸ τοῦ ζωδιακοῦ καὶ τοῦ κατὰ κορυφὴν γινομένη, μετὰ τῆς ὑπὸ ΓΕΖ, ὑπὸ τῶν αὐτῶν περιεχομένης, μείζονές εἰσι τῶν ὑπὸ ΔΕΖ, ΔΗΒ, ὑπὸ τοῦ μεσημβρινοῦ γινομένων, τουτέϛι δύο τῶν ὑπὸ ΔΕΖ ταῖς ὑπὸ ΔΕΓ, ΔΗΛ, αἵ τινες ἐδείχθησαν δυσὶν ὀρθαῖς ἴσαι.

est égal au trilatère. Par conséquent l'angle GED est égal à l'angle DHG, et les angles de suite sont égaux, c'est-à-dire l'angle DEK à l'angle DHL. Il est évident par le théorême ci-dessus, que E ou H étant supposé le point tropique d'été, les points médiants du ciel seront dans le même point du méridien. Dans une pareille figure (55), où le point A médiant de la portion orientale, est plus austral que le point vertical G, et le point B de l'occidentale plus boréal, je dis que les deux angles GEZ, LHB, formés encore par le cercle vertical et le cercle oblique au même point, équivalant à deux angles DEZ formés par le méridien et le cercle oblique, sont plus grands que deux angles droits. Car, puisque l'angle DHG est égal à l'angle DEG, parce que E ou H sont également éloignés du méridien, sur le même parallèle, et que les deux angles DHG, DEL, sont égaux à deux angles droits. L'angle DHB est égal à l'angle DEZ, il s'en suit que l'angle DEG et l'angle DHL sont égaux à deux droits. Or l'angle DHB est égal, car ils sont formés par le méridien au même point du cercle oblique. Donc, l'angle entier LHB formé par le méridien et le cercle vertical, et l'angle GEZ formé par les mêmes cercles, sont plus grands que les angles DEZ et DHB formés par le méridien, c'est-à-dire qu'ils ont, de plus que le double de l'angle DEZ, les angles DEG, DHL que nous avons démontré être égaux à deux angles droits.

Après cette démonstration des angles et de arcs par le moyen de ses lemmes, d'abord pour le cas où les deux points médiants du ciel sont plus austraux que le point vertical; ensuite, pour celui où ils seroient plus boréaux. Enfin, pour le cas où le point médiant de la portion orientale, étant plus austral, celui de l'occidentale seroit plus boréal, Ptolemée continue en disant : pour ce qui reste à démontrer, soient dans une semblable figure (56), A le point médiant de la portion orientale, plus boréal que le point vertical, et B le point médiant de la portion occidentale, plus austral, je dis que les deux angles KEZ, GHB, formés de même par le cercle vertical et le cercle oblique, au même point, sont plus petits de deux angles droits, que le double de l'angle DEZ, c'est-à-dire que deux angles formés au même point par le méridien et le cercle oblique. En effet, les angles DEZ, DHB, formés par le méridien et le cercle oblique , au même point, étant égaux entr'eux, il s'ensuit que les angles DEZ , DHB sont égaux ensemble au double de l'angle DEZ. Mais l'angle DEZ et l'angle DHB sont plus grands des deux angles droits DEK, DHG, que les angles KEZ , GHB, formés par le cercle vertical et par le cercle oblique, parce que les angles DEK et DEG sont égaux à deux droits, et que l'angle DEG est égal à l'angle DHG, comme cela a été démontré plus haut. Donc, les deux angles DEZ formés par le méridien au même point du cercle oblique, sont plus grands de deux droits, que les angles tant oriental qu'occidental formés au même point par le cercle vertical et par le cercle oblique.

Ποιησάμενος οὖν τὴν ἀπόδειξιν ἐπὶ τῶν εἰρημένων λημματίων τῶν προκειμένων γωνιῶν τε καὶ περιφερειῶν· καὶ πρῶτον ὡς ἀμφοτέρων τῶν μεσουρανούντων νοτιωτέρων τυγχανόντων, εἶτα ὡς βορειοτέρων, εἶτα πάλιν ὡς τοῦ μὲν ἀνατολικοῦ τμήματος νοτιώτερον ἔχοντος τὸ μεσουρανοῦν τοῦ κατὰ κορυφὴν, τοῦ δὲ δυτικοῦ βορειότερον, ἑξῆς φησὶν, ἐκκείσθω δ' ὅπερ ὑπολείπεται κατὰ τὴν ὁμοίαν καταγραφὴν, ὥςε τὸ μὲν τοῦ πρὸς ἀνατολὰς τμήματος μεσουρανοῦν σημεῖον τὸ Α βορειότερον γίνεσθαι τοῦ Γ κατὰ κορυφὴν, τὸ δὲ τοῦ πρὸς δυσμὰς τμήματος μεσουρανοῦν τὸ Β, νοτιώτερον αὐτοῦ, λέγω ὅτι συναμφότεραι πάλιν ἡ ὑπὸ ΚΕΖ καὶ ἡ ὑπὸ ΓΗΒ περιεχόμεναι ὁμοίως ὑπὸ τοῦ διὰ τοῦ κατὰ κορυφὴν καὶ τοῦ ζωδιακου πρὸς τῷ αὐτῷ σημείῳ, δύο τῶν ὑπὸ ΔΕΖ, τουτέςι πάλιν τῶν ὑπὸ του μεσημβρινου καὶ του ζωδιακου, ἐλάττονές εἰσι δυσὶν ὀρθαῖς. Ἐπεὶ γὰρ αἱ ὑπὸ ΔΕΖ, ΔΗΒ ἴσαί εἰσιν ὑπὸ του μεσημβρινου πρὸς τῷ αὐτῷ σημείῳ του ζωδιακου γινόμεναι· αἱ ἄρα ὑπὸ ΔΕΖ, ΔΗΒ δύο εἰσιν αἱ ὑπὸ ΔΕΖ, ἀλλ' αἱ ὑπὸ ΔΕΖ, ΔΗΒ μείζονές εἰσι τῶν ὑπὸ ΚΕΖ, ΓΗΒ ὑπὸ του διὰ του κατὰ κορυφὴν καὶ του ζωδιακου γινομένων, ταῖς ὑπὸ ΔΕΚ καὶ ΔΗΓ οὔσαις δυσὶν ὀρθαῖς, διὰ τὸ καὶ τὴν μὲν ὑπὸ ΔΕΚ μετὰ τῆς ὑπὸ ΔΕΓ, δυσὶν ὀρθαῖς ἴσας εἶναι, ἴσην δὲ τὴν ὑπὸ ΔΕΓ τῇ ὑπὸ ΔΗΓ, καθὼς ἐπάνω ἐδείχθη. Ὥςε καὶ δύο αἱ ὑπὸ ΔΕΖ ὑπὸ του μεσημβρινου πρὸς τῷ αὐτῷ σημείῳ του ζωδιακου γινόμεναι μείζονές εἰσι τῶν ὑπὸ του διὰ του κατὰ κορυφὴν καὶ του ζωδιακου γινομένων πρὸς τῷ αὐτῷ σημείῳ, ἀνατολικῆς τε καὶ δυτικῆς δυσὶν ὀρθαῖς,

Εἶτα μετὰ τὴν ἔκθεσιν τῶν τοιούτων λημματίων, ἐκτίθεται θεώρημα σαφέςατὸν, δι' οὗ δυνησόμεθα ἀποδεῖξαι τὰ μεγέθη τῶν διδομένων γωνιῶν ὑπό τε τοῦ διὰ τοῦ κατὰ κορυφὴν καὶ τοῦ ζωδιακοῦ, καὶ τῶν περιφερειῶν τῶν ἀπὸ τοῦ κατὰ κορυφὴν ἐπὶ τὴν κοινὴν τομὴν αὐτοῦ, ὅταν ἐπὶ τοῦ μεσημβρινοῦ καὶ τοῦ ὁρίζοντος γινόμεναι τυγχάνωσιν αἱ γωνίαι. Φησὶ δὲ οὕτω· Φανερὸν οὖν ὅτι, τούτων οὕτως ἐχόντων, ἐὰν ἐφ' ἑκάςης ἐγκλίσεως τὰς πρὸ τοῦ μεσημβρινοῦ γινομένας γωνίας τε καὶ περιφερείας, καὶ μόνων τῶν ἀπὸ τῆς ἀρχῆς τοῦ καρκίνου μέχρι τῆς ἀρχῆς τοῦ αἰγόκερω δωδεκατημορίων ἐπιλογισώμεθα, συναποδεδειγμένας ἕξομεν καὶ τάς τε μετὰ τὸν μεσημβρινὸν αὐτῶν γωνίας τε καὶ περιφερείας, καὶ ἔτι τῶν λοιπῶν δωδεκατημορίων τάς τε προ τοῦ μεσημβρινοῦ, καὶ τὰς μετὰ τὸν μεσημβρινόν. Γίνεται δὲ ἡμῖν το τοιοῦτον κατάδηλον οὕτως· ἐπεὶ γὰρ ἐδείξαμεν ὅτι τοῦ αὐτοῦ σημείου τοῦ διὰ μέσων, ἴσους χρόνους ἀπέχοντος ἐφ' ἑκάτερα τοῦ μεσημβρινοῦ, αἱ πρὸς τῷ αὐτῷ γινόμεναι γωνίαι πρὸς ἀνατολάς τε καὶ δυσμὰς ὑπο τοῦ διὰ τοῦ κατὰ κορυφὴν, δύο ταῖς ὑπο τοῦ μεσημβρινοῦ πρὸς τῷ αὐτῷ σημείῳ γινομέναις ἴσαί εἰσιν, ὅταν ἐφ' ἑκατέρας θέσεως τὰ μεσουρανοῦντα ἀμφότερα, ἤτοι βορειότερα ἢ νοτιώτερα τοῦ κατὰ κορυφὴν τυγχάνῃ, ἔχομεν δὲ τὰς προς τὸν μεσημβρινὸν ἐκτεθειμένας. Ἐὰν ἄρα ἐπιλογισώμεθα τὰς ἀπὸ τῆς ἀρχῆς τοῦ καρκίνου μέχρι τῆς ἀρχῆς τοῦ αἰγοκέρωτος, ἀνατολικὰς γωνίας τε καὶ περιφερείας, συναποδεδειγμέναι ἡμῖν ἔσονται καὶ αἱ μετὰ τὸν μεσημβρινὸν, τουτέςιν αἱ δυτικαὶ τῶν αὐτῶν δωδεκατημορίων, τῶν

THÉON. II.

A l'exposé de ces lemmes, succède un beau théorême, par lequel Ptolemée prouve qu'on peut toujours prendre les grandeurs des angles formés par le cercle oblique et par le cercle vertical, et celles des arcs menés du point vertical à sa commune section, quand les angles seront formés dans le méridien et dans l'horizon; c'est ce qu'il est aisé de prouver, dit-il, si en quelqu'inclinaison que ce soit de la sphère oblique, nous calculons les seuls angles qui sont avant le méridien, et seulement pour les dodécatémories qui sont depuis le commencement du cancer jusqu'à celui du capricorne; nous aurons par là tout démontrés les angles et les arcs qui sont après le méridien, ainsi que ceux des autres dodécatémories, tant avant qu'après le méridien, en raisonnant de la manière suivante: puisque nous avons démontré que, le même point du cercle oblique étant à une distance de part et d'autre du méridien, marquée par des temps égaux, les angles tant orientaux qu'occidentaux formés en ce point par le cercle vertical, sont égaux aux deux angles formés par le méridien dans le même point, quand dans l'une et l'autre position les points médiants sont tous deux plus boréaux ou plus austraux que le point vertical, nous avons ceux qui sont dans le méridien même; il s'ensuit, que si nous calculons les angles et les arcs orientaux depuis le premier point du bélier jusqu'à celui du capricorne, nous aurons par là ceux d'après le méridien, c'est-à-dire, les angles et les arcs occidentaux des dodécatémories, du

18

nombre de degrés qui manquent pour faire les doubles de ceux qui sont dans le méridien.

Comme il a été démontré, que si à des points du cercle oblique, à des distances d'un même point tropique, marquées par de temps égaux, de part et d'autre, l'un vers l'orient, l'autre vers l'occident, on mène du point vertical, des arcs de grands cercles, ces arcs sont égaux; et que les angles formés en ces points, tant l'oriental que l'occidental, sont ensemble égaux à deux angles droits, si nous calculons les angles et les arcs orientaux d'un même demi-cercle, nous aurons par là tout trouvés les angles et les arcs occidentaux de l'autre demi-cercle dans les points également distants du même tropique, du nombre de degrés qui manquent aux orientaux pour faire deux angles droits; et de plus, nous aurons les orientaux du même demi-cercle, parce que les orientaux et occidentaux sont égaux aux deux qui sont formés par le méridien, pourvu que, comme nous venons de le faire voir, les deux points médiants soient ou plus boréaux ou plus austraux que le point vertical.

Mais, pour mettre sous les yeux dans l'exposition de la table de ces angles, tout ce qui vient d'être dit, proposons-nous un exemple propre à faire aisément comprendre la disposition de cette table : prenons-le du parallèle d'Alexandrie où le plus long jour est de 14 heures équinoxiales, au commencement de la dodécatémorie du lion. Puisque l'angle qui y est formé par le méridien, est de 102ᵈ 30', son double est de 205ᵈ. Et

λειπουσῶν εἰς τὰς διπλασίους τῶν ὑπο του μεσημβρινου.

Πάλιν, ἐπειδὴ ἐδείχθη ὅτι τῶν ἴσον ἀπεχόντων του αὐτου τροπικου σημείου του διὰ μέσων τῶν ζωδίων κύκλου σημείων, ἴσους χρόνους ἀπεχόντων ἐφ' ἑκάτερα του μεσημβρινου, του μὲν, προς ἀνατολὰς, του δὲ ἑτέρου, προς δυσμὰς, αἵ τε ἀπο του κατὰ κορυφὴν ἐπ' αὐτὰ γραφομένων μεγίςων κύκλων περιφέρειαι, ἴσαι ἀλλήλαῖς εἰσι· καὶ αἱ προς αὐτοῖς γινόμεναι γωνίαι, ἥ τε του ἑτέρου ἀνατολικὴ, μετὰ τῆς του ἑτέρου δυτικῆς δυσὶν ὀρθαῖς ἴσαί εἰσιν. Ὥςε ἐὰν τὰς του εἰρημένου ἡμικυκλίου ἀνατολικὰς γωνίας καὶ περιφερείας ἐπιλογισώμεθα, ἕξομεν καὶ τὰς του ἑτέρου δυτικὰς ἐπὶ τῶν ἴσον ἀπεχόντων του αὐτου τροπικου τῶν λειπουσῶν εἰς τὰς δύο ὀρθὰς ταῖς ἀνατολικαῖς. Καὶ ἔτι τὰς του αὐτου ἡμικυκλίου ἀνατολικὰς, διὰ το τὰς ἀνατολικὰς καὶ δυτικὰς ἴσας εἶναι δυσὶ ταῖς ὑπο του μεσημβρινου, ὅταν δηλονότι, ὡς ἔφαμεν, τὰ μεσουρανουντα ἀμφότερα, ἤτοι βορειότερα ἢ νοτιώτερα του κατὰ κορυφὴν τυγχάνη.

Ἵνα δὲ καὶ ἐπὶ τῆς ἐκθέσεως του τῶν γωνιῶν κανόνος ὑπ' ὄψιν ἡμῖν γένηται τὰ λεγόμενα, ἔςω, ὑποδείγματος ἕνεκεν, προχειρότερον ἡμᾶς διαλαμβάνειν περὶ τῆς ἐκθέσεως του κανονίου ἐπὶ του δι' Ἀλεξανδρείας παραλλήλου, ἔνθα ἡ μεγίςη ἡμέρα ὡρῶν ἐςιν ἰσημερινῶν ιδ, ἐπὶ τῆς ἀρχῆς του λέοντος δωδεκατημορίου. Ἐπεὶ οὖν ἡ προς τῷ μεσημβρινῷ ἐπὶ τῆς ἀρχῆς του λέοντος γινομένη γωνία τμημάτων ἐςὶν ρβ λ· ἡ ἄρα διπλῆ αὐτῆς ἔςαι σε. Καὶ ἐπεὶ

ἐκ τῶν ἐπιλογισμῶν εὑρέθη ὥραν μίαν ἀπ-
εχούσης τῆς ἀρχῆς τοῦ λέοντος πρὸ τοῦ
μεσημβρινοῦ ἡ ἀνατολικὴ γωνία τμημάτων
ρνγ ιγ, τῶν λοιπῶν αὐτόθεν ἕξομεν τὴν
δυτικὴν εἰς τὰς σε, τμημάτων να μζ.
Ὁμοίως δὲ καὶ ἐπὶ τῆς δευτέρας ὥρας εὑ-
ρόντες ἐκ τῶν ἐπιλογισμῶν τὴν ἀνατολικὴν
γωνίαν ρξς κβ, τῶν λοιπῶν πάλιν εἰς τὰς
διπλασίους τῶν ὑπὸ τοῦ μεσημβρινοῦ σε,
ἕξομεν τὴν δυτικὴν λη λη. Πάλιν ἐπεὶ
ἐδείχθη ὅτι τῶν ἴσον ἀπεχόντων τοῦ αὐτοῦ
τροπικοῦ, ἡ τοῦ ἑτέρου ἀνατολικὴ μετὰ
τῆς τοῦ ἑτέρου δυτικῆς, δυσὶν ὀρθαῖς ἴσαι
εἰσιν, ἡ δὲ ἀρχὴ τοῦ λέοντος καὶ τῶν δι-
δύμων ἴσον ἀπέχουσι τοῦ αὐτοῦ τροπικοῦ·
ἡ ἄρα ἀνατολικὴ τοῦ λέοντος μετὰ τῆς
δυτικῆς τῶν διδύμων, δυσὶν ὀρθαῖς ἴσαί
εἰσιν, ὧν ἡ ἀνατολικὴ τῆς πρώτης ὥρας
ἀπὸ τοῦ μεσημβρινοῦ ἐπὶ τῆς ἀρχῆς τοῦ
λέοντος μοιρῶν ἐστιν ρνγ ιγ. Ἡ ἄρα δυ-
τικὴ τῶν διδύμων ἔσται τῶν λειπουσῶν εἰς
τὰς ρπ τῶν δύο ὀρθῶν κς μζ. Καὶ ἐπεὶ
ἡ πρὸς τῷ μεσημβρινῷ τῶν διδύμων γω-
νία, μοιρῶν ἐστιν οζ λ, ἡ ἄρα διπλασίων
αὐτῆς ἔσται ρνε. Καὶ ἐπεὶ ἡ ἀνατολικὴ με-
τὰ τῆς δυτικῆς, δυσὶ ταῖς πρὸς τῷ μεσ-
ημβρινῷ ἴσαί εἰσιν, ὡς ἡ δυτικὴ ἐστιν κς
μζ, καὶ λοιπὴ ἄρα ἡ ἀνατολικὴ τῶν δι-
δύμων ἔσται τῶν λοιπῶν ρκη ιγ. Ὥστε τῆς
ἀνατολικῆς τοῦ λέοντος ἡμῖν ἐπιλογισθείσης,
συναποδεδειγμένη ἔσται καὶ ἡ δυτικὴ αὐτοῦ,
καὶ ἔτι τῶν διδύμων τῆς δυτικῆς, συναπο-
δεδειγμένη ἔσται καὶ ἡ ἀνατολικὴ, ἔνθα
δηλονότι τὰ μεσουρανουντα τὴν εἰρημένην
ἔχει θέσιν. Ὥστε τοῦ εἰρημένου ἡμικυκλίου
τῶν ἀνατολικῶν ἐπιλογισθεισῶν, συναποδε-
δειγμέναι ἔσονται αἵ τε δυτικαὶ αὐτοῦ, καὶ

le calcul donnant l'angle oriental à une
heure de distance avant le méridien, de
153ᵈ 13′, nous aurons l'occidental du
nombre des degrés restants, savoir : de
51ᵈ 47′. En raisonnant toujours de même,
nous trouverons qu'à la distance de deux
heures, l'angle oriental avant le méridien
étant de 166ᵈ 22′, l'occidental vaut 38ᵈ
38′ qui s'en manquent pour faire le double
de 205ᵖ, des angles formés par le méri-
dien ; de plus, il a été démontré que deux
points étant également éloignés du même
tropique, l'angle oriental fait dans l'un, et
l'angle occidental fait dans l'autre, sont
égaux à deux angles droits. Or, le commen-
cement du lion et celui des gémeaux sont
également éloignés du même tropique ;
donc, l'angle oriental du lion, et l'occi-
dental des gémeaux sont égaux à deux
angles droits. Ainsi, l'oriental à une heure
de distance du méridien, au commencement
du lion, étant de 153ᵈ 13′, l'occidental au
commencement des gémeaux, vaudra les
26ᵈ 47′ du supplément à 180ᵈ. Or, l'angle
des gémeaux formé par le méridien, est de
77ᵈ 30′, son double est donc 155ᵈ. Et puis-
que l'oriental avec l'occidental fait une
somme égale au double de l'angle formé
par le méridien, l'occidental étant de 26ᵈ
47′, l'oriental vaudra les 128ᵈ 13′ restants.
Ainsi, l'angle oriental du lion étant cal-
culé, son angle occidental sera par là même
démontré ; et l'angle occidental des gé-
meaux étant calculé, l'angle oriental sera
aussi par là donné, savoir : dans les lieux
où les points qui traversent le méridien,
ont la position mentionnée. Par consé-
quent, les angles orientaux du demi-cercle
en question étant calculés, ses angles occi-
dentaux le seront par ce moyen, ainsi que

les angles occidentaux et orientaux de
l'autre demi-cercle. Quant aux autres in-
clinaisons et situations du cercle oblique,
dans lesquelles les deux points sont ou plus
boréaux, ou plus austraux que le point ver-
tical, il les a aussi comprises dans sa table,
qu'il a construite également pour elles. Or,
il est clair que dans les habitations où la
hauteur du pole, c'est-à-dire la distance du
point vertical à l'équateur, prise sur le mé-
ridien, est de plus des 23ᵈ 51′ de l'obliquité
entière du zodiaque sur l'équateur, la table
sera encore construite de la même manière,
parce que dans ces habitations, le zodiaque,
c'est-à-dire ses points médians sont plus
austraux ou méridionaux que le point ver-
tical. Il est clair qu'ainsi, ces tables qu'il
nous a données, ont été composées suivant
une seule et même méthode. Il faut en ex-
cepter la première où la hauteur du pole est
de moins de 23ᵈ 51′. C'est pourquoi, dans
ce seul parallèle ou climat, par suite de
certaines position du zodiaque, quelques-
uns de ses points étant distants du méridien,
d'un nombre d'heures équinoxiales donné
à l'orient ou à l'occident, et les points
médians, comme nous l'avons expliqué
plus haut, se trouvant pour certains lieux,
plus boréaux, et pour d'autres plus aus-
traux que le point vertical, comme on en
juge par la distance du point vertical à
l'équateur, comparée à la déclinaison des
points médians du cercle oblique, pour
les positions où les points médians sont
tous deux plus boréaux ou plus austraux,
il a toujours suivi la même méthode dans

ἔτι του ἑτέρου ἡμικυκλίου αἵ τε δυτικαὶ
καὶ ἀνατολικαί. Καὶ ἐπὶ τῶν λοιπῶν δὲ
ἐγκλίσεων καὶ θέσεων του ζωδιακου, ἐφ'
ὧν τὰ μεσουρανουντα ἀμφότερα, ἤτοι βο-
ρειότερα, ἢ νοτιώτερα του κατὰ κορυφὴν
τυγχάνει, τὴν ὁμοίαν του κανονίου ἔκθεσιν
πεποίηται. Δῆλον δὲ καὶ ὡς ἐφ' ὧν οἰκή-
σεων τὸ ἔξαρμα του πόλου, τουτέςιν ἡ
ἀπὸ του κατὰ κορυφὴν ἐπὶ του ἰσημερινου
ἀπόςασις, ἐπὶ του μεσημβρινου λαμβανο-
μένη, μείζων ἐςὶ τῶν τῆς ὅλης του ζω-
διακου πρὸς τὸν ἰσημερινὸν ἐγκλίσεως, μοι-
ρῶν κγ να′, ἐν ἐκείναις πάσαις τὴν ἔκ-
θεσιν τοιαύτην συμβαίνει γίνεσθαι του κα-
νονίου, διὰ τὸ ἐπὶ τῶν τοιούτων οἰκήσεων
ἔλον τὸν ζωδιακὸν νοτιώτερον εἶναι του
κατὰ κορυφὴν δηλαδὴ τὰ μεσουρανουντα.
Δῆλον δὲ καὶ ὡς ἐπὶ πάντων τῶν ἐκτεθει-
μένων αὐτῷ κανονίων τοιαύτη ἡ ἔκθεσις
γεγένηται, πάρεξ μόνου του πρώτου, διὰ
τὸ ἐπὶ του διὰ Μερόης παραλλήλου πεπραγ-
ματευσθαι, ἔνθα τὸ ἔξαρμα ἔλαττόν ἐςι
μοιρῶν κγ να′. Καὶ διὰ τουτο ἐπὶ του
αὐτου μόνου παραλλήλου, ἤτοι κλίματος
κατά τινας θέσις του ζωδιακου τινῶν αὐτου
σημείων πρὸς ἀνατολὰς ἢ δυσμὰς του μεσ-
ημβρινου δεδομένας ὥρας ἰσημερινὰς ἀπ-
εχόντων, καὶ τῶν μεσουρανούντων σημείων,
ὡς ἐπάνω ἐδηλώσαμεν, πῇ μὲν βορειοτέρων,
πῇ δὲ νοτιωτέρων καταλαμβανομένων του
κατὰ κορυφὴν, ἔκ τε τῆς πρὸς τὸν ἰσή-
μερικὸν αὐτου τε του κατὰ κορυφὴν ἀπο-
ςάσεως, καὶ τῆς τῶν μεσουρανούντων ση-
μείων του ζωδιακου πρὸς τὸν ἰσημερινὸν
λοξώσεως, ἐφ' ὧν μὲν θέσεων εὑρίσκετο
ἀμφότερα τὰ μεσουρανουντα βορειότερα ἢ
νοτιώτερα, τῇ αὐτῇ ἐκθέσει του κανόνος

κατεχρήσατο. Ἢ καὶ ἐπὶ τῶν ἄλλων· οἷον ὡς ἐπὶ τοῦ σκορπίου. Ἐπεὶ γὰρ ἡ πρὸς τῷ μεσημβρινῷ γωνία του σκορπίου μοιρῶν ἐστιν ριᾱ, ἡ ἄρα διπλῆ αὐτῆς σκβ. Καὶ ἐπεὶ ἐπὶ τοῦ διὰ Μερόης παραλλήλου εὑρίσκομεν τὴν ἀνατολικὴν γωνίαν ἐπὶ τῆς αὐτῆς του μεσημβρινου πρώτης ὥρας ἀποστάσεως ἐπὶ του εἰρημένου δωδεκατημορίου μοιρῶν ρλθ̄, ἔσται ἡ δυτικὴ τῶν λειπουσῶν εἰς τὰς σκβ μοιρῶν πγ̄. Καὶ ἐπεὶ ἴσον ἀπέχουσι του αὐτου χειμερινου τροπικου ἥ τε ἀρχὴ του σκορπίου καὶ ἡ ἀρχὴ τῶν ἰχθύων, ἔσται πάλιν ἡ του σκορπίου ἀνατολικὴ μετὰ τῆς τῶν ἰχθύων δυτικῆς, δυσὶν ὀρθαῖς ἴσαι, ὧν ἡ ἀνατολικὴ του σκορπίου εὑρέθη ρλθ̄· λοιπὴ ἄρα ἡ δυτικὴ τῶν ἰχθύων ἔσται τῶν λειπουσῶν εἰς τὰς ρπ̄ μοίρας τῶν δύο ὀρθῶν, μοιρῶν μᾱ. Καὶ ἐπεὶ ἡ πρὸς τῷ μεσημβρινῷ τῶν ἰχθύων μοιρῶν ἐστιν ξθ̄, ἡ ἄρα διπλῆ αὐτῆς ἔσται ρλη̄. Καὶ ἔστι πάλιν ἡ ἀνατολικὴ μετὰ τῆς δυτικῆς του αὐτου σημείου τῶν ἰχθύων, δυσὶ ταῖς πρὸς τῷ μεσημβρινῷ ἴση, ὧν ἡ δυτικὴ μοιρῶν μᾱ· λοιπὴ ἄρα ἡ ἀνατολικὴ ἔσται τῶν λειπουσῶν εἰς τὰς δύο τῶν ὑπὸ του μεσημβρινου, μοιρῶν ϙζ̄.

Καὶ ἐπεὶ πάλιν δέδεικται ὅτι ὅταν τὸ μὲν του ἀνατολικου τμήματος μεσουρανουν βόρειον ᾖ του κατὰ κορυφὴν, του δὲ πρὸς δυσμὰς νοτιώτερον του αὐτου, συναμφότεραι ἥ τε πρὸς ἀνατολὰς καὶ πρὸς δυσμὰς γινόμεναι γωνίαι ὑπό τε του ζωδιακου καὶ του κατὰ κορυφὴν, δύο τῶν ὑπὸ του μεσημβρινου γινομένων πρὸς τῷ αὐτῷ σημείῳ, ἐλάσσονές εἰσι δυσὶν ὀρθαῖς. Καὶ ἔστιν ὡς ἐπὶ του διὰ Μερόης παραλλήλου ἐπὶ τῆς παρθένου ἡ πρὸς τῷ μεσημβρινῷ γινομένη

la construction de sa table. Pour les autres, comme dans le scorpion, où l'angle formé par le méridien étant de 111ᵈ, son double est de 222ᵈ, comme sur le parallèle de Méroë, à la même distance d'une heure loin du méridien, l'angle oriental de cette même dodécatémorie, se trouve être de 139ᵈ, l'angle occidental vaudra les 83 degrés restants jusqu'à 222. Or, le premier point du scorpion et celui des poissons sont également éloignés du même point tropique d'hiver, l'angle oriental du scorpion et l'occidental des poissons seront donc ensemble égaux à deux angles droits; et l'oriental du scorpion ayant été trouvé de 139ᵈ, l'occidental des poissons vaudra le reste jusqu'à 180ᵈ, c'est-à-dire 41ᵈ. Mais l'angle des poissons formé par le méridien, étant de 69ᵈ, dont le double est 138ᵈ; et l'angle oriental avec l'occidental des poissons étant égaux ensemble aux deux angles formés par le méridien, desquels l'occidental vaut 41ᵈ, il s'ensuit que l'oriental vaudra les 97ᵈ restants des angles formés par le méridien.

Comme il a été prouvé aussi, que si le point médiant de la portion orientale, est plus boréal que le point vertical, et le point médiant de la portion occidentale, plus austral, les deux angles, l'oriental et l'occidental, formés par le cercle vertical et par le cercle oblique, ont deux angles droits de moins que le double de l'angle formé par le méridien dans le même point, dans le climat de Méroë, l'angle formé au premier point de la vierge par le méridien, est de 111ᵈ dont le double est 222ᵈ. Mais comme à l'angle oriental d'une heure loin du méridien répondent 70ᵈ, l'angle occidental sera de 42ᵈ, lesquels sont, des 180 degrés de deux angles droits, plus petits que les 222 degrés du double de l'angle formé par le méridien ; et comme le premier point de la vierge et celui du taureau sont également éloignés du même tropique d'été, on aura encore l'angle oriental de la vierge, et l'occidental du taureau, égaux à deux angles droits. Or, l'angle oriental de la vierge est de 0ᵈ. Donc, l'occidental du taureau sera de 180ᵈ. Ainsi, l'angle occidental de la vierge étant de 42ᵈ, l'oriental du taureau vaudra les 138ᵈ restants jusqu'à 180 ; et l'angle oriental du taureau avec l'occidental fait une somme de 318ᵈ. Et encore, il a été prouvé, que si le point médiant de la portion orientale es plus austral que le point vertical, et le point médiant de la portion occidentale plus boréal, les deux angles tant l'oriental que l'occidental, sont, de deux angles droits, plus grands que le double de l'angle. Or, nous trouvons qu'à l'orient et à l'occident du méridien, les points médiants du ciel, au commencement du taureau, ont cette position, nous allons en conséquence montrer que les angles du taureau oriental et occidental, ont deux angles droits de plus que le double de celui que le méridien forme dans le même point. Ce qui est évident, car l'angle formé par le méridien au commencement du taureau est de 69ᵈ, dont le double est 138ᵈ. Or, nous avons montré que l'angle oriental du taureau, fait avec

γωνία μοιρῶν ριᾱ, ἡ ἄρα διπλῆ αὐτῆς ἔςαι μοιρῶν σκϛ. Καὶ ἐπεὶ τῇ ἀνατολικῇ γωνίᾳ τῆς πρώτης ὥρας ἀπὸ τοῦ μεσημβρινοῦ παράκειται ō ō, ἡ ἄρα δυτικὴ ἔςαι μοιρῶν μϛ, αἵ τινες ἐλάττονές εἰσι δύο τῶν ὑπὸ τοῦ μεσημβρινοῦ μοιρῶν σκϛ, ταῖς τῶν δύο ὀρθῶν, μοιρῶν ρπ. Καὶ ἐπεὶ ἡ ἀρχὴ τῆς παρθένου, καὶ ἡ ἀρχὴ τοῦ ταύρου ἴσον ἀπέχει τοῦ αὐτοῦ θερινοῦ τροπικοῦ, ἔςαι πάλιν ἡ ἀνατολικὴ τῆς παρθένου μετὰ τῆς δυτικῆς τοῦ ταύρου δυσὶν ὀρθαῖς ἴση. Καὶ ἔςιν ἡ ἀνατολικὴ τῆς παρθένου ō ō· ἡ δυτικὴ ἄρα τοῦ ταύρου ἔςαι ρπ. Καὶ διὰ τὰ αὐτὰ ἐπεὶ ἡ δυτικὴ τῆς παρθένου μοιρῶν ἐςι μϛ, ἡ ἀνατολικὴ τοῦ ταύρου ἔςαι τῶν λειπουσῶν εἰς τὰς τῶν δύο ὀρθῶν μοιρῶν ρπ, μοιρῶν ρλη. Καὶ συνῆκται ἡ ἀνατολικὴ τοῦ ταύρου μετὰ τῆς δυτικῆς μοιρῶν τιη. Ἔτι δὲ πάλιν ἐπεὶ δέδεικται ὅτι τὸ μὲν τοῦ ἀνατολικοῦ τμήματος μεσουρανοῦν νοτιώτερον ἢ τοῦ κατὰ κορυφὴν, τὸ δὲ τοῦ πρὸς δυσμὰς τμήματος μεσουρανοῦν βορειότερον τοῦ αὐτοῦ, συναμφότεραι ἥ τε πρὸς ἀνατολὰς γωνία καὶ ἡ πρὸς δυσμὰς, δύο τῶν ὑπὸ τοῦ μεσημβρινοῦ γινομένων μείζονές εἰσι δυσὶν ὀρθαῖς. Εὑρίσκομεν δὲ ἐπὶ τῆς πρὸς ἀνατολὰς καὶ δυσμὰς τῆς ἀρχῆς τοῦ ταύρου ἀπὸ τοῦ μεσημβρινοῦ ἀποςάσεως τὰ μεσουρανοῦντα τὴν τοιαύτην θέσιν λαμβάνοντα, δείξομεν ὅτι αἱ τοῦ ταύρου γωνίαι ἀτολικαί τε καὶ δυτικαὶ συναμφότεραι, δύο τῶν ὑπὸ τοῦ μεσημβρινοῦ μείζονές εἰσι δυσὶν ὀρθαῖς. Καὶ ἔςιν αὐτόθεν δῆλον· ἐπειδήπερ γὰρ ἡ πρὸς τῷ μεσημβρινῷ τοῦ ταύρου γινομένη γωνία μοιρῶν ἐςιν ξθ, ἡ δὲ διπλῆ αὐτῆς ρλη, ἐδείχθη δὲ ἡ ἀνατολικὴ τοῦ ταύρου μετὰ

τῆς δυτικῆς τμημάτων τιη, αἵ τινες τῶν
ολη μείζονές εἰσι ταῖς ρπ τῶν δύο ὀρθῶν,
φανερὸν ἔςαι ἐντεῦθεν, ὅτι καὶ ἐπὶ τούτου
τοῦ κλίματος, ἐὰν τὰς ἀπὸ τῆς ἀρχῆς του
καρκίνου μέχρι τῆς ἀρχῆς του αἰγοκέρωτος,
ἀνατολικὰς γωνίας ἐπιλογισώμεθα, συναπο-
δεδειγμέναι ἔσονται καὶ αἱ δυτικαὶ αὐτου·
καὶ ἔτι αἱ τῶν λοιπῶν ἡμικυκλίων δυτικαί
τε καὶ ἀνατολικαί. Ἐπεὶ καὶ ἐπὶ τῆς παρ-
θένου ἐπιλογισάμενοι μόνην τὴν ἀνατολικὴν,
ἐκ τῶς προαποδεδειγμένων λημματίων συν-
ηγάγομεν αὐτου καὶ τὴν δυτικὴν γωνίαν,
καὶ ἅμα τήν τε δυτικὴν του ταύρου, καὶ
τὴν ἀνατολικὴν αὐτου.

Καὶ ἐπὶ τῶν περιφερειῶν δὲ πάλιν τὸ
αὐτὸ συμβαίνει· ὅτι ἐὰν του εἰρημένου ἡμι-
κυκλίου τὰς ἀνατολικὰς περιφερείας ἐπι-
λογισώμεθα, συναποδεδειγμέναι ἔσονται καὶ
αἱ του αὐτου ἡμικυκλίου δυτικαί, καὶ ἔτι
αἱ του ἑτέρου ἡμικυκλίου ἀνατολικαί τε
καὶ δυτικαί. Ἐπεὶ γὰρ πάλιν ἐδείχθη ὅτι
του αὐτου σημείου του διὰ μέσων τῶν ζω-
δίων ἴσους χρόνους, ἤτοι ὥρας ἀπέχοντος
ἐφ' ἑκάτερα του μεσημβρινου, αἵ τε ἀπὸ
του κατὰ κορυφὴν ἐπ' αὐτου γραφόμεναι
μεγίςου κύκλου περιφέρειαι ἴσαι ἀλλήλαίς
εἰσι, τουτέςιν ἡ πρὸς ἀνατολὰς τῇ πρὸς
δυσμάς.

Ὡς ἐπὶ του δι' Ἀλεξανδρείας πάλιν τρίτου
κλίματος αἱ τῇ πρώτῃ ὥρᾳ του λέοντος
παρακείμεναι κατὰ τὸ δεύτερον σελίδιον
τῶν περιφερειῶν, μοιρῶν ις με, αἱ αὐταί
εἰσι καὶ ὡς πρὸς ἀνατολὰς, καὶ ὡς πρὸς
δυσμάς· ἐπεὶ καὶ αἱ ὥραι οὕτως ἔκκεινται
αἱ αὐταὶ πρὸ μεσημβρίας ταῖς μετὰ μεσ-
ημβρίαις, αἱ δὲ γωνίαι οὐκέτι, διὰ τὸ δια-
φόρους αὐτὰς καταλαμβάνεσθαι. Καὶ ἐπεὶ

l'occidental 318ᵈ, nombre qui a 180 de plus que 138. Il est donc constant que si, dans ce climat, nous calculons les angles orientaux depuis le commencement du cancer jusqu'au commencement du capricorne, nous aurons par là les angles occidentaux tout connus, et en même temps aussi, tous les angles tant orientaux qu'occidentaux des autres demi-cercles, puisque le calcul fait pour le seul angle oriental de la vierge nous a donné, au moyen des lemmes précédemment démontrés, son angle occidental, et en même temps aussi l'angle occidental et l'angle oriental du taureau.

Il en est de même pour les arcs que pour les angles. Le calcul que nous ferons pour avoir les arcs orientaux du demi-cercle en question, nous en donnera aussi les arcs occidentaux, de même que les arcs tant orientaux qu'occidentaux de l'autre demi-cercle. En effet, il a été prouvé qu'un même point du cercle oblique étant à une distance de chaque côté du méridien, marquée par des temps égaux ou des heures égales, les arcs de grands cercles décrits du point vertical par ce point, sont égaux entr'eux, c'est-à-dire que l'arc oriental est égal à l'arc occidental.

Prenons pour exemple le troisième climat, qui est celui d'Alexandrie. Les 16 degrés 45' qui y répondent dans la seconde colonne, celle des arcs, à une heure du lion, sont les mêmes à l'orient et à l'occident, parce qu'il y a le même nombre d'heures avant et après midi ; ce n'est pas la même chose pour les angles, parce qu'ils se trouvent différens. Nous avons démon-

tré d'ailleurs, que deux points du cercle
oblique également éloignés du même point
tropique, interceptant des temps égaux de
chaque côté du méridien, tant à l'orient
qu'à l'occident, les arcs de grands cercles
décrits du point vertical par ces points,
sont égaux entr'eux. Or, le premier point
du lion et celui des géméaux, sont égale-
ment éloignés du point tropique d'été, donc
l'arc oriental qui répond à une heure du lion,
est le même que l'arc occidental qui répond
à une heure des gémeaux. Et pour toutes
ces raisons, si nous calculons les arcs orien-
taux depuis le commencement du cancer
jusqu'à celui du capricorne, le résultat nous
donnera aussi les arcs occidentaux, et en
outre les arcs, tant orientaux qu'occiden-
taux, de l'autre demi-cercle. Or, à une heure
dans l'angle oriental de la vierge, sous le
parallèle de Méroë, répond 0ᵈ, parce que
le 15e degré environ du lion, qui passe
alors au méridien, est à 16ᵈ 27' de l'équa-
teur, quantité égale à la hauteur du pole
pour ce lieu, de sorte que le point vertical
est le point médiant même. C'est pourquoi
le grand cercle mené par le point vertical
et par le premier point de la dodécatémorie
de la vierge, est le même que le cercle
oblique, il ne fait donc pas d'angle avec
lui.

δέδεικται πάλιν ὅτι τῶν ἴσον ἀπεχόντων
τοῦ αὐτοῦ τροπικοῦ τοῦ διὰ μέσων τῶν
ζωδίων κύκλου σημείων, ἴσους χρόνους ἀπο-
λαμβανόντων, ἐφ' ἑκάτερα τοῦ μεσημβρινοῦ,
τοῦ μὲν πρὸς ἀνατολὰς, τοῦ δὲ πρὸς δυ-
σμὰς, αἱ ἀπὸ τοῦ κατὰ κορυφὴν ἐπ' αὐτὰς
γραφόμεναι μεγίστων κύκλων περιφέρειαι ἴσαι
ἀλλήλαίς εἰσιν. Εἰσὶ δὲ ἴσον ἀπέχουσαιτ ου
αὐτοῦ θερινοῦ τροπικοῦ ἥ τε ἀρχὴ τοῦ λέ-
οντος καὶ ἡ ἀρχὴ τῶν διδύμων, ἡ ἄρα
τῇ πρώτῃ ὥρᾳ τοῦ λέοντος ἐπιβάλλουσα πε-
ριφέρεια ἀνατολικὴ, ἡ αὐτὴ ἐπιβάλλει καὶ
τῇ πρώτῃ ὥρᾳ τῶν διδύμων δυτική. Καὶ
διὰ τὰ εἰρημένα ἡ δυτικὴ τῶν διδύμων ἡ
αὐτή ἐστι τῇ ἀνατολικῇ, ὥστε ἡ περιεχομένη
περιφέρεια τῷ λέοντι, ἡ αὐτὴ ἀνατολικὴ
καὶ δυτικὴ τυγχάνουσα, καὶ τοῖς διδύμοις
ὁμοίως παράκειται. Καὶ διὰ τοῦτο ἐὰν τὰς
ἀπὸ τῆς ἀρχῆς τοῦ καρκίνου ἕως τῆς ἀρχῆς
τῆς παρθένου ἀνατολικὰς περιφερείας ἐπι-
λογισώμεθα, συναποδεδειγμέναι ἔσονται καὶ
αἱ πρὸς δυσμὰς αὐτοῦ τυγχάνουσαι. Καὶ
ἔτι τοῦ ἑτέρου ἡμικυκλίου αἱ πρὸς ἀνατολὰς
καὶ αἱ πρὸς δυσμὰς, παράκεινται δὲ ἐπὶ
τῆς πρώτης ὥρας τῆς παρθένου τῇ ἀνα-
τολικῇ γωνίᾳ ō ō, ἐπὶ τοῦ διὰ Μερόης
πρώτου κλίματος, διὰ τὸ τὴν μεσουρανοῦσαν
τότε τοῦ λέοντος μοῖραν ιε ἔγγιστα λελο-
ξῶσθαι ἀπὸ τοῦ ἰσημερινοῦ μοιρῶν ιϛ κζ
ἔγγιστα, ὅσων ἐστὶ καὶ τὸ ἔξαρμα τῆς ἐγ-
κλίσεως, καὶ τὸ αὐτὸ σημεῖον γίνεσθαι τότε
μεσουρανοῦν καὶ τὸ κατὰ κορυφήν. Καὶ διὰ
τοῦτο τὸν διὰ τοῦ κατὰ κορυφὴν καὶ τῆς
ἀρχῆς τοῦ τῆς παρθένου δωδεκατημορίου
γραφόμενον μέγιστον κύκλον, τὸν αὐτὸν γί-
νεσθαι τῷ διὰ μέσων τῶν ζωδίων κύκλῳ,
καὶ γωνίας δηλονότι μὴ ποιεῖν πρὸς αὐτόν·

Ὡσαύτως δὲ καὶ ἐπὶ του διὰ Συήνης δευτέρου κλίματος ἐν τῇ πρὸς τὸν μεσημβρινὸν θέσει τῆς ἀρχῆς του καρκίνου παράκειται περιφέρεια ō ō. Διὰ τὸ τὴν ἀρχὴν του καρκίνου καὶ κατὰ κορυφὴν τυγχάνειν καὶ μεσουρανεῖν, ἴσης ἐκεῖσε γινομένης τότε τῆς λοξώσεως τῷ ἐξάρματι, τουτέςι τῇ ἀπὸ του κατὰ κορυφὴν ἐπὶ τὸν ἰσημερινὸν μεσημβρινοῦ περιφερείᾳ καὶ δηλαδὴ ἀπὸ του κατὰ κορυφὴν ἐπὶ τὴν ἀρχὴν του καρκίνου μὴ γίνεσθαι περιφέρειαν.

Ἀποδείξας οὖν διὰ τῶν ἐκτεθειμένων αὐτῷ λημματίων, ὅτι ἐὰν ἐφ᾽ ἑκάςης ἐγκλίσεως τὰς πρὸ του μεσημβρινοῦ, τουτέςι τὰς ἀνατολικὰς γωνίας τε καὶ περιφερείας ἐπιλογισώμεθα, καὶ μόνων τῶν ἀπὸ τῆς ἀρχῆς του καρκίνου μέχρι τῆς ἀρχῆς τοῦ αἰγοκέρωτος, συναποδεδειγμένας ἕξομεν καὶ μετὰ τὸν μεσημβρινὸν, τουτέςι τὰς δυτικὰς αὐτῶν, καὶ ἔτι του ἑτέρου ἡμικυκλίου τὰς δυτικὰς καὶ ἀνατολικὰς αὐτῶν, ἑξῆς ἐκτίθεται θεωρήματα δύο· καὶ πρῶτον μὲν δι᾽ οὗ ἐπελογίσατο τὰς εἰρημένας ἀνατολικὰς περιφερείας ἐπὶ του εἰρημένου ἡμικυκλίου, δεύτερον δὲ, δι᾽ οὗ καὶ τὰς τοιαύτας γωνίας. Εἶτα διδάσκων ἡμᾶς τὸν τοῦ ἐπιλογισμοῦ τρόπον, ποιεῖται τὸ ὑπόδειγμα τῆς ἀποδείξεως ἐπὶ τοῦ διὰ Ρόδου πάλιν παραλλήλου, ἔνθα τὸ ἔξαρμα μοιρῶν ἐςι λϛ̄, τὴν ἀρχὴν του καρκίνου ἀποςήσας πρὸς ἀνατολὰς τοῦ μεσημβρινοῦ ὥραν μίαν ἰσημερινὴν, καθ᾽ ἣν θέσιν ἐπὶ του διὰ Ρόδου πάλιν παραλλήλου μεσουρανοῦσι μὲν αἱ τῶν διδύμων μοῖραι ιϛ̄ ιβ΄, ἀνατέλλουσι δὲ τῆς παρθένου μοῖραι ιζ λζ΄. Ὡς γὰρ κατὰ τὴν ἐν τοῖς ἔμπροσθεν ἐκτεθειμένην αὐτῷ ἔφοδον, ἐὰν τὰς ἀπὸ τῆς παρελθούσης μεσημβρίας

ΤΗΕΟΝ. II.

Pareillement, dans le second climat qui est celui de Syène, le premier point du cancer étant au méridien, l'arc correspondant est o^d, parce que ce premier point est en même temps vertical et médiant, la déclinaison y étant alors égale à la hauteur du pole, c'est-à-dire à l'arc du méridien, mené du point vertical sur l'équateur, c'est pourquoi il n'y a point d'arc du point vertical au commencement du cancer.

Ayant ainsi démontré par le moyen des lemmes exposés ci-dessus, que si nous calculons pour chaque inclinaison les angles et les arcs d'avant midi ou orientaux, seulement depuis le commencement du cancer jusqu'au commencement du capricorne, nous connoîtrons les angles d'après midi ou en outre, les angles tant orientaux qu'occidentaux ; et de l'autre demi-cercle. Et il explique ensuite deux théorèmes, le premier par lequel il calcule les arcs orientaux du demi-cercle susnommé; le second, par lequel il calcule ces angles. Et pour nous montrer la manière de faire ce calcul, il prend son exemple du parallèle de Rhodes, où la hauteur du pole est de 36^d. Il place le premier point du cancer, d'une heure équinoxiale à l'orient du méridien, position, où sous le parallèle de Rhodes, les 16^d 12′ des gémeaux passent au méridien, et où se lèvent 17^d 37′ de la vierge, car suivant la méthode exposée précédemment, si nous

19

multiplions les 23 heures équinoxiales passées depuis le midi précédent par 15 temps équinoxiaux, le produit sera 345 temps qui auront traversé le méridien depuis midi dernier jusqu'au commencement du cancer. Portant ce nombre dans la table de la sphère droite, après y avoir ajouté les 90^d depuis le commencement du bélier jusqu'après les gémeaux, pour pouvoir faire la soustraction en partant du commencement de la table, nous trouverons $16^d\ 12'$ des gémeaux, qui passent au méridien avec les 75^d restants après la soustraction des 360^d du cercle entier. Mais plus expéditivement, si des 90 temps qui passent au méridien depuis l'équinoxe jusqu'au commencement du cancer, nous retranchons les 15 temps d'une heure, nous aurons pour reste 75^t avec lesquels également $16^d\ 12'$ des gémeaux passent au méridien. Et voici comment on prend le point orient : puisque quand le soleil est au commencement du cancer, le plus long jour est, pour ce climat, de $14\frac{1}{2}$ heures équinoxiales, qui font $217^t\ 30'$, la moitié du jour y est donc de $7\frac{1}{4}$ heures, ou de 108^t 45. Supposant le soleil au premier point du cancer à une heure équinoxiale d'intervalle avant midi, retranchons 15^t de 108^t 45′, restent 93^t 45. Comptons ce nombre-ci depuis le premier point du cancer, dans le climat en question, en y joignant les 71^t 15′ du bélier aux gémeaux, nous trouve-

ὥρας ἰσημερινὰς κγ πολλαπλασιάσωμεν ἐπὶ τοὺς ὡριαίους ἰσημερινοὺς χρόνους ιε, τοὺς συναγομένους χρόνους τμε ἕξομεν ὅσοι συνεξῆλθον τὸν μεσημβρινὸν ἀπὸ παρελθούσης μεσημβρίας ἐπὶ τῆς ἀρχῆς τοῦ καρκίνου, οὓς καὶ εἰσαγαγόντες εἰς τὸ ἐπ' ὀρθῆς τῆς σφαίρας κανόνιον, προσθέντες αὐτοῖς δηλαδὴ τοὺς ἀπὸ τῆς ἀρχῆς τοῦ κριοῦ μέχρι τῶν διδύμων μοίρας ζ, ἵνα ἀπ' ἀρχῆς τοῦ καρκίνος, διὰ τὸ πρόχειρον τὴν ἀφαίρεσιν ποιησώμεθα, εὑρήσομεν τοῖς μετὰ ἀφαίρεσιν τῶν τξ μοιρῶν τοῦ ἑνὸς κύκλου καταλειπομένοις χρόνοις οε, εἰς τὸ αὐτὸ κανόνιον συμμεσουρανούσας τῶν διδύμων μοίρας ιϛ ιϛʹ. Καὶ προχειρότερον, ἐὰν ἀπὸ τῶν ἀπὸ τοῦ ἰσημερινοῦ ἐπὶ τὴν ἀρχὴν τοῦ καρκίνου συμμεσουρανούντων χρόνων ζ ἀφέλωμεν τοὺς ιε τῆς πρώτης ὥρας, ἕξομεν τοὺς λοιποὺς οε, οἷς ὁμοίως συμμεσουρανοῦσι τῶν διδύμων μοῖραι ιϛ ιϛʹ. Λαμβάνεται δὲ καὶ ἡ ἀνατέλλουσα τόν δε τὸν τρόπον· ἐπεὶ γὰρ τοῦ ἡλίου ἐπὶ τῆς ἀρχῆς τοῦ καρκίνου τυγχάνοντος ἐπὶ τοῦ ὑποκειμένου κλίματος ἡ μεγίστη ἡμέρα ἀποτελεῖται ὡρῶν ἰσημερινῶν ιδ ϛʺ, χρόνων δὲ σιϛ λʹ, τὸ ἄρα ἥμισυ τῆς ἡμέρας ὡρῶν μέν ἐστιν ζ δʹ, χρόνων δὲ ρη μεʹ, ὧν ἐὰν ἀφέλωμεν τοὺς τῆς εἰκοστῆς ὥρας ἰσημερινῆς τῆς πρὸ μεσημβρίας θέσεως τῆς ἀρχῆς τοῦ καρκίνου χρόνους ιε, καὶ τοὺς λοιποὺς ϟγ μεʹ ἐκβάλωμεν ἀπὸ τῆς ἀρχῆς τοῦ καρκίνου ἐπὶ τοῦ ὑποκειμένου κλίματος, κατὰ τὸ τῆς ἐπισυναγωγῆς τῶν ἀναφορικῶν χρόνων σελίδιον, προσθέντες πάλιν αὐτοῖς τοὺς ἀπὸ κριοῦ μέχρι διδύμων χρόνους οα ιεʹ, τοῖς γινομένοις ρξε χρόνοις εὑρήσομεν ἐξ ἀναλόγου συνανατελλούσας τῆς παρθένου μοίρας ιϛ λζʹ. Ταῦτα γὰρ πάντα ἀπεδείχθη ἡμῖν ἐκ τῆς τῶν ἀναφορικῶν κανόνων πραγματείας.

Τούτων οὕτως ὑποκειμένων, ἑξῆς φησίν· Ἔϛω μεσημβρινὸς μὲν κύκλος ὁ ΑΒΓΔ, καὶ ὁρίζοντος μὲν ἡμικύκλιὸν τὸ ΒΕΔ, τοῦ δὲ διὰ μέσων τῶν ζωδίων, τὸ ΖΗΘ, οὕτως ἔχον, ὥϛε τὸ Η σημεῖον τὴν ἀρχὴν εἶναι τοῦ καρκίνου, τὸ δὲ Ζ μεσουρανοῦν ἐπέχειν τὰς τῶν διδύμων μοιρῶν ιϛ ϛʹ, καὶ τὸ Θ ἀνατολικὸν τὰς τῆς παρθένου μοίρας ιζ λζʹ· καὶ γεγράφθω διὰ τοῦ Α κατὰ κορυφὴν, καὶ τοῦ Η τῆς ἀρχῆς τοῦ καρκίνου, μεγίϛου κύκλου τμῆμα τὸ ΑΗΕΓ, καὶ προκείσθω πρῶτον τὴν ΑΗ περιφέρειαν εὑρεῖν, τὴν ἀπὸ τοῦ κατὰ κορυφὴν ἐπὶ τὸ δεδομένον τμῆμα τοῦ ζωδιακοῦ, φανερὸν δὴ ὅτι ἡ μὲν ΖΘ περιφέρεια μοιρῶν ἐϛιν ϟα κεʹ. Τοσούτων γὰρ συνάγεται ἡ ἀπὸ τῶν ιϛ ιϛʹ τῶν διδύμων ἐπὶ τὰς ιζ λζʹ τῆς παρθένου. Ὁμοίως δὲ ἐπειδήπερ αἱ τῶν διδύμων μοῖραι ιϛ ιϛʹ ἀπολαμβάνουϛι τοῦ μεσημβρινοῦ ἀπὸ τοῦ ἰσημερινοῦ πρὸς ἄρκτους μοιρῶν κγ ζʹ, ὁ δὲ ἰσημερινὸς τοῦ Α κατὰ κορυφὴν σημείου μοιρῶν ἀφίϛαται λϛ. Ἔϛαι καὶ ἡ μὲν ΑΖ περιφέρεια μοιρῶν ιβ νγʹ, ἡ δὲ ΒΖ τῶν λοιπῶν εἰς τὸ τεταρτημόριον οζ ζʹ. Τούτων δοθέντων, γίνεται πάλιν, διὰ τὴν καταγραφὴν, ἡ ἀπόδειξις οὕτως· ἐπεὶ γὰρ εἰς δύο μεγίϛων κύκλων περιφερείας τὰς ΒΑ, ΒΘ, δύο διηγμέναί εἰσιν αἱ ΑΕ, ΘΖ, τέμνοϛϛαι ἀλλήλας κατὰ τὸ Η, ὁ τῆς ὑπὸ τὴν διπλῆν τῆς ΖΒ πρὸς τὴν ὑπὸ τὴν διπλῆν τῆς ΒΑ λόγος, συνημμένος ἔϛαι ἔκ τε τοῦ τῆς ὑπὸ τὴν διπλῆν τῆς ΖΘ πρὸς τὴν ὑπὸ τὴν διπλῆν τῆς ΘΗ, καὶ τοῦ τῆς ὑπὸ τὴν διπλῆν τῆς ΗΕ πρὸς

rons par la somme 165, que les $17^d 37'$ de la vierge se lèvent alors. Nous prenons ces exemples de la table des co-ascensions.

Tout cela supposé, Ptolemée continue ainsi : soit (Fig. 57.) le méridien ABGD, le demi-cercle de l'horizon BED, celui de l'oblique ZHT, tellement que H soit le commencement du cancer ; le point médiant Z les $16^d 12'$ des gémeaux, et le point orient T les $17^d 37$ de la vierge. Décrivons par le point vertical A et par le premier point H du cancer la portion AHEG de grand cercle, et proposons-nous d'abord de trouver l'arc AH intercepté entre le point vertical et le point donné du cercle oblique. Il est clair que l'arc ZT est de $91^d 25'$, que l'on compte depuis les $16^d 12'$ des gémeaux jusqu'aux $17^d 37'$ de la vierge. De même, puisque les $16^d 12'$ des gémeaux interceptent $23^d 7'$ du méridien depuis l'équateur, vers les ourses, et que l'équateur est à 36^d de distance du point vertical, l'arc AZ sera de $12^d 53'$, et l'arc BZ vaudra les $77^d 7'$ de complément du quart de cercle avec ces données, la démonstration se fait sur cette figure en disant : puisqu'à deux arcs BA, BT, de grands cercles, sont menés les arcs AE, TZ qui s'entrecoupent en H, la raison de la corde du double de ZB à la corde du double de BA, sera composée de la raison de la corde du double de ZT à la corde du double de TH, et de la raison de la corde du double de HE à la corde du double de HE à la corde du double de EA. Mais le double de ZB est de 154^d 14′. Car on a montré que ZB est de 77^d 7′, et sa corde est de 116^p 59′. Le double de BA mené du pole de l'horizon est de 180^d, car BA menée du pole est de 90^d, la corde est donc de 120^p. Le double de ZT est de 182^d 50′, car ZT a été démontré de 91^d 25′, la corde est donc de 119^p 58′. Le double de TH est de 155^d 14′, car l'arc TH mené du premier point du cancer aux 17^d 37′ de la vierge, est de 77^p 37′, le double sera de 155^d 14′, la corde est donc de 117^p 12′. Si donc de la raison de 116 59 à 120, nous ôtons celle de 119 58 à 117 12, restera la raison de la corde du double de HE à la corde du double de EA, laquelle est de 114^p 16′ à 120, à peu près. Or, la corde du double de EA est de 120^p, et la corde du double de HE est de 114^p 16′. Par conséquent, le double de l'arc HE sera de 144^d 27′ à peu près, et l'arc HE de 72^d 13′ environ. Ainsi, l'arc restant AH vaudra les 17^d 47′ de complément du quart de cercle, tels que Ptolémée les a placés dans la seconde colonne ou celle des arcs, à la première heure du cancer, pour le climat de Rhodes.

Nous allons de la même manière démontrer l'angle AHT, dans la même figure. Puisque chacun des arcs EH, HT, est plus

τὴν ὑπὸ τὴν διπλῆν τῆς ΕΑ. Ἀλλ' ἡ μὲν τῆς ZB περιφερείας διπλῆ μοιρῶν ἐς-ιν ρνδ ιδ′, αὐτὴ γὰρ ἡ ZB ἐδείχθη μοιρῶν οζ ζ′, καὶ ἡ ὑπ' αὐτὴν εὐθεῖα τμημάτων ριϛ νθ′, ἡ δὲ τῆς BA διπλῆ μοιρῶν ἐς-ιν ρπ, ἐκ πόλου γὰρ οὖσα τοῦ ὁρίζοντος ἡ BA, μοιρῶν ἐς-ιν ϛ, καὶ ἡ ὑπ' αὐτὴν εὐθεῖα τμημάτων ἐς-ιν ρκ. Καὶ πάλιν ἡ μὲν τῆς ZΘ διπλῆ μοιρῶν ἐς-ιν ρπβ ν′, αὕτη γὰρ ἐδείχθη οὖσα μοιρῶν ϛα κε′, καὶ ἡ ὑπ' αὐτὴν εὐθεῖα τμημάτων ριθ νη′, ἡ δὲ τῆς ΘH διπλῆ μοιρῶν ρνε ιδ′· αὐτὴ γὰρ ἡ HΘ ἀπὸ τῆς ἀρχῆς τοῦ καρκίνου οὖσα ἐπὶ τὰς τῆς παρθένου μοίρας ιϛ λζ′, συνάγεται μοιρῶν οζ λζ′· ὥς-ε καὶ ἡ διπλῆ αὐτῆς ἔς-αι μοιρῶν ρνε ιδ′, καὶ ἡ ὑπ' αὐτὴν εὐθεῖα τμημάτων ριϛ ιϛ′. Ἐὰν ἄρα ἀπὸ τοῦ τῶν ριϛ νθ′ πρὸς τὰ ρκ λόγου ἀφέλωμεν τὸν τῶν ριθ νη′ πρὸς τὰ ριϛ ιϛ′, καταλειφθήσεται ἡμῖν ὁ τῆς ὑπὸ τὴν διπλῆν τῆς HE πρὸς τὴν ὑπὸ τὴν διπλῆν τῆς ΕΑ λόγος ὁ τῶν ριδ ιϛ′ ἔγγις-α πρὸς τὰ ρκ. Καὶ ἔς-ιν ἡ ὑπὸ τὴν διπλῆν τῆς ΕΑ τμημάτων ρκ, καὶ ἡ ὑπὸ τὴν διπλῆν ἄρα τῆς HE τῶν αὐτῶν ἔς-αι ριδ ιϛ′, ὥς-ε καὶ ἡ μὲν διπλῆ τῆς HE περιφερείας μοιρῶν ἔς-αι ρμδ κζ′ ἔγγις-α, αὐτὴ δὲ ἡ HE τῶν αὐτῶν ἐς-ιν οβ ιγ′ ἔγγις-α. Λοιπὴ ἄρα ἡ ΑH τῶν λειπουσῶν εἰς τὸ τεταρτημόριον ἔς-αι μοιρῶν ιζ μζ′, ὅσας καὶ παρέθετο ἐπὶ τοῦ διὰ Ῥόδου κλίματος, ἐπὶ τοῦ δευτέρου σελιδίου τῶν περιφερειῶν τῇ πρώτῃ ὥρᾳ τοῦ καρκίνου.

Ἑξῆς δὲ πάλιν διὰ τῶν ὁμοίων καὶ τῆς ὑπὸ ΑHΘ γωνίας τὴν ἀπόδειξιν ποιησόμεθα. Ἐκκείσθω γὰρ ἡ αὐτὴ καταγραφὴ, καὶ ἐπεὶ ἐλάττων ἐς-ὶν ἑκατέρα τῶν ΕH, HΘ τεταρ-

τημορίου, διὰ τὸ ὅλην μὲν τὴν ΕΛ ἐκ
πόλου οὖσαν τοῦ ΒΕΔ ὁρίζοντος τεταρτη-
μορίου τυγχάνειν, τὴν δὲ ΗΕ ἀποδειχθῆναι
μοιρῶν οδ ιγ´, καὶ ἔτι τὴν ΗΘ ἀπὸ τῆς
ἀρχῆς τοῦ καρκίνου ἐπὶ τὰς τῆς παρθένου
ιζ λζ´ τυγχάνουσαν μοιρῶν εἶναι οζ λζ´,
πόλῳ τῷ Η, καὶ διαϛήματι τῇ τοῦ τε-
τραγώνου πλευρᾷ, τοῦ εἰς τὸν μέγιϛον κύ-
κλον ἐγγραφομένου, γεγράφθω μεγίϛου κύ-
κλου τμῆμα τὸ ΚΛΜ. Ἐπεὶ τοίνυν ὁ ΑΗΕΚ,
διά τε τῶν τοῦ ΕΘΜ, καὶ διὰ τῶν τοῦ
ΚΛΜ πόλων γέγραπται, τεταρτημορίου ἐϛὶν
ἑκατέρα τῶν ΕΚ καὶ ΚΜ. Ἐὰν γὰρ ἀνα-
πληρώσωμεν τοὺς ΒΕΘΜ, καὶ ΚΛΜ, κύ-
κλους, γίνονται μέγιϛοι κύκλοι τέμνοντες
ἀλλήλους· καὶ διὰ τῶν πόλων αὐτῶν μέ-
γιϛος κύκλος γραφεὶς ὁ ΑΗΕΚ δίχα τέμνει
τὰ ἀπειλημμένα τμήματα αὐτῶν. Καὶ, διὰ
τὴν καταγραφὴν πάλιν, ἐπεὶ εἰς δύο κύκλων
περιφερείας τὰς ΚΗ καὶ ΚΜ, δύο διηγμέ-
ναί εἰσιν αἱ ΚΛ, ΕΜ, τέμνουσαι ἀλλήλας
κατὰ τὸ Θ, ὁ τῆς ὑπὸ τὴν διπλῆν τῆς ΗΕ
πρὸς τὴν ὑπὸ τὴν διπλῆν τῆς ΕΚ λόγος
συνῆπται ἔκ τε τοῦ τῆς ὑπὸ τὴν διπλῆν
τῆς ΗΘ πρὸς τὴν ὑπὸ τὴν διπλῆν τῆς ΘΛ,
καὶ τοῦ τῆς ὑπὸ τὴν διπλῆν τῆς ΛΜ
πρὸς τὴν ὑπὸ τὴν διπλῆν τῆς ΜΚ. Ἀλλ᾽
ἡ μὲν διπλῆ τῆς ΗΕ μοιρῶν ἐϛιν ρμδ κζ´,
ὡς ἐν τῷ ἐπάνω ἐδείχθη θεωρήματι, καὶ
ἡ ὑπ᾽ αὐτὴν εὐθεῖα τμημάτων ριδ ιϛ´,
ἡ δὲ τῆς ΕΚ διπλῆ τῶν λοιπῶν εἰς τὴν
διπλῆν τῆς ΗΚ, μοιρῶν οὖσαν ρπ, μοι-
ρῶν λε λγ´, ἡ δὲ ὑπ᾽ αὐτὴν εὐθεῖα τμη-
μάτων λϛ λη´. Καὶ πάλιν ἡ μὲν διπλῆ
τῆς ΗΘ μοιρῶν ἐϛιν ρνε ιδ´, καὶ ἡ ὑπ᾽
αὐτὴν εὐθεῖα τμημάτων ριζ ιϛ´, ἡ δὲ
τῆς ΘΛ διπλῆ τῶν λοιπῶν εἰς τὰς τῆς

petit qu'un quart de cercle, l'arc entier EA
mené du pole de l'horizon, étant un quart de
cercle, et HE étant de 72^d 13', et l'arc
HT du commencement du bélier aux 17^d
37' de la vierge, étant de $77^d 37^d$, du pole
H et d'un intervalle égal au côté du carré
inscrit dans le grand cercle, décrivons
l'arc KLM. Puisqu'on a fait passer le
cercle AHEK par les poles du cercle ETM,
et par ceux du cercle KLM, chacun des
arcs EM, KM, est un quart de cercle.
Car si nous complétons les cercles BETM
et KLM, ce seront de grands cercles qui
s'entrecouperont, et le grand cercle AHEK
qui passe par les mêmes poles coupe en
deux parties égales leurs portions inter-
ceptées. Ainsi, par la figure même aux
deux arcs de cercles KH, KM, étant me-
nés les arcs HL, EM, qui s'entrecoupent
en T, la raison de la corde du double de
HE à la corde du double de EK, est com-
posée de la raison de la corde du double
de HT à la corde du double de TL, et de
la raison de la corde du double de LM à
la corde du double de MK. Mais le double
de HE est de 144^d 27', comme il a été
prouvé dans le théorême précédent, et sa
corde est de 114^p 16', le double de EK a
pour valeur le complément 35^d 33' de celle
du double de HK, à 180^d; et la corde sera
de 36^p 38'. En outre, le double de HT est
de 155^d 14', et sa corde est de 117^p 12', le
double de TL vaut le complément 24^d 46;

et sa corde 25ᵈ 44′. Si donc de la raison de 114 16′ à 36 38′, nous retirons la raison de la corde du double de LM à celle du double de MH, laquelle est à peu près de 82ᵈ 11′ à 120ᵖ. Or, la corde du double de MH est de 120ᵖ, donc la corde du double de l'arc LM sera de 82ᵖ 12; ainsi, le double de l'arc LM vaudra 86ᵈ 28′; et l'arc LM 43ᵈ 14′. Donc l'arc KL restant, et l'angle KHL qu'il soutient, sera de 46ᵈ 46′, et par conséquent la valeur de l'angle AHT sera le complément 133ᵈ 14′ aux 180ᵈ de deux angles droits, quantité que Ptolemée fait correspondre dans la troisième colonne, celle des angles orientaux, à une heure du cancer, pour le climat de Rhodes. Mais comme il arrive quelquefois en certaines portions du zodiaque et à certaines distances au méridien que le point E, tantôt tombe sur le milieu juste du demi-cercle BED, tantôt qu'il fasse ED plus petit qu'un quart de cercle, et que par là le point M tombe ou en D, ou après D, sur la partie occidentale de l'horizon, il est clair que la démonstration s'y applique également, parce que les arcs HL, ME, menés aux deux KH, KM, seront toujours susceptibles de cette application.

Ptolemée a calculé de cette manière et par les mêmes théorêmes les angles et les arcs de toutes les autres dodécatémories, et pour tous les autres climats

διπλασίονος τῆς ΗΛ μοιρῶν ρπ̄, μοιρῶν κδ̄ μϛ′, καὶ ἡ ὑπ' αὐτὴν εὐθεῖα τμημάτων κε̄ μδ′. Ἐὰν ἄρα ἀπὸ του λόγου του τῶν ριδ̄ ιϛ′, πρὸς τὰ λϛ̄ λη′ ἀφέλωμεν τὸν τῶν ριζ̄ ιϛ′ πρὸς τὰ κε̄ μδ′, καταλειφθήσεται ἡμῖν ὁ τῆς ὑπὸ τὴν διπλῆν τῆς ΛΜ πρὸς τὴν ὑπὸ τὴν διπλῆν τῆς ΜΗ λόγος ὁ τῶν πβ̄ ια′ ἔγγιϛα, πρὸς τὰ ρκ̄. Καὶ ἔϛιν ἡ ὑπὸ τὴν διπλῆν τῆς ΜΗ τμημάτων ρκ̄, καὶ ἡ ὑπὸ τὴν διπλῆν ἄρα τῆς ΛΜ περιφερείας μοιρῶν ἔϛαι πβ̄ ιβ′, ὥϛε καὶ ἡ μὲν διπλῆ τῆς ΛΜ περιφερείας μοιρῶν πϛ̄ κη′, αὐτὴ δὲ ἡ ΛΜ, τῶν αὐτῶν μγ̄ ιδ′. Καὶ λοιπὴ ἄρα ἡ ΚΛ περιφέρεια, αὐτή τε καὶ ἡ ὑπὸ ΚΗΛ γωνία τμημάτων ἔϛαι μϛ̄ μϛ′, ἡ δὲ ὑπὸ ΑΗΘ γωνία τῶν λοιπῶν εἰς τὰς τῶν δύο ὀρθῶν μοιρῶν ρπ̄, μοιρῶν ρλγ̄ ιδ′, ὅσας καὶ παρέθηκε πάλιν ἐπὶ τοῦ διὰ Ῥόδου κλίματος κατὰ τὸ τρίτον σελίδιον τῶν πρὸς ἀνατολὰς γωνιῶν τῇ πρώτῃ ὥρᾳ τοῦ καρκίνου. Καὶ ἐπεὶ συμβαίνει ἐπὶ τινῶν τοῦ ζωδιακοῦ τμημάτων, καὶ τῶν ἀπὸ τοῦ μεσημβρινοῦ ἀποϛάσεων, ποτὲ μὲν τὸ πέμπτον πίπτειν ἐπὶ τῆς διχοτομίας τοῦ ΒΕΔ ἡμικυκλίου, ποτὲ δὲ ἐλάττονα τεταρτημορίου ποιεῖν τὴν ΕΔ, καὶ διὰ τοῦτο τὸ Μ σημεῖον, ἤτοι ἐπὶ τὸ Δ πίπτειν, ἢ μετὰ τὸ Δ, ἐπὶ τὸ δυτικὸν μέρος τοῦ ὁρίζοντος, δῆλον ὡς προχωρήσει τὰ τῆς ἀποδείξεως. Ἔσονται γὰρ πάλιν εἰς δύο τὰς ΚΗ, ΚΜ, δύο διαχθεῖσαι αἱ ΗΛ, ΜΕ περαίνουσαι τὸ προκείμενον. Ὁ μὲν οὖν τρόπος τῆς ἐκθέσεως τῶν προκειμένων γωνιῶν τε καὶ περιφερειῶν, ἐπὶ τῶν λοιπῶν δωδεκατημορίων τε καὶ κλιμάτων, διὰ τῶν τοιούτων

θεωρημάτων αὐτῷ γεγένηται. Ἑξῆς δέ φη-
σιν ἐφ' ὅσων γε εἰκὸς χρεία, ἐπεὶ καὶ
κατὰ μίαν ὥραν ἰσημερινὴν ἀπὸ τοῦ μεσ-
ημβρινοῦ τοὺς ἐπιλογισμοὺς πεποίηται, καὶ
κατὰ τὰς ἀρχὰς τῶν δωδεκατημορίων,
καὶ ἔτι ἡμιωρίου τὰς ἐγκλίσεις παραυ-
ξάνων, ὡς τῶν μερῶν τῶν ὡρῶν, καὶ
τῶν κατὰ μοίρας τοῦ ζωδιακοῦ ἀποδεί-
ξεων, καὶ τῶν μεταξὺ παραλλήλων μηδ-
ενὶ διάφορον ἐμποιούντων τοῖς καθ' ὁμα-
λὴν παραύξησιν λαμβανομένοις, ἔτι καὶ
δηλῶν ὅτι ἐπὶ γνωριμωτέρων οἰκήσεων ἡ
χρῆσις τῆς τοιαύτης πραγματείας αὐτῷ παρ-
είληπται, φησὶν, ἀρχόμενος μὲν ἀπὸ τοῦ διὰ
Μερόης παραλλήλου, καθ' ὃν ἡ μεγίστη
ἡμέρα ὡρῶν ἐστιν ἰσημερινῶν ιγ̄. Φθάνων
δὲ μέχρι τοῦ γραφομένου διὰ τοῦ ἐκβολῶν
Βορυσθένους, ὅπου ἡ μεγίστη ἡμέρα ὡρῶν
ἐστι ις̄. Πεποίηται δὲ καὶ τὴν τῶν εἰ-
ρημένων γωνιῶν τε καὶ περιφερειῶν ἔκθεσιν,
καὶ κανονικὴν καθ' ἕκαστον κλίμα τε καὶ
δωδεκατημόριον πάλιν, διὰ τὸ πρόχειρον,
παρατιθεὶς ἐν μὲν τοῖς πρώτοις σελιδίοις
τὴν ποσότητα τῶν ἐφ' ἑκάτερα τοῦ μεσ-
ημβρινοῦ ἰσημερινοῦ ὡρῶν τοῦ μεγέθους
τῆς ἡμέρας, τῆς ἀρχῆς τε τοῦ οἰκείου
δωδεκατημορίου καὶ κλίματος, οἷον ὡς
ἐπὶ τοῦ διὰ Ῥόδου παραλλήλου. Ἐπεὶ ἡ
μεγίστη ἡμέρα, κατὰ τὴν ἀρχὴν τοῦ καρ-
κίνου, ἐστὶν ὡρῶν ἰσημερινῶν ιδ̄ ς", παρ-
έθηκεν ἐπὶ τοῦ καρκίνου, κατὰ τὸ πρῶτον
σελίδιον, ὥρας ζ̄ ιε', κατὰ μίαν ὥραν
ἰσημερινὴν παρηυξημένας, μετὰ τὴν κατ'
αὐτὸν τὸν μεσημβρινὸν θέσιν, καὶ ἑξῆς
ἐπὶ τοῦ λέοντος ζ̄ δ'. Ἐπεὶ πάλιν τὸ μέ-
γεθος τῆς κατὰ τὴν ἀρχὴν τοῦ λέοντος
ἡμέρας, ὡρῶν ἐστι ιδ̄ κη' ἔγγιστα, καὶ

mats. Il dit que pour donner à la table toute
l'étendue nécessaire, il a calculé d'après une
heure équinoxiale de distance des premiers
points des signes au méridien, en augmen-
tant de demi en demi-heure par climats,
comme si la démonstration ayant été faite
pour les parties intermédiaires des heures,
et eu égard aux différens lieux situés entre
les parallèles, il n'y avoit aucune autre
différence que celle qui viendroit d'un ac-
croissement proportionnel. Il est donc
évident que cette table peut servir pour
tous les lieux les plus remarquables, quelle
que soit leur situation. Attendu qu'elles
commencent au parallèle de Méroë où
le plus long jour est de 13 heures équi-
noxiales, et qu'elles s'étendent jusqu'au
parallèle qui passe par les bouches du bo-
rysthêne, où le plus long jour est de 16
heures. Et pour plus de facilité, il a fait
un tableau des valeurs des angles et des
arcs de tous les signes du zodiaque, en
chaque climat, en mettant dans la première
colonne, le nombre des heures équinoxiales
de distance au méridien, de l'un et de
l'autre côté ; la grandeur du plus long jour
dans le parallèle qui y est désigné, et le
signe du zodiaque. Par exemple, dans le
parallèle de Rhodes, le plus long jour y
étant de $14\frac{1}{4}$ heures, au commencement
du cancer, il a mis sept heures 15', qui
comptées depuis le méridien, font un
produit en raison de la valeur d'une heure
équinoxiale. Au lion, il a mis sept heures
4', parce qu'au commencement de ce signe,
le jour le plus long est d'environ quatorze

heures 28', et ainsi de suite pour les autres signes. Il a placé dans la seconde colonne, les grandeurs des arcs menés du point vertical aux premiers points de toutes les dodécatémories, suivant la distance horaire de chacune d'elles au méridien. Et dans les troisième et quatrième colonnes, les valeurs des angles formés aux points des sections par les cercles que nous avons signalés ; savoir, dans la troisième, les angles orientaux ; et dans la quatrième les occidentaux.

Enfin, pour nous rappeler ce qu'il avoit dit au commencement de la construction et de l'usage de ces tables, il ajoute qu'il faut se ressouvenir que de deux angles formés autour d'un point de section sur un arc suivant l'ordre des signes, nous prenons toujours celui dont l'ouverture regarde les ourses, en les évaluant en degrés dont 90 font la valeur d'un angle droit. Telle est la construction de ces tables.

ἐπὶ τῶν λοιπῶν ὡσαύτως. Ἐν δὲ τῷ δευτέρῳ σελιδίῳ παρέθηκε τὰ μεγέθη τῶν περιφερειῶν τοῦ ἀπὸ τοῦ κατὰ κορυφὴν μέχρι τῆς ἀρχῆς τοῦ οἰκείου δωδεκατημορίου καθ' ἑκάστην ἀπὸ τοῦ μεσημβρινοῦ ὡριαίαν ἀπόστασιν, ἐν δὲ τοῖς τρίτοις καὶ τετάρτοις, τὰ μεγέθη τῶν γωνιῶν, τῶν περιεχομένων ὑπὸ τῶν ὧν διεστειλάμεθα κύκλων· ἐν μὲν τοῖς τρίτοις τὰς τῶν πρὸς ἀνατολὰς θέσεων, ἐν δὲ τοῖς τετάρτοις, τὰς τῶν πρὸς δυσμάς.

Εἶτα βουλόμενος ἡμᾶς εἰς ὑπόμνησιν ἀγαγεῖν τῶν ἐν ἀρχῇ περὶ τῆς πραγματείας τῶν γωνιῶν αὐτῷ εἰρημένων, φησὶν ὅτι· μεμνῆσθαι δὲ δεῖ ὅτι τῶν δύο γωνιῶν τῶν πρὸς τῷ ἑπομένῳ τμήματι τοῦ ζωδιακοῦ ὑπὸ τοῦ διὰ τοῦ κατὰ κορυφὴν γινομένων, τὴν ἀπ' ἄρκτων τοῦ αὐτοῦ τμήματος ἀεὶ παρειλήφαμεν, τοιούτων ἐφ' ἑκάστης αὐτῶν τὴν πηλικότητα παρατιθέντες, οἵων ἡ μία ὀρθὴ ϟ. Καὶ ἔστιν ἡ ἔκθεσις τῶν κανονίων τοιαύτη.

FIN DU SECOND LIVRE.   ΤΕΛΟΣ ΤΟΥ ΔΕΥΤΕΡΟΥ ΒΙΒΛΙΟΥ,

NOTES.

« Théon est obscur et prolixe. J'ai simplifié tout dans mon arithmétique des Grecs. Dans ce qu'il a dit de la construction, de la vérification et de l'usage de la table des cordes, voyez ma trigonométrie des Grecs. J'ai d'ailleurs réuni en formules générales tout ce qu'on voit dans Ptolemée et Théon. DELAMBRE, hist. de l'astr. anc., vol. II.

Il est donc important, pour lever les difficultés qu'on rencontrera souvent dans la lecture de Théon, comme dans celle de Ptolemée, d'étudier les explications que M. Delambre en a donnée dans les deux volumes de son histoire de l'astronomie ancienne. H.

Pages 82, etc. « La détermination de l'ascension droite du soleil et de celle d'une étoile fixe, est la base de toute l'astronomie ; aussi l'abbé Delacaille a-t-il intitulé *Astronomia totius fundamenta*, le livre dans lequel il a donné toutes les observations qu'il avoit faites à ce sujet. » Encyclop. méth. T. I.

C'est donc à l'imitation de Ptolemée et de Théon, que ce grand astronome a composé ce livre pour en faire la base de toute l'astronomie, puisque ces deux auteurs ont commencé leurs ouvrages par cette détermination, avant que de passer à la théorie du soleil, de la lune et des planètes, qui sera expliquée dans les volumes suivans. Les premier et second livres de Ptolemée et de Théon, ne contenant que la trigonométrie sphérique appliquée aux ascensions, sont un traité préliminaire qui doit être étudié avec soin par les personnes qui veulent se familiariser avec les méthodes de calcul synthétique employées par les astronomes grecs. La connaissance en est supposée dans les tables manuelles astronomiques de Ptolemée, jusqu'à présent inédites, mais qui vont incessamment paroître, et avant le deuxième volume des Commentaires sur Ptolemée, qui contiendra l'explication de la théorie du soleil, par Nicolas Cabasilas, archevêque de Thessalonique, celle de Théon étant perdue. Avec ces ouvrages, paroîtra aussi la traduction française de l'ouvrage allemand de M. Ideler, sur les dénominations des étoiles. Cette traduction, à la suite de celle des poëmes astronomiques d'Aratus et de Germanicus, et des fragmens d'Eratosthène et de Léontius, formera avec eux un volume particulier, qui renfermera toute la tradition de la perpétuité des mêmes noms aux mêmes étoiles, depuis les premiers Grecs jusqu'à nous, et assurera ainsi l'infaillibilité des comparaisons faites entre les observations célestes des anciens, et celles des modernes rapportées aux étoiles. H.

Note de M. Delambre.

« .... Dans les pages 60 64, Théon a fort mal à propos changé les démonstrations de Ptolemée ; elles n'étoient ni trop simples, ni trop claires, il les a rendues tout à fait inintelligibles, et ses figures sont mal conçues et mal exécutées.

Dans un extrait de Ptolemée, tome II, p. 84 et 85. J'ai changé les démonstrations de Ptolemée, je vais changer celles de Théon, et je les ferai purement synthétiques. Commençons par le premier lemme, p. 60; il s'agit de prouver que deux arcs de l'écliptique, qui s'étendent également des deux côtés d'un même équinoxe, se lèvent avec des arcs égaux de l'équateur, c'est-à-dire en temps égaux.

Les arcs de distance au même équinoxe étant égaux, les déclinaisons seront égales, mais de dénomination contraire. Les amplitudes ortives seront égales, et de dénominations contraires, car $\sin A = \frac{\sin \text{déclin.}}{\cos \text{haut du pole.}}$ (Fig. 57.), soit O le point orient de l'équinoxe, EOQ l'équateur, OA et OA' les deux amptitudes égales, mais de position contraire, les arcs AB et A' B' perpendiculaires à l'équateur, seront les deux déclinaisons égalés.

Menez les arcs AC = A' C' des deux distances à l'équinoxe, ou des deux longitudes des points de l'écliptique qui sont à l'horizon. CB et C' B' seront les deux ascensions droites qui seront égales, comme les longitudes et les déclinaisons.

Le point A de l'écliptique se lèvera avec le point O de l'équateur, le point C de l'écliptique et le point C de l'équateur, ne font qu'un même point, ils se lèvent ensemble. Il est donc évident que l'arc AC se lèvera avec l'arc CO de l'équateur, et CO = CB — OB. Le point A' de l'écliptique se lèvera avec le point O de l'équateur, le point C' appartient à l'équateur comme à l'écliptique. Donc, A' C' se lèvera dans le même temps que C'O = C' B' — OB' = C'B' — QB. Car dans les triangles rectangles OBA, OB'A' les hypoténuses sont égales, les côtés perpendiculaires AB et A'B' sont égaux, les angles en O sont opposés au sommet. Ces deux triangles sont donc parfaitement égaux.

Donc CO = CB—OB, C'O = C'B—OB. Donc CO=CO', donc les temps du lever sont égaux pour les deux signes qui seront le bélier et les poissons, ou la balance et la vierge, si l'on fait AC=30^d. Mais la démonstration est générale, quelle que soit la valeur de AC.

Lemme second, p. 63. Il s'agit de prouver, que si deux arcs de l'écliptique s'étendent également des deux côtés d'un même solstice, la somme de ces arcs se lèvera dans le même temps qu'elle employerait à se lever dans la sphère droite ; et cela, quelle que soit l'inclinaison de la sphère.

Si les arcs sont égaux, leurs extrémités seront à même distance du solstice, les déclinaisons de ces deux extrémités seront les mêmes et de même dénomination. L'amplitude ortive sera la même absolument pour les deux points. Soit OA, Fig. 58, cette amplitude commune, AB la déclinaison, AC = AC' = distance à l'équinoxe voisin = 90^d — distance au solstice.

Il est évident que AC montera avec CO = CB — OB

que AC' montera avec C'O = C'B + QB = CB + OB

Donc CO+C'O = CB+CB = 2 CB=somme des deux ascensions droites, comme dans la sphère droite, puisque la différence ascensionnelle OB a disparu dans l'addition. Mais ici CO et C'O sont très-inégaux, ce qui n'a pas lieu dans la sphère droite où la différence ascensionnelle est toujours nulle, puisque son sinus = THTD = OTD = O = o.

La figure est aussi simple que celle de Théon est obscure et surchargée d'arcs différens.

Théon nous dit, p. 63, dernières lignes : prenons à partir du tropique d'été, le 30ᵉ degré du cancer, c'est-à-dire le signe entier du cancer, et de l'autre côté le 3oᵉ degré du taureau, c'est-à-dire le signe entier des gémeaux, ou un second arc de 3oᵈ. Jusqu'ici nulle obscurité. Il ajoute : ou du lion ou du bélier ou de la vierge. Ici le texte paraît altéré. Pour y mettre du sens, il faudrait dire : prenez d'une part le 3oᵉ degré du lion, et de l'autre le 3oᵉ du bélier, vous aurez de part et d'autre 6oᵈ au lieu de 3oᵈ. Prenez enfin le 3oᵉ des poissons et le 3oᵉ de la vierge, ou si vous voulez, le o du bélier et le o de la balance, vous aurez deux arcs de 9oᵈ.

Pour le tropique d'hiver, il se borne à prendre de part et d'autre deux arcs égaux, dont la somme soit de 6oᵈ. Or, il nous dit que cet arc de 6oᵉ emploiera pour se lever, le même temps que dans la sphère droite, en quoi il a raison. Il en donne un exemple numérique, pour lequel il choisit le bélier et la vierge qui sont des arcs de 3oᵒ, semblablement placés par rapport au solstice. Dans la sphère droite, chacun de ces arcs se lève avec 27ᵒ 5o′ de l'équateur, les deux réunis se lèvent avec 55ᵒ 4o′. Mais sous le parallèle de Rhodes, le premier se lève avec 19ᵒ 12′, et le second avec 36ᵒ 28′, dont la somme en effet est de 55ᵒ 4o′, comme dans la sphère droite.

Je lirais donc, τήν τε τριακοςὴν μοῖραν τοῦ καρκίνου καὶ τοῦ ταύρου, ἢ τοῦ λέοντος καὶ τοῦ κριοῦ, ἢ τῶν ἰχθύων καὶ τῆς παρθένου.

Et dans les lignes suivantes, je mettrais comme Théon παρθένου et non pas λίτρας.

Le plus grand mal n'est pas dans l'altération du texte; car, supprimez *le lion, le bélier et la vierge*, il n'y a plus d'obscurité. Mais ce qui est plus fâcheux de beaucoup, c'est la longueur extrême de la démonstration, et la complication de sa construction si mal imaginée. Il me semble que ce serait le cas d'une note, dans laquelle on mettrait les nouvelles démonstrations que j'ai données ci-dessus.

Je dirai ici, que Théon est un géomètre peu habile, qui rarement sait trouver une construction heureuse, et que dans tous ses calculs, il prend la route la plus longue et la plus détournée. Mais son commentaire est précieux, parce qu'il est ancien et qu'il est unique.

Page 64. Théon vient de nous donner dans les dernières lignes de la page 64, un exemple numérique pour éclaircir son second lemme, appliqué à deux arcs semblablement placés par rapport au solstice d'été; on est étonné de lui voir ajouter comme démonstration : car soit le méridien.... Or, prenons deux arcs également éloignés du tropique d'hiver. Je soupçonne qu'au lieu de *γὰρ*, *car*, il faut lire *νῦν*, maintenant.

Page 65 et 66. La figure de Théon est mal faite, l'arc NMX ne devrait être que de 60^d, les arcs NA, XG devraient être de 60^d chacun. L'arc KHL mené du pole sur l'équateur, y devrait tomber à angles droits. C'est plutôt l'angle E qui paraît droit, et il ne devroit pas l'être.

Page 71. La figure de Théon est encore mal faite. AEG y est perpendiculaire à l'horizon, le pole devroit être dans l'horizon, mais ce pole est L, les angles LEA, LNA, LMA devraient être droits, ils sont obliques.

Ibid. Voilà bien la démonstration la plus obscure et la plus inutile qu'on puisse imaginer. Elle ne donne aucun moyen pour calculer cet arc MN qui n'est pas celui qui se lève avec EΘ, mais qui lui est seulement égal. Ptolemée étoit plus clair, et il donnait le calcul de ME (p. 34.) ».

CHAPITRE IV, *page* 26, *ligne* 7 *d'en bas.*

L'édition de Bâle dit *ζωδιακὸν* ce qui n'est pas juste, car le soleil ne quitte jamais l'écliptique, ni par conséquent le zodiaque, n'y retourne pas, il faut *δὶς κατὰ κορυφὴν μιᾷ πρὸς τὸν ἰσημερινὸν ἀποκαταστάσει*, qui signifie dans un seul retour vertical à l'équateur.

Ligne 13 *d'en bas.* On lit dans l'édition de Bâle, *τοῦ θ τροπικοῦ*; et dans mon édition, *τοῦ Θ τροπικοῦ.* Ce θ et ce Θ signifient *Θερινοῦ.* H.

CHAPITRE VII, *page* 64.

Théon met le solstice d'été au premier point du cancer, c'est pourquoi les premiers points du bélier et de la vierge en sont éloignés chacun de 60 degrés (Fig. 22.).

(Fig. 22.) En mettant l'équinoxe d'automne dans la vierge, il faut qu'il le place à la fin de ce signe, pour indiquer le commencement de la balance ou des serres. H.

CHAPITRE VIII, *page* 64, 65, etc.

L'édition de Bâle présente ici une grande confusion dans les noms des signes. Ainsi, ligne dernière, p. 104, au lieu de *τράγου*, elle dit *ταύρου*.   H.

Page 80. Théon a tout embrouillé dans ce passage. *Lisez*, pour rétablir ce qu'il faut entendre, le deuxième volume de l'astronomie ancienne de M. Delambre, p. 86.

CHAPITRE IX.

Théon exprime l'écliptique, tantôt par le mot *zodiaque*, tantôt par cercle oblique, tantôt par cercle qui passe par le milieu des animaux, ou qui ceint le zodiaque par le milieu de la largeur.

Toute cette discussion est trop longue. Il suffit, pour entendre ce que Ptolemée et Théon veulent dire, de se rappeler que les jours d'été, quand le soleil est dans la partie boréale, sont plus longs que les jours équinoxiaux; mais de combien sont-ils plus longs? De la différence ascensionnelle. Or, le jour étant partagé en 12 heures, cela fait 6 depuis le lever jusqu'à midi. Chacune de ces six heures de jour, qui sont temporaires, est donc égale aux 15 temps (degrés de l'équateur) de l'heure équinoxiale ou uniforme, plus à la sixième partie de la différence ascensionnelle, puisque le jour temporaire est plus long que l'équinoxial de toute cette double différence; au contraire, chacune des six heures de la moitié de la nuit, est égale aux 15 temps de l'heure équinoxiale, moins la sixième partie de la différence ascensionnelle (c'est-à-dire de la différence entre l'ascension dans la sphère droite, et l'ascension dans la sphère oblique), et réciproquement, si le soleil est dans le demi-cercle austral de l'écliptique.

CHAPITRE I DU LIVRE I.

Le mot σφαιροειδὴς, sphéroïde, avoit chez les anciens une autre signification que celle que nous lui donnons. Car il signifioit chez eux *un corps de forme ronde*, et chez les modernes, il signifie *un corps ellipsoïde*, un globe un peu écrasé aux extrémités d'un de ses axes. Strabon en effet, pour prouver que la terre et le ciel sont sphériques, employe le mot sphéroïde dans ce passage du livre II, chap. 5 de sa géographie : Σφαιροειδὴς μὲν ὁ κόσμος καὶ ὁ οὐρανὸς, ἡ ῥοπὴ δ' ἐπὶ τὸ μέσον τῶν βαρέων. Περὶ τοῦτο δὲ συνεςῶσα ἡ γῆ σφαιροειδῶς ὁμόκεντρος μὲν τῷ οὐρανῷ μένει καὶ αὕτη, καὶ ὁ δι' αὐτῆς ἄξων καὶ τοῦ οὐρανοῦ μέσου τεταμένος. Le monde et le ciel sont sphéroïdes (de figure ou forme sphérique), puisque les corps pesans se portent vers le centre autour duquel la terre est en masse sphéroïde (sphérique), concentrique au ciel, dont l'axe passe par le centre de la terre même. J'ai rapporté dans mon volume III, ou chronologie de Ptolemée, un extrait d'Aristote, qui prouve que ce philosophe exprime la rondeur ou la sphéricité du ciel, par le mot σφαιροειδὴς, *sphéroïde*. Simplicius, dans le second livre de son Commentaire sur Aristote, pour prouver que la terre est de figure ronde, se sert aussi du mot φσαιροειδὲς, car il dit : σχῆμα δὲ ἔχειν σφαιροειδὲς ἀναγκαῖον αὐτήν· ἕκαςον γὰρ τῶν μορίων βάρος ἔχει πρὸς τὸ μέσον, καὶ τὸ ἐλαττον ὑπὸ τοῦ μείζονος ὠθουμένου, οὐχ οἷον τε κύμαι κυμαίνει.... κ. τ. λ. Simplicius dit encore : ὁ Πτολεμαῖος τὸ σφαιρικὸν σχῆμα συνελογίσατο ἐκ τοῦ μὴ δύνασθαι κατ' ἄλλην ὑπόθεσιν τὰς τῶν ὡροσκοπίων καταλήψεις συμφωνεῖν.... (Almag. l. 1. c. 111). Ptolemée a conclu la figure sphérique, de ce que dans toute autre supposition, les résultats des observations faites avec les instrumens à prendre les heures, ne pourroient pas s'accorder.

Ainsi, Simplicius ne met aucune différence entre sphérique et sphéroïde, qui étoient synonymes chez les anciens. Or, Ptolemée est un de ces anciens, j'ai donc bien fait de rendre son σφαιροειδὴς par les mots *sphéroïde* et *sphérique*, indifféremment, puisque je traduisois un ancien, et non un moderne.

Note de M. Delambre, concernant la trigonométrie sphérique des anciens, à la fin de ses additions et corrections, volume I de son Histoire de l'astronomie ancienne.

« Ptolemée et Théon sont partis des théorêmes rectilignes, pour arriver aux théorêmes sphériques, et c'était la marche naturelle; mais leurs démonstrations compliquées exigent des figures difficiles à tracer et à comprendre. Je suis parti de notre trigonométrie sphérique pour démontrer, par un calcul fort simple, les quatre théorêmes sphériques des Grecs. Je transporte ces théorêmes aux triangles rectilignes, je dois retrouver les théorêmes rectilignes des Grecs, et je les retrouve en effet. Les démonstrations pénibles des Grecs sont directes, ce sont de véritables démonstrations; les miennes ne sont que des vérifications, je prouve plus simplement que les théorêmes des Grecs, tant sphériques que rectilignes, ne sont que des corollaires de nos méthodes modernes.

En général, ces formules renferment six quantités : cinq quelconques étant données, on en conclut toujours la sixième. Je n'ai pas cherché si dans cette forme elles pouvoient avoir quelqu'utilité. Les grecs eux-mêmes les ont toujours simplifiées, en supposant des angles droits et des côtés de 90 degrés. L'identité de leurs formules avec les nôtres, prouve à la fois et l'exactitude et les longueurs de leurs méthodes. » D.

Il sera bon, par conséquent, de comparer ces méthodes, contenues dans les deux premiers livres de Ptolemée, et dans les deux premiers de Théon, avec leur exposition, et leur explication données par M. Delambre dans son second volume de l'Histoire de l'astronomie ancienne. Il y traite de la trigonométrie sphérique des Grecs, depuis la page 51, après leur trigonométrie rectiligne et leur arithmétique.

M. Delambre parle, à la fin de la trigonométrie sphérique des Grecs, d'un ouvrage de ce genre, par Maurice Bressius, de l'an 1581. Mais il a témoigné n'y avoir rien trouvé qui vaille mieux que les explications de Théon. M. Ideler a aussi traité ce sujet en langue allemande. J'ai traduit cet opuscule, et je pourrai le joindre quelque jour à une seconde édition de mon Ptolemée grec et français. En attendant, ces deux premiers livres de Théon, aidés des explications de M. Delambre dans son astronomie ancienne, suffiront pour l'intelligence des livres suivans, dont le premier, qui sera le troisième de tous, contiendra les développemens donnés par Nicolas Cabasilas à la théorie du soleil de Ptolemée.   H.

ERRATA.

Pages.	Lignes.	
36	dix,	soit d'abord le cercle ABGD, *lisez* soit (Fig. 10) le cercle ABGD.
45	19	soit ABGD, *lisez* soit (Fig. 22) ABGD.
46	25	(Fig. 22), *lisez* fig. 23.
Ibid.	31	sons égales, *lisez* sont égales.
60	2	des heures (Fig. 27), *lisez* des heures.
Ibid.	3	en effet, si l'on imagine, *lisez* en effet (Fig. 23), si l'on, etc.
65	1	car soient, *lisez* car (Fig. 29) soient
91	28	Quand la terre, *lisez* (Fig. 39 bis.) quand la terre.

DEUXIÈME LIVRE.

CHAP. III, page 16, ligne 20, *lisez* (Fig. 59)
	22,	10, après les mots sphère mobile, *ajoutez* d'antolycus.
	26,	13, *au lieu de* Θ, *lisez* Θερινοῦ, et après tropique, *lisez* d'été.
	63,	9, 10, 30 degrés, l'occident, *lisez* 30 degrés à l'occident.
	Ibid.	6, *au lieu de* ταύρου, *lisez* σκορπίου.
IX,	93,	7, *lisez* (Fig. 60)
	97,	20, *au lieu de* il parle de ceux qui, *lisez* il parle des angles formés par les autres cercles sur le zodiaque.
	Ibid.	25, et pareillement ceux, *lisez* et pareillement de ceux
	102,	1, les arcs égaux B, *lisez* BD

PTOLEMÉE, *tome IV.*

P. 107, *l.* 24 *du mémoire sur l'astronomie des Chaldéens.*

« Il est impossible qu'ils n'aient pas eu des tables astronomiques.... Ils peuvent donc avoir été conduits à pouvoir prédire les éclipses de lune, par la période....» *lisez :* il est impossible qu'ils aient eu des tables.... Ils ne peuvent donc avoir été conduits à prédire..... que par la période..., etc.

Cette faute consiste dans une transposition involontaire de la particule négative *ne*, du mot *peuvent*, avant lequel elle devroit être, au mot *aient*, devant lequel elle a été mal à propos placée, ce qui donne à la phrase française un sens tout opposé à celui de la phrase allemande. Le sens véritable est restitué sur un *carton* qu'il faut substituer au feuillet où cette faute s'est glissée. H.

9 782013 656252